高等职业教育计算机类课程改革创新教材

SQL Server 数据库应用、管理与程序开发

刘志成　张　军　宁云智　颜谦和　编著

科学出版社

北　京

内 容 简 介

编者在多年的数据库技术教学与数据库应用程序开发经验的基础上，根据软件行业程序员和数据库管理员的岗位能力要求和高职学生的认知规律，按照模块化教学的思想精心组织了本书内容。本书以4个实际的数据库应用和管理项目为载体，通过任务驱动的方式将基于 SQL Server 2012 的数据库应用、管理和开发所需知识和技能有机融合，实现“教、学、做”一体，适合“理论实践一体化”教学模式。4 个项目体现了应用、管理和开发的难度递进，便于针对不同专业、不同学生灵活选取相应教学项目和任务，实现模块化教学。

本书可作为高职高专院校计算机网络技术、软件技术、移动应用开发、计算机信息管理和电子商务技术等专业的教材，也可作为数据库培训教材及 SQL Server 数据库自学者的参考书。

图书在版编目（CIP）数据

SQL Server 数据库应用、管理与程序开发/刘志成等编著. —北京：科学出版社，2020.10

（高等职业教育计算机类课程改革创新教材）

ISBN 978-7-03-057709-2

Ⅰ.①S… Ⅱ.①刘… Ⅲ.①关系数据库系统-高等职业教育-教材 Ⅳ.①TP311.132.3

中国版本图书馆 CIP 数据核字（2020）第 188092 号

责任编辑：孙露露 / 责任校对：陶丽荣

责任印制：吕春珉 / 封面设计：东方人华平面设计部

科学出版社 出版

北京东黄城根北街 16 号

邮政编码：100717

http://www.sciencep.com

新科印刷有限公司 印刷

科学出版社发行　各地新华书店经销

*

2020 年 10 月第 一 版　开本：787×1092 1/16

2020 年 10 月第一次印刷　印张：19 1/4

字数：453 000

定价：48.00 元

（如有印装质量问题，我社负责调换〈新科〉）

销售部电话 010-62136230　编辑部电话 010-62138978-2010

前　言

SQL Server 2012 是 Microsoft 公司于 2012 年推出的关系型数据库管理系统。它在 SQL Server 2008 的基础上增加了许多功能，从而可以更好地作为各种企业级应用的后台数据库。

本书是作者在多年的 SQL Server 开发实践与教学经验的基础上编写的，也广泛征求了企业专家和同行的意见，精心选择并多次优化了教学项目和教学任务。本书通过 4 个实际的数据库应用和管理项目，全面、翔实地介绍了应用 SQL Server 2012 数据库管理系统进行数据库管理的各种操作以及数据库程序开发所需的各种知识和技能。

本书有 4 个数据库项目，按照从应用到管理再到开发，由简单到复杂再到综合进行设计，将不同类型、不同层级的数据库知识和技能合理、自然地融入项目和任务，既满足了不同类型读者的需要，也方便对内容实现灵活组合，以满足不同专业的需求。教材的教学项目和任务总体设计如表所示。

项目	适用专业	任务
个人通讯数据库 （数据库应用）	非计算机类专业	任务 1.1　安装和测试 SQL Server 2012
		任务 1.2　使用 SSMS 管理 Contact 数据库
		任务 1.3　使用 SSMS 管理 Contact 数据库的数据表
		任务 1.4　使用 T-SQL 简单查询个人通讯信息
图书借阅数据库 （数据库简单管理）	计算机应用技术 计算机系统与维护 云计算技术与应用 电子商务技术	任务 2.1　使用 T-SQL 管理 Library 数据库
		任务 2.2　使用 T-SQL 管理 Library 数据库的数据表
		任务 2.3　使用 T-SQL 查询 Library 数据库的数据
		任务 2.4　管理 Library 数据库的视图
		任务 2.5　管理 Library 数据库的索引
教务信息数据库 （数据库综合管理）	电子商务技术 计算机信息管理 计算机网络技术 物联网应用技术 数字媒体应用技术 信息安全与管理	任务 3.1　管理教务信息数据库
		任务 3.2　管理教务信息数据库中的视图和索引
		任务 3.3　实现教务信息数据库的备份和恢复
		任务 3.4　实现教务信息数据库的安全管理
电子商城系统数据库 （数据库设计、 数据库程序开发）	软件技术 移动应用开发 软件与信息服务	任务 4.1　WebShop 数据库的分析与设计
		任务 4.2　管理 WebShop 数据库的基本对象
		任务 4.3　管理 WebShop 数据库的触发器
		任务 4.4　管理 WebShop 数据库的存储过程
		任务 4.5　基于.NET 的 WebShop 开发
		任务 4.6　基于 Java 的 WebShop 开发

本书在载体选择、内容组织、结构设计和资源配备上具有以下特点。

（1）真实化项目。4 个教学项目来源于真实场景，贴近学生的生活，图书借阅数据库和教务信息数据库来源于学校智慧校园应用系统，电子商城系统数据库来源于应用广泛的网上购物。本书为教学项目选用了真实的数据表结构和完整性约束、真实的数据及数据关系、真实的数据库应用和管理需求，既有利于帮助学生认识数据库、理解数据库、掌握数据库应用、熟悉数据库管理，也有利于帮助学生养成良好的数据库管理习惯、遵守数据库设计和开发规范。

（2）层次化内容。按难度递增的 4 个教学项目所包含的知识和技能，能全面支撑对软件程序员和 SQL Server 数据库管理员的岗位能力的培养。精心设置的教学任务和课堂实践由浅入深、层层递进，帮助学生通过相同或类似工作过程的实践，实现数据库应用、管理和开发技能的螺旋推进，全面提升学生的岗位胜任力。

（3）模块化教学。基于项目和任务的模块化教学，能够面向不同专业、不同层次学生进行模块化教学；面向课堂教学，经过合理设计的背景知识学习、任务实施、课堂实践等“教、学、做”环节，能有效支撑学生个性化学习。

本书为湖南铁道职业技术学院“双高计划”建设项目的“课程思政”背景下新形态一体化教材的初步实践。本书配备了以微视频为主的丰富的专业教学资源，融入了科技报国、标准意识、规范意识、安全意识等动态更新的思想政治教育资源。配套资源可以通过出版社资源网站（www.abook.cn）免费下载或联系编者免费获取，也可以通过教材编写团队建设的在线开放课程等网络平台免费使用。

本书由湖南铁道职业技术学院刘志成、张军、宁云智和颜谦和编著，湖南铁道职业技术学院彭勇、熊异、王咏梅、颜珍平、冯向科、林东升、潘玫玫等老师参与了部分内容编写、文字排版和资源整理工作，湖南科创信息技术股份有限公司副总经理罗昔军审阅了全书，在此表示感谢。

由于时间仓促以及编者水平有限，书中难免存在错误和疏漏之处，欢迎广大读者提出宝贵意见和建议。E-mail：liuzc518@vip.163.com。

编　者

2019 年 6 月

目　　录

项目 1 个人通讯数据库

项目描述

随着社会的不断发展和人际关系的多样化，与个人相关的亲朋好友、同事、业务单位等相关联系人的信息也越来越多，用户可以借助个人通讯数据库（Contact）实现大容量的联系人信息存储。Contact 数据库是一个高效管理个人通讯资料的数据库，它将用户从以往的手工纸笔录入、修改、抄写中解放出来。SQL Server 2012 可以实现大容量数据的存储，同时借助 T-SQL 语言可以实现快速查询。

本项目首先分析个人通讯管理主要包含的数据内容及数据组织结构，利用 SQL Server 2012 数据库管理系统中的 SSMS 建立 Contact 数据库，并实现简单的查询。Contact 数据库中所包含的主要数据表及其结构如表 1-1～表 1-3 所示。

1. Friends 表（联系人基本信息表）

Friends 表的设计情况如表 1-1 所示。

表 1-1 Friends 表结构

表序号	1	表名		Friends 表		
含义	存储联系人基本信息					
序号	属性名称	含义	数据类型	长度	为空性	约束
1	f_ID	联系人 ID	char	5	not null	主键
2	f_Name	联系人名称	varchar	30	not null	唯一
3	f_Gender	联系人性别	char	2	not null	
4	f_Birth	联系人生日	datetime		not null	
5	f_Company	联系人工作单位	varchar	50	not null	
6	f_Address	联系人联系地址	varchar	50	not null	
7	f_Postcode	联系人邮政编码	char	6	not null	
8	f_Mobile	常用联系手机号码	varchar	11	not null	
9	g_ID	联系人分组号	char	2	not null	外键
10	f_Title	联系人职务	varchar	12	null	

续表

序号	属性名称	含义	数据类型	长度	为空性	约束
11	f_Phone	联系人办公电话	varchar	15	null	
12	f_Mobile_bak	备用联系手机号码	varchar	11	null	
13	f-Mail	联系人电子邮件	varchar	30	null	
14	f_QQ	联系人 QQ 号码	varchar	20	null	

2. Groups 表（联系人分组表）

Groups 表的设计情况如表 1-2 所示。

表 1-2 Groups 表结构

表序号	2	表名		Groups 表		
含义	存储联系人群组信息					
序号	属性名称	含义	数据类型	长度	为空性	约束
1	g_ID	群组序号	char	2	not null	主键
2	g_Name	联系人分组名称	varchar	16	not null	唯一

3. SMS 表（短信信息表）

SMS 表的设计情况如表 1-3 所示。

表 1-3 SMS 表结构

表序号	3	表名		SMS 表		
含义	存储联系人短信信息					
序号	属性名称	含义	数据类型	长度	为空性	约束
1	m_ID	短信编号	char	2	not null	主键
2	m_Send	短信发送方手机号	varchar	11	not null	唯一
3	m_Time	短信接收到的时间	datetime		not null	
4	m_Content	短信内容	varchar	200	not null	

项目计划

个人通讯数据库项目的实施计划如表 1-4 所示。

表 1-4 个人通讯数据库项目实施计划

工作任务	完成时长/课时	任务描述
任务 1.1 安装和测试 SQL Server 2012	4	了解数据库技术的发展历程及基本概念，对三种数据模型有初步的认识。了解 SQL Server 2012 的特点及安装要求，完成 SQL Server 2012 的安装
任务 1.2 使用 SSMS 管理 Contact 数据库	4	掌握 SQL Server Management Studio（SSMS）中各组成部分的基本功能，使用 SSMS 完成数据库的创建、修改和删除操作，使用 SSMS 实现数据库的收缩

续表

工作任务	完成时长/课时	任务描述
任务 1.3　使用 SSMS 管理 Contact 数据库的数据表	4	掌握数据库中表的基本概念，掌握使用 SSMS 完成数据表的创建、修改和删除操作，完成个人通讯录数据库中数据表的创建。掌握利用 SSMS 在数据表中添加、修改、删除以及查看记录的方法，为数据表添加数据
任务 1.4　使用 T-SQL 简单查询个人通讯信息	4	理解 T-SQL 语句的基本概念和使用方法，掌握在 SSMS 中编写并执行 T-SQL 语句的方法。利用 T-SQL 语句查询个人通讯录数据库中的数据

项目实施

任务 1.1　安装和测试 SQL Server 2012

任务目标

根据个人通讯数据库项目的目标，确定 SQL Server 2012 为本任务目标数据库管理系统。本任务的主要目标包括：

- 了解数据库处理技术的发展历程。
- 掌握数据库相关的基本概念。
- 掌握关系数据库的基本概念。
- 了解三种数据模型及其主要特点。
- 了解 SQL Server 2012 的新特性。
- 能根据实际需要选择好 SQL Server 2012 版本。
- 能正确安装 SQL Server 2012。
- 能正确配置 SQL Server 2012。
- 能测试已安装好的 SQL Server 2012。

1.1.1　背景知识

1. 数据库技术概述

数据库技术是计算机软件领域的一个重要分支，产生于 20 世纪 60 年代，它的出现使计算机应用渗透到了工农业生产、商业、行政管理、科学研究、工程技术以及国防军事等领域。20 世纪 80 年代出现了微型机，多数微型机配置了数据库管理系统，从而使数据库技术得到了更广泛的应用和普及。现在数据库技术已发展成为以数据库管理系统为核心的内容丰富、领域宽广的一门新学科，数据库系统的开发带动了一个巨大的软件产业的发展，包括与 DBMS（database management system，数据库管理系统）产品相关的各种工具的更新以及应用系统解决方案的提出。

数据处理是指对各种形式的数据进行收集、组织、加工、存储、抽取和传播等工作，其主要目的是从大量的、杂乱无章的甚至是难以理解的数据中抽取并推导出对某些特定的人群来说有价值、有意义的数据，从而为进一步活动提供决策依据。数据管理是指对数据进行组织、存储、检索和维护等工作，所以数据管理是数据处理的基本环节。早期的数据处理主要是通过手工进行处理，使用各种初级的计算工具，如算盘、手摇计算机、电动计算机等。随着电子计算机的广泛使用，特别是高效率存储设备的出现，数据处理工作发生了革命性的改变，不仅加快了处理速度，而且扩大了数据处理的规模和范围。

1）数据库技术发展简史

数据库技术发展

数据库技术是计算机科学技术中发展最快的分支。20 世纪 70 年代以来，数据库系统从第一代的网状和层次数据库系统发展到第二代的关系数据库系统。目前，现代数据库系统正向着面向对象数据库系统发展，并与网络技术、分布式计算和面向对象程序设计技术相结合。

第一代数据库系统为网状和层次数据库系统。1969 年，IBM 公司开发了基于层次模型的信息管理系统（information management system，IMS）。20 世纪 60 年代末至 20 世纪 70 年代初，美国数据库系统语言协会（Conference on Data System Languages，CODASYL）下属的数据库任务组（Database Task Group，DBTG）提出了 DBTG 报告，该报告确定并建立了网状数据库系统的许多概念、方法和技术。正是基于上述报告，Cullinet Software 开发了基于网状模型的产品 IDMS（information data management system）。IMS 和 IDMS 这两个产品推动了网状和层次数据库系统的发展。

第二代数据库系统为关系数据库系统（relational database system，RDBS）。1970 年，IBM 公司研究员 Codd 发表的关于关系模型的论文推动了关系数据库系统的研究和开发。尤其是关系数据库标准语言——结构化查询语言 SQL 的提出，使关系数据库系统得到了广泛的应用。目前，市场上的主流数据库产品包括 Oracle、DB2、Sybase、SQL Server 和 FoxPro 等，这些产品都是基于关系数据模型的。

随着数据库系统应用的广度和深度的进一步扩大，数据库处理对象的复杂性和灵活性对数据库系统提出了越来越高的要求。例如，多媒体数据、CAD 数据、图形图像数据需要更好的数据模型来表达，以便存储、管理和维护。正是在这种形势下，又研制出了一种被称为对象—关系数据库系统（object-relational database system，ORDBS）。20 世纪 80 年代中期以来，对“面向对象数据库系统”（object oriented database system，OODBS）和“对象—关系数据库系统”的研究都十分活跃。1989 年和 1990 年先后发表了《面向对象数据库系统宣言》和《第三代数据库系统宣言》，后者主要介绍了 ORDBS；一批代表新一代数据库系统的商品也陆续推出。由于 ORDBS 是建立在 RDBS 技术之上的，可以直接利用 RDBS 的原有技术和用户基础，所以其发展比 OODBS 更顺利，正在成为第三代数据库系统的主流。

根据第三代数据库系统宣言提出的原则，第三代数据库系统除了应包含第二代数据库系统的功能外，还应支持正文、图像、声音等新的数据类型，支持类、继承、函数/服务器应用的用户接口。虽然 ORDBS 目前还处在发展的过程中，在技术和应用上都还有许多工作要做，但已经展现出光明的发展前景，一些数据库厂商也已经推出了可供使用的 ORDBS 产品。

2）数据库系统的概念

数据库基本概念

数据、数据库、数据库系统、数据库管理系统是数据库技术中常用的术语，下面予以简单介绍。

（1）数据。数据（data）实际上就是描述事物的符号记录，如文字、图形图像、声音、学生的档案记录、货物的运输情况，这些都是数据。数据的形式本身并不能完全表达其内容，需要经过语义解释，数据与其语义是不可分的。

（2）数据库。数据库（database，DB）是长期存储在计算机内有结构的大量的共享数据集合。它可以供各种用户共享，具有最小冗余度和较高的数据独立性。

（3）数据库系统。数据库系统（database system，DBS）是指在计算机系统中引用数据库后的系统构成。一般由数据库、数据库管理系统（及开发工具）、计算机系统和用户构成。

（4）数据库管理系统。数据库管理系统（database management system，DBMS）是位于用户与操作系统之间的一个以统一的方式管理、维护数据库中数据的一系列软件的集合。DBMS 在操作系统的支持与控制下运行，按功能 DBMS 可分为三大部分。

① 语言处理部分。该部分包括数据描述语言（data description language，DDL）和数据操纵语言（data manipulation language，DML）。DDL 用以描述数据模型，DML 是 DBMS 提供给用户的操纵数据的工具。语言处理部分通常还包括数据库控制命令解释程序。

② 系统运行控制部分。该部分包括总控制程序，数据安全性及数据完整性等控制程序，数据访问程序，数据通信程序。

③ 系统维护部分。该部分包括数据装入程序、性能监督程序、系统恢复程序、重新组织程序及系统工作日志程序等。用户不能直接加工或使用数据库中的数据，而必须通过数据库管理系统对其中的数据进行操作。DBMS 主要功能是维持数据库系统的正常活动，接受并响应用户对数据库的一切访问要求，包括建立及删除数据库文件，检索、统计、修改和组织数据库中的数据及为用户提供对数据库的维护手段等。通过使用 DBMS，用户可以逻辑、抽象地处理数据，不必关心这些数据在计算机中如何存放以及计算机处理数据的过程细节，把一切处理数据具体而繁杂的工作交给 DBMS 去完成。

（5）数据库管理员。数据库管理员（database administrator，DBA）是负责数据库的建立、使用和维护的专门人员。

2. 三种主要的数据模型

三种数据模型

到目前为止，实际的数据库系统所支持的主要数据模型有层次模型（hierachical model）、网状模型（network model）和关系模型（relational model）。

层次模型和网状模型统称为非关系模型，它们是按照图论中图的观点来研究和表示的数据模型。其中，用有根定向有序树来描述记录间的逻辑关系的，称为层次模型；用有向图来描述记录间的逻辑关系的，称为网状模型。

在非关系模型中，实体型用记录型来表示，实体之间的联系被转换成记录型之间的两两联系。所以，非关系模型的数据结构可以表示为 DS={R,L}，其中 R 为记录型的集合，L 为记录型之间两两联系的集合。这样就把数据结构抽象为图，记录型对应图的节点，而记录之间的联系归结为连接两点间的弧。

1）网状模型

网状模型又叫网络模型，它属于格式化数据模型。广义地讲，任意一个连通的基本层次联系的集合就是一个网状模型，这种广义的提法把树也包含在网状模型之中。为了与树相区别，将满足下列条件的基本层次联系的集合称为网状模型。

（1）可以有一个以上的节点无双亲。

（2）至少有一个节点有多于一个的双亲。

DBTG 系统是网状模型的代表，这种模型能够表示实体间的多种复杂联系，因此能取代任何层次结构的系统。

2）层次模型

层次模型是数据库系统中最常用的数据模型之一，它也属于格式化数据模型。这种模型的特征有以下两点。

（1）有且仅有一个节点无双亲，这个节点称为根节点。

（2）其他节点有且仅有一个双亲。

在层次模型中，同一双亲的子女节点称为兄弟节点（twin 或 sibling），没有子女的节点称为叶节点。图 1-1 是一个层次模型，R1 是根，R2 和 R3 是 R1 的子女节点，因此 R2 和 R3 是兄弟节点，R2、R4 和 R5 是叶节点。

在层次模型中，每个记录只有一个双亲节点，即从一个节点到其双亲节点的映像是唯一的，所以对于每一个记录（除根节点）只需指出它的双亲记录，就可以表示出层次模型的整体结构。如果要存取某一记录型的记录，可以从根节点起，循着层次路径逐层向下查找，查找经过的途径就是存取路径。表 1-5 显示了查找图 1-1 中的记录时所经过的存取路径。层次模型就是一棵倒着的树。

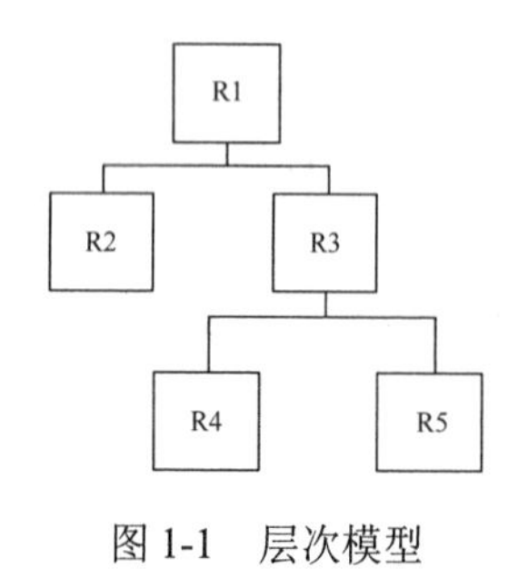

图 1-1 层次模型

表 1-5 存取路径

要存取的记录	存取路径
R1	R1
R2	R1—R2
R3	R1—R3
R4	R1—R3—R4
R5	R1—R3—R5

层次模型层次清楚，各节点之间的联系简单，只要知道了每个节点（根节点除外）的双亲节点，就可描绘出整个模型的结构；缺点是不能表示两个以上实体间的复杂联系。美国 IBM 公司于 1969 年研制成功的信息管理系统是这种模型的典型代表。

层次模型与网状模型的不同之处主要表现在以下三点。

（1）层次模型中从子女到双亲的联系是唯一的，而网状模型则可以不唯一。因此，在网状模型中就不能只用双亲是什么记录来描述记录之间的联系，而必须同时指出双亲记录和子女记录，并且给每一种联系命名，即用不同的联系名来区分。通常称网状模型的联系为“系”（set），联系的名字为“系名”。例如，图 1-2（b）中的 R3 有两个双亲记录 R1 和 R2，因此可以把 R1 与 R3 之间的联系命名为 L1，把 R2 与 R3 之间的联系命名为 L2。

（2）网状模型中允许使用复合链，即两个记录型之间可以有两种以上的联系，如图 1-3（a）所示，层次模型则不可以。图 1-3（b）是说明复合链的实例，该例中，工人和设备之间有两种联系，即使用和保养。操作工人和设备之间是“使用”关系，维修工人和设备之间是“保养”关系。

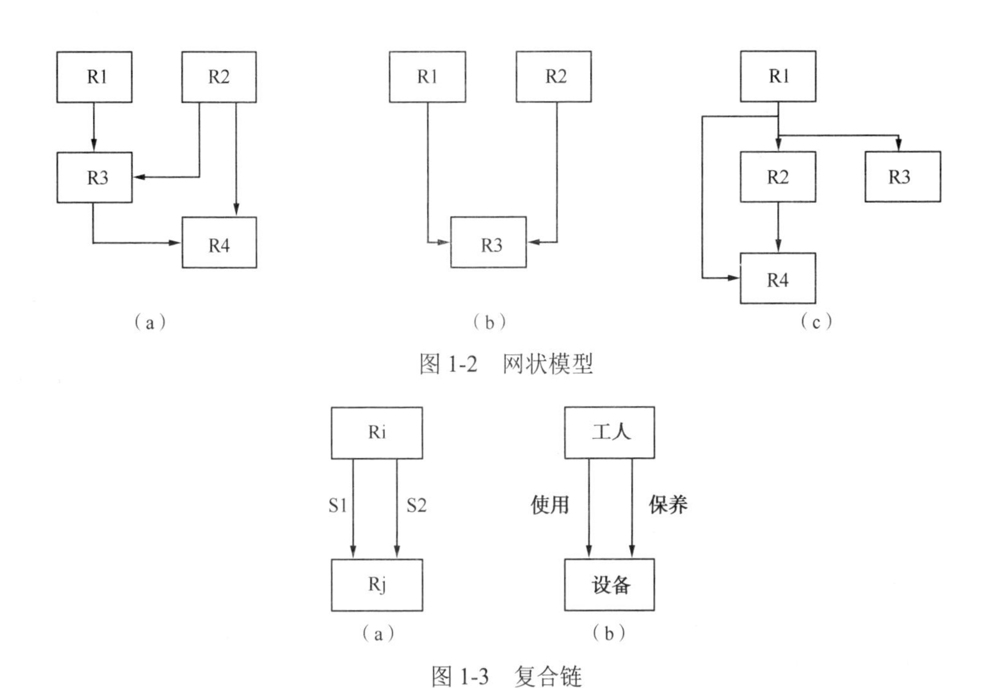

图 1-2　网状模型

图 1-3　复合链

（3）寻找记录时，层次模型必须从根找起，网状模型允许从任意一个节点找起，经过指定的系名，就能在整个网内找到所需的记录。

3）关系模型

关系模型有不同于格式化模型的风格和理论基础。总的来说，它是一种数学化的模型。关系模型的基本组成是关系，它把记录集合定义为一张二维表，即关系。表的每一行是一个记录，表示一个实体，也称为一个元组；每一列是记录中的一个数据项，表示实体的一个属性，如图 1-4 所示。图 1-4 中给出了三张表：会员表、商品表和订单表，它们分别为三个实体集合，其中，订单表又是会员表和商品表两个实体的联系。

会员（关系）

会员号	会员名称	出生年月	性别	籍贯
C0001	liuzc	1972-5-18	男	湖南株洲
C0002	liujin	1986-4-14	女	湖南长沙
C0003	wangym	1976-8-6	女	湖南长沙

商品（关系）

商品号	商品名称	商品价格/元
010001	诺基亚 6500 Slide	1500
010002	三星 SGH-P520	2500
010003	三星 SGH-F210	3500
010004	三星 SGH-C178	3000

订单（关系）

订单号	会员名称	订单总额/元
200708011012	C0001	1387.44
200708011132	C0002	2700
200708011430	C0001	5498.64
200708021533	C0004	2720
200708021850	C0003	9222.64
200708022045	C0005	2720

图 1-4　关系模型

图 1-4 中每一张表是一个关系，而表的格式是一个关系的定义，通常表示形式如下：

关系名（属性名 1，属性名 2，…，属性名 n）。

图 1-4 中的三个关系表示如下：

会员（会员号，会员姓名，出生年月，性别，籍贯）；

商品（商品号，商品名称，商品价格）；

订单（订单号，会员名称，订单总额）。

3. SQL Server 2012 基础

SQL Server 概述

1）SQL Server 的发展

SQL Server 的发展历程如下：

（1）1996 年，Microsoft 公司发布了 SQL Server 7.0 标准版本。

（2）1997 年，Microsoft 公司发布了 SQL Server 7.0 企业版本。

（3）2000 年，Microsoft 公司发布了 SQL Server 2000 版本。

（4）2005 年，Microsoft 公司发布了 SQL Server 2005 版本。

（5）2008 年，Microsoft 公司发布了 SQL Server 2008 版本。

（6）2012 年 3 月，Microsoft 公司发布了 SQL Server 2012 版本。

（7）2014 年 4 月，Microsoft 公司发布了 SQL Server 2014 版本。

（8）2016 年 3 月，Microsoft 公司发布了 SQL Server 2016 版本。

（9）2017 年 10 月，Microsoft 公司发布了 SQL Server 2017 版本。

2）SQL Server 2012 的新增功能

作为新一代数据平台产品，SQL Server 2012 不仅延续了现有数据平台的强大能力，全面支持云技术，而且能够快速构建相应的解决方案，实现私有云与公有云之间数据的扩展与应用的迁移。SQL Server 2012 提供对企业基础架构最高级别的支持——专门针对关键业务应用的多种功能与解决方案可以提供最高级别的可用性及性能。在业界领先的商业智能领域，SQL Server 2012 提供了更多更全面的功能以满足不同人群对数据以及信息的需求，包括支持来自不同网络环境的数据的交互，全面的自助分析等创新功能。针对大数据以及数据仓库，SQL Server 2012 提供从数太字节①到数百太字节全面端到端的解决方案。作为 Microsoft 的信息平台解决方案，SQL Server 2012 的发布可以帮助数以千计的企业用户突破性地快速实现各种数据体验，完全释放对企业的洞察力。

SQL Server 2012 的新增功能如表 1-6 所示。

表 1-6　SQL Server 2012 的新增功能

序号	功能项	说明
1	AlwaysOn 可用性组	该项功能将数据库的镜像提到了一个新的高度。用户可以针对一组数据库而不是一个单独的数据库进行灾难恢复
2	Windows Server Core 支持	Windows Server Core 是命令行界面的 Windows，使用 DOS 和 PowerShell 来实现用户交互。它的资源占用更少、更安全
3	Columnstore 索引	这是 SQL Server 独有的功能，是专为数据仓库查询设计的只读索引。数据被组织成扁平化的压缩形式存储，极大地减少了 I/O 和内存使用

① 太字节（terabyte），计算机存储容量单位，也常用 TB 来表示。1TB=1024GB=2^{40}B。

续表

序号	功能项	说明
4	自定义服务器权限	确保 DBA 可以创建在服务器上具备所有数据库读写权限以及任何自定义范围角色的能力
5	增强的审计功能	用户可以自定义审计规则，记录一些自定义的时间和日志。SQL Server 2012 还提供过滤功能，大幅提高灵活性
6	BI 语义模型	这个功能是用来替代 Analysis Services Unified Dimentional Model 的。这是一种支持 SQL Server 所有 BI 体验的混合数据模型
7	序列对象	一个序列（sequence）就是根据触发器的自增值。SQL Server 之前有一个类似的功能（identity columns），现在通过对象实现了
8	增强的 PowerShell 支持	所有的 Windows 和 SQL Server 管理员都应该认真学习 PowerShell 的技能。Microsoft 正在大力开发服务器端产品对 PowerShell 的支持
9	分布式回放（distributed replay）	这个功能类似 Oracle 的 Real Application Testing 功能。不同的是 SQL Server 企业版自带了这个功能，而用 Oracle 的话，你还得额外购买这个功能。这个功能可以让你记录生产环境的工作状况，然后在另外一个环境重现这些工作状况
10	PowerView	这是一个强大的自主 BI 工具，可以让用户创建 BI 报告
11	SQL Azure 增强	这和 SQL Server 2012 没有直接关系，但是 Microsoft 确实对 SQL Azure 做了一个关键改进，例如 Reporting Services，备份到 Windows Azure。Azure 数据库的上限提高到了 150GB
12	大数据支持	这是最重要的一点。2013 年的 PASS（Professional Association for SQL Server）会议，Microsoft 宣布了与 Hadoop 的提供商 Cloudera 的合作，提供 Linux 版本的 SQL Server ODBC 驱动。主要的合作内容是 Microsoft 开发 Hadoop 的连接器，也就是 SQL Server 也跨入了 NoSQL 领域

1.1.2 完成步骤

1. 选择 SQL Server 2012 的版本

为了满足用户在性能、运行速度及价格等因素上的不同需求，SQL Server 2012 提供了主要版本、专业版本和扩展版本等类型的产品，专业化版本的 SQL Server 面向不同的业务工作负荷，SQL Server 扩展版是针对特定的用户应用而设计的。对于不同类型的产品也分别提供了 64 位和 32 位等不同版本，如表 1-7 所示。

表 1-7 SQL Server 2012 的版本

类型	版本	说明
主要版本	Enterprise（64 位和 32 位）	作为高级版本，SQL Server 2012 Enterprise 版提供了全面的高端数据中心功能，性能极为快捷，虚拟化不受限制，还具有端到端的商业智能，可为关键任务工作负荷提供较高服务级别，支持最终用户访问深层数据
	Business Intelligence（64 位和 32 位）	SQL Server 2012 Business Intelligence 版提供了综合性平台，可支持组织构建和部署安全、可扩展且易于管理的 BI 解决方案。它提供基于浏览器的数据浏览与可见性等卓越功能、功能强大的数据集成功能，以及增强的集成管理
	Standard（64 位和 32 位）	SQL Server 2012 Standard 版提供了基本数据管理和商业智能数据库，使部门和小型组织能够顺利运行其应用程序，并支持将常用开发工具用于内部部署和云部署，有助于以最少的 IT 资源实现高效的数据库管理

续表

类型	版本	说明
专业版本	Web（64 位和 32 位）	对于为从小规模至大规模 Web 资产提供可伸缩性、经济性和可管理性功能的 Web 宿主和 Web VAP 来说，SQL Server 2012 Web 版是一项总拥有成本较低的选择
扩展版本	Developer（64 位和 32 位）	SQL Server 2012 Developer 版支持开发人员基于 SQL Server 构建任意类型的应用程序。它包括 Enterprise 版的所有功能，但有许可限制，只能用作开发和测试系统，而不能用作生产服务器。SQL Server Developer 版是构建和测试应用程序的人员的理想之选
	Express（64 位和 32 位）	SQL Server 2012 Express 版是入门级的免费数据库，是学习和构建桌面及小型服务器数据驱动应用程序的理想选择。它是独立软件供应商、开发人员和热衷于构建客户端应用程序的人员的最佳选择。如果需要使用更高级的数据库功能，则可以将 SQL Server Express 版无缝升级到其他更高端的 SQL Server 版本。SQL Server 2012 中新增了 SQL Server Express LocalDB，这是 Express 的一种轻型版本，该版本具备所有可编程性功能，在用户模式下运行，并且具有快速的零配置安装和必备组件要求较少的特点

说明：

（1）SQL Server 2012 各个版本支持的功能的详细信息请参阅网站地址：https://technet.microsoft.com/zh-cn/library/cc645993(v=sql.110).aspx。

（2）虽然开发版本支持 Windows Vista、Windows 7 等桌面操作系统，但 Web、Enterprise 和 BI 版本只支持两种 Windows Server 操作系统：Windows Server 2008 和 Windows Server 2008 R2。其中，32 位软件可以安装在 32 位和 64 位 Windows Server 操作系统上。

（3）sp1、sp2、sp3 等是补丁包。

2. 安装 SQL Server 2012

SQL Server 2012
安装讲解

1）SQL Server 2012 的硬件和软件安装要求

同其他数据库产品一样，SQL Server 2012 的安装也有软件和硬件的要求。下面从硬件和软件两个方面来介绍安装 SQL Server 2012 有哪些最低要求，以避免安装过程可能发生的各种问题。

SQL Server 2012
安装实录

（1）SQL Server 2012 的软、硬件要求。安装 SQL Server 2012 的软、硬件要求如表 1-8 所示。

表 1-8　安装 SQL Server 2012 的软、硬件要求

类型	子类型	最低要求
硬件	处理器	处理器类型： （1）x64 处理器：AMD Opteron、AMD Athlon 64、支持 Intel EM64T 的 Intel Xeon、支持 EM64T 的 Intel Pentium IV （2）x86 处理器：Pentium III 兼容处理器或更快 处理器速度： （1）最小值：x86 处理器为 1.0GHz，x64 处理器为 1.4GHz （2）建议：2.0GHz 或更快

续表

类型	子类型	最低要求
硬件	内存	最小值：Express 版本为 512MB，所有其他版本为 1GB 建议：Express 版本为 1GB，所有其他版本至少为 4GB，并且应该随着数据库大小的增加而增加，以便确保最佳性能
	硬盘	要求最少 6GB 的可用硬盘空间，磁盘空间要求将随所安装的 SQL Server 2012 组件不同而发生变化
	显示器	Super-VGA (800×600)或更高分辨率的显示器
	驱动器	从磁盘进行安装时需要相应的 DVD 驱动器
软件	.NET Framework	部分组件（服务）需要.NET 3.5 SP1，部分版本需要.NET 4.0。用户可以预先安装或根据安装程序提示下载安装
	Windows PowerShell	对于数据库引擎组件和 SQL Server Management Studio，Windows PowerShell 2.0 是一个安装必备组件。用户可以根据提示进行安装或启用
	网络软件	SQL Server 2012 支持的操作系统具有内置网络软件。独立安装的命名实例和默认实例支持的网络协议有共享内存、命名管道、TCP/IP 和 VIA
	虚拟化	部分版本在以 Hyper-V 角色运行的虚拟机环境中支持 SQL Server 2012
	Internet 软件	Microsoft 管理控制台（MMC）、SQL Server Data Tools（SSDT）、Reporting Services 的报表设计器组件和 HTML 帮助都需要 Internet Explorer 7 或更高版本

（2）Windows 操作系统的要求。安装 SQL Server 2012 主要版本、专业版本和扩展版本，对操作系统都有特定的要求，在此不全部列出（详细见 https://msdn.microsoft.com/library/ms143506(SQL.110).aspx）。

2）SQL Server 2012 企业版安装

（1）开始安装时，将 SQL Server 2012 DVD 插入 DVD 驱动器（或者运行下载的试用版中的 SQL Server 2012 安装程序 setup.exe）。打开“SQL Server 安装中心”对话框，显示安装的阶段（如计划、安装、维护等），如图 1-5 所示。

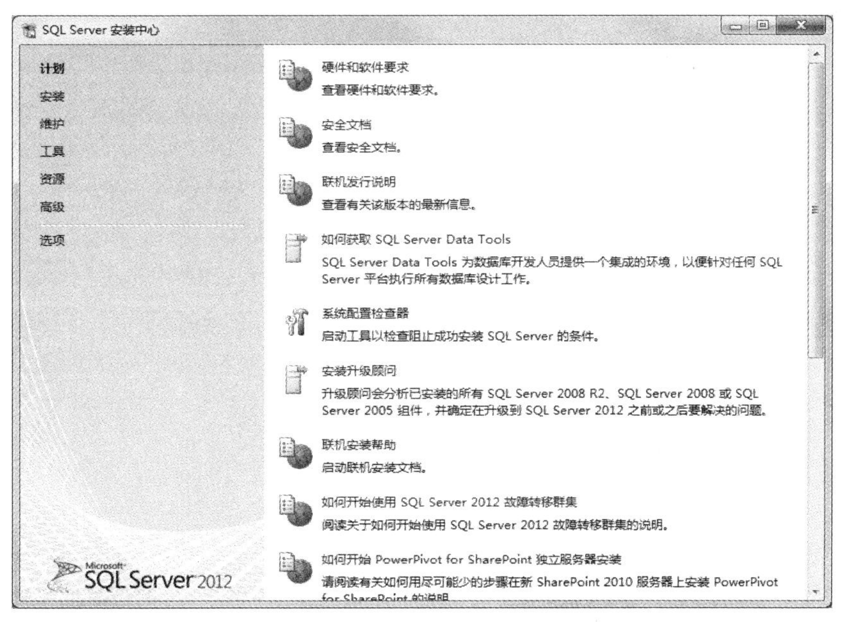

图 1-5 “SQL Server 安装中心”对话框

（2）单击“计划”选项卡中的【硬件和软件要求】，在 Internet 连通的情况下，将会连接到 Microsoft 网站，显示安装 SQL Server 2012 的硬件和软件要求信息，如图 1-6 所示。

图 1-6　安装 SQL Server 2012 的硬件和软件要求信息

提示：用户可以通过如图 1-5 所示对话框的“计划”选项卡中的其他链接了解安装的详细信息。

（3）在如图 1-5 所示的“SQL Server 安装中心”对话框中，单击“安装”选项卡，进入安装阶段，如图 1-7 所示。用户可以选择不同的安装方法，这里选择【全新 SQL Server 独立安装或向现有安装添加功能】。

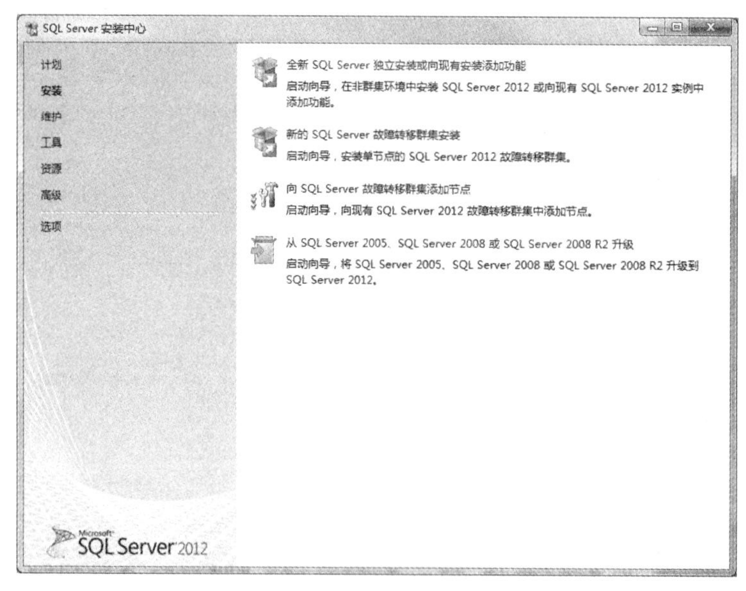

图 1-7　选择安装方式

（4）打开“安装程序支持规则”对话框，安装程序首先对安装 SQL Server 2012 需要遵循的规则进行检测，并显示检测结果。检测成功的界面如图 1-8 所示。

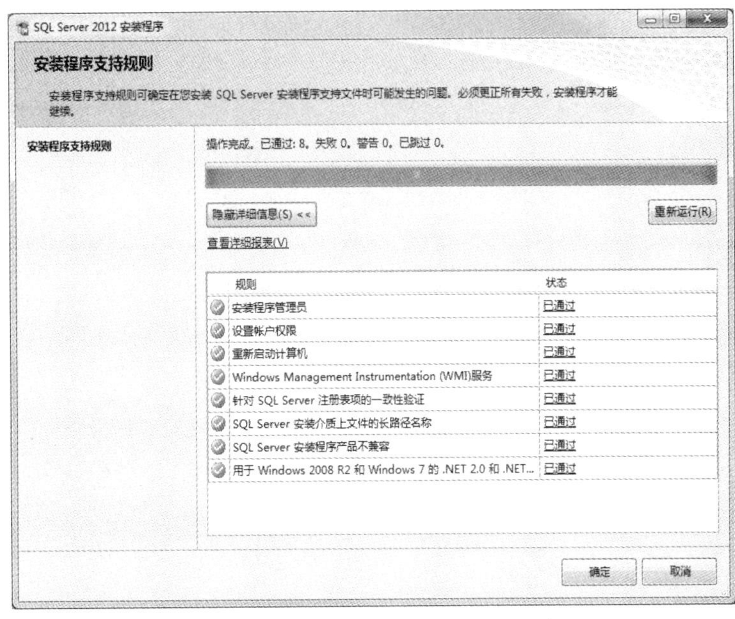

图 1-8 “安装程序支持规则”对话框

提示：如果在安装过程中遇到安装程序支持规则检测失败，请根据规则的详细信息进行相应处理，保证安装程序支持规则检测成功后才能继续安装过程。

（5）安装程序支持规则检测成功后，在如图 1-8 所示的对话框中单击【确定】按钮，打开“产品密钥”对话框，选择要安装的 SQL Server 2012 的版本或输入产品密钥，如图 1-9 所示。

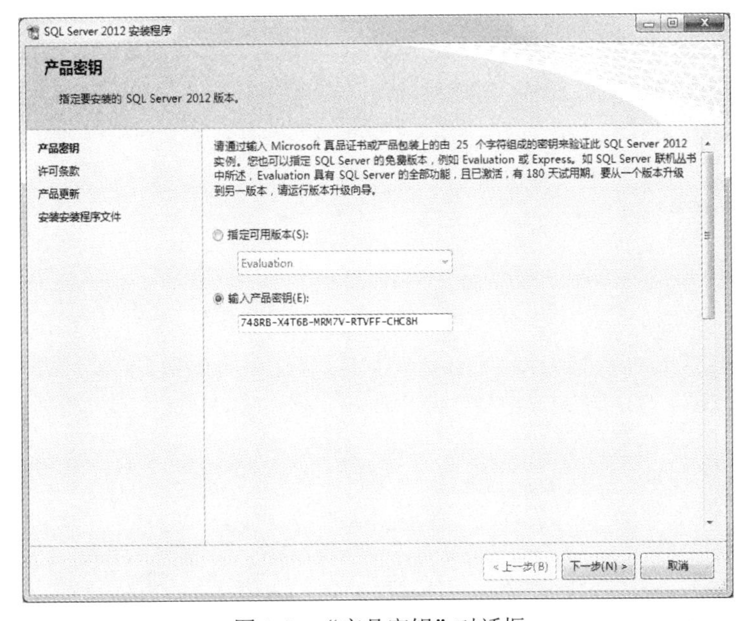

图 1-9 “产品密钥”对话框

提示：如果选择 Evaluation 版本，则不需要输入产品密钥；如果需要安装正式版，则选定【输入产品密钥】单选按钮后，在文本框中输入 SQL Server 2012 的产品密钥。

（6）选择安装版本和输入密钥完成后，在如图 1-9 所示的界面中单击【下一步】按钮，打开“许可条款”对话框，如图 1-10 所示。阅读许可条款后，选中【我接受许可条款】复选框。

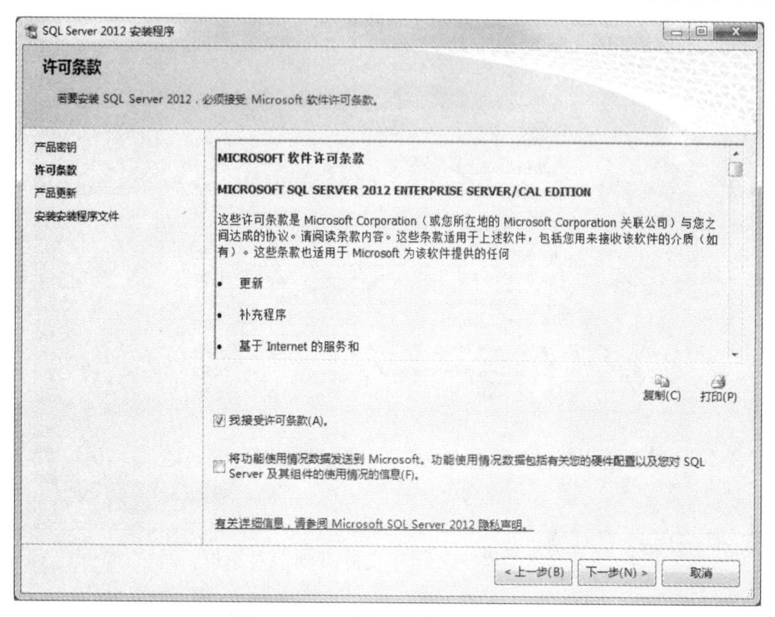

图 1-10　“许可条款”对话框

（7）单击【下一步】按钮，接受许可条款后，打开“产品更新”对话框，如图 1-11 所示。安装程序自动查找到相关更新（这里有 2 个），以确保安装了 SQL Server 的更新，安装更新可以增强 SQL Server 的安全性能。

SQL Server 2012 安装程序
产品更新
始终安装最新的更新以增强 SQL Server 安全性和性能。
产品密钥
许可条款
产品更新
安装安装程序文件
包括 SQL Server 产品更新(I)

名称	大小(MB)	详细信息
SQL Server 2012 SP1 GDR Pr...	120	KB 2793634
SQL Server 2012 SP1 GDR Set...	22	KB 2793634

在线找到 2 个更新(142 MB)。
在单击“下一步”时将安装安装程序更新(22 MB)。
在线阅读我们的隐私声明
了解有关 SQL Server 产品更新的详细信息
< 上一步(B)
下一步(N) >
取消

图 1-11　“产品更新”对话框

（8）单击【下一步】按钮，打开“安装安装程序文件”对话框，如图1-12所示。立即安装SQL Server安装程序（包含安装程序的更新）。

SQL Server 2012 安装程序

安装安装程序文件

将立即安装 SQL Server 安装程序。如果找到 SQL Server 安装程序的更新并指定要包含在内，则也将安装更新。

产品密钥
许可条款
产品更新
安装安装程序文件

正在下载安装文件: 已下载 14 MB，共 22 MB (62 %)

任务	状态
扫描产品更新	已完成
下载安装程序文件	正在进行
提取安装程序文件	未启动
安装安装程序文件	未启动

< 上一步(B)　安装(I)　取消

图1-12　“安装安装程序文件”对话框

（9）单击【安装】按钮，安装SQL Server 2012安装程序文件或更新所需要的安装程序支持文件。安装完成后，重新打开“安装程序支持规则”对话框，如图1-13所示。

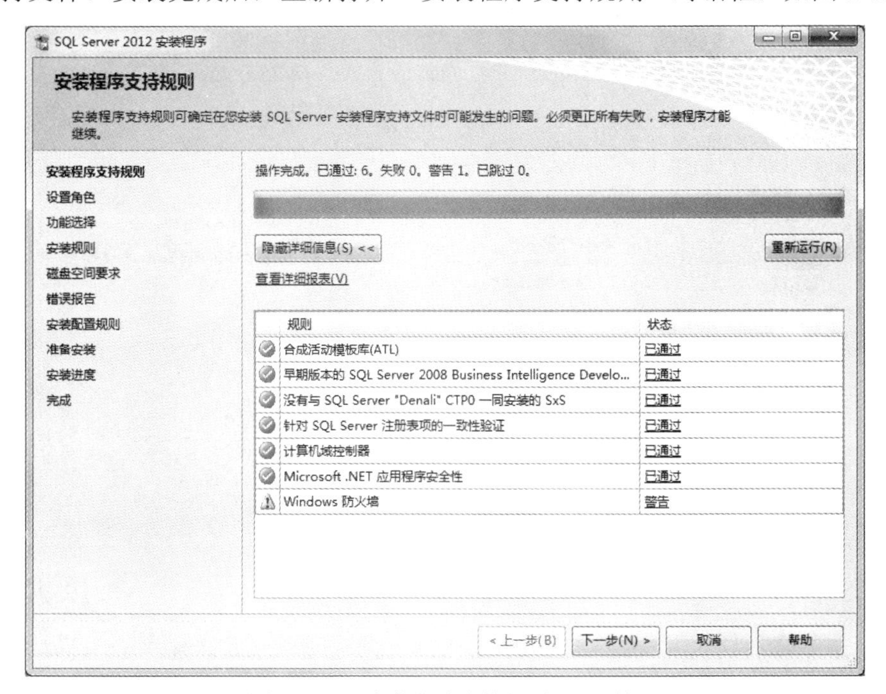

图1-13　“安装程序支持规则”对话框

（10）安装程序支持文件安装成功后，单击【下一步】按钮，打开“设置角色”对话框，如图 1-14 所示。

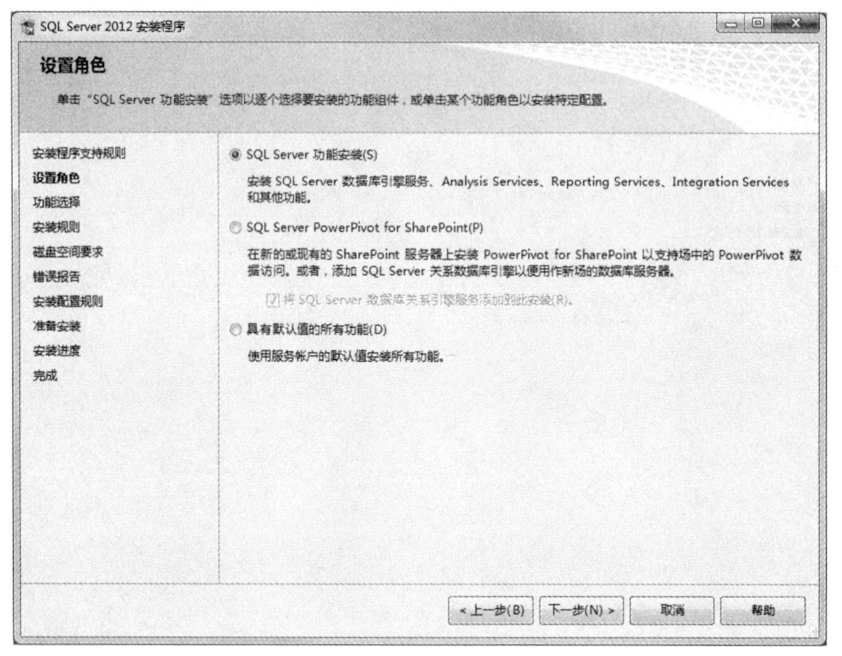

图 1-14　“设置角色”对话框

（11）单击【下一步】按钮，打开“功能选择”对话框，用户可以选择要安装的 SQL Server 2012 的功能模块。单击【全选】按钮选择所有功能（用户可以根据实际需要进行功能的选择），如图 1-15 所示，同时也指定了【共享功能目录】为【C:\Program Files\Microsoft SQL Server\】。

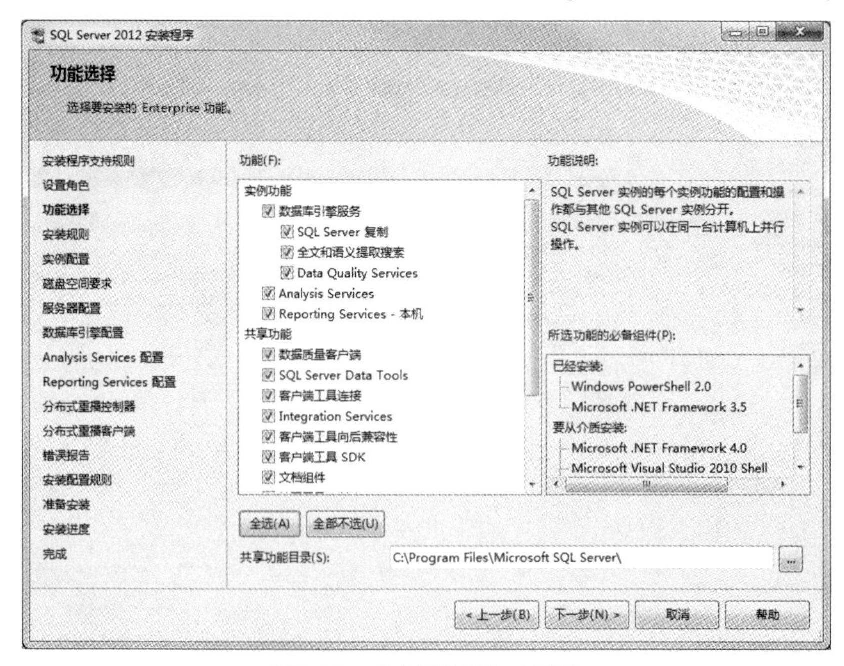

图 1-15　“功能选择”对话框

（12）功能选择完成后，单击【下一步】按钮，完成相关操作后，打开“安装规则”对话框，如图 1-16 所示。

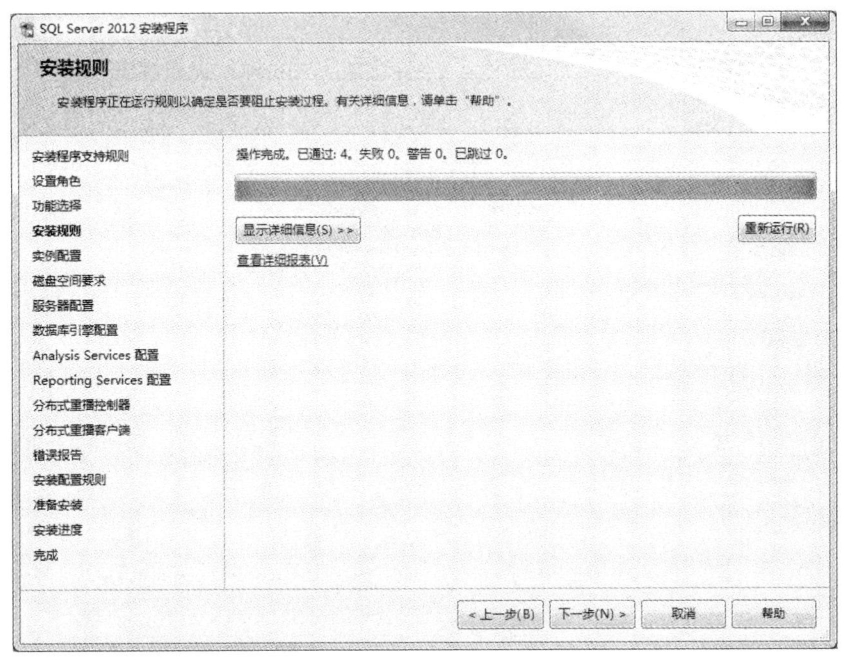

图 1-16 “安装规则”对话框

（13）安装规则检测完成后，单击【下一步】按钮，打开“实例配置”对话框，如图 1-17 所示。用户可以在这里设置数据库实例 ID（默认为“MSSQLSERVER”）、实例根目录（默认为“C:\Program Files\Microsoft SQL Server\”）。

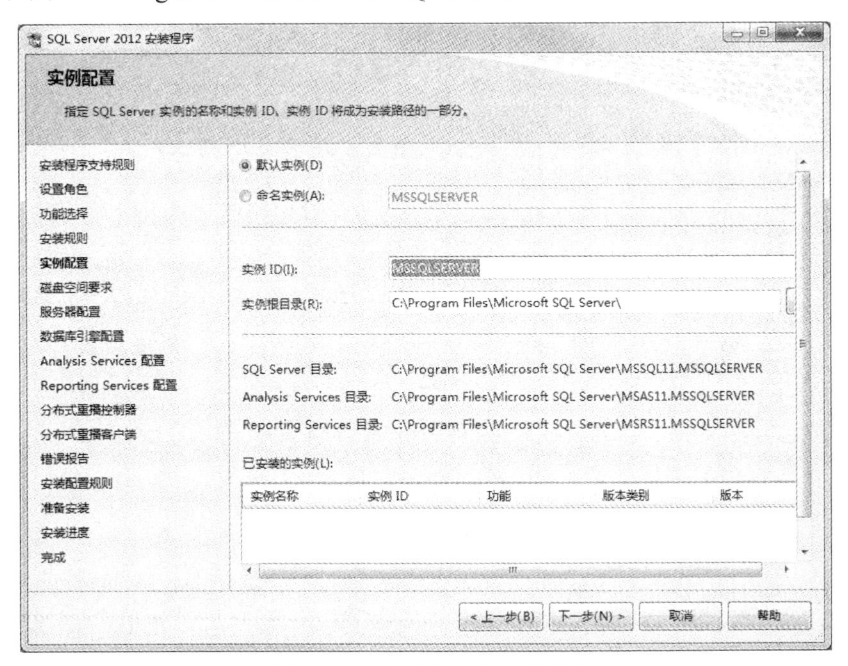

图 1-17 “实例配置”对话框

（14）实例配置完成后，单击【下一步】按钮，打开“磁盘空间要求”对话框，如图 1-18 所示。用户可以在此了解 SQL Server 的安装位置并检查系统是否有足够的空间来安装 SQL Server 2012。

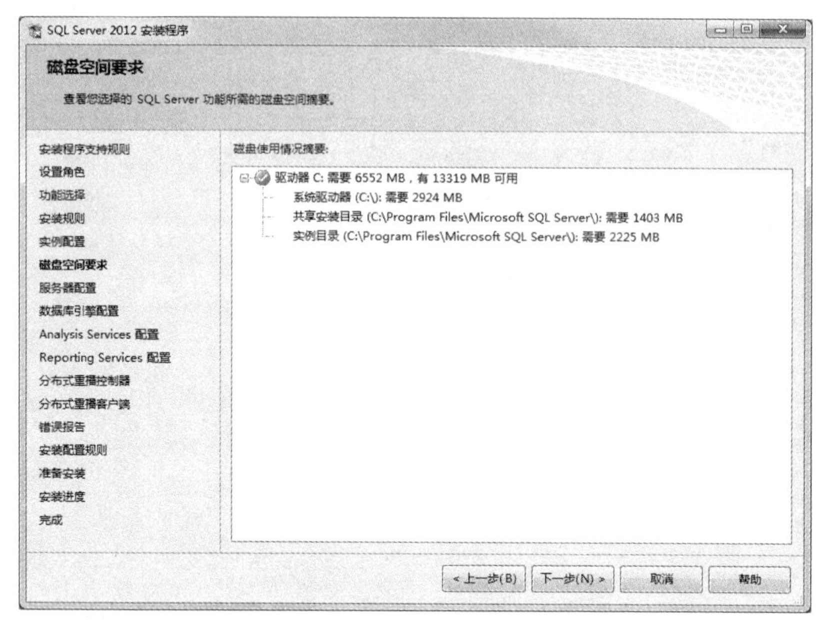

图 1-18 “磁盘空间要求”对话框

（15）磁盘空间检查完成后，单击【下一步】按钮，打开“服务器配置”对话框，如图 1-19 所示。用户可以在此配置“服务帐户”[如为 SQL Server 代理服务、SQL Server 数据库引擎服务和 SQL Server Browser 服务等指定对应系统帐户，并指定这些服务的启动类型（手动或自动）]，也可以指定“排序规则”，这里采用默认方式。

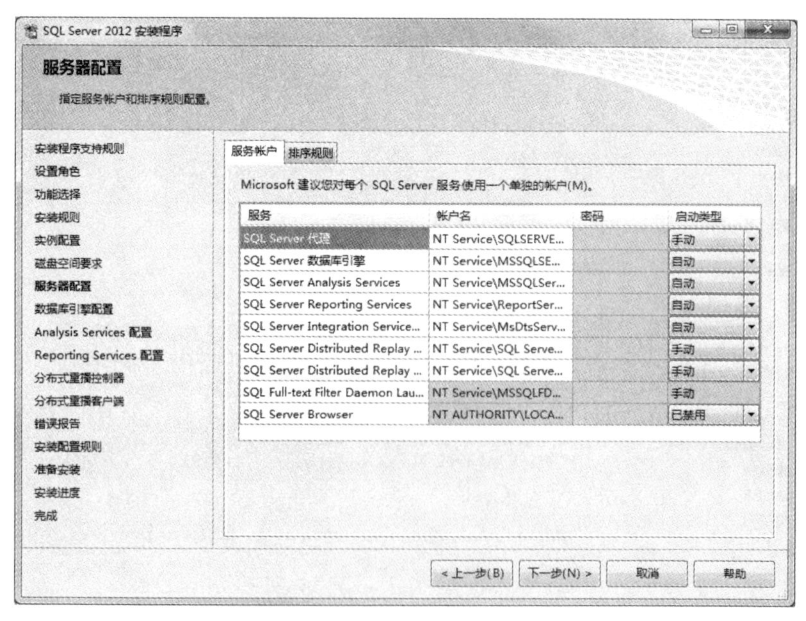

图 1-19 “服务器配置”对话框

提示： 所选择的帐户要设置密码，例如如果选择 Windows 操作系统的 Administrator 用户为帐户名，必须为该用户设置一个不为空的密码。

（16）服务器配置完成后，单击【下一步】按钮，打开“数据库引擎配置”对话框，如图 1-20 所示，在此可以设置 SQL Server 的身份验证模式（也可以在安装完成后进行设置）。

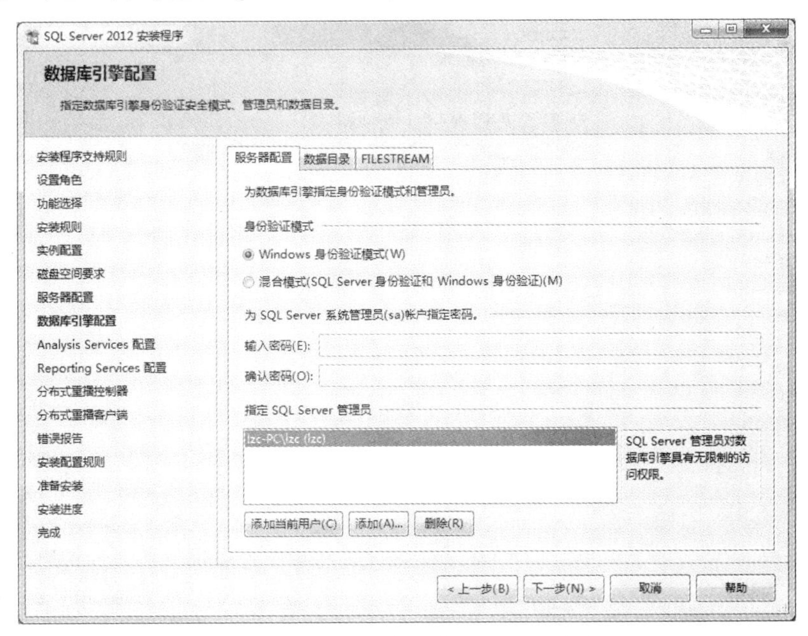

图 1-20　“数据库引擎配置”对话框

提示：

- 如果选择【混合模式】单选按钮，则提示输入和确认系统管理员密码，在成功连接到 SQL Server 后，两种模式的安全机制是一样的。
- 单击【添加当前用户】按钮，可以将当前的 Windows 用户设置为 SQL Server 管理员，也可以单击【添加】按钮选择将其他的 Windows 用户设置为 SQL Server 管理员，单击【删除】按钮则可以删除选定的用户。
- 如果没有设置用户，单击【下一步】按钮时，会提示“缺少系统管理员帐户。若要继续操作，请至少提供一个要设置为 SQL Server 系统管理员的 Windows 帐户。”
- 有关身份验证模式的详细内容，在后面的项目中会有深入的讲解。
- 单击“数据目录”选项卡，可以查看和设置 SQL Server 数据库的各种安装目录。

（17）数据库引擎配置完成后，单击【下一步】按钮，打开“Analysis Services 配置”对话框，如图 1-21 所示，在此可以指定 Analysis Services 的管理员和数据文件夹。

提示： 如果在如图 1-15 所示的“功能选择”对话框中没有选择 Analysis Services，该步骤将会忽略。

（18）Analysis Services 配置完成后，单击【下一步】按钮，打开“Reporting Services 配置”对话框，如图 1-22 所示，在此可以指定 Reporting Services 的配置模式。

提示： 如果在如图 1-15 所示的“功能选择”对话框中没有选择 Reporting Services，该步骤将会被忽略。

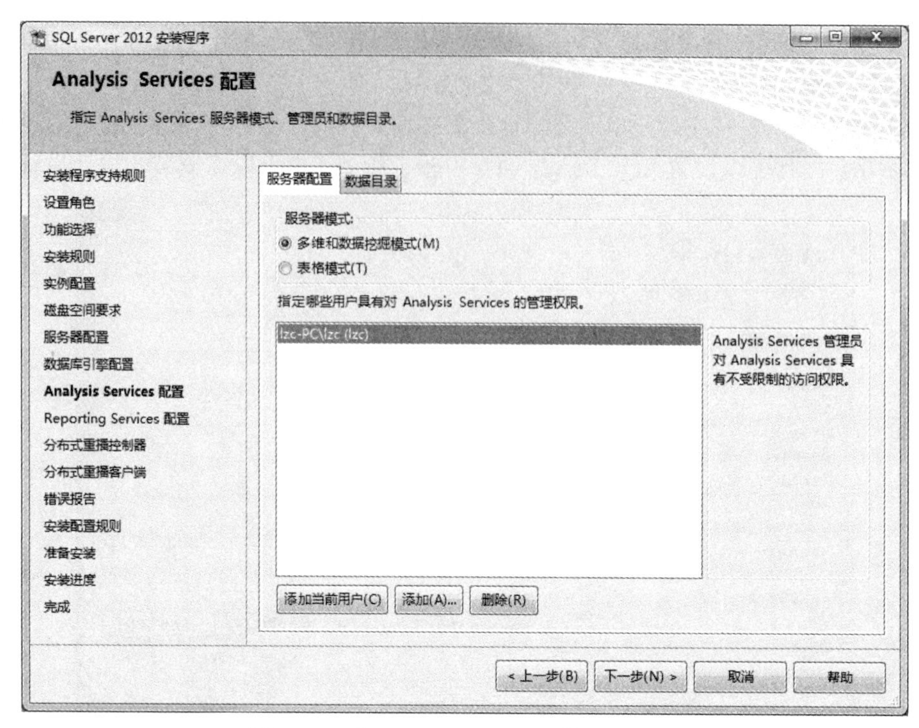

图 1-21 “Analysis Services 配置”对话框

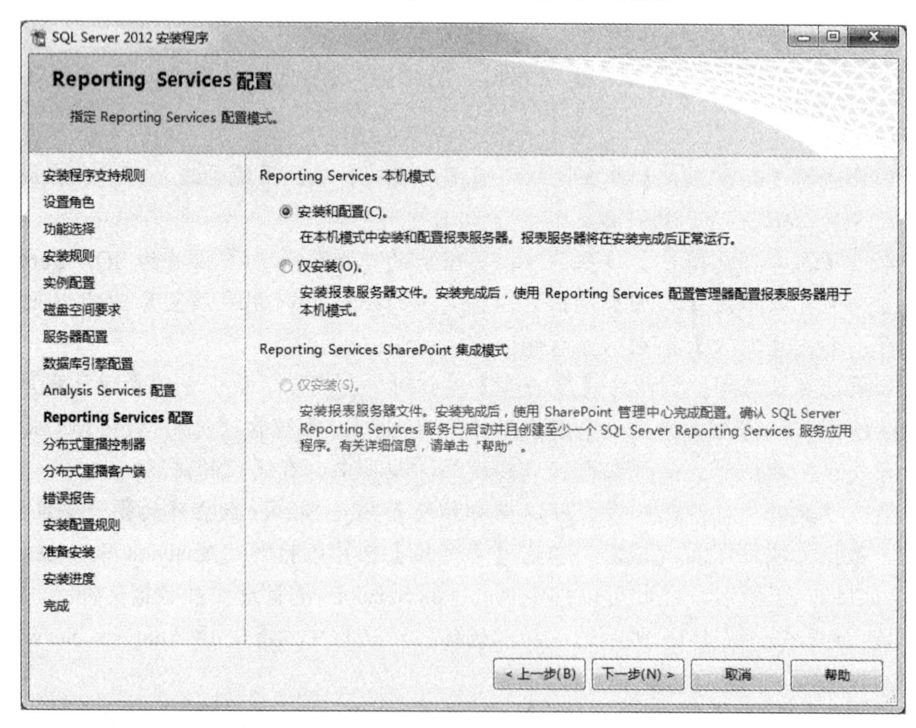

图 1-22 “Reporting Services 配置”对话框

（19）Reporting Services 配置完成后，单击【下一步】按钮，打开“分布式重播控制器”对话框，如图 1-23 所示。

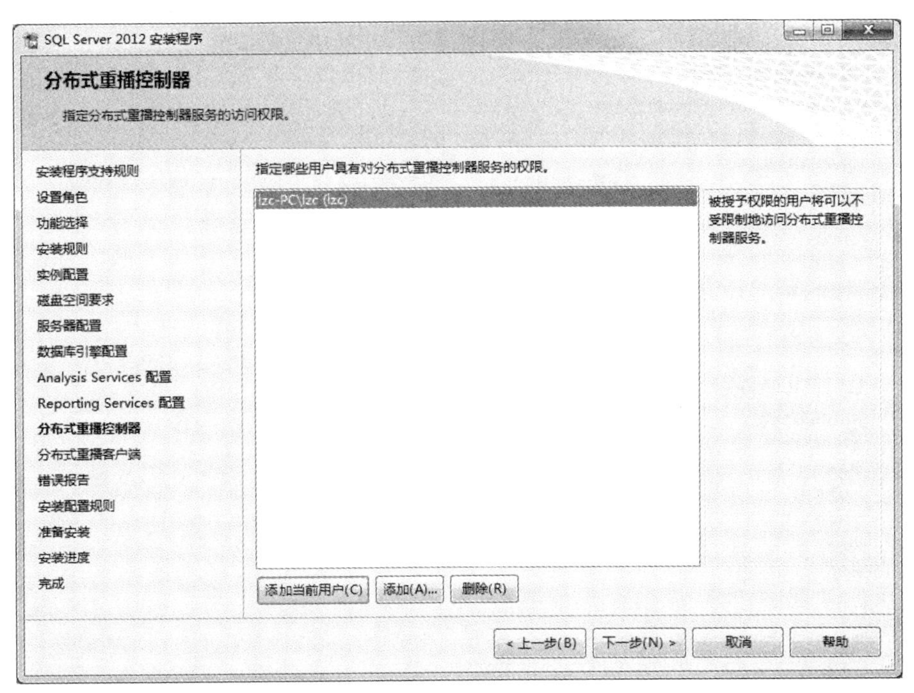

图 1-23　“分布式重播控制器”对话框

（20）分布式重播控制器配置完成后，单击【下一步】按钮，打开“分布式重播客户端”对话框，如图 1-24 所示。

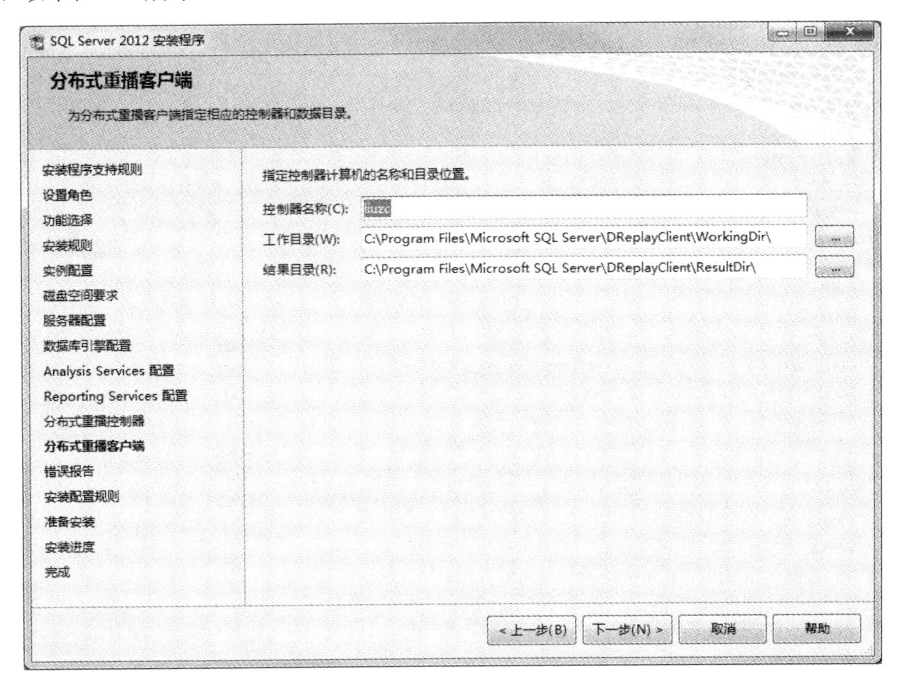

图 1-24　“分布式重播客户端”对话框

（21）分布式重播客户端配置完成后，单击【下一步】按钮，打开“错误报告”对话框，如图 1-25 所示。

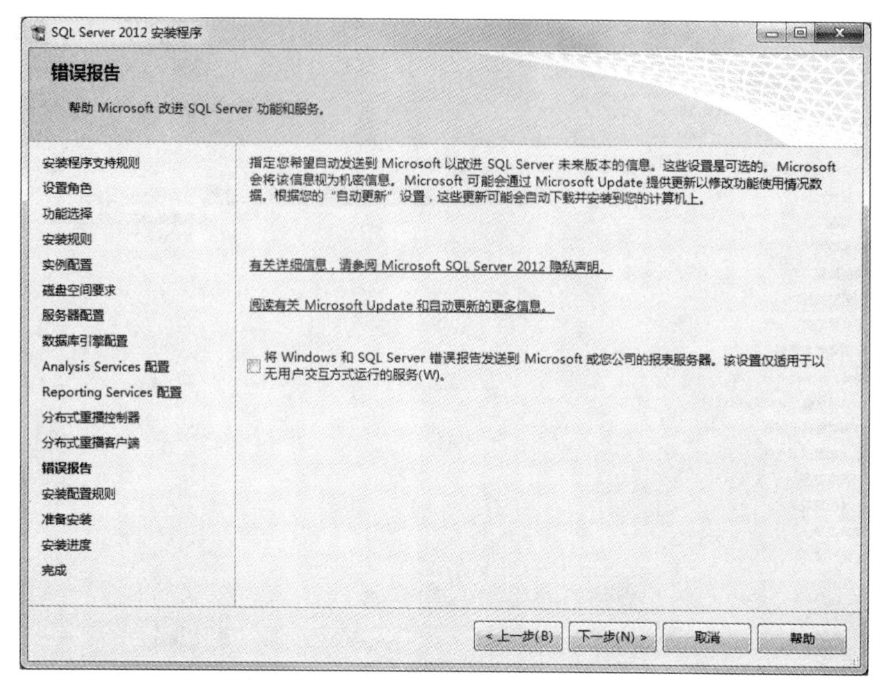

图 1-25 “错误报告”对话框

（22）查看错误报告后，单击【下一步】按钮，打开“安装配置规则”对话框，如图 1-26 所示。

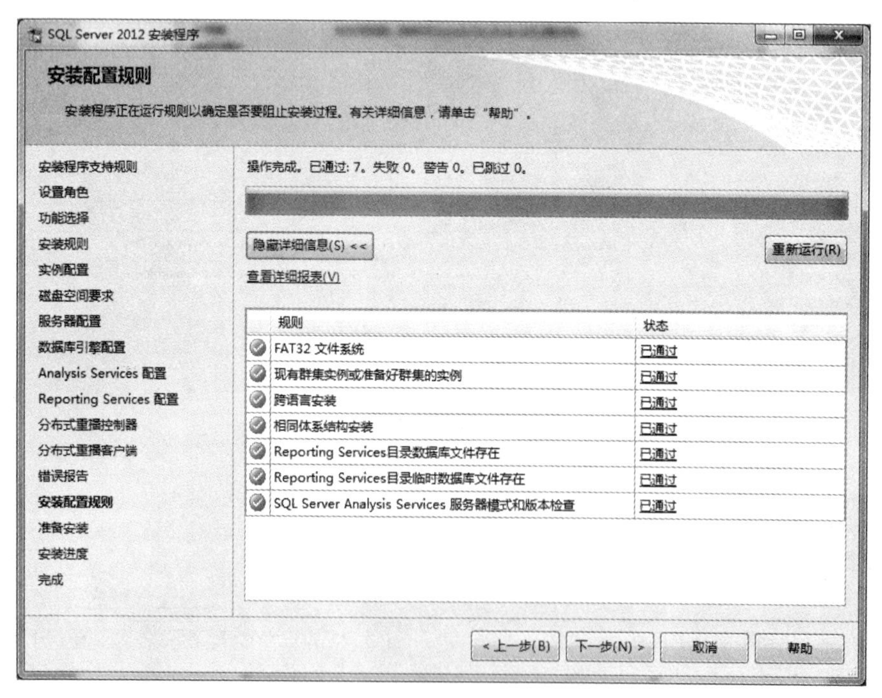

图 1-26 “安装配置规则”对话框

（23）如果满足条件，单击【下一步】按钮，打开“准备安装”对话框，以验证要安装的 SQL Server 2012 功能，如图 1-27 所示。

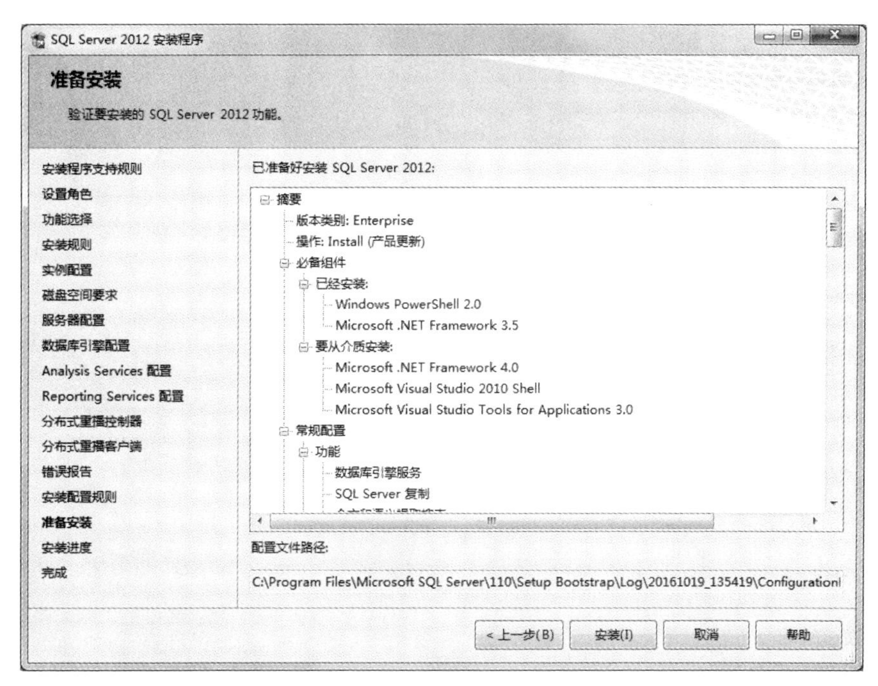

图 1-27 “准备安装”对话框

（24）在“准备安装”对话框，查看要安装的 SQL Server 功能和组件的摘要后，单击【安装】按钮继续安装，打开“安装进度”对话框，如图 1-28 所示。

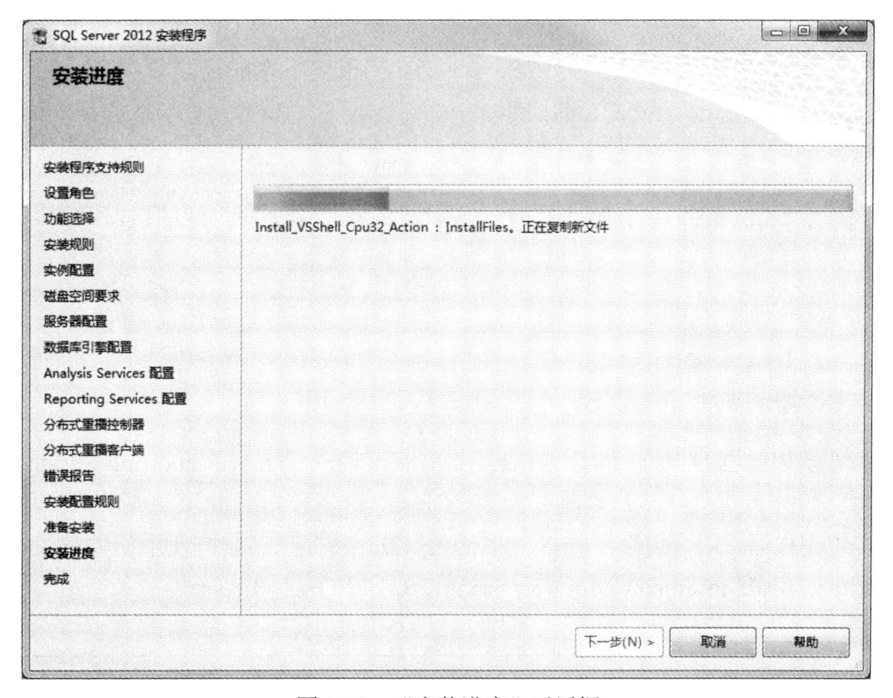

图 1-28 “安装进度”对话框

（25）安装完成后，单击【下一步】按钮，打开“完成”对话框，如图 1-29 所示。

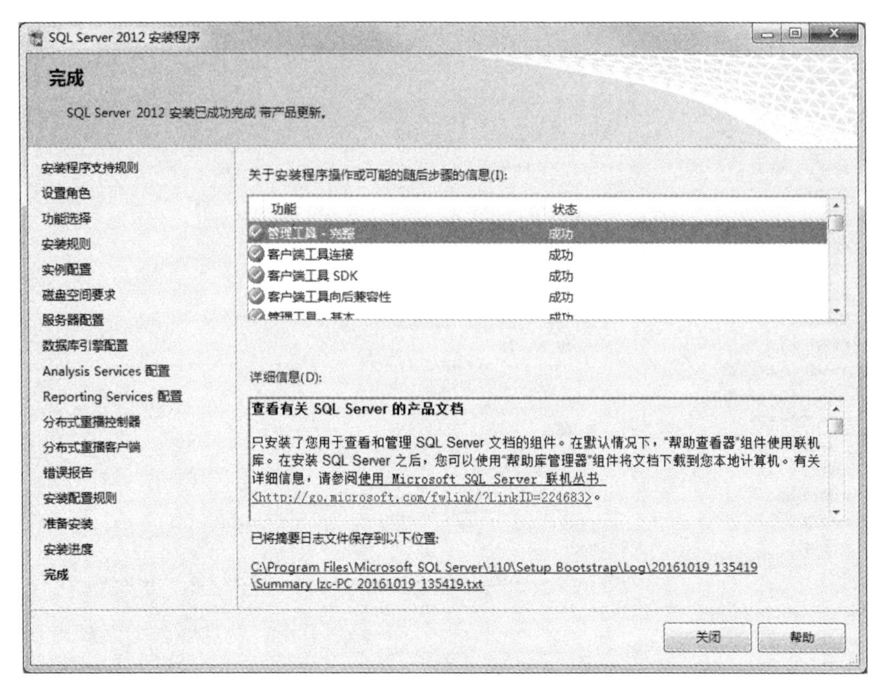

图 1-29　“完成”对话框

说明：

（1）在 x86 操作系统环境下不能安装 x64 的 SQL Server 2012 版本，否则会出现如图 1-30 所示的错误提示。

（2）操作系统环境必须满足 SQL Server 2012 相应版本的需求，如图 1-31 所示为 Windows 7 操作系统下未安装 SQL 的提示。

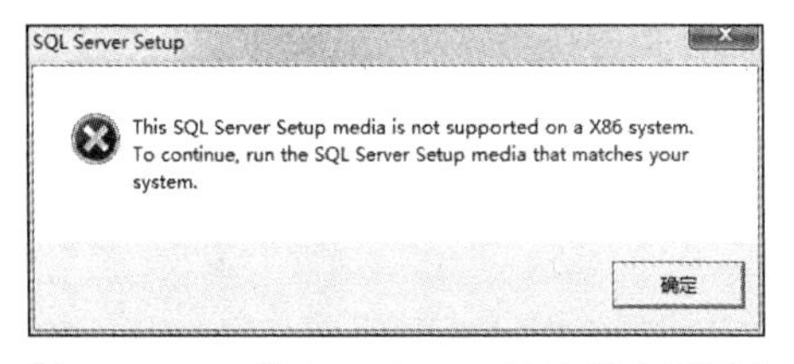

图 1-30　x64 的 SQL Server 2012 版本不适合 x86 操作系统

图 1-31　Windows 7 操作系统下未安装 SQL 的提示

（3）部分安装过程会根据所选择功能（如 Analysis Services、Reporting Services、分布式重播控制器和分布式重播客户端等）而有所差异。

（4）安装完成后，用户可以通过 SQL Server 2012 联机丛书获得使用相关信息。在线访问地址为 https://msdn.microsoft.com/library/ms130214(SQL.110).aspx。

课堂实践 1

1. 操作要求

（1）查阅资料，了解目前主流的关系型数据管理系统有哪些，并简单对比 SQL Server 2012 与 Oracle 11g 的区别。

（2）选择 SQL Server 2012 企业版，了解安装该版本所需要的软件（含操作系统）和硬件条件。

（3）安装 SQL Server 2012 企业版。

2. 操作提示

（1）数据库系统与数据库管理系统是不同的概念，我们通常所说的“SQL Server 数据库”，从严格意义上来说，应该指的是“SQL Server 数据库管理系统”。

（2）结合自己机器的软、硬件环境和操作系统，选择合适的 SQL Server 2012 版本。

（3）不同版本的 SQL Server 实例可以在同一台机器中共存。

（4）安装 SQL Server 2012 的操作可以放在课外完成。

3. 体验 SQL Server Management Studio① 的使用

配置 SQL Server 服务

1）启动 SQL Server Management Studio

（1）单击【开始】菜单，依次选择【所有程序】→【Microsoft SQL Server 2012】，再单击【SQL Server Management Studio】，如图 1-32 所示，启动 SQL Server Management Studio。

（2）在“连接到服务器”对话框中，选择【服务器类型】（如数据库引擎）、【服务器名称】（如 J-ZHANG）和【身份验证】（如 Windows 身份验证），如图 1-33 所示。再单击【连接】按钮，即可进入 SQL Server Management Studio 的管理界面。

图 1-32 启动 SQL Server Management Studio

图 1-33 “连接到服务器”对话框

2）SQL Server Management Studio 基本组成

SQL Server Management Studio 是一套管理工具，用于管理从属于 SQL Server 的组件。它提供了用于数据库管理的图形工具和功能丰富的开发环境。通过 Management Studio，可以在同一个工具中访问和管理数据库引擎、Analysis Manager 和 SQL 查询分析器，并且能够编写 Transact-SQL、MDX、XMLA 和 XML 语句。

SQL Server Management Studio 中各组成部分内容如图 1-34 所示。

① 在本节的后续章节，SQL Server Management Studio 简称为 SSMS。

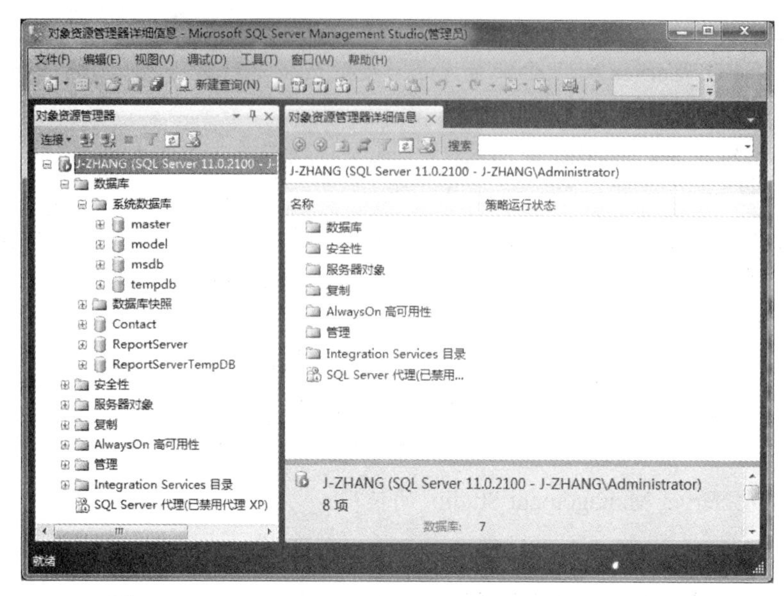

图 1-34 Microsoft SQL Server Management Studio 主界面

4. 查看和配置 SQL Server 服务

在 Windows 操作系统的控制面板中依次选择“管理工具”→“服务”，打开“计算机管理”窗口，如图 1-35 所示。在服务列表中可以看到名称为 SQL Server（MSSQLSERVER）的服务即为 SQL Server 的服务（同时也显示了与 SQL Server 相关的报表服务等其他的服务）。右击服务名称[如 SQL Server（MSSQLSERVER）]，可以对服务进行停止、重新启动等操作。选择【属性】，打开“SQL Server（MSSQLSERVER）的属性”对话框，可以完成指定服务的启动方式等管理操作，如图 1-36 所示。

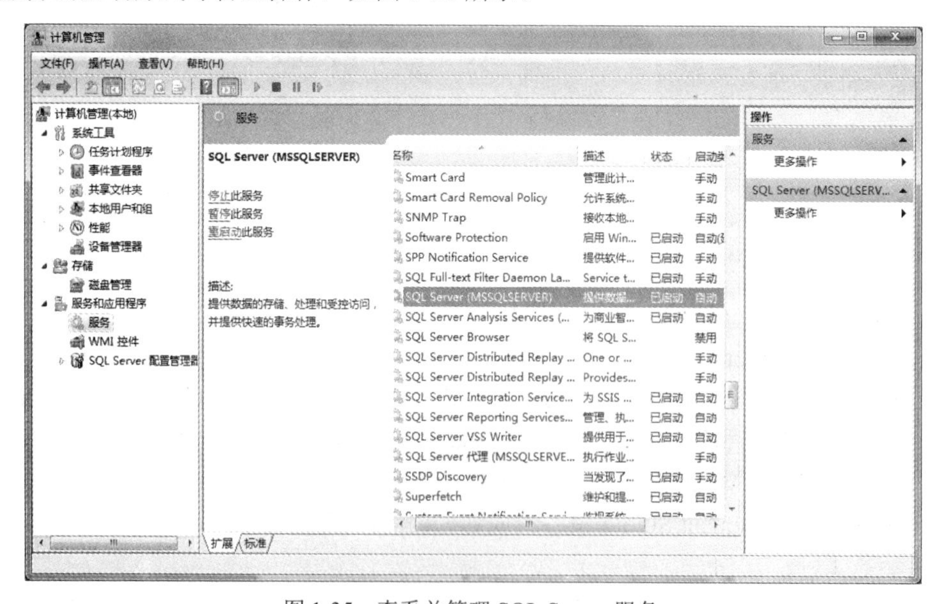

图 1-35 查看并管理 SQL Server 服务

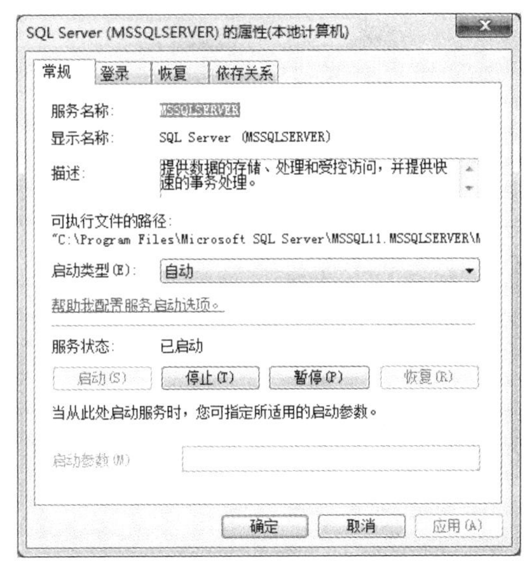

图 1-36　“SQL Server（MSSQLSERVER）的属性”对话框

提示：

- SQL Server 服务停止后，启动 SQL Server Management Studio 时将会显示错误。
- SQL Server 报表等服务可以根据实际需要指定启动方式。

课堂实践 2

1. 操作要求

（1）启动 SQL Server 2012 中的 SQL Server Management Studio。

（2）查看 SQL Server Management Studio 的各组成部分，通过操作体会其功能。

（3）查看 SQL Server 对应的服务，并完成该服务的停止、重新启动等操作。

2. 操作提示

（1）理解 SQL Server Management Studio 和 SQL Server 服务之间的关系。

（2）SQL Server 2012 的配置可以通过【开始】菜单中的【配置工具】完成。

1.1.3　任务小结

通过本任务，读者应掌握的数据库相关理论知识如下：

- 数据、数据库、数据库管理系统、数据库系统的概念及其之间的关系。
- 三种数据模型，即网状模型、层次模型和关系模型的特点。
- SQL Server 的发展历程及典型版本。
- SQL Server 2012 各版本的硬、软件安装要求。

通过本任务，读者应掌握的数据库操作技能如下：

- 能根据实际需要正确选择 SQL Server 2012 版本。
- 能正确安装 SQL Server 2012。
- 能正确处理好 SQL Server 2012 安装过程中遇到的问题。
- 能选择合适的方式启动和停止 SQL Server 服务。

任务 1.2　使用 SSMS 管理 Contact 数据库

任务目标

在进行数据管理时，相关的信息要存放到数据库中。数据库就像是一个容器，其中可以容纳表、视图、索引、存储过程和触发器等数据库对象。应用 SQL Server 2012 进行数据管理之前，必须创建好数据库，并指定数据库的数据文件名、日志文件名以及数据库的存放位置等属性。

本任务根据个人通讯数据库项目的目标，在安装好的 SQL Server 2012 数据库管理系统中使用 SSMS 管理数据库。本任务的主要目标包括：

- 掌握 SQL Server 2012 数据库的主要组成。
- 掌握 SQL Server 2012 的系统数据库及其主要作用。
- 了解 SQL Server 2012 的存储结构。
- 能使用 SSMS 创建数据库。
- 能使用 SSMS 修改数据库。
- 能使用 SSMS 查看和删除数据库。
- 能使用 SSMS 实现数据库的收缩。

1.2.1　背景知识

1. SQL Server 2012 数据库概述

SQL Server 2012 中的数据库由表的集合组成，这些表用于存储一组特定的结构化数据。表中包含行（也称为记录或元组）和列（也称为属性）的集合。表中的每一列都用于存储某种类型的信息，例如日期、名称、金额和数字。

在 SQL Server Management Studio 中查看本书样例数据库 Contact 步骤如下。

（1）启动 SQL Server Management Studio。

（2）在“对象资源管理器”中展开【数据库】节点，然后展开【Contact】。

（3）展开【表】节点，可以查看该数据库中包含的表的情况，在选定的表中再展开【列】节点，则可查看对应表中列和约束的信息；展开【视图】节点可以查看该数据库中包含的视图的情况。

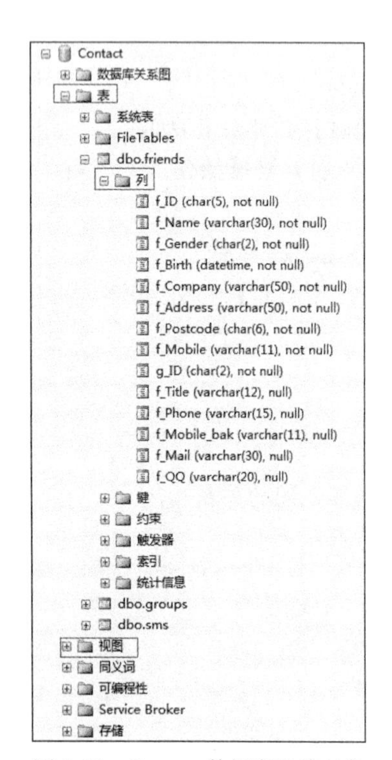

图 1-37　Contact 数据库及其对象

如图 1-37 所示，在 Contact 数据库中，创建一个名为 Friends 的表来存储每位联系人的信息。该表还包含名为 f_ID、f_Name 等的列。为了确保不存在两个雇员使用同一个 f_ID 的情况，并确保 f_Gender 列仅包含符合逻辑的性别类型，必须向该表添加一些约束。

由于需要根据员工 f_ID 或 f_Name 快速查找员工的相关数据，因此可以定义一些索引。还可以创建一个名为 pr_AddFriends 的存储过程，用来接受新员工的信息，并执行向 Friends 表中添加行的操作。如果需要了解朋友所发送的短信息，可以定义一个名为 vw_FriendsSMS 的视图，用于连接 Friends 和 SMS 表中的数据。如图 1-37 显示了所创建的 Contact 数据库的各个部分。

如上所述，SQL Server 2012 中的数据库由一个表集合组成。这些表包含数据以及为支持对数据执行的活动而定义的其他对象，如视图、索引、存储过程、用户定义函数和触发器。存储在数据库中的数据通常与特定的主题或过程相关。数据库及其对象组成如表 1-9 所示。

表 1-9 数据库及其对象组成

主题	说明
数据库	说明如何使用数据库表示、管理和访问数据
联合数据库服务器	说明实现联合数据库层的设计指南和注意事项
表	说明如何使用表存储数据行和定义多个表之间的关系
索引	说明如何使用索引提高访问表中数据的速度
已分区表和已分区索引	说明如何分区可使大型表和索引更易于管理以及更具可缩放性
视图	说明各种视图及其用途（提供其他方法查看一个或多个表中的数据）
存储过程	说明这些 Transact-SQL 程序如何将业务规则、任务和进程集中在服务器中
DML 触发器	说明作为特殊类型存储过程的 DML 触发器的功能，DML 触发器仅在修改表中的数据后执行
DDL 触发器	说明作为特殊触发器的 DDL 触发器的功能，DDL 触发器在响应数据定义语言（DDL）语句时激发
登录触发器	登录触发器将为响应 LOGON 事件而激发存储过程。与 SQL Server 实例建立用户会话时将引发此事件
事件通知	说明作为特殊数据库对象的事件通知，事件通知可以向 Service Broker 发送有关服务器和数据库事件的信息
用户定义函数	说明如何使用函数将任务和进程集中在服务器中
程序集	说明如何在 SQL Server 中使用程序集部署以 Microsoft .NET Framework 公共语言运行时（CLR）中驻留的一种托管代码语言编写的（不是以 Transact-SQL 编写的）函数、存储过程、触发器、用户定义聚合以及用户定义类型
同义词	说明如何使用同义词引用基对象；同义词是包含架构的对象的另一个名称

提示：

- 一个 SQL Server 实例可以支持多个数据库。每个数据库可以存储来自其他数据库的相关数据或不相关数据。例如，SQL Server 实例可以有一个数据库用于存储网站商品数据，另一个数据库用于存储内部员工的数据。
- 不能在 master 数据库中创建任何用户对象（例如表、视图、存储过程或触发器）。master 数据库包含 SQL Server 实例使用的系统级信息（例如登录信息和配置选项设置）。
- 表上有几种类型的控制（例如约束、触发器、默认值和自定义用户数据类型），用于保证数据的有效性。可以向表中添加声明性引用完整（DRI）约束，以确保不同表中的相关数据保持一致。
- 表上可以有索引（与书中的索引相似），利用索引能够快速找到行。数据库还可以包含使用 Transact-SQL 或.NET Framework 编程代码的过程对数据库中的数据执行操作。这些操作包括创建用于提供对表数据的自定义访问的视图，或创建用于对部分行执行复杂计算的用户定义函数。

2. 系统数据库

SQL Server 系统数据库是指安装 SQL Server 后自动安装到数据库服务器上的用来保存一些系统信息的数据库（master、model、msdb 和 tempdb）。在 SSMS 中查看 SQL Server 2012 安装成功后系统数据库的步骤如下。

图 1-38　系统数据库

（1）启动 SSMS。

（2）在“对象资源管理器”中展开【数据库】节点，然后展开【系统数据库】，如图 1-38 所示。

SQL Server 2012 中系统数据库及其说明如表 1-10 所示。

表 1-10　系统数据库及其说明

系统数据库	说明
master 数据库	记录 SQL Server 实例的所有系统级信息，例如登录帐户、系统配置信息、所有其他的数据库信息、数据库文件的位置等。该数据库还可以记录 SQL Server 的初始化信息
model 数据库	用作 SQL Server 实例上创建的所有数据库的模板。对 model 数据库进行的修改（如数据库大小、排序规则、恢复模式和其他数据库选项）将应用于以后创建的所有数据库
msdb 数据库	在 SQL Server 代理计划警报和作业时使用
tempdb 数据库	一个工作空间，用于保存临时对象或中间结果集

提示：

- 在 SQL Server 2012 中有一个样例数据库 AdventureWorks，也需要用户下载数据库文件后自行附加。有关 AdventureWorks 的使用，请读者参阅其他相关资料。
- 数据库的附加操作，后面的项目会有详细的介绍。
- 对系统数据库中的数据可以进行修改和查看操作。

1.2.2　完成步骤

1. 使用 SSMS 创建数据库

使用 SSMS 创建和查看数据库

子任务 1　在 SQL Server 2012 的 SSMS 中，创建 Contact 数据库。

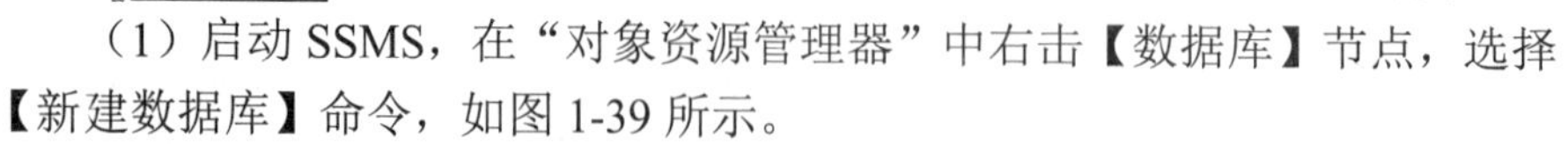

（1）启动 SSMS，在“对象资源管理器”中右击【数据库】节点，选择【新建数据库】命令，如图 1-39 所示。

（2）打开“新建数据库”对话框，在【数据库名称】文本框中输入新数据库的名称（这里为 Contact），如图 1-40 所示。

（3）添加或删除数据文件和日志文件；指定数据库的逻辑名称，系统默认用数据库名作为前缀创建主数据库和事务日志文件，如 Contact 和 Contact_log，如图 1-40 所示。

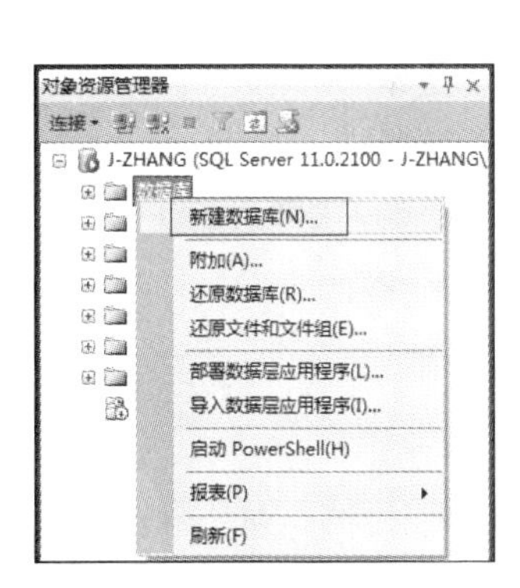

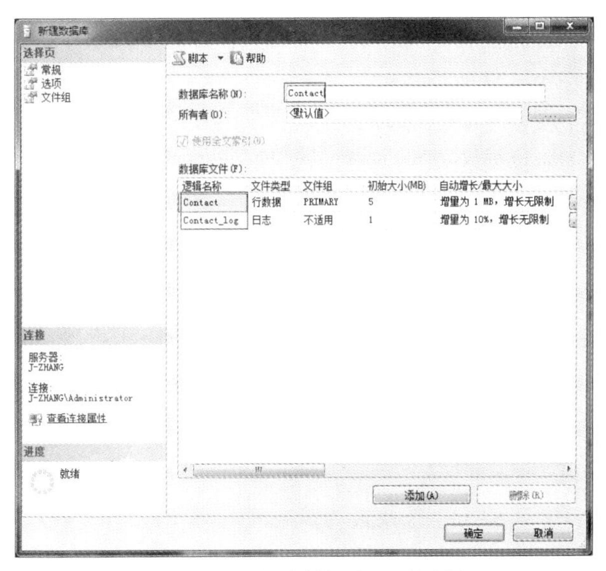

图 1-39　选择“新建数据库”　　图 1-40　“新建数据库”对话框

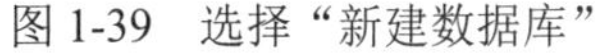

（4）可以更改数据库的自动增长方式，文件的增长方式有多种，数据文件的默认增长方式是“按 MB”，日志文件的默认增长方式是“按百分比”，如图 1-41 和图 1-42 所示。

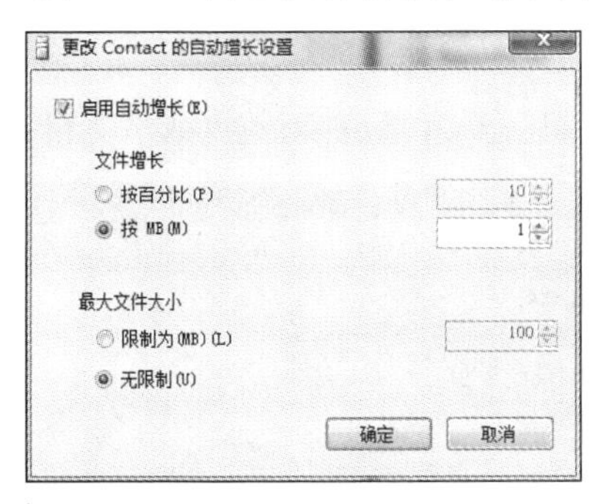

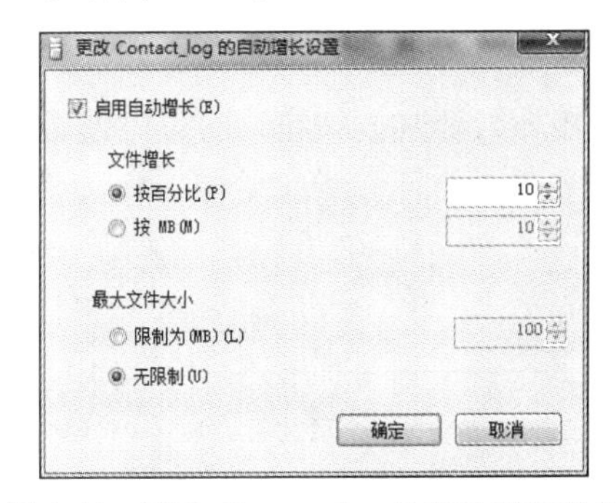

图 1-41　更改 Contact 的自动增长设置　　图 1-42　更改 Contact_log 的自动增长设置

（5）可以通过单击“路径”旁边的[...]按钮，更改数据库对应的操作系统文件的路径（如 D:\data）。

（6）单击【确定】按钮，即可创建 Contact 数据库，如图 1-43 所示。

图 1-43　新创建的 Contact 数据库

提示：

- 创建数据库时，必须确定数据库的名称、所有者、大小以及存储该数据库的文件和文件组。数据库名称必须遵循 SQL Server 标识符规则。
- 可以在创建数据库时改变其存储位置，但一旦数据库创建之后，其存储位置不能被修改。
- 数据库和事务日志文件的初始大小与为 model 数据库指定的默认大小相同，主文件中包含数据库的系统表。

- 创建数据库之后，构成该数据库的所有文件都将用零填充，以重写磁盘上以前的删除文件所遗留的现有数据。
- 在创建数据库时最好指定文件的最大允许增长的大小，这样做可以防止文件在添加数据时无限制增大，以免用尽整个磁盘空间。
- 创建数据库之后，建议创建一个 master 数据库的备份。
- 对于一个 SQL Server 实例，最多可以创建 32 767 个数据库。
- model 数据库中的所有用户定义对象都将复制到所有新创建的数据库中。可以向 model 数据库中添加任何对象（例如表、视图、存储过程和数据类型），以将这些对象包含到所有新创建的数据库中。
- 如果需要在数据库节点中显示新创建的数据库，则需要在数据库节点上右击，再选择【刷新】。

2. 使用 SSMS 修改数据库

使用 SSMS 修改和删除数据库

子任务 2 在 SQL Server 2012 的 SSMS 中，完成数据库 Contact 的修改。

（1）启动 SSMS，在“对象资源管理器”中展开【数据库】节点。

（2）右击【Contact】节点，选择【属性】，如图 1-44 所示。

（3）打开“数据库属性”对话框，进行数据库属性的修改，如图 1-45 所示。

（4）单击【添加】按钮，可以添加数据文件或日志文件以扩充数据或事务日志空间。

图 1-44 选择数据库属性

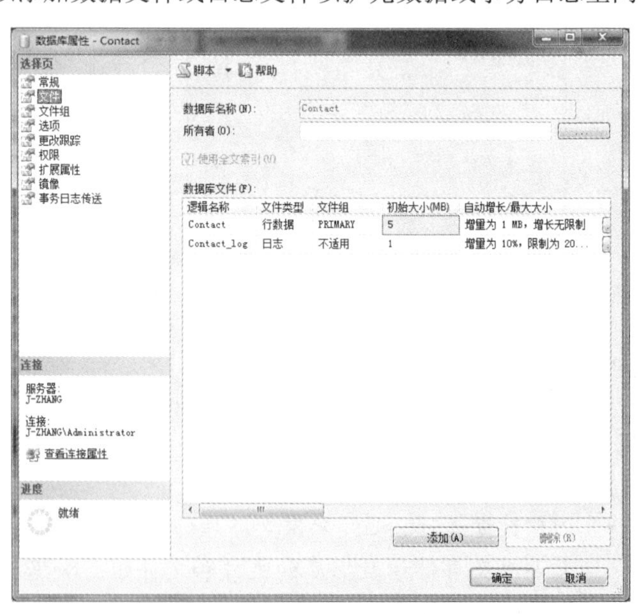

图 1-45 “数据库属性”对话框

在创建 Contact 数据库后，可以根据数据库管理的实际需要修改数据库的属性，修改的内容包括以下几个方面：

① 扩充或收缩分配给数据库的数据或事务日志空间。

② 添加或删除数据和事务日志文件。

③ 创建文件组。
④ 创建默认文件组。
⑤ 更改数据库名称。
⑥ 更改数据库的所有者。

3. 使用 SSMS 查看数据库

子任务3　在 SQL Server 2012 的 SSMS 中，查看数据库 Contact 的相关信息。

（1）启动SSMS，在“对象资源管理器”中展开【数据库】节点。
（2）右击【Contact】节点，选择【属性】，如图1-44所示。
（3）打开“数据库属性”对话框，可以查看数据库的属性，如图1-45所示。

4. 使用 SSMS 删除数据库

子任务4　在 SQL Server 2012 的 SSMS 中，删除数据库 Contact。

（1）启动SSMS，在“对象资源管理器”中展开【数据库】节点。
（2）右击【Contact】节点，选择【删除】，如图1-46所示。
（3）打开“删除对象”对话框，单击【确定】按钮确认删除，如图1-47所示。

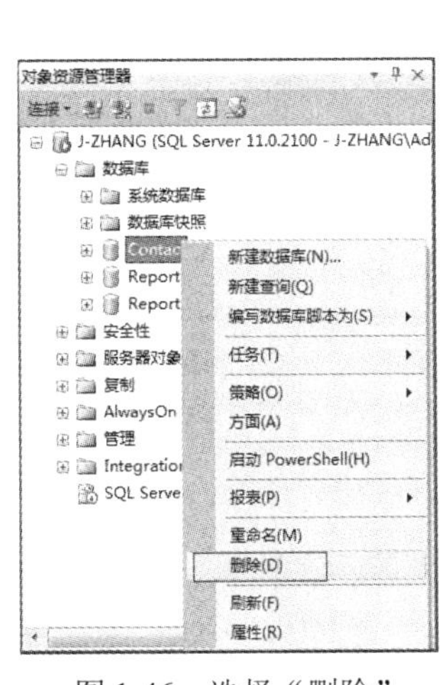

图1-46　选择“删除”

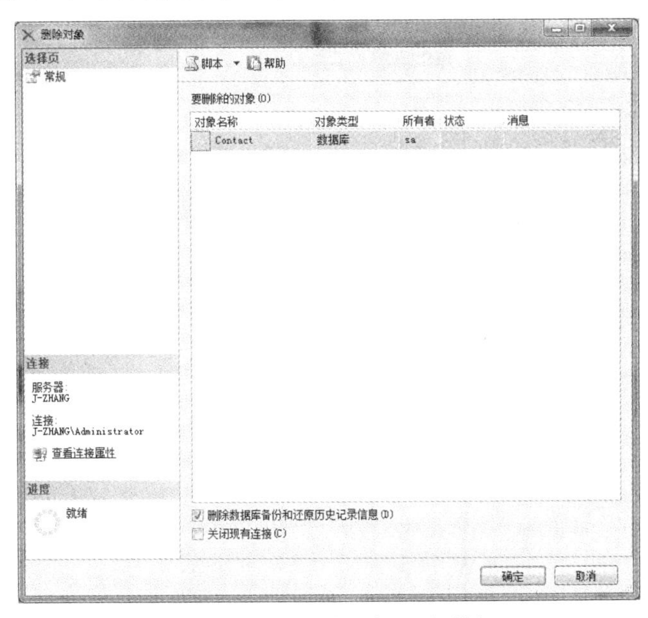

图1-47　“删除对象”对话框

提示：

- 当不再需要数据库，或将数据库移到另一数据库或服务器时，即可删除该数据库。一旦删除数据库，文件及其数据都从服务器上的磁盘中删除，不能再进行检索，除非使用以前的备份。
- 在数据库删除之前备份 master 数据库，因为删除数据库将更新 master 中的系统表。如果 master 需要还原，则从上次备份 master 之后删除的所有数据库都将仍然在系统表中有引用，因而可能导致出现错误信息。

- 必须将当前数据库指定为其他数据库，不能删除当前打开的数据库。

5. 使用 SSMS 收缩数据库

子任务 5 在 SQL Server 2012 的 SSMS 中，收缩数据库 Contact。

（1）启动 SSMS，在“对象资源管理器”中展开【数据库】节点。

（2）右击【Contact】节点，依次选择【任务】→【收缩】→【数据库】（如果要收缩文件，则依次选择【任务】→【收缩】→【文件】），如图 1-48 所示。

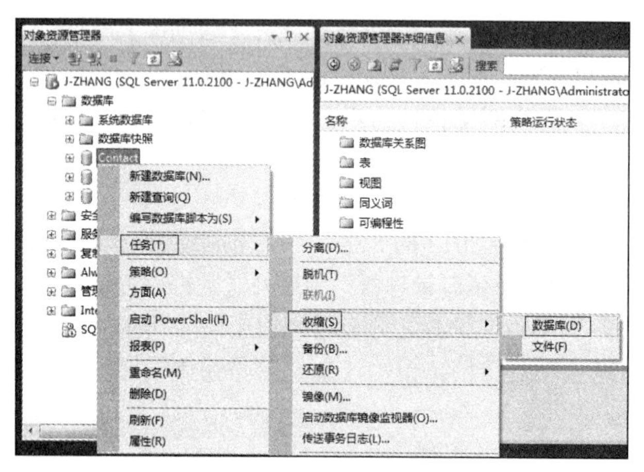

图 1-48 选择“收缩”

（3）打开“收缩数据库”对话框，如图 1-49 所示。

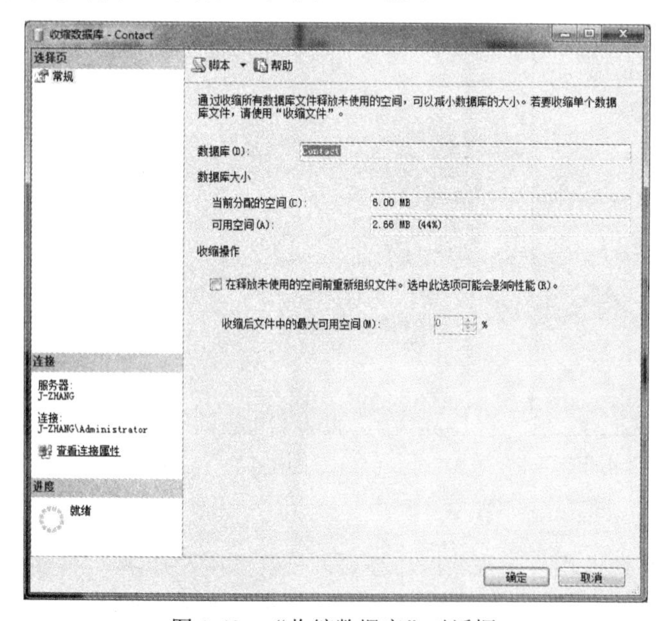

图 1-49 “收缩数据库”对话框

（4）根据需要，可以选中【在释放未使用的空间前重新组织文件。选中此选项可能会影响性能】复选框，同时为【收缩后文件中的最大可用空间】指定值。如果设置不当，则可能会影响数据库性能。

（5）设置完成后，单击【确定】按钮完成数据库收缩的配置。

课堂实践 3

1. 操作要求

（1）启动 SSMS，创建数据库 Contact，并要求进行如下设置：

① 数据库文件和日志文件的逻辑名称分别为 Contact_data 和 Contact_log。

② 物理文件存放在 E:\data 文件夹中。

③ 数据文件的增长方式为“按 MB”自动增长，初始大小为 5MB，文件增长量为 2MB。

④ 日志文件的增长方式为“按百分比”自动增长，初始大小为 2MB，文件增长量为 15%。

（2）在操作系统文件夹中查看 Contact 数据库对应的操作系统文件。

（3）对 Contact 数据库进行以下修改。

① 添加一个日志文件 Contact_log1。

② 将主数据库文件的增长上限修改为 500MB。

③ 将主日志文件的增长上限修改为 300MB。

（4）删除所创建的数据库文件 Contact。

2. 操作提示

（1）如果原来已存在 Contact 数据库，则可先删除该数据库。

（2）为了保证能将数据库文件存放在指定的文件夹中，必须首先创建好文件夹（如 E:\data），否则会出现错误。

（3）不能删除数据库中的主数据文件和主日志文件。

1.2.3　任务小结

通过本任务，读者应掌握的数据库相关理论知识如下：

- SQL Server 2012 数据库的基本组成。
- SQL Server 2012 安装成功后系统数据库及其主要功能。
- SQL Server 2012 的数据库文件的存储及文件名的识别。

通过本任务，读者应掌握的数据库操作技能如下：

- 能使用 SSMS 创建数据库并进行数据库相关属性的指定。
- 能使用 SSMS 对已创建的数据库进行必要的修改。
- 能使用 SSMS 查看或删除已创建的数据库。
- 能使用 SSMS 对已创建的数据库完成收缩操作。

任务 1.3　使用 SSMS 管理 Contact 数据库的数据表

任务目标

数据库是用来保存数据的，在 SQL Server 数据库管理系统中，物理的数据存放在表中。

表的操作包括设计表和创建、修改和删除数据库的表，其中设计表指的是规划怎样合理的、规范的来存储数据。根据对个人通讯的需求分析，个人通讯数据库中设计了三张表：friends 表（联系人信息表）、groups 表（联系人分组表）和 SMS 表（短消息表）。

本任务根据 Contact 数据库中所设计的数据表，在安装好的 SQL Server 2012 数据库管理系统中，使用 SSMS 创建、修改和删除数据表，并在已经创建好的 friends 表和 groups 表的基础上使用 SSMS 添加、修改、删除和查看记录。本任务的主要目标包括：

- 了解 SQL Server 2012 数据表的基本概念。
- 能使用 SSMS 创建数据表。
- 能使用 SSMS 修改数据表。
- 能使用 SSMS 查看和删除数据表。
- 能使用 SSMS 添加、修改、删除记录。
- 能使用 SSMS 查看记录。

1.3.1 背景知识

1. SQL Server 表的概念

SQL Server 中的表

表是存放数据库中所有数据的数据库对象。如同 Excel 电子表格，数据在表中是按行和列的格式进行组织的。其中，每行代表一条记录，每列代表记录中的一个域。例如，在包含商品信息的商品表中每一行代表一种商品，每一列分别表示这种商品的某一方面的特性，如商品名称、价格、数量及折扣等。

一个数据库需要包含各个方面的数据，如在 Contact 数据库中，包含联系人基本信息表、联系人分组表和短信息表等。因此，在设计数据库时，应先确定需要什么样的表，各个表中应该包括哪些数据以及各个表之间的关系和存取权限等，这个过程称之为设计表。在设计表时需要确定如下项目。

（1）表的名称。

（2）表中每一列的名称。

（3）表中每一列的数据类型和长度。

（4）表中的列中是否允许空值、是否唯一、是否要进行默认设置或添加用户定义约束。

（5）表中需要的索引的类型和需要建立索引的列。

（6）表间的关系，即确定哪些列是主键，哪些列是外键。

要做好表的设计，需要能够精确的捕捉用户需求，并对具体的事务处理非常了解。本项目假设个人通讯数据库的设计已经完成，只考虑数据库在 SQL Server 2012 数据库管理系统中的实现和管理操作。关于数据库设计的详细内容请读者参阅项目 4。

2. SQL Server 基本数据类型

SQL Server 中的数据类型

SQL Server 2012 可以存储不同类型的数据，如字符、货币、整型和日期时间等。需要为 SQL Server 2012 表中的每一列指定该列可存储的数据类型。SQL Server 2012 常用的数据类型及其存储值范围如表 1-11 所示。

表 1-11　SQL Server 2012 常用的数据类型及其存储范围

数据类型	符号标识	范围	存储
整数型	bigint	-2^{63} ～$2^{63}-1$	8 字节
	int	-2^{31}～$2^{32}-1$	4 字节
	smallint	-2^{15} ～$2^{15}-1$	2 字节
	tinyint	0～255	1 字节
精确数值型	decimal numeric	$-10^{38}+1$～$10^{38}-1$	5～17 字节
浮点型	float	−1.79E＋308～−2.23E −308、0 以及 2.23E−308～1.79E＋308	4～8 字节
	real	−3.40E＋38～−1.18E −38、0 以及 1.18E−38～3.40E＋38	4 字节
货币型	money	-2^{63} ～$2^{63}-1$	8 字节
	smallmoney	-2^{31}～$2^{32}-1$	4 字节
位型	bit	0、1、NULL（TRUE 转换为 1，FALSE 转换为 0）	1 字节
日期时间型	datetime	1753 年 1 月 1 日—9999 年 12 月 31 日（精确到 3.33 毫秒）	8 字节
	smalldatetime	1900 年 1 月 1 日—2079 年 6 月 6 日（精确到 1 分钟）	4 字节
	date	公元元年 1 月 1 日—9999 年 12 月 31 日	3 字节
	time	00:00:00.000 000 0—23:59:59.999 999 9	5 字节
	datetime2	日期范围：公元元年 1 月 1 日—9999 年 12 月 31 日	6～8 字节
	datetimeoffset	取值范围同 datetime2，具有时区偏移量	6～8 字节
字符型	char	固定长度，长度为 n 个字节，n 的取值范围为 1～8000	n 个字节
	varchar	可变长度，n 的取值范围为 1～8000	输入数据的实际长度加 2 个字节
Unicode 字符型	nchar	固定长度的 unicode 字符数据，n 值必须在 1～4000（含）	2×n 个字节
	nvarchar	可变长度 unicode 字符数据，n 值在 1～4000（含）	输入字符个数的两倍加 2 个字节
文本型	text	存储较长的备注、日志信息等，最大长度为 $2^{32}-1$ 个字符	<=2 147 483 647 字节
	ntext	长度可变的 unicode 数据，最大长度为 $2^{30}-1$ 个 unicode 字符	输入字符个数的两倍
二进制型	binary	长度为 n 字节的固定长度二进制数据，其中 n 的取值范围为 1～8000	n 字节
	varbinary	可变长度二进制数据，n 的取值范围为 1～8000	输入数据的实际长度加 2 个字节
时间戳型	timestamp	反映了系统对该记录修改的相对顺序	8 字节
图像类型	image	长度可变的二进制数据，0～$2^{32}-1$ 个字节之间	不定
其他类型	cursor	游标的引用	
	sql_variant	存储 SQL Server 支持的各种数据类型（text、ntext、timestamp 和 sql_variant 除外）值的数据类型	
	table	一种特殊的数据类型，存储供以后处理的结果集	
	uniqueidentifier	全局唯一标识符（GUID）	
	xml	存储 xml 数据的数据类型。可以在列中或者 xml 类型的变量中存储 xml 实例	
	hierarchyid	表示树层次结构中的位置	

提示：

- bit 类型。bit 列为 8bit 或更少时作为 1 个字节存储。如果为 9bit～16bit，则这些列作为 2 个字节存储，以此类推。
- char 与 varchar 类型。如果列数据项的大小一致，则使用 char。如果列数据项的大小差异相当大，则使用 varchar。如果列数据项大小相差很大，而且大小可能超过 8000 字节，可使用 varchar(max)（2^{32}-1 个字节）。
- binary 与 varbinary 类型。如果列数据项的大小一致，则使用 binary。如果列数据项的大小差异相当大，则使用 varbinary。当列数据条目超出 8000 字节时，可使用 varbinary (max)。
- 二进制数据类型。二进制数据由十六进制数表示（例如，十进制数 245 等于十六进制数 F5）。
- image 类型。image 数据列可以用来存储超过 8KB 的可变长度的二进制数据，如 Microsoft Word 文档、Microsoft Excel 电子表格、包含位图的图像、图形交换格式（GIF）文件和联合图像专家组（JPEG）文件。
- text 类型。text 数据类型的列可用于存储大于 8KB 的 ASCII 字符。例如，由于 HTML 文档均由 ASCII 字符组成且一般长于 8KB，所以用浏览器查看之前应在 SQL Server 中存储在 text 列中。
- nchar、nvarchar 和 ntext 类型。字符列宽度的定义不超过所存储的字符数据可能的最大长度，如果要在 SQL Server 中存储国际化字符数据，可使用 nchar、nvarchar 和 ntext 数据类型。
- unicode 数据类型。unicode 数据类型需要相当于非 unicode 数据类型两倍的存储空间。
- numeric 与 decimal 类型。在 SQL Server 中，numeric 数据类型等价于 decimal 数据类型，如果数值超过货币数据范围，则可使用 decimal 数据类型代替。

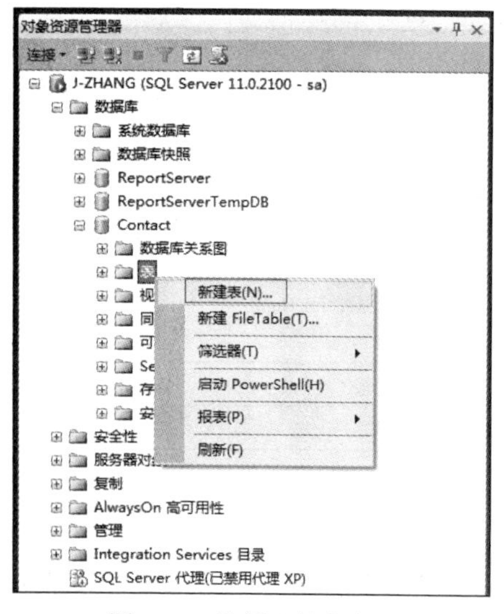

图 1-50　选择“新建表”

1.3.2　完成步骤

1. 使用 SSMS 创建表

使用 SSMS 管理数据表

子任务 1　在个人通讯数据库 Contact 中创建存放联系人信息的表 Friends。

（1）启动 SSMS，在“对象资源管理器”中依次展开【数据库】节点、【Contact】节点。

（2）右击【表】，选择【新建表】，如图 1-50 所示。也可以在“摘要页”区域右击，选择【新建表】。

（3）在如图 1-51 所示窗口的右上部面板中输

入列名、数据类型、长度和为空性等表的基本信息。

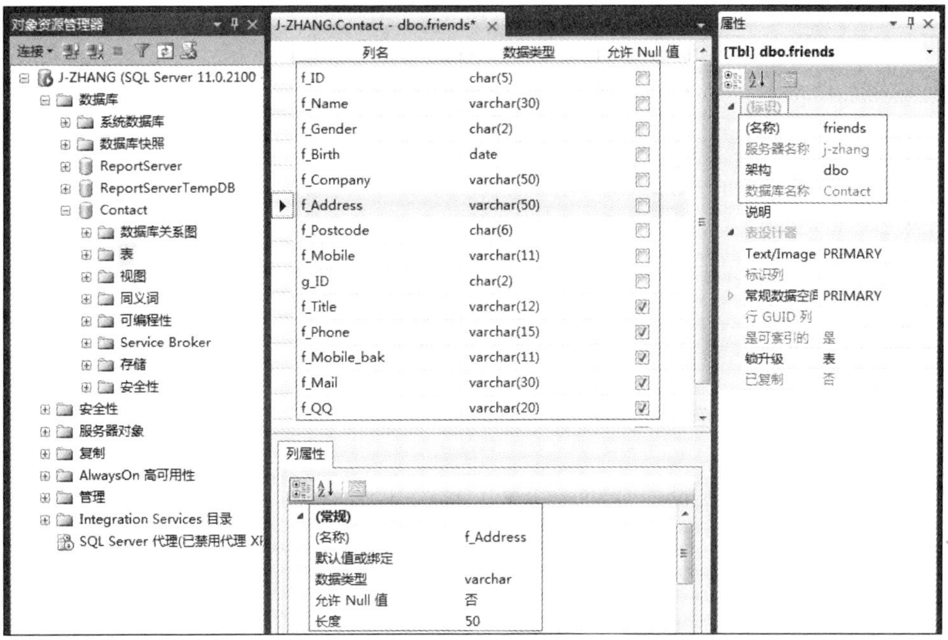

图 1-51 新建表

表的列的属性简单说明如表 1-12 所示。

表 1-12 列的属性说明

序号	属性名称	说明	备注
1	列名	指定组成表的列的名字	列的命名应符合 SQL Server 标识符的命名规划，如不能使用“-”，即 f-Mail 是不合法的列名
2	数据类型	指定用于描述特定列的信息的类型	详见“项目 2”
3	允许 Null 值	指明某一列数据是否能为空	作为一个联系人，如果没有联系人的姓名（f_Name），则该信息无任何意义，故 f_Name 不能为空，但联系人可以没有备用手机号（f_Mobile_bak），即 f_Mobile_bak 可以为空。为空性既要根据实际情况，也要根据数据的存储和处理的逻辑进行指定

（4）在如图 1-51 所示窗口下部的“列属性”面板中可以输入表的指定列（如 f_Address）的“默认值或绑定”以及“是否自动增长”等补充信息。

（5）所有列名输入完成后，单击窗口标题栏上的✕按钮或工具栏上的按钮，打开如图 1-52 所示的对话框，确认是否保存所创建表。

（6）单击【是】按钮后打开“选择名称”对话框，输入表名 friends，如图 1-53 所示，完成表的建立。如果在该数据库中已经有同名的表存在，系统会弹出警告对话框，用户可以更改名称，重新进行保存。

新表创建后，在“对象资源管理器”中展开【数据库】节点中的【Contact】节点，可以查看刚才所建的表。

提示：

- 也可以在如图 1-51 所示的“属性”对话框中直接输入新建表的名称后保存。
- 尽可能在创建表时正确地输入列的信息。
- 同一数据表中，列名不能相同。

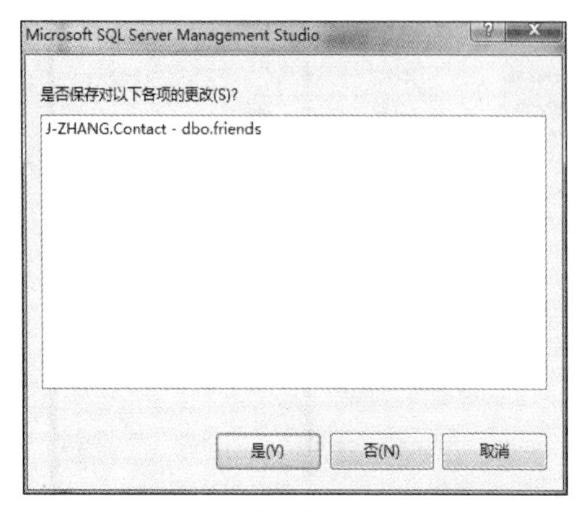

图 1-52 “提示保存表”对话框

图 1-53 输入表名称

2. 使用 SSMS 修改表

1）修改表的结构

子任务 2 在个人通讯数据库 Contact 中，将 Friends 表中的列名 f_Birth 修改为 f_Birthday。

（1）启动 SSMS，在“对象资源管理器”中依次展开【数据库】节点、【Contact】节点。

（2）在 Friends 表上右击，选择【设计】，如图 1-54 所示。

（3）将 f_Birth 修改为 f_Birthday，如图 1-55 所示。

（4）所有内容修改完成后，单击窗口标题栏上的 按钮或工具栏上的 按钮进行保存，完成表的修改。如果表中已有数据，则保存时系统会弹出对话框让用户进行确认。

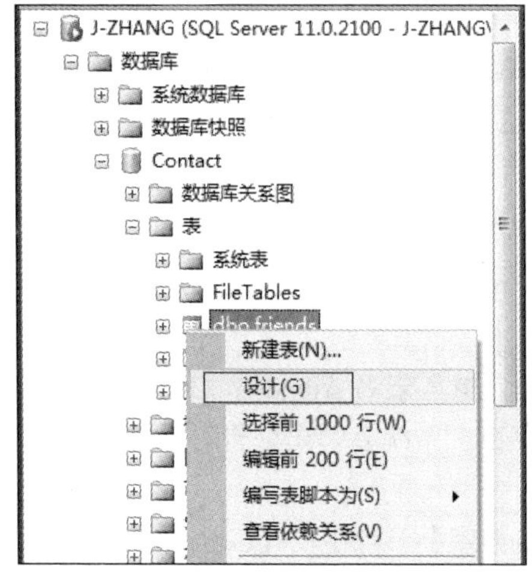

图 1-54 选择修改表

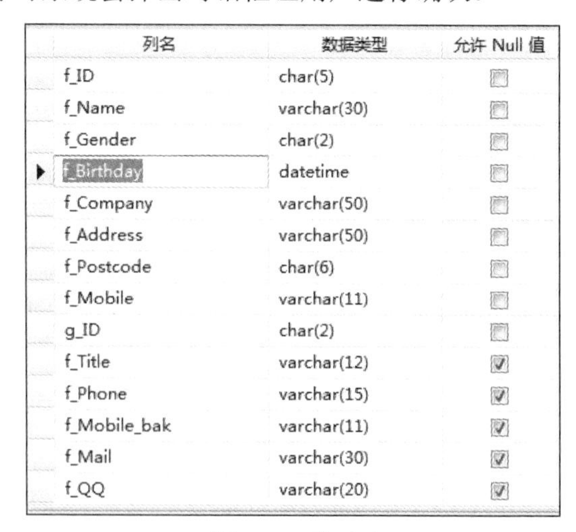

图 1-55 修改表

2）重命名表

创建表以后，可以根据需要对其表名进行修改。在如图 1-56 所示的 Friends 表的右键菜单中选择【重命名】，或者在选定的表上单击，在表名的编辑状态完成表名的重新命名。

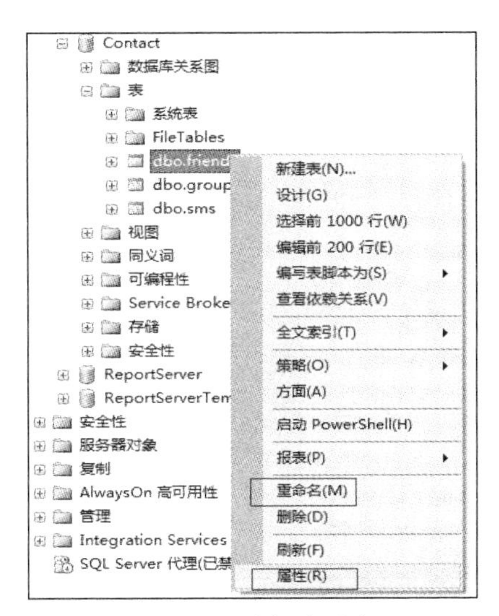

图 1-56　选择查看表

3. 使用 SSMS 查看表

子任务 3　查看个人通讯数据库 Contact 中所创建 Friends 表的信息。

（1）启动 SSMS，在“对象资源管理器”中依次展开【数据库】节点、【Contact】节点。

（2）在 Friends 表上右击，如图 1-56 所示，选择【属性】。

（3）打开“表属性”对话框，如图 1-57 所示，可以查看 Friends 表的常规、权限和扩展属性等详细信息。

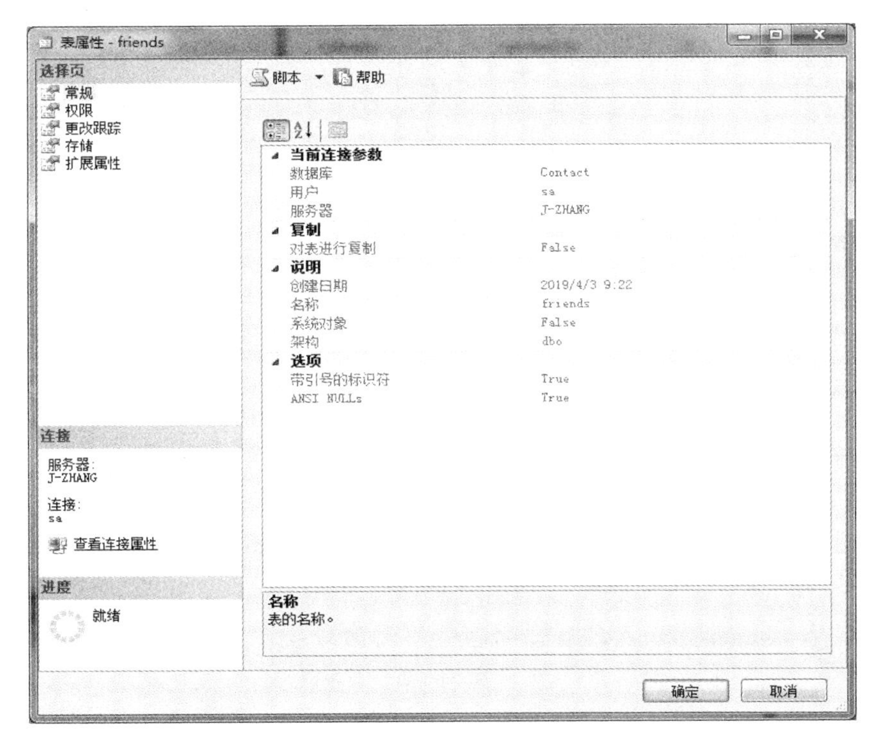

图 1-57　“表属性”对话框

4. 使用 SSMS 删除表

根据数据管理的需要，有时需要删除数据库中的某些表以释放空间。删除表时，表的结构定义、数据、全文索引、约束和索引都永久地从数据库中删除，原来存放表及其索引

图 1-58 “删除”表

的存储空间可用来存放其他表。数据库系统中的临时表一般情况下会自动删除，如果不想等待临时表自动除去，可明确删除临时表。

子任务4 删除个人通讯数据库Contact中所创建的Friends表。

（1）启动SSMS，在“对象资源管理器”中展开【数据库】节点。

（2）展开【Contact】节点，在Friends表上右击，选择【删除】，如图1-58所示。

（3）打开“删除对象”对话框，如图1-59所示，单击【确定】按钮即可完成表的删除。

提示：

- 数据库中的表删除后不能恢复。
- 如果要删除的表与其他的表有依赖关系，则该表不能被删除。

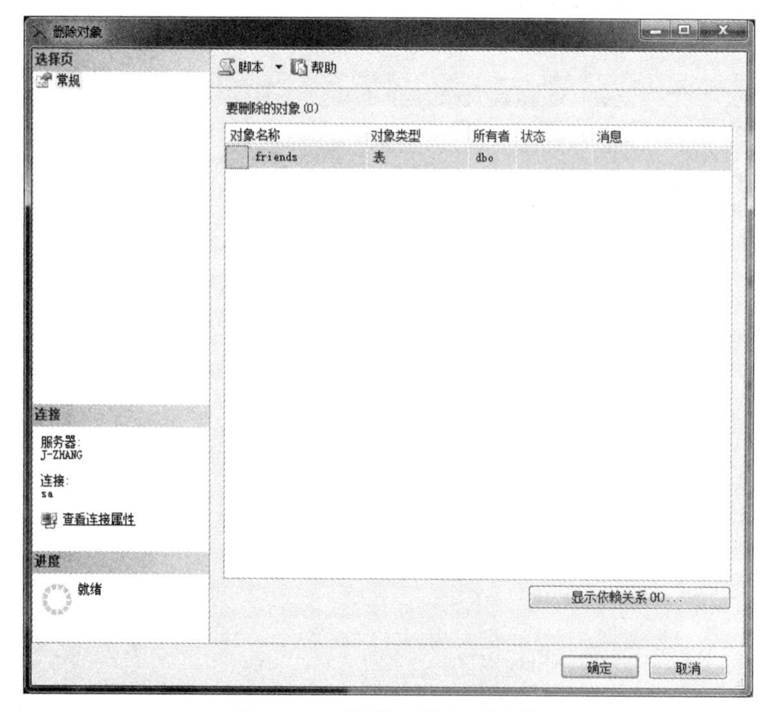

图 1-59 “删除对象”对话框

5. 使用SSMS管理数据

1）使用SSMS操作记录

使用SSMS进行记录操作

子任务5 在SQL Server 2012的SSMS中完成Friends表中记录的添加、删除和修改等操作。

（1）启动SSMS，在“对象资源管理器”中依次展开【数据库】节点、

【Contact】节点。

（2）在 Friends 表上右击，选择【编辑前 200 行】，如图 1-60 所示。

（3）在 SSMS 中，可以直接在如图 1-61 所示的表格中完成添加、修改表中的记录的操作。

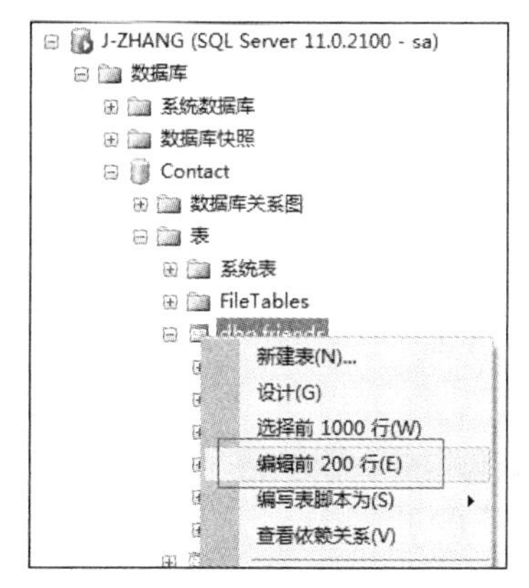

图 1-60 选择【编辑前 200 行】

	f_ID	f_Name	f_Gender	f_Birth	f_Company	f_Address	f_Postcode
	F0001	刘志成	男	1972-05-18 0...	湖南铁道职业...	湖南省株洲市...	412001
	F0002	罗言海	男	1976-08-12 0...	湖南科创信息...	湖南长沙岳麓区	410006
	F0003	赵威武	男	1983-07-26 0...	科学出版社	北京东黄城根...	100717
	F0004	喻冈将	女	1978-04-12 0...	湖南陶睿科技...	湖南株洲市天...	410001
	F0005	赵艾云	男	1972-02-12 0...	广东轩辕科技...	广州天河区	510000
	F0006	王梅梅	女	1972-08-12 0...	湖南铁道职业...	湖南省株洲市...	410001
	F0007	程建平	男	1983-08-01 0...	北京市建设银行	北京市朝阳区...	410001
	F0008	杨荣	男	1974-10-23 0...	人民邮电出版社	北京市丰台区...	100164
	F0009	刘平安	男	1991-01-26 0...	天津大学管理...	天津市南开区	300100
	F0010	汪欢喜	男	1978-08-01 0...	湖南铁道职业...	湖南省株洲市...	410001
✎	F0011	新增记录	NULL	NULL	NULL	NULL	NULL
*	NULL	NULL	NULL	NULL	NULL	NULL	NULL

图 1-61 SSMS 中添加和修改记录

（4）如果要删除记录，在选定的记录上右击，选择【删除】即可，如图 1-62 所示。记录操作完成后，根据提示保存操作结果即可。

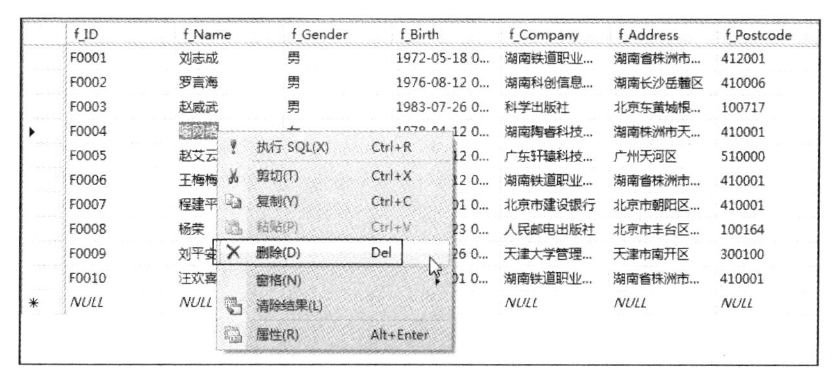

	f_ID	f_Name	f_Gender	f_Birth	f_Company	f_Address	f_Postcode
	F0001	刘志成	男	1972-05-18 0...	湖南铁道职业...	湖南省株洲市...	412001
	F0002	罗言海	男	1976-08-12 0...	湖南科创信息...	湖南长沙岳麓区	410006
	F0003	赵威武	男	1983-07-26 0...	科学出版社	北京东黄城根...	100717
▶	F0004	喻冈将		12 0...	湖南陶睿科技...	湖南株洲市天...	410001
	F0005	赵艾云		12 0...	广东轩辕科技...	广州天河区	510000
	F0006	王梅梅		12 0...	湖南铁道职业...	湖南省株洲市...	410001
	F0007	程建平		01 0...	北京市建设银行	北京市朝阳区...	410001
	F0008	杨荣		23 0...	人民邮电出版社	北京市丰台区...	100164
	F0009	刘平安		26 0...	天津大学管理...	天津市南开区	300100
	F0010	汪欢喜		01 0...	湖南铁道职业...	湖南省株洲市...	410001
*	NULL	NULL			NULL	NULL	NULL

图 1-62 SSMS 中删除记录

提示：

- 添加、修改和删除记录的操作并不总是能正确地执行，数据必须遵循约束规则。
- 在添加和修改过程中，按 Esc 键可以取消不符合约束的数据的输入。
- 在选择某一列数据时，选择【删除】将会删除指定行中指定列的数据，在选择指定行（一行或多行）的情况下选择【删除】才会删除所选择的数据记录。

2）使用 SSMS 查看表中的记录

子任务 6 在 SQL Server 2012 的 SSMS 中查看 Friends 表中的所有记录。

（1）启动 SSMS，在“对象资源管理器”中依次展开【数据库】节点、【Contact】节点。

（2）在 Friends 表上右击，选择【选择前 1000 行】，如图 1-60 所示。

（3）SSMS 右边窗格的上部分显示对应的 T-SQL 语句，下部分显示 Friends 表中的记录，如图 1-63 所示。

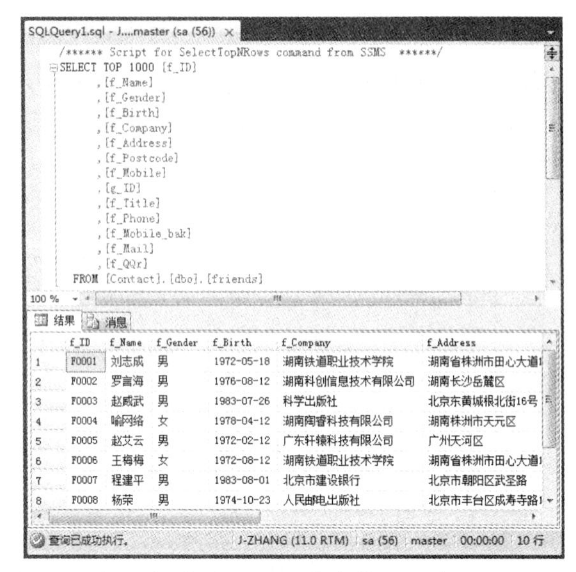

图 1-63　查看 Friends 表中前 1000 行记录

课堂实践 4

1．操作要求

（1）启动 SSMS，在数据库中创建表 Groups。

（2）在 Groups 表中添加一列（g_Memo Varchar(50)）后保存退出。

（3）查看通过步骤（2）修改后的 Groups 表的结果。

（4）删除所建 Groups 表，重复步骤（1）～（4）。

（5）为 Friends 表添加样例数据。

（6）为 Groups 表添加样例数据。

2．操作提示

（1）Contact 数据库中 Groups 表的内容请参阅表 1-2。

（2）注意数据表中列的属性的设置方式。

1.3.3　任务小结

通过本任务，读者应掌握的数据库相关理论知识如下：

- SQL Server 表的概念。
- SQL Server 表中列的属性。
- SQL Server 中的基本数据类型。

通过本任务，读者应掌握的数据库操作技能如下：

- 能使用 SSMS 创建数据表并指定列的相关属性。
- 能使用 SSMS 对已创建的数据表进行必要的修改。
- 能使用 SSMS 查看或删除已创建的数据表。
- 能使用 SSMS 在数据表中添加、修改和删除记录。
- 能使用 SSMS 查看数据表中已有的记录。

任务1.4 使用T-SQL简单查询个人通讯信息

任务目标

数据库查询是指数据库管理系统按照数据库用户指定的条件，从数据库的相关表中找到满足条件的信息的过程。如图1-64所示为“金桥书网”的一个“组合查询”页面(http://www.golden-book.com/Search/Index.asp)，在该页面中网上购书用户可以根据自己的需要输入查询条件，然后单击【组合搜索】按钮，数据库管理系统就会从数据库中进行查找，并将满足条件的信息通过指定的方式呈现在网页中。另外，手机用户可以通过服务商提供的查询机了解自己的话费详情，银行客户可以通过ATM机了解自己的帐户余额等操作也属于用户查询操作。数据查询涉及两个方面：一是用户指定查询条件；二是系统进行处理并把查询结果反馈给用户。本任务的主要目标包括：

- 能在SSMS中运行SQL语句。
- 能使用SELECT语句查询数据表中的特定列或特定行。
- 能使用ORDER BY子句实现查询结果的排序。
- 能使用GROUP BY子句实现查询结果的分组。
- 能对查询结果进行分页和排名。

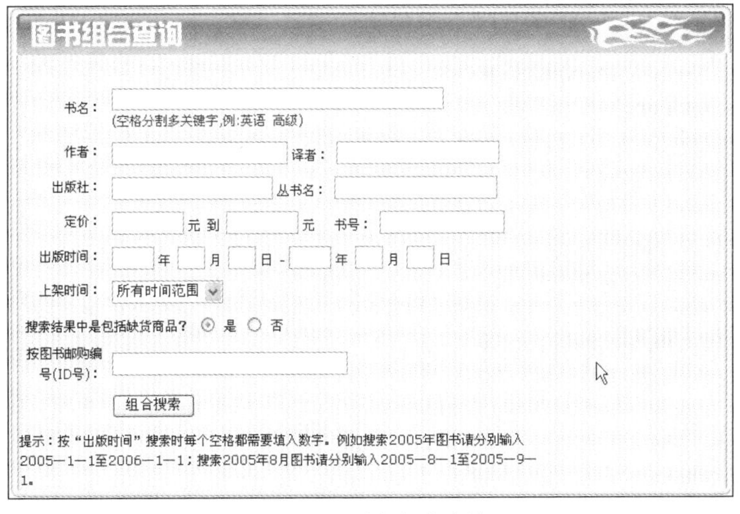

图1-64 图书组合查询

1.4.1 背景知识

1. 查询语句基本语法

数据库查询和SELECT语句概述

SQL查询语句的目标是从数据库中检索满足条件的记录。SQL查询通过SELECT语句来完成，查询语句并不会改变数据库中的数据，它只是检索数据。

SQL 查询的基本语句格式如下：

```
SELECT [ALL|DISTINCT]<目标列表达式>[，<目标列表达式>]
FROM <表名或视图名>[，<表名或视图名>]
[WHERE <条件表达式>]
[GROUP BY <列名 1>
[HAVING <条件表达式>]]
[ORDER BY <列名 2> [ASC | DESC]];
```

完整的 SELECT 语句的含义主要包括以下几点。

（1）根据 WHERE 子句的条件表达式，从 FROM 子句指定的基本表或视图中找出满足条件的记录。

（2）按 SELECT 子句中的目标列表达式，选取记录中的属性值形成结果表。

（3）如果指定了 GROUP 子句，则将结果按<列名 1>的值进行分组，该属性列值相等的记录为一个组，每个组产生结果表中的一条记录。通常会在分组时使用聚合函数。

（4）如果 GROUP 子句带 HAVING 短语，则只有满足 HAVING 短语后指定的条件表达式的组才会输出。

（5）如果指定了 ORDER 子句，则结果表还要按<列名 2>的值进行升序或降序排列。

2. SSMS 中执行查询

子任务 1 在 SQL Server 2012 的 SSMS 中执行 SQL 查询语句。

在 SSMS 中输入并运行 T-SQL 脚本的步骤如下。

（1）单击工具栏上的 新建查询(N) 按钮，打开 SQL 脚本编辑窗口，系统自动生成脚本文件的名称（如 SQLQuery1.sql）。

（2）在编辑窗口中输入 SQL 语句：SELECT * FROM spt_values。具体步骤及运行后的结果如图 1-65 所示。

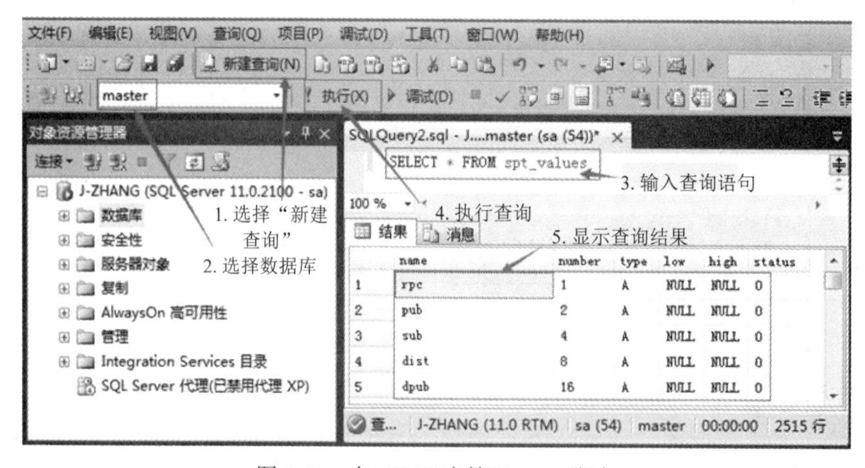

图 1-65 在 SSMS 中管理 SQL 脚本

提示：

- 执行 SQL 语句通常需要指定数据库，可以通过工具栏中的数据库组合框进行选择（默认为系统数据库 master）。

- 编辑过程中，在“SQL编辑器”工具栏上单击或按钮可以减少或增加缩进。
- SELECT是最常用的SQL语句，用于从表中查询记录。这里的spt_values是系统数据库master中的一个表。
- 可以通过【工具】→【选项】→【文本编辑器】→【所有语言】→【制表符】，更改默认缩进。
- 单击“查询编辑器”窗口中的任意位置，按Shift+Alt+Enter组合键，在全屏显示模式和常规显示模式之间进行切换。
- 单击“查询编辑器”窗口中的任意位置，在【窗口】菜单上单击【自动全部隐藏】可以隐藏相关窗口。
- 在SSMS的查询编辑窗口中，可以注释（或取消注释）指定的查询脚本。
  - 选择要注释（或要取消注释）的文本;
  - 选择【编辑】→【高级】，再单击【注释选定内容】。所选文本前将带有破折号“——”，表示已完成注释。
- 也可以使用“SQL编辑器”工具栏上的按钮注释或取消注释文本。
- 也可以使用“/* */”来对大段文本进行注释。

1.4.2 完成步骤

1. 查询满足条件的列

单表查询——查询表中特定列

1）查询所有列

子任务2 了解所有联系人的详细信息，包括编号、姓名、性别、出生年月等。

```
SELECT *
FROM Friends
```

该语句无条件地把Friends表中的全部信息都查询出来，所以也称为全表查询，这是最简单的一种查询，运行结果如图1-66所示。

	f_ID	f_Name	f_Gender	f_Birth	f_Company	f_Address	f_Post
1	F0001	刘志成	男	1972-05-18 00:00:00.000	湖南铁道职业技术学院	湖南省株洲市田心大道18号	412001
2	F0002	罗言海	男	1976-08-12 00:00:00.000	湖南科创信息技术有限公司	湖南长沙岳麓区	410006
3	F0003	赵威武	男	1983-07-26 00:00:00.000	科学出版社	北京东黄城根北街16号	100717
4	F0004	喻网络	女	1978-04-12 00:00:00.000	湖南陶睿科技有限公司	湖南株洲市天元区	410001
5	F0005	赵艾云	男	1972-02-12 00:00:00.000	广东轩辕科技有限公司	广州天河区	510000
6	F0006	王梅梅	女	1972-08-12 00:00:00.000	湖南铁道职业技术学院	湖南省株洲市田心大道18 号	410001
7	F0007	程建平	男	1983-08-01 00:00:00.000	北京市建设银行	北京市朝阳区武圣路	410001
8	F0008	杨荣	男	1974-10-23 00:00:00.000	人民邮电出版社	北京市丰台区成寿寺路11号	100164
9	F0009	刘平安	男	1991-01-26 00:00:00.000	天津大学管理学院	天津市南开区	300100
10	F0010	汪欢喜	男	1978-08-01 00:00:00.000	湖南铁道职业技术学院	湖南省株洲市田心大道18号	410001

图1-66 查询所有联系人的详细信息

2）查询指定列

子任务3 了解所有联系人的姓名、工作单位、联系地址和手机号码信息（不需要了解联系人的其他信息）。

```
SELECT f_Name,f_Company,f_Address,f_Mobile
FROM Friends
```

该语句把 Friends 表中所有联系人的 f_Name（联系人姓名）、f_Company（工作单位）、f_Address（联系地址）和 f_Mobile（手机号码）查询出来，运行结果如图 1-67 所示。

提示：

- SELECT 子句中的<目标列表达式>中各个列的先后顺序可以与表中的顺序不一致。
- 用户在查询时可以根据需要改变列的显示顺序，但不改变表中列的原始顺序。

	f_Name	f_Company	f_Address	f_Mobile
1	刘志成	湖南铁道职业技术学院	湖南省株洲市田心大道18号	25074108216
2	罗言海	湖南科创信息技术有限公司	湖南长沙岳麓区	23707317798
3	赵威武	科学出版社	北京东黄城根北街16号	23810950659
4	喻网络	湖南陶睿科技有限公司	湖南株洲市天元区	28907337097
5	赵艾云	广东轩辕科技有限公司	广州天河区	23973324777
6	王梅梅	湖南铁道职业技术学院	湖南省株洲市田心大道18号	23873307618
7	程建平	北京市建设银行	北京市朝阳区武圣路	28710053550
8	杨荣	人民邮电出版社	北京市丰台区成寿寺路11号	23810018359
9	刘平安	天津大学管理学院	天津市南开区	27773300517
10	汪欢喜	湖南铁道职业技术学院	湖南省株洲市田心大道18号	23707327799

图 1-67　查询指定列

3）查询计算列

子任务 4　在 Friends 表中存储了联系人的基本信息（包括出生年月），现在需要了解所有联系人的姓名、电子邮件和年龄。

```
SELECT f_Name, f_Mail,YEAR(GETDATE())-YEAR (f_Birth)
FROM Friends
```

运行结果如图 1-68 所示。

提示：

- 该语句中<目标列表达式>中第 3 项不是通常的列名，而是一个计算表达式，GETDATE()函数的功能是获得当前日期，YEAR()函数的功能是提取指定日期的年份。
- 计算列不仅可以是算术表达式，还可以是字符串常量、函数等。

4）查询中使用别名

在显示结果集时，可以指定以别名（显示的名字）代替原来的列名，通常也用来显示结果集中列的汉字标题。

子任务 5　了解所有联系人的姓名、电子邮件和年龄，并希望以汉字标题显示姓名 f_Name、电子邮件 f_Mail 和年龄 YEAR(GETDATE())-YEAR (f_Birth)。

```
SELECT f_Name, f_Company,f_Mail,YEAR(GETDATE())-YEAR (f_Birth) 年龄
FROM Friends
```

运行结果如图 1-69 所示。

提示：

- 用户可以通过指定别名来改变查询结果的列标题，这在含有算术表达式、常量、函数名的列分隔目标列表达式时非常有用。

- 有三种方法指定别名：
  - 通过“列名 列标题”形式；
  - 通过“列名 AS 列标题”形式；
  - 通过“列标题=列名”形式。

	f_Name	f_Company	f_Mail	(无列名)
1	刘志成	湖南铁道职业技术学院	liuzc518@163.com	44
2	罗言海	湖南科创信息技术有限公司	luoyh@qq.com	40
3	赵威武	科学出版社	zhaoww@163.com	33
4	喻网络	湖南陶睿科技有限公司	yuwl@qq.com	38
5	赵艾云	广东轩辕科技有限公司	zhaoay@163.com	44
6	王梅梅	湖南铁道职业技术学院	wangmm@sina.com	44
7	程建平	北京市建设银行	chengjp@163.com	33
8	杨荣	人民邮电出版社	yangr@sina.com	42
9	刘平安	天津大学管理学院	liupa@163.com	25
10	汪欢喜	湖南铁道职业技术学院	wanghx@qq.com	38

图 1-68 查询计算列

	f_Name	f_Company	f_Mail	年龄
1	刘志成	湖南铁道职业技术学院	liuzc518@163.com	44
2	罗言海	湖南科创信息技术有限公司	luoyh@qq.com	40
3	赵威武	科学出版社	zhaoww@163.com	33
4	喻网络	湖南陶睿科技有限公司	yuwl@qq.com	38
5	赵艾云	广东轩辕科技有限公司	zhaoay@163.com	44
6	王梅梅	湖南铁道职业技术学院	wangmm@sina.com	44
7	程建平	北京市建设银行	chengjp@163.com	33
8	杨荣	人民邮电出版社	yangr@sina.com	42
9	刘平安	天津大学管理学院	liupa@163.com	25
10	汪欢喜	湖南铁道职业技术学院	wanghx@qq.com	38

图 1-69 汉字列标题

完成此任务也可使用如下语句：

```
SELECT f_Name AS 联系人姓名,f_Mail AS 联系人 E_Mail,YEAR(GETDATE())-YEAR (f_Birth) AS 年龄
FROM Friends
```

还可使用如下语句完成同样任务：

```
SELECT 联系人姓名=f_Name, 联系人 E_Mail=f_Mail, 联系人年龄=YEAR(GETDATE())-YEAR (f_Birth)
FROM Friends
```

课堂实践 5

1. 操作要求

（1）查询 Contact 数据库中联系人信息表 Friends 中的联系人编号（f_ID）、姓名（f_Name）、工作单位（f_Company）、QQ 号（f_QQ）和年龄。

（2）查询 Contact 数据库中联系人信息表 Friends 中的联系人编号（f_ID）、姓名（f_Name）、工作单位（f_Company）、QQ 号（f_QQ）和年龄，并以汉字标题显示列名。

2. 操作提示

（1）年龄需要通过当前日期（GETDATE()函数）中的年份（YEAR()函数）与会员出生年月中的年份相减得到。

（2）别名是为方便显示，并未真正改变表中列的名称。

2. 查询满足条件的行

单表查询——查询表中满足条件的行

查询满足指定条件的记录可以通过 WHERE 子句实现。WHERE 后可以使用关系运算符来进行条件判断，在 WHERE 条件中常见的运算符如表 1-13 所示。

表 1-13　运算符及用法

运算符	含义/用法
<	小于
<=	小于等于
>	大于
>=	大于等于
=	等于
<>	不等于
BETWEEN	用来指定值的范围
LIKE	在模式匹配中使用
IN	用来指定数据库中的记录

1）简单条件查询

子任务 6　了解所有联系人中性别为“男”的所有信息。

```
SELECT *
FROM Friends
WHERE f_Gender = '男'
```

运行结果如图 1-70 所示。

	f_ID	f_Name	f_Gender	f_Birth	f_Company
1	F0001	刘志成	男	1972-05-18 00:00:00.000	湖南铁道职
2	F0002	罗言海	男	1976-08-12 00:00:00.000	湖南科创信
3	F0003	赵威武	男	1983-07-26 00:00:00.000	科学出版社
4	F0005	赵艾云	男	1972-02-12 00:00:00.000	广东轩辕科
5	F0007	程建平	男	1983-08-01 00:00:00.000	北京市建设
6	F0008	杨荣	男	1974-10-23 00:00:00.000	人民邮电出
7	F0009	刘平安	男	1991-01-26 00:00:00.000	天津大学管
8	F0010	汪欢喜	男	1978-08-01 00:00:00.000	湖南铁道职

图 1-70　简单条件查询

如果想要查询的联系人的备用电话为空，则在表中对应的 f_Mobile_bak 的值就为空，查询所有备用电话为空的联系人信息，语句如下：

```
SELECT *
FROM Friends
WHERE f_Mobile_bak IS NULL
```

提示：

- 这里的“IS”不能用等号（“=”）代替。IS NULL 表示空，IS NOT NULL 表示非空。
- 这里的 NULL 值是抽象的空值，不是 0，也不是空字符串，如果用户将已有的联系人备用电话删除，则为空字符串，而非 NULL 值。

2）复合条件查询

逻辑运算符 AND 和 OR 可用来连接多个查询条件。如果这两个运算符同时出现在一个 WHERE 条件子句中，则 AND 的优先级高于 OR，但用户可以用括号改变优先级。

子任务 7　需要了解联系人组别号为“05”、年龄在 40 岁以下的联系人信息，要求以汉字标题显示姓名、组别号、手机号码和年龄。

```
SELECT f_Name 姓名,g_ID 组别号,f_Mobile 手机号码,YEAR(GETDATE())-YEAR (f_Birth) 年龄
FROM Friends
WHERE g_ID='05' AND (YEAR(GETDATE())-YEAR (f_Birth))<=40
```

运行结果如图1-71所示。

子任务8 需要了解个人通讯录中“湖南”省的所有男性的联系人或者是年龄在30岁以下的联系人的编号、姓名、性别、工作单位和年龄。

```
SELECT f_ID AS 编号, f_Name AS 姓名, f_Gender AS 性别, f_Company AS 工作单位,YEAR(GETDATE())-YEAR (f_Birth) 年龄
FROM Friends
WHERE (f_Gender='男' AND LEFT(f_Address,2)='湖南') OR ((YEAR(GETDATE())-YEAR (f_Birth))<30)
```

运行结果如图1-72所示。

	姓名	组别号	手机号码	年龄
1	罗言海	05	23707317798	40
2	赵威武	05	23810950659	33
3	喻网络	05	28907337097	38

图1-71 【子任务7】运行结果

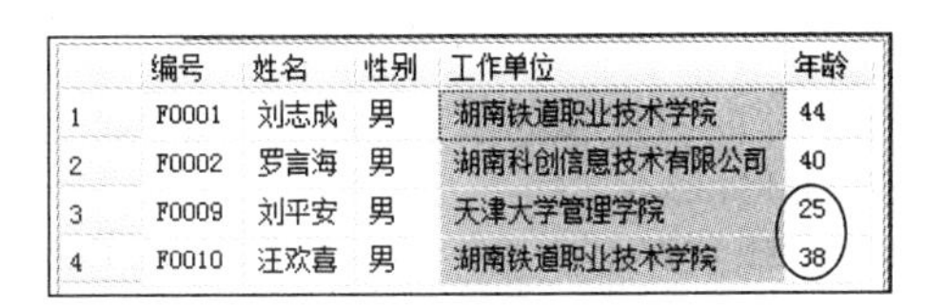

	编号	姓名	性别	工作单位	年龄
1	F0001	刘志成	男	湖南铁道职业技术学院	44
2	F0002	罗言海	男	湖南科创信息技术有限公司	40
3	F0009	刘平安	男	天津大学管理学院	25
4	F0010	汪欢喜	男	湖南铁道职业技术学院	38

图1-72 【子任务8】运行结果

3）指定范围查询

子任务9 需要了解所有年龄在30～40岁的联系人的名称、家庭地址和年龄（用Nl表示，不是基本表中的字段，是计算出来的列）。

```
SELECT f_Name, f_Address,Year(GetDate())-Year(f_Birth) Nl
FROM Friends
WHERE Year(GetDate())-Year(f_Birth) BETWEEN 30 AND 40
```

运行结果如图1-73所示。

与BETWEEN…AND…相对的谓词是NOT BETWEEN…AND…，即不在某一范围内。

子任务10 需要了解所有年龄不在30～40岁的联系人的名称、家庭地址和Nl。

```
SELECT f_Name, f_Address,Year(GetDate())-Year(f_Birth) Nl
FROM Friends
WHERE Year(GetDate())-Year(f_Birth) NOT BETWEEN 30 AND 40
```

运行结果如图1-74所示。

	f_Name	f_Address	Nl
1	罗言海	湖南长沙岳麓区	40
2	赵威武	北京东黄城根北街16号	33
3	喻网络	湖南株洲市天元区	38
4	程建平	北京市朝阳区武圣路	33
5	汪欢喜	湖南省株洲市田心大道18号	38

图1-73 指定范围内查询

	f_Name	f_Address	Nl
1	刘志成	湖南省株洲市田心大道18号	44
2	赵艾云	广州天河区	44
3	王梅梅	湖南省株洲市田心大道18 号	44
4	杨荣	北京市丰台区成寿寺路11号	42
5	刘平安	天津市南开区	25

图1-74 指定范围外查询

4）指定集合查询

子任务 11 需要了解来自“湖南省”和“北京市”两地联系人的编号、姓名、手机号码和家庭地址。

```
SELECT f_ID,f_Name,f_Mobile,f_Address
FROM Friends
WHERE LEFT(f_Address,3) IN ('湖南省','北京市')
```

运行结果如图 1-75 所示。

	f_ID	f_Name	f_Mobile	f_Address
1	F0001	刘志成	25074108216	湖南省株洲市田心大道18号
2	F0006	王梅梅	23873307618	湖南省株洲市田心大道18号
3	F0007	程建平	28710053550	北京市朝阳区武圣路
4	F0008	杨荣	23810018359	北京市丰台区成寿寺路11号
5	F0010	汪欢喜	23707327799	湖南省株洲市田心大道18号

图 1-75 指定集合内查询

指定集合语句相当于多个 OR 运算符，下面语句可完成相同的查询功能：

```
SELECT f_ID,f_Name,f_Mobile,f_Address
FROM Friends
WHERE LEFT(f_Address,3)='湖南省' OR LEFT(f_Address,3)='北京市'
```

与 IN 相对的谓词是 NOT IN，用于查找属性值不属于指定集合的记录。

5）模糊查询

谓词 LIKE 可以用来进行字符串的匹配，其一般语句格式如下：

```
[NOT] LIKE  "<匹配串>"  [ESCAPE  "<换码字符>"]
```

其含义是查找指定的属性列值与<匹配串>相匹配的记录。<匹配串>可以是一个完整的字符串，也可以含有通配符“%”和“_”。

- %（百分号）：代表任意长度（长度可以为 0）的字符串。
- _（下横线）：代表任意单个字符。

子任务 12 需要了解所有联系人中姓“刘”的联系人的详细信息。

```
SELECT *
FROM Friends
WHERE f_Name LIKE '刘%'
```

运行结果如图 1-76 所示。

	f_ID	f_Name	f_Gender	f_Birth	f_Company
1	F0001	刘志成	男	1972-05-18 00:00:00.000	湖南铁道职业技术
2	F0009	刘平安	男	1991-01-26 00:00:00.000	天津大学管理学院

图 1-76 模糊查询（1）

提示： 如果在“刘”后用两个“_”，则姓“刘”的联系人中名字为两个汉字和三个汉字的将都被查询出来。

子任务 13 要求查询联系人中职位为“经理”（备注中包含“经理”两个字）的人。

```
SELECT f_ID, f_Name, f_Address,f_Title
FROM Friends
WHERE f_Title LIKE '%经理%'
```

运行结果如图 1-77 所示。

	f_ID	f_Name	f_Address	f_Title
1	F0002	罗言海	湖南长沙岳麓区	副总经理
2	F0004	喻网络	湖南株洲市天元区	总经理
3	F0007	程建平	北京市朝阳区武圣路	测试经理

图 1-77　模糊查询（2）

提示：

- 如果用户要查询的匹配字符串本身就含有“%”或“_”，这时就要使用“ESCAPE”关键字对通配符进行转义。
- ESCAPE“\”短语表示“\”为换码字符，这样匹配串中紧跟在“\”后面的字符“_”不再具有通配符的含义，而是取其本身含义，即普通的“_”字符。

6）消除重复行查询

子任务 14　需要了解在 Contact 数据库中联系人的编号和所属的组（通过 g_ID 进行区别），如果一组中有多个联系人，则只需要显示一次联系人编号。

```
SELECT g_ID
FROM Friends
```

运行结果如图 1-78 所示，该运行结果中联系人编号“05”和“01”重复。如果想让联系人编号只显示一次，必须指定 DISTINCT 短语。

```
SELECT DISTINCT g_ID
FROM Friends
```

运行结果如图 1-79 所示。

	g_ID
1	02
2	05
3	05
4	05
5	01
6	01
7	06
8	07
9	04
10	03

图 1-78　未消除重复行

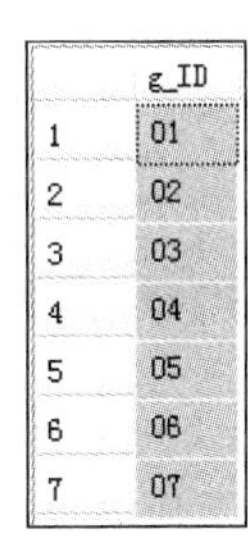

	g_ID
1	01
2	02
3	03
4	04
5	05
6	06
7	07

图 1-79　消除重复行

7）前 N 行查询

在 SELECT 子句中利用 TOP 子句限制返回到结果集中的行数，其基本语句格式如下：

```
TOP n [PERCENT]
```

其中，n 指定返回的行数。如果未指定 PERCENT，n 就是返回的行数。如果指定了 PERCENT，n 就是返回的结果集行的百分比。

子任务 15　需要了解前 5 个联系人的详细信息。

```
SELECT TOP 5 *
FROM Friends
```

运行结果如图 1-80 所示。

	f_ID	f_Name	f_Gender	f_Birth	f_Company
1	F0001	刘志成	男	1972-05-18 00:00:00.000	湖南铁道职业技术
2	F0002	罗言海	男	1976-08-12 00:00:00.000	湖南科创信息技术
3	F0003	赵威武	男	1983-07-26 00:00:00.000	科学出版社
4	F0004	喻网络	女	1978-04-12 00:00:00.000	湖南陶香科技有限
5	F0005	赵艾云	男	1972-02-12 00:00:00.000	广东轩辕科技有限

图 1-80　查询前 5 行

该任务也可以通过以下语句实现。

```
SELECT TOP 50 PERCENT *
FROM Friends
```

课堂实践 6

1. 操作要求

（1）查询 Contact 数据库中组别号为“05”的详细情况。

（2）查询 Contact 数据库中组别号为“05”的详细情况，并对所有的列使用汉字标题。

（3）查询 Contact 数据库中来自湖南省的组别号为“05”的性别为男的联系人姓名（f_Name）、性别（f_Gender）、出生年月（f_Birth）、家庭地址（f_Address）、手机号码（f_Phone）和电子邮箱（f_Mail），并要求使用汉字标题。

（4）查询所有使用 163 邮箱的联系人的详细信息。

（5）查询 Friends 表中前 30%的联系人的详细信息。

（6）查询联系人工作单位中包含“株洲”两个字的联系人信息，要求显示姓名（f_Name）、性别（f_Gender）、出生年月（f_Birth）、家庭地址（f_Address）和工作单位（f_Company）。

2. 操作提示

（1）执行查询时，请选定要执行查询的语句。

（2）注意比较达到同一查询目标的多种方法。

3. 使用 ORDER BY 实现排序

查询结果排序

1）单列排序

在利用 T-SQL 语句进行查询时，如果没有指定查询结果的显示顺序，DBMS 将按其最方便的顺序（通常是记录在表中的先后顺序）输出查询结果。在 SELECT 语句中可以使用 ORDER BY 子句实现查询结果的排序。

子任务 16 需要了解性别为“男”的联系人的编号、姓名和 QQ 号码，并要求根据联系人的姓名进行降序排列。

```
SELECT f_ID, f_Name, f_QQ
FROM Friends
WHERE f_Gender='男'
ORDER BY f_Name DESC
```

运行结果如图 1-81 所示。

提示：

- 用 ORDER BY 子句对查询结果按价格排序时，若按升序排列，价格为空值的记录将最后显示；若按降序排列，价格为空值的记录将最先显示。
- 中英文字符按其 ASCII 码大小进行比较。
- 数值型数据根据其数值大小进行比较。
- 日期型数据按年、月、日的数值大小进行比较。
- 逻辑型数据“false”小于“true”。

2）多列排序

子任务 17　需要了解年龄在 30 岁以上的联系人的编号、姓名、组别号、年龄和手机号码，并要求按年龄进行升序排列；如果年龄相同，则按姓名进行降序排列。

```
SELECT f_ID, f_Name, g_ID, YEAR(GETDATE())-YEAR (f_Birth) NL,f_Mobile
FROM Friends
WHERE YEAR(GETDATE())-YEAR (f_Birth)>=30
ORDER BY NL, f_Name DESC
```

运行结果如图 1-82 所示。

	f_ID	f_Name	g_ID	NL	f_Mobile
1	F0003	赵威武	05	33	23810950659
2	F0007	程建平	06	33	28710053550
3	F0004	喻网络	05	38	28907337097
4	F0010	汪欢喜	03	38	23707327799
5	F0002	罗言海	05	40	23707317798
6	F0008	杨荣	07	42	23810018359
7	F0005	赵艾云	01	44	23973324777
8	F0006	王梅梅	01	44	23873307618
9	F0001	刘志成	02	44	25074108216

图 1-81　按姓名的降序排列

	f_ID	f_Name	g_ID	NL	f_Mobile
1	F0002	罗言海	05	40	23707317798
2	F0008	杨荣	07	42	23810018359
3	F0005	赵艾云	01	44	23973324777
4	F0006	王梅梅	01	44	23873307618
5	F0001	刘志成	02	44	25074108216

图 1-82　多关键字排序

4. 使用 GROUP BY 实现分组

查询结果分组

GROUP BY 子句可以将查询结果表的各行按某一列或多列取值相等的原则进行分组。一般情况下，分组的目的是便于进一步统计。在 SELECT 子句内使用聚合函数对记录组进行操作，它返回应用于一组记录的单一值。T-SQL 语言中常见的聚合函数如表 1-14 所示。

表 1-14　聚合函数及描述

聚合函数	描述
AVG	用来获得特定字段中的值的平均数
COUNT	用来返回选定记录的个数
SUM	用来返回特定字段中所有值的总和
MAX	用来返回指定字段中的最大值
MIN	用来返回指定字段中的最小值
DISTINCT COUNT	用来返回不重复的输入值的数目
STDEV	返回指定表达式中所有值的标准偏差
STDEVP	返回指定表达式中所有值的总体标准偏差
VAR	返回指定表达式中所有值的方差
VARP	返回指定表达式中所有值的总体方差

对查询结果分组的目的是为了细化聚合函数的作用对象。如果没有对查询结果分组，聚合函数将作用于整个查询结果，即整个查询结果只有一个函数值。如果对查询结果实现了分组，聚合函数将作用于每一个组，即每一组都有一个函数值。

1）简单分组

子任务 18 需要了解每一组别的联系人的总数。

```
SELECT g_ID 组别号, COUNT(g_ID) 人数
FROM Friends
GROUP BY g_ID
```

该语句对 Friends 表按 g_ID（组别号）的取值进行分组，所有具有相同 g_ID 值的记录为一组，然后对每一组作用聚合函数 COUNT 来求得该组的人数。运行结果如图 1-83 所示。

2）分组后排序

分组后的数据也可以根据指定的条件进行排序。

子任务 19 需要了解每一组别的联系人的总数，并根据每组别的人数进行升序排列。

```
SELECT g_ID 组别号, COUNT(g_ID) 人数
FROM Friends
GROUP BY g_ID
ORDER BY 人数
```

该语句的执行结果如图 1-84 所示。

3）分组后筛选

如果分组后还要求按一定的条件对这些组进行筛选，最终只输出满足指定条件的组，则可以使用 HAVING 短语指定筛选条件。

子任务 20 需要了解组别的联系人的总数小于 3 的组别号和总人数，并根据每组别的总人数进行降序排列。

```
SELECT g_ID 组别号, COUNT(g_ID) 人数
FROM Friends
GROUP BY g_ID
HAVING COUNT(g_ID)<3
ORDER BY 人数 DESC
```

运行结果如图 1-85 所示。

	组别号	人数
1	01	2
2	02	1
3	03	1
4	04	1
5	05	3
6	06	1
7	07	1

图 1-83 分组统计

	组别号	人数
1	02	1
2	03	1
3	04	1
4	06	1
5	07	1
6	01	2
7	05	3

图 1-84 分组后排序

	组别号	人数
1	01	2
2	02	1
3	03	1
4	04	1
5	06	1
6	07	1

图 1-85 分组后筛选

该语句首先根据组别号进行分组，并根据每组的总人数使用 HAVING 短语指定选择组的条件（总人数小于 3），只有满足条件的组才会被查找出来，最后根据对筛选出的组按照总人数进行降序排列。

提示：

- 在使用分组时要显示的列要么包含在聚合函数中，要么包含在 GROUP BY 子句中，否则不能被显示。

- WHERE 子句与 HAVING 短语的根本区别在于作用对象不同。WHERE 子句作用于基本表或视图，从中选择满足条件的记录。HAVING 短语作用于组，从中选择满足条件的组。

课堂实践 7

（1）对表 Friends 按年龄进行降序排列。

（2）对表 Friends 按联系人年龄进行升序排列，年龄相同的按姓名进行降序排列。

（3）统计 Friends 表中男、女联系人的总人数。

1.4.3 任务小结

通过本任务，读者应掌握的数据库相关理论知识如下：

- SQL 语句的基本格式。
- SSMS 中执行 SQL 语句的方法。

通过本任务，读者应掌握的数据库操作技能如下：

- 能使用 SQL 语句选择数据表中指定的列并为列指定别名。
- 能使用 SQL 语句中的 WHERE 子句选择数据表中的满足条件的行。
- 能使用 SQL 语句中的 ORDER BY 子句对查询结果进行排序。
- 能使用 SQL 语句中的 GROUP BY 子句对查询结果进行分组。

项目 2 图书借阅数据库

项目描述

目前有部分机构的图书借阅管理工作还是手工管理模式，工作效率很低，不能及时了解图书的种类，也不能更好地适应当前借阅者的借阅要求。同时，手工管理还存在着许多弊端，如人为因素会造成数据的遗漏、误报等。数据库管理系统具有存储量大、处理速度快等许多优点，可用于实现图书借阅信息的管理。相对于传统的手工管理模式，采用数据库管理系统可大幅度提高管理效率，简化烦琐的工作模式，有效解决图书借阅过程中的诸多问题，给图书管理员和借阅者带来极大便利。图书借阅数据库能够实现对高校内各院系资料室和阅览室的图书借阅管理及读者（主要是教师）管理。

本项目基于对公共图书馆、学校图书馆、书店等的图书管理而设计。利用 SQL Server 2012 数据库管理系统进行数据库的设计与实现，主要实现图书管理、图书类别管理、读者管理、借阅管理等管理功能；实现图书查询、读者查询等系统查询功能，所有查询均可按照任意字段进行组合查询，对查询结果可按任意字段进行升、降序排序。图书借阅数据库（Library）包含 BookType、Publisher、BookInfo、BookStore、ReaderType、ReaderInfo 和 BorrowReturn 7 个表，数据表及其结构介绍如下。

1. BookType 表（图书类别表）

BookType 表的设计情况如表 2-1 所示。

表 2-1　BookType 表结构

表序号	1	表名	BookType 表			
含义	存储图书类别信息					
序号	属性名称	含义	数据类型	长度	为空性	约束
1	bt_ID	图书类别编号	char	10	not null	主键
2	bt_Name	图书类别名称	varchar	20	not null	
3	bt_Description	描述信息	varchar	50	null	

2. Publisher 表（出版社信息表）

Publisher 表的设计情况如表 2-2 所示。

表 2-2　Publisher 表结构

表序号	2	表名	Publisher 表			
含义	存储出版社信息					
序号	属性名称	含义	数据类型	长度	为空性	约束
1	p_ID	出版社编号	char	4	not null	主键
2	p_Name	出版社名称	varchar	30	not null	
3	p_ShortName	出版社简称	varchar	8	not null	
4	p_Code	出版社代码	char	4	not null	
5	p_Address	出版社地址	varchar	50	not null	
6	p_PostCode	邮政编码	char	6	not null	
7	p_Phone	联系电话	char	15	not null	

3. BookInfo 表（图书信息表）

BookInfo 表的设计情况如表 2-3 所示。

表 2-3　BookInfo 表结构

表序号	3	表名	BookInfo 表			
含义	存储图书信息					
序号	属性名称	含义	数据类型	长度	为空性	约束
1	b_ID	图书编号	varchar	16	not null	主键
2	b_Name	图书名称	varchar	50	not null	
3	bt_ID	图书类型编号	char	10	not null	外键
4	b_Author	作者	varchar	20	not null	
5	b_Translator	译者	varchar	20	null	
6	b_ISBN	ISBN	varchar	30	not null	
7	p_ID	出版社编号	char	4	not null	外键
8	b_Date	出版日期	datetime		not null	
9	b_Edition	版次	smallint		not null	
10	b_Price	图书价格	money		not null	
11	b_Quantity	副本数量	smallint		not null	
12	b_Detail	图书简介	varchar	100	null	
13	b_Picture	封面图片	varchar	50	null	

4. BookStore 表（图书存放信息表）

BookStore 表的设计情况如表 2-4 所示。

表 2-4　BookStore 表结构

表序号	4	表名	BookStore 表			
含义	存储图书存放信息					
序号	属性名称	含义	数据类型	长度	为空性	约束
1	s_ID	条形码	char	8	not null	主键
2	b_ID	图书编号	varchar	16	not null	外键
3	s_InDate	入库日期	datetime		not null	

续表

序号	属性名称	含义	数据类型	长度	为空性	约束
4	s_Operator	操作员	varchar	10	not null	
5	s_Position	存放位置	varchar	12	not null	
6	s_Status	图书状态	varchar	4	not null	

5. ReaderType 表（读者类别信息表）

ReaderType 表的设计情况如表 2-5 所示。

表 2-5　ReaderType 表结构

表序号	5	表名	ReaderType 表			
含义	存储读者类别信息					
序号	属性名称	含义	数据类型	长度	为空性	约束
1	rt_ID	读者类型编号	char	2	not null	主键
2	rt_Name	读者类型名称	varchar	10	not null	唯一
3	rt_Quantity	限借数量	smallint		not null	
4	rt_Long	限借期限	smallint		not null	
5	rt_Times	续借次数	smallint		not null	
6	rt_Fine	超期日罚金	money		not null	

6. ReaderInfo 表（读者信息表）

ReaderInfo 表的设计情况如表 2-6 所示。

表 2-6　ReaderInfo 表结构

表序号	6	表名	ReaderInfo 表			
含义	存储读者信息					
序号	属性名称	含义	数据类型	长度	为空性	约束
1	r_ID	读者编号	char	8	not null	主键
2	r_Name	读者姓名	varchar	10	not null	
3	r_Date	发证日期	datetime		not null	
4	rt_ID	读者类型编号	char	2	not null	
5	r_Quantity	可借书数量	smallint		not null	
6	r_Status	借书证状态	varchar	4	not null	

7. BorrowReturn 表（借还信息表）

BorrowReturn 表的设计情况如表 2-7 所示。

表 2-7　BorrowReturn 表结构

表序号	7	表名	BorrowReturn 表			
含义	存储借还书信息					
序号	属性名称	含义	数据类型	长度	为空性	约束
1	br_ID	借阅编号	char	6	not null	主键
2	s_ID	条形码	char	8	not null	外键

续表

序号	属性名称	含义	数据类型	长度	为空性	约束
3	r_ID	借书证编号	char	8	not null	外键
4	br_OutDate	借书日期	datetime		not null	
5	br_InDate	还书日期	datetime		null	
6	br_LostDate	挂失日期	datetime		null	
7	br_Times	续借次数	tinyint		null	
8	br_Operator	操作员	varchar	10	not null	
9	br_Status	图书状态	varchar	4	not null	

项目计划

图书借阅数据库项目的实施计划如表2-8所示。

表2-8　图书借阅数据库项目实施计划

工作任务	完成时长（课时）	任务描述
任务2.1　使用T-SQL管理Library数据库	4	基于使用SSMS管理数据库的经验，掌握使用T-SQL语句完成数据库的创建、修改和删除操作。掌握对图书管理数据库的收缩和数据库文件的移动操作
任务2.2　使用T-SQL管理Library数据库的数据表	4	基于使用SSMS管理数据表的经验，掌握使用T-SQL语句完成数据库中表的创建、修改、查看以及删除操作；使用T-SQL语句完成数据表中记录的插入、修改以及删除操作。掌握SQL Server中的基本数据类型，并在创建表时为表字段选择合适的数据类型
任务2.3　使用T-SQL查询Library数据库的数据	6	理解并建立数据库关系图，掌握各种连接查询的方法。使用CUBE或ROLLUP对图书借阅数据库中的数据进行汇总操作，掌握分页和排名操作，掌握子查询和联合查询
任务2.4　管理Library数据库的视图	4	理解数据库中视图的概念，清楚视图与表的区别与联系。掌握利用SSMS完成视图的创建、修改以及删除操作
任务2.5　管理Library数据库的索引	2	理解数据库中索引的概念以及作用，掌握索引的分类以及区别，学习并使用SSMS和T-SQL语句完成图书借阅数据的索引创建以及管理操作

项目实施

任务2.1　使用T-SQL管理Library数据库

任务目标

本任务根据图书借阅数据库项目的目标，基于项目1的建设经验，使用T-SQL语句创建Library数据库，用于对图书信息、图书分类信息、读者信息、借还信息等相关数据的管理；在数据库创建后，使用T-SQL语句进行数据库信息的修改、查看和删除操作。

使用T-SQL语句完成Library数据库的建立和管理。本任务的主要目标包括：

- 了解SQL Server 2012数据库文件管理的相关概念。
- 能熟练使用SSMS管理数据库。

- 能使用 T-SQL 语句创建数据库。
- 能使用 T-SQL 语句修改数据库。
- 能使用 T-SQL 语句查看和删除数据库。
- 能使用 T-SQL 语句实现数据库的收缩。
- 能使用 T-SQL 语句移动数据库文件。

2.1.1 背景知识

1. 数据库文件

SQL Server 数据库文件

1）数据库文件简介

SQL Server 2012 数据库具有 3 种类型的文件，如表 2-9 所示。

表 2-9 SQL Server 2012 数据库文件

文件	说明
主要数据文件	主要数据文件包含数据库的启动信息，并指向数据库中的其他文件；用户数据和对象可存储在此文件中，也可以存储在次要数据文件中；每个数据库有一个主要数据文件，主要数据文件的扩展名默认为.mdf
次要数据文件	次要数据文件是可选的，由用户定义并存储用户数据，可用于将数据分散到多个磁盘上；另外，如果主要数据库文件超过了单个 Windows 文件的最大值，可以使用次要数据文件，这样数据库就能继续增长；次要数据文件的文件扩展名默认为.ndf
事务日志文件	事务日志文件保存用于恢复数据库的日志信息；每个数据库必须至少有一个日志文件，事务日志文件扩展名默认为.ldf

提示：

- 主要数据文件是数据库的起点，指向数据库中的其他文件。每个数据库都有一个主要数据文件，主要数据文件的推荐文件扩展名是.mdf。
- 除主要数据文件以外的所有其他数据文件都是次要数据文件。某些数据库可能不含有任何次要数据文件，而有些数据库则含有多个次要数据文件。次要数据文件的推荐文件扩展名是.ndf。
- 事务日志文件包含着用于恢复数据库的所有日志信息。每个数据库必须至少有一个事务日志文件，当然也可以有多个。事务日志文件的推荐文件扩展名是.ldf。

SQL Server 2012 不强制使用.mdf、.ndf 和.ldf 文件扩展名，但使用它们有助于标识文件的各种类型和用途。在 SQL Server 2012 中，数据库中所有文件的位置都记录在数据库的主要数据文件和 master 数据库中。大多数情况下，数据库引擎使用 master 数据库中的文件位置信息。

2）逻辑和操作系统文件名称

SQL Server 2012 文件有两个名称：逻辑文件名和操作系统文件名。

（1）逻辑文件名。逻辑文件名是在所有 T-SQL 语句中引用物理文件时所使用的名称。逻辑文件名必须符合 SQL Server 标识符规则，而且在数据库的逻辑文件名中必须是唯一的。逻辑文件名的操作请参阅本项目数据库的查看和修改部分内容。

（2）操作系统文件名。操作系统文件名是包括目录路径的物理文件名，它必须符合操作系统文件命名规则。

每个 SQL Server 2012 数据库至少具有两个系统文件：一个数据文件和一个事务日志文件。数据文件包含数据和对象，例如表、索引、存储过程和视图。事务日志文件包含恢复数据库中的所有事务所需的信息。为了便于分配和管理，可以将数据文件集合起来，放到文件组中。同时，数据库文件由文件组、数据文件页和区等存储单位组成。

提示：

- SQL Server 数据文件和事务日志文件可以保存在 FAT 或 NTFS 文件系统中。从安全性角度考虑，建议使用 NTFS。
- 可读/写数据文件组和事务日志文件不能保存在 NTFS 压缩文件系统中。只有只读数据库文件组和只读次要文件组可以保存在 NTFS 压缩文件系统中。
- 在默认情况下，数据文件和事务日志文件被放在同一个驱动器上的同一个路径下，这是为处理单磁盘系统而采用的方法。但是，在实际应用环境中，建议将数据文件和事务日志文件放在不同的磁盘上。

2. 数据库文件管理

1）文件组

每个数据库有一个主要文件组。此文件组包含主要数据文件和未放入其他文件组的所有次要数据文件。可以创建用户定义的文件组，用于将数据文件集合起来，便于进行数据的管理分配和放置。

例如，可以分别在 3 个磁盘驱动器上创建 3 个文件 Data1.ndf、Data2.ndf 和 Data3.ndf，并将它们分配给文件组 fgroup1，然后可以明确地在文件组 fgroup1 上创建一个表，对表中数据的查询将分散到 3 个磁盘上，从而提高了性能。在 RAID（独立磁盘冗余阵列）条带集上创建单个文件，也能获得同样的性能提高效果，文件和文件组能够轻松地在新磁盘上添加新文件。

SQL Server 2012 将数据库映射为一组操作系统文件。数据和日志信息从不混合在相同的文件中，而且各个文件仅在一个数据库中使用。文件组是命名的文件集合，用于帮助进行数据布局和管理任务，例如备份操作和还原操作。

2）数据文件页

SQL Server 2012 数据文件中的页按顺序编号，文件的首页从 0 开始。数据库中的每个文件都有一个唯一的文件 ID 号。若要唯一标识数据库中的页，需要同时使用文件 ID 和页码。图 2-1 显示了数据库中包含 4MB 主要数据文件和 1MB 次要数据文件的页码。

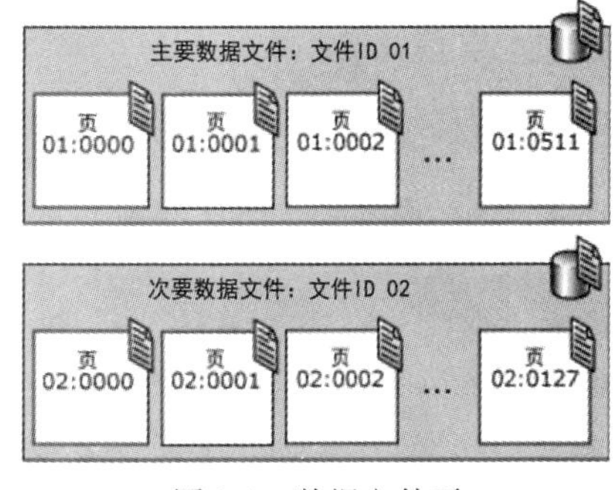

图 2-1　数据文件页

提示：

- 对于普通用户来说，页是透明的，也就是说普通用户感觉不到页的存在。
- SQL Server 数据库中的数据文件（.mdf 或.ndf）分配的磁盘空间可以从逻辑上划分成页（从 0～n 连续编号）。日志文件不包含页，它是由一系列日志记录组成的。
- 在 SQL Server 中，页的大小为 8KB。这意味着 SQL Server 数据库中每 1MB 的数据文件包含 128 页。每页的开头是 96 字节的标头，用于存储有关页的系统信息。此信息包括页码、页类型、页的可用空间以及拥有该页的对象的分配单元 ID。

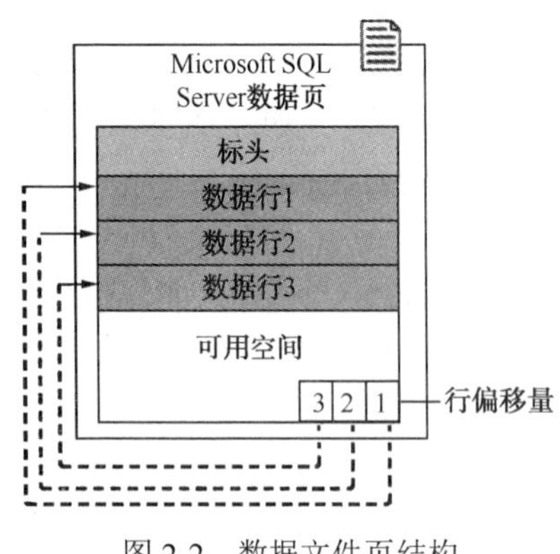

图 2-2 数据文件页结构

在数据页上，数据行紧接着标头按顺序放置。页的末尾是行偏移表，对于页中的每一行，每个行偏移表都包含一个条目。每个条目记录对应行的第一个字节与页首的距离。行偏移表中的条目的顺序与页中行的顺序相反。数据文件页的结构如图 2-2 所示。

3）区

区是管理空间的基本单位，一个区由 8 个物理上连续的页（即 64KB）组成，用来有效地管理页。这意味着 SQL Server 数据库中每 1MB 有 16 个区。为了使空间分配更有效，SQL Server 不会将所有区分配给包含少量数据的表。SQL Server 有以下两种类型的区。

（1）混合区，最多可由 8 个对象共享。区中 8 页的每页可由不同的对象所有。

（2）统一区，由单个对象所有。区中的所有 8 页只能由所属对象使用。

通常从混合区向新表或索引分配页。当表或索引增长到 8 页时，将变成使用统一区进行后续分配。如果对现有表创建索引，并且该表包含的行足以在索引中生成 8 页，则对该索引的所有分配都使用统一区进行。混合区和统一区的情况如图 2-3 所示。

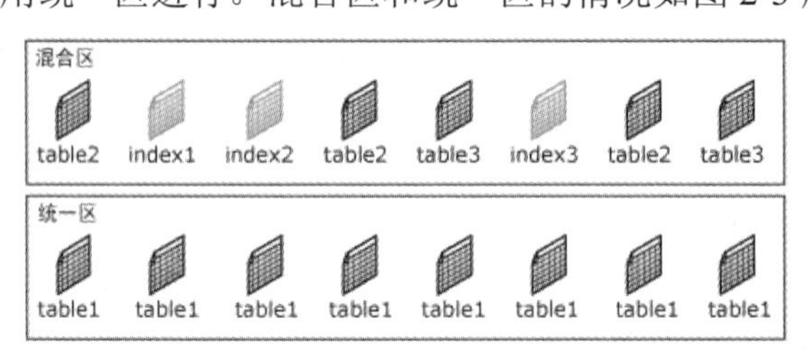

图 2-3 混合区和统一区

2.1.2 完成步骤

主流的数据库管理系统都提供了使用图形用户界面管理数据库的方式，同时也可以使用 SQL 语句来进行数据库的管理。图形用户管理界面因数据库产品和版本的不同而各不相同，如 Access 不同于 SQL Server 和 Oracle，SQL Server 2012 也与 SQL Server 早期的版本有所区别。而 SQL 作为一种标准的结构化查询语言，是一种通用的语言，虽然也会因其种类而大同小异，但基本的语法是一致的，这也是要求数据库用户需要比较熟练地掌握 SQL 基本语句的原因。在 SQL Server 中，我们介绍的是 Transact-SQL，本书简称为 T-SQL。

1. 使用 T-SQL 语句创建数据库

使用 T-SQL 创建和查看数据库

1）CREATE DATABASE 基本格式

创建数据库的基本语句格式如下：

```
CREATE DATABASE <数据库文件名>
[ ON   <数据文件> ]
( [ NAME = <逻辑文件名>, ]
```

```
    FILENAME = '<物理文件名>'
    [ , SIZE = <大小>]
    [ , MAXSIZE = <可增长的最大大小>]
    [ , FILEGROWTH = <增长比例>])
  [ LOG ON   <日志文件> ]
   ( [ NAME = <逻辑文件名>, ]
    FILENAME = '<物理文件名>'
    [ , SIZE = <大小> ]
    [ , MAXSIZE = <可增长的最大大小>]
    [ , FILEGROWTH = <增长比例>])
```

参数具体含义请参阅“SQL Server 联机丛书”。

2）SSMS 中使用 T-SQL 语句

（1）新建查询。在 SSMS 中使用 T-SQL 语句，首先使用工具栏上的【新建查询】按钮，建立一个新的查询，如图 2-4 所示。

（2）在查询窗口中输入 T-SQL 语句，如图 2-5 所示。

（3）执行查询。在工具栏上单击✓按钮对 SQL 语句进行检查，单击! 执行(X)按钮执行指定的 SQL 语句。

图 2-4 新建查询

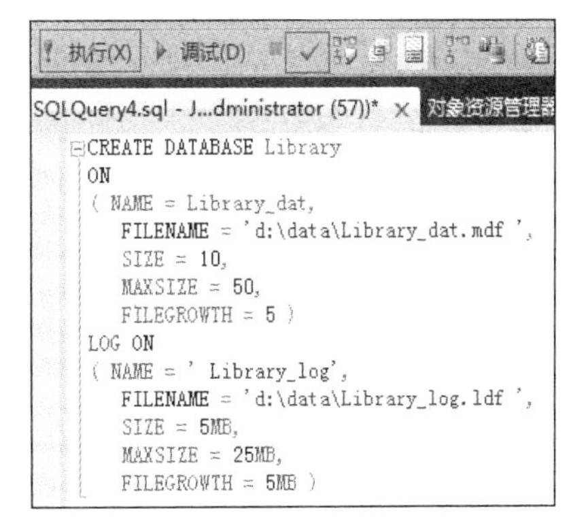

图 2-5 输入 T-SQL 语句

提示：

- 如果在查询语句编辑区域选定了语句，则对指定语句执行检查和执行操作，否则执行所有语句。
- 在以下章节中的 T-SQL 脚本的编写和执行的步骤与此相同。
- 用户编写的 T-SQL 脚本可以以文件（.sql）形式保存。

3）使用 CREATE DATABASE 语句创建数据库

子任务 1 使用 T-SQL 语句创建 Library 数据库。

【分析】由 CREATE DATABASE 语句格式可知，可以以默认方式创建数据库，也可以通过改变该语句中的相关参数，为数据库对应的物理文件指定存储位置，还可以进一步指定文件的属性。下面以不同的方式来实现使用 CREATE DATABASE 语句创建数据库的任务。

（1）使用默认方式创建数据库。

```
CREATE DATABASE Library
```

提示：

- 该语句以默认方式创建名为 Library 的数据库。
- 创建数据库的过程分两步完成：
  - SQL Server 使用 model 数据库的副本初始化数据库及其元数据。
  - SQL Server 使用空页填充数据库的剩余部分，除了包含记录数据库中空间使用情况的内部数据页。

（2）指定数据库对应的物理文件的存储位置。

考虑到数据的安全和系统维护的方便，数据库管理员决定创建 Library 数据库到 d:\data 文件夹，并指定数据库主要数据文件的逻辑名称为“Library_dat”，物理文件名为“Library.mdf”。

```
CREATE DATABASE Library
ON
( NAME = Library_dat,
FILENAME = 'd:\data\ Library.mdf ' )
```

提示：

- 创建名为 Library 的数据库，同时指定 Library_dat 为主要数据文件，大小等于 model 数据库中主要数据文件的大小。
- 事务日志文件会自动创建，其大小为主要数据文件大小的 25%或 512KB 中的较大值。因为没有指定 MAXSIZE，文件可以增长到填满所有可用的磁盘空间为止。

（3）创建数据库时指定数据库文件和日志文件的属性。

考虑到文件的增长和日志文件的管理，指定主数据文件的逻辑名称为“Library_dat”，物理文件名称为“Library_dat.mdf”，初始大小为 10MB，最大为 50MB，增长量为 5MB；事务日志文件的逻辑名称为“Library_log”，物理文件名称为“Library_log.ldf”，初始大小为 5MB，最大为 25MB，增长量为 5MB。

```
CREATE DATABASE Library
ON
( NAME = Library_dat,
    FILENAME = 'd:\data\Library_dat.mdf ',
    SIZE = 10,
    MAXSIZE = 50,
    FILEGROWTH = 5 )
LOG ON
( NAME = ' Library_log',
    FILENAME = 'd:\data\Library_log.ldf ',
    SIZE = 5MB,
    MAXSIZE = 25MB,
    FILEGROWTH = 5MB )
```

提示：

- 没有使用关键字 PRIMARY，则第一个文件（Library_dat）成为主要数据文件。
- 因为 Library_dat 文件的 SIZE 参数没有指定 MB 或 KB，所以默认为 MB，以 MB 为单位进行分配。
- Library_log 文件以 MB 为单位进行分配，因为 SIZE 参数中显式声明了 MB 后缀。

2. 使用 T-SQL 语句修改数据库

使用 T-SQL 修改和删除数据库

1）ALTER DATABASE 语句格式

使用 ALTER DATABASE 语句可以在数据库中添加或删除文件和文件组，也可以更改文件和文件组的属性，例如更改文件的名称和大小。ALTER DATABASE 语句提供了更改数据库名称、文件组名称以及数据文件和事务日志文件的逻辑名称的能力，但不能改变数据库的存储位置。

修改数据库的基本语句格式如下：

```
ALTER DATABASE <数据库名称>
{ ADD FILE <数据文件>
| ADD LOG FILE <事务日志文件>
| REMOVE FILE <逻辑文件名>
| ADD FILEGROUP <文件组名>
| REMOVE FILEGROUP <文件组名>
| MODIFY FILE <文件名>
| MODIFY NAME = <新数据库名称>
| MODIFY FILEGROUP <文件组名>
| SET <选项> }
```

参数具体含义请参阅“SQL Server 联机丛书”。

2）使用 ALTER DATABASE 语句修改数据库

子任务 2　使用 T-SQL 语句对已创建好的 Library 数据库进行指定的修改。

【分析】根据前面的介绍和 ALTER DATABASE 语句格式，对数据库的修改包括添加、修改和删除文件以及更改数据库选项等操作。下面以不同方式来实现使用 ALTER DATABASE 语句修改数据库的任务。

（1）添加次要数据文件。考虑到数据的存储和访问速度，要求在已创建的数据库 Library 中增加一个次要数据文件来保存相关数据，其逻辑名称为“Library_dat2”，物理文件名称为“Library_dat2.ndf”，初始大小为 5MB，最大为 100MB，增长量为 5MB。

```
ALTER DATABASE Library
ADD FILE
(
 NAME = Library_dat2,
 FILENAME = 'd: \Data\Library_dat2.ndf ',
 SIZE = 5MB,
 MAXSIZE = 100MB,
 FILEGROWTH = 5MB
)
```

（2）更改指定文件。考虑到在数据库中 Library_dat2 文件初始大小（5MB）太小，现在想将它的初始大小增加到 20MB。

```
ALTER DATABASE Library
MODIFY FILE
```

```
(NAME = Library_dat2,
SIZE = 20MB)
```

（3）删除指定文件。考虑到在实际应用中可能不需要 Library 数据库中的 Library_dat2 文件，现在要把它从 Library 数据库中删除。

```
ALTER DATABASE Library
REMOVE FILE Library_dat2
```

3）使用存储过程修改数据库

子任务 3 使用 T-SQL 语句更改数据库选项。

使用系统存储过程 sp_dboption 可以显示或更改数据库选项。存储过程 sp_dboption 的基本语句格式如下：

```
sp_dboption [数据库名称] [ , [要设置的选项的名称]] [ , [新设置] ]
```

考虑到 Library 数据库的安全，要将 Library 数据库设置为只读，语句如下：

```
EXEC sp_dboption 'Library', 'read only', 'TRUE'
```

提示：

- 系统存储过程是指存储在数据库内，可由应用程序（或查询分析器）调用执行的一组语句的集合，其目的是用来执行数据库的管理和信息活动。存储过程详细内容可参阅“SQL Server 联机丛书”。
- 执行存储过程中的 EXEC 关键字可选。
- 本书中系统存储过程的执行与前面所述的 T-SQL 语句的执行相同。
- 不能在 master 或 tempdb 数据库中使用 sp_dboption。

子任务 4 使用 T-SQL 语句更改数据库名称。

通过使用系统存储过程 sp_renamedb 可以更改数据库名称。存储过程 sp_renamedb 基本语句格式如下：

```
sp_renamedb [当前数据库名称] , [数据库新名称]
```

考虑到要更好的区分 SQL Server 2012 中的各个数据库，现将 Library 数据库的名称改为 Library_bak，语句如下：

```
EXEC sp_renamedb 'Library', 'Library_bak'
```

3. 使用 T-SQL 语句查看数据库

子任务 5 使用 T-SQL 语句查看指定的数据库或所有的数据库信息。

使用系统存储过程 sp_helpdb 查看指定数据库或所有数据库的信息。存储过程 sp_helpdb 基本语句格式如下：

```
sp_helpdb [数据库名称]
```

（1）查看当前数据库服务器中所有数据库的信息，语句如下：

```
sp_helpdb
```

该语句可以查看所有数据库的信息，如图 2-6 所示。

（2）查看当前数据库服务器中 Library 数据库的信息，语句如下：

```
sp_helpdb Library
```

该语句可以查看指定数据库 Library 的信息，如图 2-7 所示。

结果　消息

	name	db_size	owner	dbid	created
1	Contact	6.00 MB	sa	11	03 29 2019
2	Library	15.00 MB	J-ZHANG\Administrator	7	04 4 2019
3	master	6.63 MB	sa	1	04 8 2003
4	model	5.06 MB	sa	3	04 8 2003
5	msdb	21.25 MB	sa	4	02 10 2012
6	ReportServer	11.94 MB	J-ZHANG\Administrator	5	04 12 2018
7	ReportServerTempDB	5.08 MB	J-ZHANG\Administrator	6	04 12 2018
8	tempdb	8.75 MB	sa	2	03 29 2019

图 2-6　所有数据库信息

结果　消息

	name	db_size	owner	dbid	created	status
1	Library	15.00 MB	J-ZHANG\Administrator	7	04 4 2019	Status=ONLINE,

	name	fileid	filename	filegroup	size	maxsize
1	Library_dat	1	d:\data\Library_dat.mdf	PRIMARY	10240 KB	51200 KB
2	Library_log	2	d:\data\Library_log.ldf	NULL	5120 KB	25600 KB

图 2-7　Library 数据库信息

数据库信息如表 2-10 所示，数据库文件信息如表 2-11 所示。

表 2-10　数据库信息

名称	含义
name	数据库名称
db_size	数据库大小
owner	数据库所有者（例如 sa）
dbid	数据库 ID
created	数据库创建的日期
status	以逗号分隔的值的列表，这些值是当前在数据库上设置的数据库选项的值

表 2-11　数据库文件信息

名称	含义
name	逻辑文件名
fileid	文件标识符
file name	操作系统文件名（物理文件名称）
filegroup	文件所属的组；为便于分配和管理，可以将数据库文件分成文件组
size	文件大小
maxsize	文件可达到的最大值，此字段中的 UNLIMITED 值表示文件可以一直增大直到磁盘满为止
growth	文件的增量，表示每次需要新的空间时给文件增加的空间大小
usage	文件用法；数据文件的用法是 data only（仅数据），而日志文件的用法是 log only（仅日志）

（3）查看所有数据库的基本信息。

在系统视图 sys.databases 中保存着所有数据库的基本信息，可以使用 SELECT 语句查看该视图中的数据以获得数据库信息。

```
SELECT * FROM sys.databases
```

运行结果如图 2-8 所示。

结果 消息

	name	database_id	source_database_id	owner_sid
1	master	1	NULL	0x01
2	tempdb	2	NULL	0x01
3	model	3	NULL	0x01
4	msdb	4	NULL	0x01
5	ReportServer	5	NULL	0x010500000000000
6	ReportServerTempDB	6	NULL	0x010500000000000
7	Library	7	NULL	0x010500000000000
8	Contact	11	NULL	0x01

图 2-8 查询 sys.databases 系统视图

系统视图 sys.databases 常用字段及其含义如表 2-12 所示。

表 2-12 系统视图 sys.databases 信息

字段	含义
name	数据库名称
database_id	数据库 ID，在其他系统视图中用于标识数据库
source_database_id	如果当前记录表示数据库快照，该字段表示数据库快照的源数据库 ID，否则该字段为 NULL
owner_sid	注册到服务器的数据库外部所有者的 SID（安全标识符）
create_date	数据库创建或重命名的日期
compatibility_level	表示 SQL Server 数据库兼容版本的整数，70 表示 SQL Server 7.0，80 表示 SQL Server 2000，90 表示 SQL Server 2005，100 表示 SQL Server 2008，110 表示 SQL Server 2012
state	数据库状态。0 = ONLINE（在线），1 = RESTORING（正在还原数据库），2 = RECOVERING（正在恢复），3=RECOVERY_PENDING（文件恢复延期），4=SUSPECT（文件已被破坏），5= EMERGENCY（故障排除），6 = OFFLINE（离线）

（4）查看数据文件的信息。

在系统视图 sys.database_files 中可以查询当前数据库中的数据文件信息。可以使用 SELECT 语句查看该视图中的数据以获得数据文件信息。

```
SELECT * FROM sys.database_files
```

运行结果如图 2-9 所示。

结果 消息

	file_id	file_guid	type	type_desc	data...	name	physical_name
1	1	9A9D0042-CE76...	0	ROWS	1	Library_dat	d:\data\Library_dat.mdf
2	2	DOCCDA05-E400...	1	LOG	0	Library_log	d:\data\Library_log.ldf

图 2-9 查询 sys.database_files 系统视图

4. 使用 T-SQL 语句删除数据库

子任务6 使用 T-SQL 语句删除指定的数据库。

删除数据库的基本语句格式如下：

```
DROP DATABASE <数据库名称>
```

考虑到不再需要数据库 Library，现在要删除数据库 Library，语句如下：

```
DROP DATABASE Library
```

5. 使用 T-SQL 语句收缩数据库和数据库文件

子任务7 使用 DBCC SHRINKDATABASE 语句收缩数据库。

```
DBCC SHRINKDATABASE
(数据库名 | 数据库 ID | 0
      [ , target_percent ]
      [ , { NOTRUNCATE | TRUNCATEONLY } ]
)
[ WITH NO_INFOMSGS ]
```

收缩 Library 数据库，剩余可用空间 10%，语句如下：

```
DBCC SHRINKDATABASE(Library,10)
```

子任务8 使用 DBCC SHRINKFILE 语句收缩数据库文件。

```
DBCC SHRINKFILE
(
     { 文件名 |文件 ID }
     { [ , EMPTYFILE ]
     | [ [ , 收缩后文件的大小 ] [ , { NOTRUNCATE | TRUNCATEONLY } ] ]
     }
)
[ WITH NO_INFOMSGS ]
```

将数据库 Library 中名为 DataFile1 的数据库文件收缩到 10MB，语句如下：

```
USE Library
GO
DBCC SHRINKFILE(DataFile1,10)
GO
```

6. 使用 T-SQL 语句移动数据库文件

在 SQL Server 2012 中，通过在 ALTER DATABASE 语句的 FILENAME 子句中指定新文件的位置，可以移动系统数据库文件和用户定义的数据库文件，但资源数据库文件除外。数据、事务日志和全文目录文件也可以通过此方法进行移动。此方法在下列情况下非常有用。

（1）故障恢复。例如，由于硬件故障，数据库处于可疑模式或被关闭。

（2）预先安排的重定位。

（3）为预定的磁盘维护操作而进行的重定位。

提示：

- 需要知道数据库文件的逻辑名称才能运行 ALTER DATABASE 语句。若要获取逻辑文件名称，请查询 sys.master_files 目录视图中的 name 列。
- 请勿移动或重命名资源数据库文件。如果该文件已重命名或移动，SQL Server 将不启动。

子任务 9 使用 T-SQL 语句将 tempdb 移动到新位置。

（1）确定 tempdb 数据库的逻辑文件名称以及在磁盘上的当前位置。

```
SELECT name, physical_name
FROM sys.master_files
WHERE database_id = DB_ID('tempdb');
GO
```

（2）使用 ALTER DATABASE 语句更改每个文件的位置。

```
USE master;
GO
ALTER DATABASE tempdb
MODIFY FILE (NAME = tempdev, FILENAME = 'E:\SQLData\tempdb.mdf ');
GO
ALTER DATABASE tempdb
MODIFY FILE (NAME = templog, FILENAME = 'E:\SQLData\templog.ldf ');
GO
```

（3）停止并重新启动 SQL Server。

（4）验证文件更改。

```
SELECT name, physical_name
FROM sys.master_files
WHERE database_id = DB_ID('tempdb');
```

提示：

- 由于每次启动 MS SQL Server 服务时都会重新创建 tempdb，因此不需要从物理意义上移动数据和事务日志文件。
- 重新启动服务后，tempdb 才继续在当前位置发挥作用。

在 SQL Server 2012 中，可以更改当前数据库的所有者。任何可以访问 SQL Server 的连接的用户（SQL Server 登录帐户或 Microsoft Windows 用户）都可以成为数据库的所有者，但无法更改系统数据库的所有权。更改数据库的所有者可以使用存储过程 sp_changedbowner 来实现，详细用法请读者参阅“SQL Server 联机丛书”。

课堂实践 1

1. 操作要求

（1）使用 T-SQL 语句创建数据库 Library，并要求进行如下设置。

① 数据库文件和日志文件的逻辑名称分别为 Library_data 和 Library_log。

② 物理文件存放在 E:\data 文件夹中。

③ 数据文件的增长方式为“按 MB”自动增长，初始大小为 5MB，文件增长量为 1MB。

④ 事务日志文件的增长方式为“按百分比”自动增长，初始大小为 2MB，文件增长量为 10%。

（2）在操作系统文件夹中查看 Library 数据库对应的操作系统文件。

（3）使用 T-SQL 语句对 Library 数据库进行以下修改。

① 添加一个事务日志文件 Library_log1。

② 将主数据文件的增长上限修改为 500MB。

③ 将事务日志文件的增长上限修改为 300MB。

（4）删除所创建的数据库文件 Library。

2. 操作提示

（1）如果原来已存在 Library 数据库，则可先删除该数据库。

（2）为了保证能将数据库文件存放在指定的文件夹中，必须首先创建好文件夹（如 E:\data），否则会出现错误。

（3）将完成操作的 T-SQL 语句保存到文件。

2.1.3　任务小结

通过本任务，读者应掌握的数据库操作技能如下：

- 能使用 CREATE DATABASE 创建数据库。
- 能使用 ALTER DATABASE 修改数据库。
- 能使用 sp_helpdb 查看数据库。
- 能使用 DROP DATABASE 删除数据库。
- 能使用 DBCC SHRINKFILE 收缩数据库文件。
- 能移动数据库文件和更改数据库所有者。

任务 2.2　使用 T-SQL 管理 Library 数据库的数据表

任务目标

本任务的目标就是利用 T-SQL 语句来对数据库中的表进行管理。数据库中的表是用来存放数据的，针对表的管理主要包括表的设计、表的修改、表的删除等操作。针对表中记录的操作主要有插入记录、修改记录和删除记录。通过项目一的学习，已经掌握利用 SSMS 完成对数据库表的管理和对表中记录的操作。本任务主要是用 T-SQL 语句来完成对表和记录的相关操作。本任务的主要目标包括：

- 使用 T-SQL 语句创建表。
- 使用 T-SQL 语句修改表。
- 使用 T-SQL 语句查看表。
- 使用 T-SQL 语句删除表。
- 使用 T-SQL 语句插入记录，包括插入所有列、插入指定列。

- 使用 T-SQL 语句修改记录，包括修改单条记录、修改多条记录和指定多项修改。
- 使用 T-SQL 语句删除记录，包括删除指定记录和删除所有记录。

2.2.1 背景知识

1. 关系与二维表

SQL Server 是以关系模型为基础的数据库，关系模型是目前最常用的数据模型。在关系模型中，关系（relation）就是一张二维表，它由行和列组成。在关系模型中，实体以及实体间的联系都是用关系来表示的。关系的每一个分量必须是一个不可分的数据项，也就是不允许表中还有表。

在数据库的物理组织中，“表”以“文件”形式存储。关系模型的操作主要包括查找、插入、删除和修改数据。关系模型中的数据操作是集合操作，操作对象和操作结果都是关系，即若干元组的集合。

表 2-13 是一张学生信息二维表。

表 2-13 学生信息表

学号	姓名	性别	年龄
S0201	李兰	女	17
S0202	张娜	女	18
S0203	张伟	男	17

表中的列称为属性（attribute）。属性具有型和值两层含义。属性的型指属性名和属性取值域；属性的值指属性具体的取值。同一关系中的属性名（即列名）不能相同。属性用于表示实体的特征，一个关系中往往有多个属性。例如，表 2-13 中有 4 个属性，分别为学号、姓名、性别和年龄。

表中的行称为元组（tuple），组成元组的元素称为分量（component）。数据库中的一个实体或实体间的一个联系均使用一个元组表示。例如，表 2-13 中有 3 个元组，它们分别描述 3 个学生的学号、姓名、性别和年龄。（S0201，李兰，女，17）是一个元组，它由 4 个分量构成。

元组的集合即为关系，或称为实例（instance）。关系中属性个数称为元数（arity），元组个数称为基数（cardinality）。在表 2-13 中，关系的元数为 4，基数为 3。

实际上，可直接称呼关系为表，元组为行，属性为列。

关系中每一个属性都有一个取值范围，称为属性的值域。域（domain）是一组具有相同数据类型的值的集合。例如，整数、{0，1}、{男，女}、{计算机专业，物理专业，外语专业}等，都可以作为域。属性 A 的值域用 DOM（A）表示。每个属性对应一个值域，不同的属性可对应同一值域。

2. 关系的定义

可以用集合的观点定义关系：关系是一个元数为 K（K>1）的元组的集合，是其各属性的值域的笛卡尔积的一个子集。集合中的元素是元组，每个元组的元数相同。

键（码）由一个或几个属性构成，在实际使用中，有下列几种键。

（1）超键（super key）：在关系中能唯一标识元组的属性集称为关系模式的超键。

（2）候选键（candidate key）：不含有多余属性的超键称为候选键。也就是在候选键中，若要再删除属性，就不是键了。一般而言，如不加说明，则键是指候选键。

（3）主键（primary key）：用户选作标识元组的一个候选键称为主键，也称为关键字。如果关系中只有一个候选键，这个唯一的候选键就是主键。

在表 2-13 中，（学号，姓名）是关系模式的超键，但不是候选键，而（学号）是候选键。在实际使用中，如果选择（学号）作为插入、删除或查找的操作变量，那么就称（学号）是主键。

（4）全码（all-key）：若关系的候选键中只包含一个属性，则称它为单属性码；若候选键由多个属性构成，则称它为多属性码。若关系中只有一个候选键，且这个候选键中包括全部属性，则称该候选键为全码。全码是候选键的特例，它说明该关系中不存在属性之间相互决定的情况。

例如，设有以下关系：

学生（学号，姓名，性别，出生日期）；

课程（课程号，课程名，学分）；

学生选课（学号，课程号）。

其中，学生关系中的主键为学号，是单属性码；课程关系中的课程号是主键；学生选课关系中的学号和课程号相互独立，属性间无依赖关系，该关系的主键是全码。

（5）主属性（prime attribute）与非主属性（non-key attribute）：在关系中，候选码中的属性称为主属性，不包含在任何候选码中的属性称为非主属性。

（6）外键（foreign key）和参照关系（referencing relation）：设 FR 是关系 R 的一个或一组属性，但不是关系 R 的候选键，如果 FR 与关系 S 的主键 KS 相对应，则称 FR 是关系 R 的外键，关系 R 为参照关系，关系 S 为被参照关系（referenced relation）或目标关系（target relation）。

需要指出的是，外键并不一定要与相应的主键同名。但在实际应用中，为便于识别，当外键与相应的主键属于不同关系时，往往给它们取相同的名字。

例如，在学生库中有学生、课程和成绩 3 个表，其关系模式如下（其中主键用下划线标识）：

学生（<u>学号</u>，姓名，性别，专业号，出生日期）；

课程（<u>课程号</u>，课程名，学分）；

选修成绩（<u>学号</u>，<u>课程号</u>，成绩）。

在学生表中，学号是主键；在课程表中，课程号是主键；在选修成绩表中，学号和课程号一起作为主键。单独的学号或课程号仅为选修成绩表的主属性，而不是选修成绩表的主键。学号和课程号为选修成绩表的外键，选修成绩表是参照关系，学生表和课程表为被参照关系，它们之间要满足参照完整性规则。

关系数据库中的基本表具有以下 6 个性质。

（1）同一属性的数据具有同质性：即同一列中的分量是同一类型的数据，它们来自同一个域。

（2）同一关系的属性名具有不能重复性：指同一关系中不同属性的数据可出自同一个域，但不同的属性要给予不同的属性名。

（3）关系中的列位置具有顺序无关性，许多关系数据库产品提供的增加新属性的操作只提供插至最后一列的功能。

（4）关系具有元组无冗余性：指关系中的任意两个元组不能完全相同。

（5）关系中的元组位置具有顺序无关性。

（6）关系中的分量具有原子性：指关系中每一个分量都必须是不可分的数据项。

2.2.2 完成步骤

1. 使用 T-SQL 语句创建表

使用 T-SQL 创建和查看数据表

使用 T-SQL 语句创建表的基本语句格式如下：

```
CREATE TABLE<表名>（<列名><数据类型>[列级完整性约束条件]
[，<列名><数据类型>[列级完整性约束条件]...]
[，<表级完整性约束条件>]）
```

参数含义：

- 表名：要建立的表名是符合命名规则的任意字符串。在同一个数据库中表名应当是唯一的，而在不同数据库中允许出现名称相同的表。
- 列名：是组成表的各个列的名字。在一个表中，列名也应该是唯一的，而在不同的表中允许出现相同的列名。
- 数据类型：是对应列数据所采用的数据类型。可以是数据库管理系统支持的任何数据类型。
- 列级约束：用来对于列中的数据进行限制，如非空约束、键约束及用条件表达式表示的完整性约束。
- 表级约束：如果完整性约束条件涉及该表的多个属性列，则必须定义在表级上。这些约束连同列约束会被存储到系统的数据字典中。当用户对数据进行相关操作时，由 DBMS 自动检查该操作的合法性。

子任务 1 为了保存商品基本信息，需要在 Library 数据库中创建一个名为“BookInfo”的表，该操作使用 T-SQL 语句完成。

```
USE Library
GO
CREATE TABLE BookInfo
(
	b_ID char(16) not null,                    --图书编号
	b_Name varchar(50) not null,               --图书名称
	bt_ID char(10) null,                       --图书类型编号
	b_Author varchar(20) null,                 --作者
	b_Translator varchar(20) null,             --译者
```

```
        b_ISBN char(30) null,                   --ISBN
        p_ID char(4) null,                      --出版社编号
        b_Date datetime null,                   --出版日期
        b_Edition smallint null,                --版次
        b_Price money null,                     --价格
        b_Quantity smallint null,               --副本数量
        b_Picture varchar(100) null             --封面图片
)
```

提示：

- 表是数据库的组成对象，在进行创建表的操作之前，先要通过命令 USE Library 打开要操作的数据库。
- 用户在选择表和列名称时不要使用 SQL 语言中的保留关键词，如 select，create 和 insert 等。
- 在这里没有考虑表中的约束情况。

2. 使用 T-SQL 语句修改表

使用 T-SQL 修改和删除数据表

在数据库设计完成后，有时要求对数据库中的表进行修改，ALTER TABLE 语句就可以让数据库管理人员或者是设计者在一个表创建以后对它的结构进行调整，包括添加新列、增加新约束条件、修改原有的列定义以及删除已有的列和约束条件。其基本语句格式如下：

```
ALTER TABLE <表名>
[ALTER COLUMN<列名> <新数据类型>]
[ADD <新列名><数据类型>[完整性约束]]
[DROP<完整性约束名>]
```

其中，<表名>用于指定需要修改的表；ALTER 子句用于修改原有的列定义（主要是数据类型）；ADD 子句用于增加新列和新的完整性约束条件；DROP 子句用于删除指定的完整性约束条件或指定的列。

1）添加列

子任务 2　考虑到需要了解图书的相关简介信息，要在 BookInfo 表中添加一个长度为 200 个字符、名称为 b_Detail、类型为 nvarchar 的新的一列。该操作使用 T-SQL 语句完成。

```
ALTER TABLE BookInfo ADD b_Detail nvarchar(200)
```

提示：

- 在 ALTER TABLE 语句中使用 ADD 关键字增加列。
- 不论表中原来是否已有数据，新增加的列一律为空值，且新增加的一列位于表结构的末尾，如图 2-10 所示。

2）修改列

子任务 3　考虑到出版日期的实际长度和数据操作的方便性，将 BookInfo 表中的 b_Date 数据类型改为 char 型，且宽度为 10。该操作使用 T-SQL 语句完成。

```
ALTER TABLE BookInfo ALTER COLUMN b_Date char(10)
```

该语句可以将 b_Date 列的数据类型由 datetime 修改为 char，修改后的结果如图 2-11 所示。

J-ZHANG.Library - dbo.BookInfo × SQLQuery8.sql - J...dministra

列名	数据类型	允许 Null 值
b_ID	char(16)	☐
b_Name	varchar(50)	☐
bt_ID	char(10)	☑
b_Author	varchar(20)	☑
b_Translator	varchar(20)	☑
b_ISBN	char(30)	☑
p_ID	char(4)	☑
b_Date	datetime	☑
b_Edition	smallint	☑
b_Price	money	☑
b_Quantity	smallint	☑
b_Picture	varchar(100)	☑
b_Detail	nvarchar(200)	☑

图 2-10 添加 b_Detail 列后的 BookInfo 表

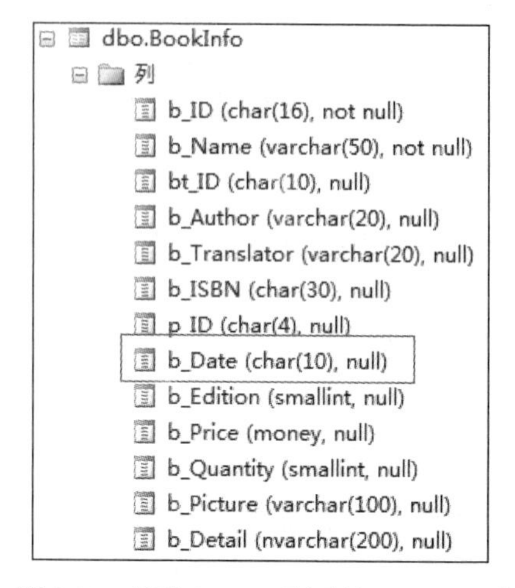

图 2-11 修改 b_Date 列后的 BookInfo 表

提示：

- 在 ALTER TABLE 语句中使用 ALTER COLUMN 关键字修改列的数据类型或宽度。
- 在“对象资源管理器”中，展开【表】节点中的指定表节点后，再展开【列】节点，可以查看指定表中列的信息。

3）删除列

用 ALTER TABLE 语句删除列，可用 DROP COLUMN 关键字。

子任务 4 不考虑图书的相关简介信息，在 BookInfo 表中删除已有的列 b_Detail。

```
ALTER TABLE BookInfo DROP COLUMN b_Detail
```

提示：

- 使用 ALTER TABLE 语句时，每次只能添加或者删除一列。
- 在添加列时，不需要带关键字 COLUMN；在删除列时，在列名前要带上关键字 COLUMN，因为在默认情况下，认为是删除约束。
- 在添加列时，需要带数据类型和长度；在删除列时，不需要带数据类型和长度，只需指定列名。
- 如果在该列定义了约束，在修改列时会进行限制。如果确实要修改该列，必须先删除该列上的约束，然后再进行修改。

4）重命名表

使用存储过程 sp_rename 可以更改当前数据库中的表的名称，存储过程 sp_rename 基本语句格式如下：

```
sp_rename [当前表名], [新表名]
```

参数含义：

- 当前表名：表的当前名称。
- 新表名：指定表的新名称，该名称要遵循标识符的规则。

子任务5 考虑到表名的可读性和表的命名一致性问题，要将表 BookInfo 改名为 tb_BookInfo。该操作使用 T-SQL 语句完成。

```
sp_rename BookInfo,'tb_ BookInfo'
```

提示：

- 更改对象名（包括表名）的任一部分都可能会破坏脚本和存储过程。

3. 使用 T-SQL 语句查看表

使用存储过程 sp_help 可以查看表的相关信息。存储过程 sp_help 的基本语句格式如下：

```
sp_help [表名]
```

参数含义：[表名]指要查看的表的名称。

子任务6 要了解 Library 数据库中 BookInfo 表的详细信息。该操作使用 T-SQL 语句完成。

```
sp_help BookInfo
```

该语句可以查看 BookInfo 表的详细信息，如图 2-12 所示。

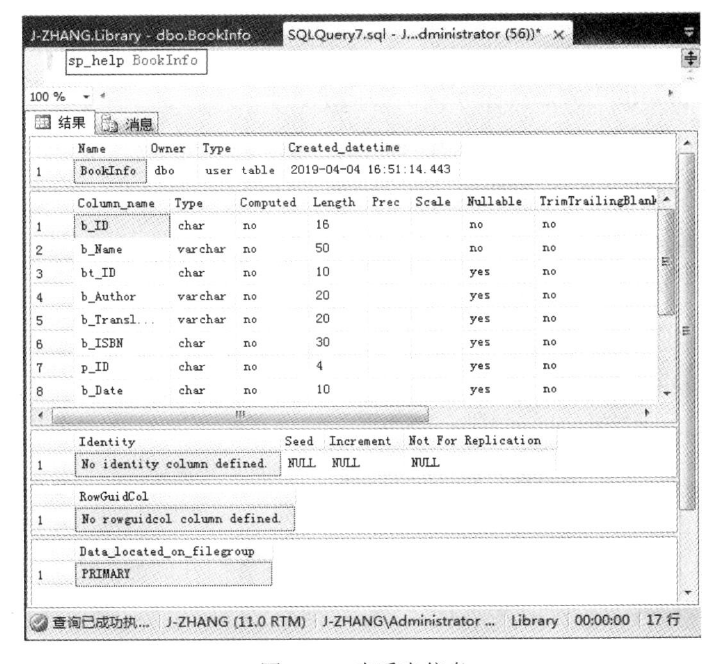

图 2-12　查看表信息

4. 使用 T-SQL 语句删除表

使用 DROP TABLE 语句可以删除数据库的表，其基本语句格式如下：

```
DROP TABLE <表名>
```

参数含义：<表名>指要删除的表名。

子任务 7 考虑到不需要 Library 数据库的 BookInfo 表，要将该表从 Library 数据库中删除。该操作使用 T-SQL 语句完成。

```
DROP TABLE BookInfo
```

该语句删除 Library 数据库中的 BookInfo 表。表定义一旦删除，表中的数据和在此表上建立的索引都将自动被删除掉，而建立在此表上的视图虽仍然保留，但已无法引用。因此，执行删除操作一定要格外小心。

5. 使用 T-SQL 语句管理数据

使用 T-SQL 插入和查询记录

1）使用 T-SQL 语句插入记录

使用 INSERT INTO 语句可以向表中添加记录或者创建追加查询，插入单个记录的基本语句格式如下：

```
INSERT  INTO <表名>
[<属性列 1>[，<属性列 2>...]]
VALUES （<常量 1> [，<常量 2>]...）
```

（1）插入所有列。

子任务 8 新图书入库，图书信息为('TP39/720','数据库及其应用系统开发','17','张迎新', '无','7-302-12828-6','003','2006-7-1',1,26.00,4,NULL,NULL)，使用 INSERT INTO 语句可向图书信息表 BookInfo 中添加一条新的图书记录。

```
INSERT INTO BookInfo VALUES('TP39/720','数据库及其应用系统开发','17','张迎新',
'无','7-302-12828-6','003','2006-7-1',1,26.00,4,NULL,NULL)
```

该语句将一条图书记录插入到 BookInfo 表中，能够提供图书的每一列信息（即使为 NULL），添加之后的结果如图 2-13 所示。

结果 | 消息

	b_ID	b_Name	bt_ID	b_Author	b...	b_ISBN	p_ID	b_Date	b...	b_Price	b...	b_Picture	b_Detail
1	TP39/720	数据库及其应用系统开发	17	张迎新	无	7-302-12828-6	003	2006-7-1	1	26.00	4	NULL	NULL
2	TP39/719	SQL Server 2005实例教程	17	刘志成...	无	978-7-302-...	001	2006-10-1	1	34.00	3	NULL	NULL

图 2-13 SQL Server Management Studio 中添加记录

（2）插入指定列。

子任务 9 新图书入库，该图书的封面图片和内容简介尚缺，只能将该商品的部分信息('TP39/719', 'SQL Server 2005 实例教程', '17', '刘志成、陈承欢', '无', '978-7-302-14733-6', '001', '2006-10-1',1,34.00,3)添加到 BookInfo 表中。

```
INSERT INTO BookInfo (b_ID, b_Name, bt_ID, b_Author, b_Translator, b_ISBN, p_ID,
b_Date, b_Edition, b_Price, b_Quantity)
VALUES ('TP39/719', 'SQL Server 2005 实例教程', '17', '刘志成、陈承欢', '无', '978-7-302-14733-6',
'001', '2006-10-1',1,34.00,3)
```

该语句可以将指定的图书信息插入到BookInfo表中，图书封面图片和内容简介取空值（NULL），添加之后的结果如图2-13所示。

提示：

- INSERT语句中的INTO可以省略。
- 如果某些属性列在表名后的列名表没有出现，则新记录在这些列上将取空值。但必须注意的是，在表定义时说明了NOT NULL的属性列不能取空值，否则系统会出现错误提示。
- 如果没有指明任何列名，则新插入的记录必须在每个属性列上均有值。
- 字符型数据必须使用“'”将其引起来。
- 常量的顺序必须和指定的列名顺序保持一致。

2）使用T-SQL语句修改记录

使用T-SQL修改和删除记录

使用UPDATE语句可以按照某个条件修改特定表中的字段值，其基本语句格式如下：

```
UPDATE <表名>
SET <列名>=<表达式>[, <列名>=<表达式>]...
[FROM <表名>]
[WHERE <条件>];
```

其功能是修改指定表中满足WHERE子句条件的记录。其中，SET子句用于指定修改方法，即用<表达式>的值取代相应的属性列值。如果省略WHERE子句，则表示要修改表中的所有记录。

（1）修改单条记录。

子任务10 完成对图书价格的更改。将《数据库及其应用系统开发》这本书的价格由“26.00”调整为“22.00”，更改之后的结果如图2-14所示。

```
UPDATE BookInfo
SET b_Price=22.00
WHERE b_Name='数据库及其应用系统开发'
```

结果 消息

	b_ID	b_Name	bt_ID	b_Author	b_Translator	b_ISBN	p_ID	b_Date	b_E...	b_Price	b_...	b_Picture
1	TP39/707	数据库基础	17	沈祥玖	无	7-04-012644-3	002	2003-9-1	1	18.50	4	Images/pImage
2	TP39/711	管理信息系统基础与开发	17	陈承欢、彭勇	无	7-115-13103-1	004	2005-2-1	1	23.00	2	Images/pImage
3	TP39/713	关系数据库与SQL语言	17	黄旭明	无	7-04-01375-4	002	2004-1-1	1	15.00	4	Images/pImage
4	TP39/716	UML用户指南	17	Grady Booch等	邵维忠等	7-03-012096	007	2003-8-1	1	35.00	4	NULL
5	TP39/717	UML数据库设计应用	17	[美]Eric J...	陈立军、...	7-5053-6432-4	001	2001-3-1	1	30.00	9	Images/pImage
6	TP39/719	SQL Server 2005实例...	17	刘志成、陈...	无	978-7-302-14733-6	001	2006-10-1	1	34.00	3	NULL
7	TP39/720	数据库及其应用系统开发	17	张迎新	无	7-302-12828-6	003	2006-7-1	1	22.00	4	Images/pImage

图2-14 记录修改

（2）修改多条记录。

子任务11 对已有图书封面图片路径的信息进行更改。将图书封面图片存放路径由原来的pImage更改为Images/pImage，更改之后的结果如图2-14所示。

```
UPDATE BookInfo
SET b_Picture ='Images/'+ b_Picture
```

```
WHERE b_Picture IS NOT NULL
```

提示：

- 如果不指定条件，则会修改所有的记录。
- 如果加上条件 IS NOT NULL，就可以保证对已有封面图片的图书进行修改。

（3）修改所有记录并指定多项修改。

子任务 12 将所有图书的价格调整为原价格的 8 折，并将所有图书的类别编码调整为'16'。更改之后的结果如图 2-15 所示。

```
UPDATE BookInfo
SET b_Price = b_Price*0.8, bt_ID ='16'
```

结果 消息

	b_ID	b_Name	bt_ID	b_Author	b_Translator	b_ISBN	p_ID	b_Date	b_Edition	b_Price
1	TP39/707	数据库基础	16	沈祥玖	无	7-04-012644-3	002	2003-9-1	1	14.80
2	TP39/711	管理信息系统基础与开发	16	陈承欢、彭勇	无	7-115-13103-1	004	2005-2-1	1	18.40
3	TP39/713	关系数据库与SQL语言	16	黄旭明	无	7-04-01375-4	002	2004-1-1	1	12.00
4	TP39/716	UML用户指南	16	Grady Booch等	邵维忠等	7-03-012096	007	2003-8-1	1	28.00
5	TP39/717	UML数据库设计应用	16	[美]Eric J.Naiburg等	陈立军、郭旭	7-5053-6432-4	001	2001-3-1	1	24.00
6	TP39/719	SQL Server 2005实例教程	16	刘志成、陈承欢	无	978-7-302-14733-6	001	2006-10-1	1	27.20
7	TP39/720	数据库及其应用系统开发	16	张迎新	无	7-302-12828-6	003	2006-7-1	1	17.60

图 2-15 修改多项记录

提示：

- 如果要修改多列，则在 SET 语句后用“,”分隔各修改子句。
- 这类语句一般在进行数据初始化时使用。
- 修改记录时可以通过约束和触发器实现数据完整性。

3）使用 T-SQL 语句删除记录

使用 DELETE 语句可以删除表中的记录，其基本语句格式如下：

```
DELETE
FROM <表名>
[WHERE <条件>]
```

DELETE 语句的功能是从指定表中删除满足 WHERE 子句条件的所有记录。如果省略 WHERE 子句，表示删除表中全部记录，但表的定义仍然存在。也就是说，DELETE 语句删除的是表中的数据，而不会影响表的定义。

（1）删除指定记录。

子任务 13 图书编号为'TP39/707'的图书已出新版本，并且以后也不考虑对外借出旧版本，需要在图书信息表中删除该图书的信息。

```
DELETE
FROM BookInfo
WHERE b_ID= 'TP39/707'
```

DELETE 操作也是一次只能操作一个表，因此同样会遇到 UPDATE 操作中提到的数据不一致问题。例如，图书编号为'TP39/707'的图书被删除后，包含该图书的借还书信息也应同时删除。这里涉及的数据完整性问题请参阅后续项目相关内容的介绍。

提示：

- 如果是外键约束，则可以先将外键表中对应的记录删除，然后再删除主键表中的记录。
- 记录删除后不能被恢复。

（2）删除所有记录。

子任务 14 删除图书信息表中的所有记录。

```
DELETE
FROM BookInfo
```

该语句使 BookInfo 成为空表，它删除了 BookInfo 的所有记录。删除表中的所有记录也可以使用 TRUNCATE TABLE <表名>语句来完成。

```
TRUNCATE TABLE BookInfo
```

提示：

- DELETE 删除操作被当作是系统事务，删除操作可以被撤销。
- TRUNCATE TABLE 则不是，删除操作不能被撤销。

课堂实践 2

1. 操作要求

（1）使用 T-SQL 语句在 Library 数据库中创建图书存放表 BookStore 和读者信息表 ReaderInfo。

（2）对 ReaderInfo 进行以下修改。

① 增加一列 r_tel（联系电话）。

② 删除一列 r_bz（备注）。

③ 将 r_E-mail（电子邮箱）的长度修改为 100。

（3）查看 ReaderInfo 表的基本信息。

（4）删除新创建的 ReaderInfo 表。

（5）使用 T-SQL 语句在 Library 数据库中的图书存放表 BookStore 和读者信息表 ReaderInfo 中添加完整的样本记录。

（6）将读者信息表 ReaderInfo 中姓名为“王应”的会员名称修改为“王周应”。

（7）将所有的可借书数量为“4”的读者的可借书数量修改为“5”。

（8）将所有读者的借书证状态初始化为“有效”。

2. 操作提示

（1）在创建新表之前，一定要打开指定的数据库。

（2）如果存在对应的表，请先行将其删除。

（3）必须将样本数据添加完整。

（4）暂不考虑数据完整性问题。

2.2.3 任务小结

通过本任务，读者应掌握的数据库操作技能如下：

- 了解 SQL Server 2012 中的基本数据类型，并能够在表设计中正确选择使用。
- 能使用 T-SQL 语句完成表的创建。
- 能使用 T-SQL 语句完成表的修改，包括添加、删除列，修改列的数据类型及宽度等。
- 能使用 T-SQL 语句查看已有表的信息。
- 能使用 T-SQL 语句删除表。
- 能使用 INSERT INTO 语句向表中添加记录。
- 能使用 UPDATE 语句修改特定表中的字段值。
- 能使用 DELETE 语句删除表中的指定条件或全部记录。

任务 2.3　使用 T-SQL 查询 Library 数据库的数据

任务目标

数据查询是数据库管理中的主要操作，在前面的项目中，已经学习了简单的查询语句，利用 T-SQL 语句查询满足指定条件的列或行，并且可以利用 ORDER BY 子句实现对查询结果的排序，利用 GROUP BY 子句可以将查询结果表的各行按某一列或多列取值相等的原则进行分组。

本任务将要学习利用查询完成数据汇总，对查询进行分页和排名，使用多表连接查询，以及子查询和联合查询的使用。本任务的主要目标包括：

- 建立数据库关系图。
- 使用 CUBE 和 ROLLUP 汇总数据。
- 分页和排名操作。
- 使用内连接查询数据。
- 使用外连接查询数据。
- 使用交叉连接查询数据。
- 熟练使用子查询。
- 能合理使用交叉表查询。

2.3.1　背景知识

关系运算概述

1. 查询条件

查询条件是运算符、常量、字段值、函数以及字段名和属性等任意组合。

1）运算符

运算符是构成查询条件的基本元素，它们能够用于执行算术运算、字符串连接、赋值以及在字段、常量和变量之间进行比较。在 SQL Server 2012 中，主要的运算符包括算术运算符、比较运算符、逻辑运算符、赋值运算符、连接运算符、按位运算符等。

（1）算术运算符（见表 2-14）可以在两个表达式上执行数学运算，这两个表达式可以是任何数值数据类型。

（2）比较运算符（见表 2-15）用来比较两个表达式的大小，表达式可以是字符、数字或日期数据，其比较结果是 Boolean 值。

表 2-14 算术运算符

运算符	含义
+	加法运算
-	减法运算
*	乘法运算
/	除法运算，返回商
%	求余运算，返回余数

表 2-15 比较运算符

运算符	含义
=	等于
>	大于
<	小于
>=	大于等于
<=	小于等于
<>	不等于

（3）逻辑运算符可以把多个逻辑表达式连接起来测试，以获得其真实情况，返回带有 TRUE、FALSE 或 UNKNOWN 的 Boolean 数据类型。

表 2-16 逻辑运算符

运算符	含义
ALL	若一系列的比较都为 TRUE，则返回 TRUE
AND	若两个逻辑表达式都为 TRUE，则返回 TRUE
ANY	若在一系列的比较中任何一个为 TRUE，则返回 TRUE
BETWEEN	若操作数在某个范围之内，则返回 TRUE
EXISTS	若子查询包含一些行，则返回 TRUE
IN	若操作数等于表达式列表中的一个，则返回 TRUE
LIKE	若操作数与一种模式相匹配，则返回 TRUE
NOT	对任何其他逻辑运算符的值取反
OR	若两个逻辑表达式中的一个为 TRUE，则返回 TRUE
SOME	若在一系列的比较中，有些为 TRUE，则返回 TRUE

（4）赋值运算符（见表 2-17）可以将数据值赋给某个特定的对象，还可以使用赋值运算符在列标题和为列定义值的表达式之间建立关系。

表 2-17 赋值运算符

运算符	含义
&	位与
|	位或
^	位异或
~	数字非

（5）连接运算符可以将两个或两个以上字符串合并成一个字符串，加号（+）是连接字符串运算符。其他所有字符串操作都使用字符串函数（如 SUBSTRING）进行处理。

（6）按位运算符在两个表达式之间执行位操作，这两个表达式可以为整数数据类型中的任何数据类型。

2）运算符的优先级

表达式是运算符、常数、函数、字段名称和属性等的任意组合，其计算结果为单个值。当一个复杂的表达式有多个运算符时，运算符优先级决定执行运算的先后次序。执行顺序会影响到表达式的计算结果。运算符的优先级如表 2-18 所示。

表 2-18 运算符的优先级

<table>
<tr><th>级别</th><th>含义</th></tr>
<tr><td>1</td><td>~（位非）</td></tr>
<tr><td>2</td><td>*（乘）、/（除）、%（取模）</td></tr>
<tr><td>3</td><td>+（正）、-（负）、+（加）、-（减）、+（连接）、&（位与）、|（位或）、^（位异或）</td></tr>
<tr><td>4</td><td>=、>、<、>=、<=、<>（比较运算符）</td></tr>
<tr><td>5</td><td>NOT</td></tr>
<tr><td>6</td><td>AND</td></tr>
<tr><td>7</td><td>ALL、ANY、BETWEEN、IN、LIKE、OR、SOME</td></tr>
<tr><td>8</td><td>=（赋值）</td></tr>
</table>

当一个表达式中的两个运算符有相同的运算符优先级时，可按照它们在表达式中的位置对其从左到右进行求值。在无法确定优先级的情况下，可以使用圆括号“()”来改变优先级，使用圆括号可以使表达式计算过程更加清晰。

3）表达式

根据连接表达式的运算符进行分类，可以将表达式分为算术表达式、比较表达式、逻辑表达式、按位表达式和混合表达式等；根据表达式的作用进行分类，可以将表达式分为字段名表达式、目标表达式和条件表达式。

（1）字段名表达式。字段名表达式可以是单一的字段名或几个字段名的组合，也可以是由字段、作用于字段的集合函数和常量的任意算术组成的运算表达式，主要包括数值表达式、字符表达式、逻辑表达式和日期表达式。

（2）目标表达式。目标表达式有以下几种构成方式：

① *：表示选择相应基表和视图的所有字段。

② <表名>.*：表示选择指定的基表和视图的所有字段。

③ 集函数( )：表示在相应的表中按集函数操作和运算。

④ [<表名>.]字段名表达式[,[<表名>.]<字段名表达式>]...：表示按字段名表达式在多个指定的表中选择。

（3）条件表达式。常用的条件表达式有以下几种：

① 比较大小。应用比较运算符构成表达式。

② 指定范围（NOT）BETWEEN...AND...运算符。查找字段值在或者不在指定范围内的记录，BETWEEN 后面指定范围的最小值，AND 指定范围的最大值。

③ 集合（NOT）IN。查询字段值属于或不属于指定集合内的记录。

④ 字符匹配（NOT）LIKE。查找字段值满足匹配字符串中指定的匹配条件的记录。匹配字符串可以是一个完整的字符串，也可以包含通配符“_”和“%”，“_”表示任意单个字符，“%”表示任意长度的字符串。

⑤ 空值 IS（NOT）NULL。查找字段值（不）为空的记录。

⑥ 多重条件 AND 和 OR。AND 表达式用来查找字段值满足 AND 相连接的查询条件的记录。OR 表达式用来查询字段值满足 OR 连接的查询条件中的任意一个的记录。AND 运算符的优先级高于 OR 运算符。

2. 连接查询

连接查询概述和交叉连接

一个数据库中的多个表之间一般都存在某种内在联系，它们共同为数据库管理员和设计人员提供有用的信息。在项目1中所涉及的查询都是针对一个表进行的，如果一个查询同时涉及两个以上的表，则称之为连接查询。连接查询主要包括等值连接查询、非等值连接查询、自身连接查询、外连接查询和复合条件连接查询。

在讲述连接关系之前，需要首先了解一下Library数据库中各表之间的关系。数据库中表间的关系可以通过“数据库关系图”来表示。在SSMS中创建数据库关系图的步骤如下。

（1）启动SSMS，在“对象资源管理器”中依次展开【数据库】节点、【Library】节点。

（2）右击【数据库关系图】，选择【新建数据库关系图】，如图2-16所示。

（3）选择要创建关系的表（这里选择所有的表），如图2-17所示。

图2-16 选择“新建数据库关系图”

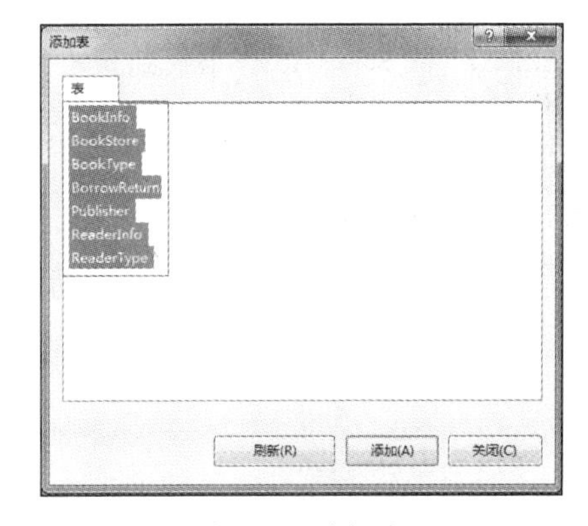

图2-17 选择表

（4）调整好各个表的位置，单击【保存】按钮，在弹出的对话框中输入“mainRelation”，就创建好了关系。通过该关系图，可以方便地了解表之间的关系，如图2-18所示。

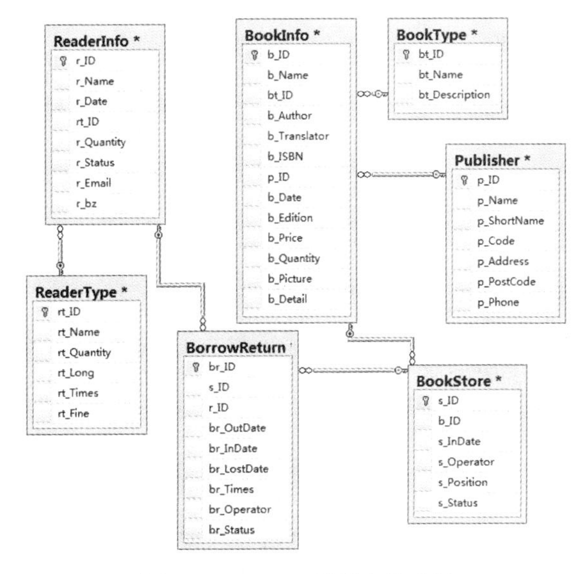

图2-18 Library数据库关系图

2.3.2 完成步骤

1. 使用 CUBE 和 ROLLUP 汇总数据

CUBE 运算符生成的结果集是多维数据集。多维数据集是事实数据（即记录个别事件的数据）的扩展。扩展是基于用户要分析的列而建立的，这些列称为维度。多维数据集是结果集，其中包含各维度的所有可能组合的交叉表格。

CUBE 运算符在 SELECT 语句的 GROUP BY 子句中指定。该语句的选择列表包含维度列和聚合函数表达式。GROUP BY 指定了维度列和关键字 WITH CUBE。结果集包含维度列中各值的所有可能组合，以及与这些维度值组合相匹配的基础行中的聚合值。

子任务 1 在图书借还信息表 BorrowReturn 中，查询每一种图书状态的记录数和总记录数，以及每一个操作员处理的每一种图书状态的记录数和总记录数。

```
SELECT  br_Status AS 图书状态, br_Operator AS 操作员,count(br_ID) AS 记录数
FROM BorrowReturn
GROUP BY br_Status, br_Operator WITH CUBE
```

运行结果如图 2-19 所示。

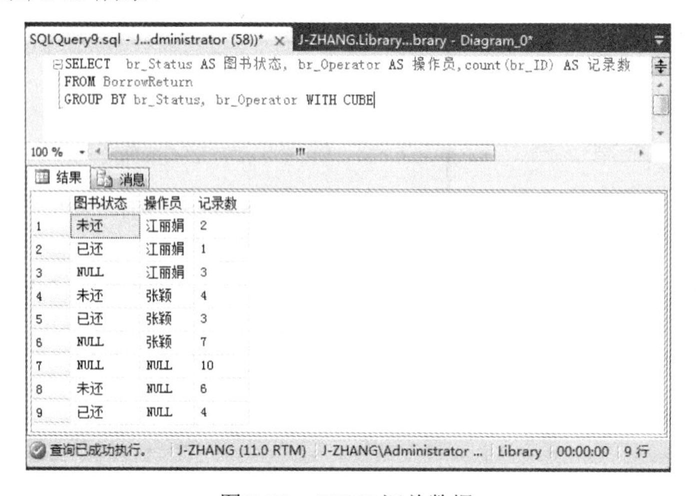

图 2-19 CUBE 汇总数据

提示：

- 第 1 行为图书状态为“未还”，操作员为“江丽娟”的图书借还记录数。
- 第 2 行为图书状态为“已还”，操作员为“江丽娟”的图书借还记录数。
- 第 3 行为操作员为“江丽娟”的图书借还总记录数，包括所有的图书状态。
- 第 4 行为图书状态为“未还”，操作员为“张颖”的图书借还记录数。
- 第 5 行为图书状态为“已还”，操作员为“张颖”的图书借还记录数。
- 第 6 行为操作员为“张颖”的图书借还总记录数，包括所有的图书状态。
- 第 7 行为所有状态下的图书、所有操作员处理的借还记录条数。br_Status 为 NULL，表示所有图书状态。br_Operator 为 NULL，表示所有操作员。
- 第 8 行为图书状态为“未还”，所有操作员处理的借还记录条数。br_Operator 为

NULL，表示所有操作员。

- 第 9 行为图书状态为“已还”，所有操作员处理的借还记录条数。br_Operator 为 NULL，表示所有操作员。

通过这个结果，既可以了解操作员处理的借还记录条数，也可以了解每种图书状态下的借还记录数。

ROLLUP 运算符生成的结果集类似于 CUBE 运算符生成的结果集。ROLLUP 和 CUBE 之间的具体区别：CUBE 生成的结果集显示了所选列中值的所有组合的聚合；ROLLUP 生成的结果集显示了所选列中值的某一层次结构的聚合。

子任务 2　在图书借还信息表 BorrowReturn 中，查询每一种图书状态下的记录条数，以及所有图书状态下的记录总数，如图 2-20 所示。

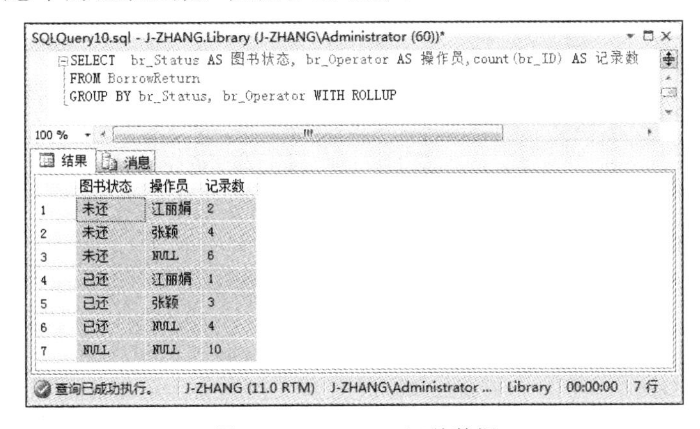

图 2-20　ROLLUP 汇总数据

2. 进行分页和排名操作

过去使用 SQL Server 2000 分页时，需要用到临时表。在 SQL Server 2012 借助于 ROW_NUMBER 可以很方便地实现分页。ROW_NUMBER 的基本语句格式如下：

```
ROW_NUMBER ( )    OVER ( [ <partition_by_clause> ] <order_by_clause> )
```

使用 RANK 返回结果集的分区内每行的排名，行的排名是相关行之前的排名数加一。RANK 的基本语句格式如下：

```
RANK ( )   OVER ( [ < partition_by_clause > ] < order_by_clause > )
```

子任务3　在图书信息表中按图书价格（b_Price）进行排序，需要显示其中指定的第 3～5条记录，通过这种方法实现分页。

```
SELECT * FROM
(
    SELECT b_ID,b_Name,b_Price, ROW_NUMBER()
    OVER(ORDER BY b_Price) AS rowset
    FROM BookInfo
) AS temp
WHERE rowset BETWEEN 3 AND 5
```

运行结果如图 2-21 所示。

提示：

- ROW_NUMBER 返回结果集分区内行的序列号，每个分区的第 1 行从 1 开始。
- ORDER BY 子句可确定在特定分区中为行分配唯一 ROW_NUMBER 的顺序。

子任务 4 在图书信息表中按图书价格（b_Price）进行排序，需要显示其中指定的第 1、2 条记录的排名情况。

```
SELECT * FROM
(
    SELECT b_ID, b_Name,b_Price, RANK()
    OVER(ORDER BY b_Price) AS rank
    FROM BookInfo
) AS temp
WHERE rank BETWEEN 1 AND 3
```

运行结果如图 2-22 所示。

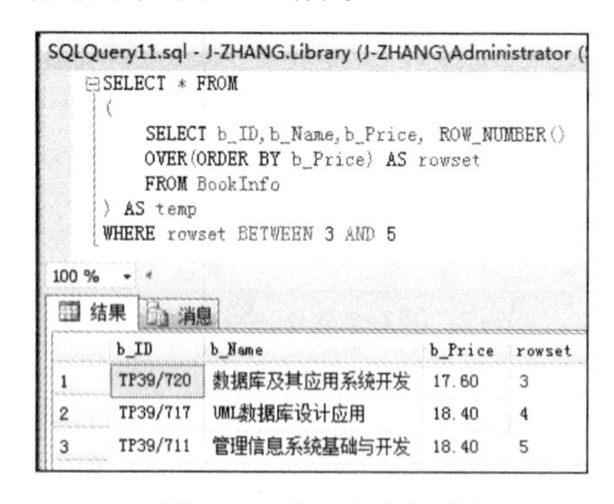

图 2-21　分页显示数据

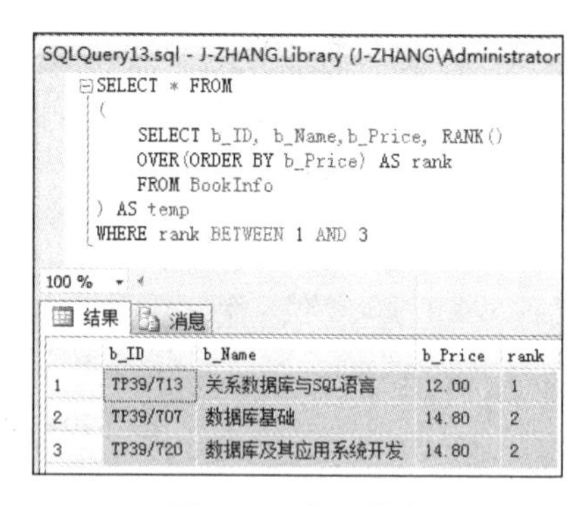

图 2-22　实现排名

3. 使用内连接查询数据

内连接查询

内连接是用比较运算符比较要连接列的值的连接。在 SQL 92 标准中，内连接可在 FROM 或 WHERE 子句中指定。在 WHERE 子句中指定的内连接称为旧式内连接，本书中提供了两种用法，具体使用哪一种连接方式，取决于数据库管理员或数据库程序员的选择。

1）等值连接

用来连接两个表的条件称为连接条件或连接谓词，其一般格式如下：

[<表名 1>.]<列名 1> <比较运算符> [<表名 2>.]<列名 2>

提示：

- 当比较运算符为“=”时，称为等值连接。
- 连接谓词还可以使用下面形式：

[<表名 1>.]<列名 1> BETWEEN [<表名 2>.]<列名 2> AND [<表名 2>.]<列名 3>

子任务 5 需要了解每本图书的编号、图书名称和图书类别名称。

【分析】图书基本信息存放在 BookInfo 表中，图书类别信息存放在 BookType 表中，因此本查询实际上同时涉及 BookInfo 与 BookType 两个表中的数据。这两个表之间的联系是通过两个表都具有的属性 bt_ID 实现的。要查询图书及其类别名称，就必须将这两个表中图书类别号相同的记录连接起来，这是一个等值连接。

```
SELECT BookInfo.b_ID, BookInfo.bt_ID, BookInfo.b_Name, BookType.bt_Name
FROM BookInfo
JOIN BookType
ON BookInfo.bt_ID=BookType.bt_ID
```

运行结果如图 2-23 所示。

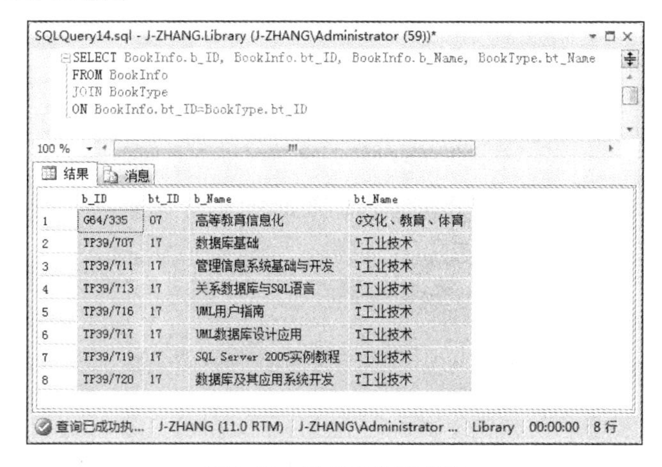

图 2-23　图书及类别查询

提示：

- 由于 b_ID、b_Name 和 bt_Name 属性列在 BookInfo 与 BookType 表中是唯一的，因此使用时可以去掉表名前缀。
- bt_ID 在两个表中都出现了，因此引用时必须加上表名前缀。该查询的执行结果不再出现 BookType.bt_ID 列。

还可使用下列语句完成：

```
SELECT b_ID, BookInfo.bt_ID, b_Name, bt_Name
FROM BookInfo, BookType
WHERE BookInfo.bt_ID=BookType.bt_ID
```

该语句是使用 WHERE 子句来实现连接查询。

子任务 6　需要了解所有图书的类别及其出版社信息（图书名称、图书类别名称和出版社名称）。

【分析】在图书基本信息表 BookInfo 中存放了图书编号和图书名称等信息，而图书的类别信息存放在图书类别表 BookType 中，图书的出版社信息存放在出版社信息表 Publisher 中。因此，图书信息表需要和图书类别表通过图书类别号进行连接，以获得图书类别名称等信息，而图书的出版社信息则需要图书信息表中的出版社编号和出版社信息表中的编号进行连接来获得，主要涉及三个表的查询。

```
SELECT b_ID,b_Name,bt_Name,p_Name
FROM BookInfo
```

```
JOIN BookType
ON BookInfo.bt_ID=BookType.bt_ID
JOIN Publisher
ON BookInfo.p_ID=Publisher.p_ID
```

运行结果如图 2-24 所示。

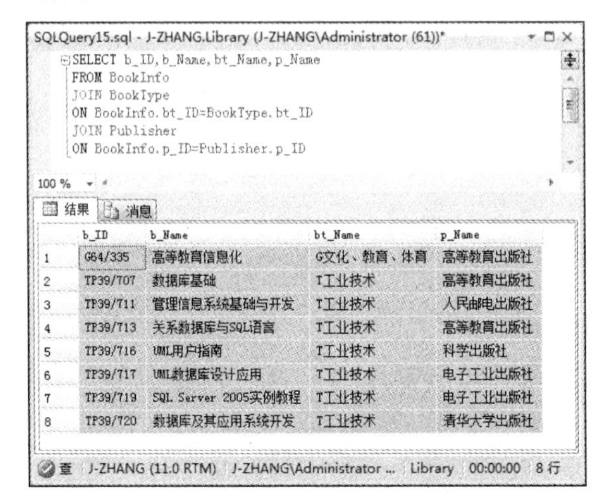

图 2-24　图书类别及出版社信息查询

提示：

- 如果是按照两个表中的相同属性进行等值连接，且目标列中去掉了重复的属性列，但保留了所有不重复的属性列，则称之为自然连接。
- 自行比较使用 JOIN 连接和使用 WHERE 连接的异同。

2）非等值连接

使用>、<、>=、<=等运算符作为连接条件的连接称为非等值连接。但在实际应用中很少使用非等值连接，并且通常非等值连接只有与自身连接同时使用才有意义。

3）自身连接

连接操作不仅可以在两个表之间进行，也可以是一个表与其自己进行连接，这种连接称为表的自身连接。自身连接一般很少用于查询数据，主要用于 INSERT、UPDATE 语句中对一个表中满足特定条件的行进行操作的情况。

子任务7　需要查询不低于图书名称为“UML数据库设计应用”价格的图书的编号、名称和价格，查询的结果要按图书价格升序排列。

```
SELECT B2.b_ID,B2.b_Name,B2.b_Price
FROM BookInfo B1
JOIN BookInfo B2
ON B1.b_Name='UML 数据库设计应用' AND B1.b_Price<=B2.b_Price
ORDER BY B2.b_Price
```

运行结果如图 2-25 所示。

提示：

- 因为是对同一个表进行连接操作，所以用别名 B1 和 B2 代表同一个表 BookInfo。
- 如果将上述语句中 SELECT 子句中的 B2 换成 B1，将会出现什么样的查询结果？

读者可自行试验。

SQLQuery14.sql - J-ZHANG.Library (J-ZHANG\Administrator (59))*

```
SELECT B2.b_ID, B2.b_Name, B2.b_Price
FROM BookInfo B1
JOIN BookInfo B2
ON B1.b_Name='UML数据库设计应用' AND B1.b_Price<=B2.b_Price
ORDER BY B2.b_Price
```

100 %

结果 消息

	b_ID	b_Name	b_Price
1	TP39/711	管理信息系统基础与开发	18.40
2	TP39/717	UML数据库设计应用	18.40
3	G64/335	高等教育信息化	20.50
4	TP39/719	SQL Server 2005实例教程	27.20
5	TP39/716	UML用户指南	28.00

J-ZHANG (11.0 RTM) | J-ZHANG\Administrator ... | Library | 00:00:00 | 5 行

图 2-25 自身连接

4. 使用外连接查询数据

外连接查询

在通常的连接操作中，只有满足连接条件的记录才能作为结果输出，但是如果想以出版社信息表 Publisher 为主体列出每个出版社的基本情况及其出版的图书信息情况，若某个出版社没有对应的图书，则只输出其出版社信息，其对应图书信息为空值即可，这时就需要借助于外连接来实现。

1）左外连接

左外连接包括第一个命名表（“左”表，出现在 JOIN 子句的最左边）中的所有行，但不包括右表中的不满足条件的行。

子任务 8 需要了解所有出版社及其对应的图书信息，如果该出版社没有对应的图书也需要显示出版社信息。

将 Publisher 表和 BookInfo 表进行左外连接，Publisher 表为左表，BookInfo 表为右表。完成语句如下：

```
SELECT Publisher.p_ID, p_Name, b_ID, b_Name, b_Price
FROM Publisher
LEFT OUTER JOIN BookInfo ON Publisher.p_ID= BookInfo.p_ID
```

运行结果如图 2-26 所示。

提示： 如果不使用左外连接而使用等值连接，将会产生什么样的查询结果？

```
SELECT Publisher.p_ID, p_Name, b_ID, b_Name, b_Price
FROM Publisher
JOIN BookInfo
ON Publisher.p_ID= BookInfo.p_ID
```

2）右外连接

右外连接包括第二个命名表（“右”表，出现在 JOIN 子句的最右边）中的所有行，但不包括左表中不满足条件的行。

子任务 9 需要了解所有图书的信息（即使是不存在对应的出版社信息，实际上这种情况是不存在的）。

将 Publisher 表和 BookInfo 表进行右外连接，BookInfo 表为左表，Publisher 表为右表。完成语句如下：

```
SELECT Publisher.p_ID, p_Name, b_ID, b_Name, b_Price
FROM Publisher
RIGHT OUTER JOIN BookInfo ON Publisher.p_ID= BookInfo.p_ID
```

运行结果如图 2-27 所示。

SQLQuery15.sql - J-ZHANG.Library (J-ZHANG\Administrator (56))*

```
SELECT Publisher.p_ID, p_Name, b_ID, b_Name, b_Price
FROM Publisher
LEFT OUTER JOIN BookInfo on Publisher.p_ID= BookInfo.p_ID
```

100 %

结果 消息

	p_ID	p_Name	b_ID	b_Name	b_Price
1	001	电子工业出版社	TP39/717	UML数据库设计应用	18.40
2	001	电子工业出版社	TP39/719	SQL Server 2005实例教程	27.20
3	002	高等教育出版社	G64/335	高等教育信息化	20.50
4	002	高等教育出版社	TP39/707	数据库基础	14.80
5	002	高等教育出版社	TP39/713	关系数据库与SQL语言	12.00
6	003	清华大学出版社	TP39/720	数据库及其应用系统开发	14.80
7	004	人民邮电出版社	TP39/711	管理信息系统基础与开发	18.40
8	005	机械工业出版社	NULL	NULL	NULL
9	006	西安电子科技大学出版社	NULL	NULL	NULL
10	007	科学出版社	TP39/716	UML用户指南	28.00
11	008	中国劳动社会保障出版社	NULL	NULL	NULL
12	009	中国铁道出版社	NULL	NULL	NULL
13	010	北京希望电子出版社	NULL	NULL	NULL
14	011	化学工业出版社	NULL	NULL	NULL
15	012	中国青年出版社	NULL	NULL	NULL
16	013	中国电力出版社	NULL	NULL	NULL
17	014	北京工业大学出版社	NULL	NULL	NULL
18	015	冶金工业出版社	NULL	NULL	NULL

查 J-ZHANG (11.0 RTM) J-ZHANG\Administrator ... Library 00:00:00 18 行

图 2-26　左外连接

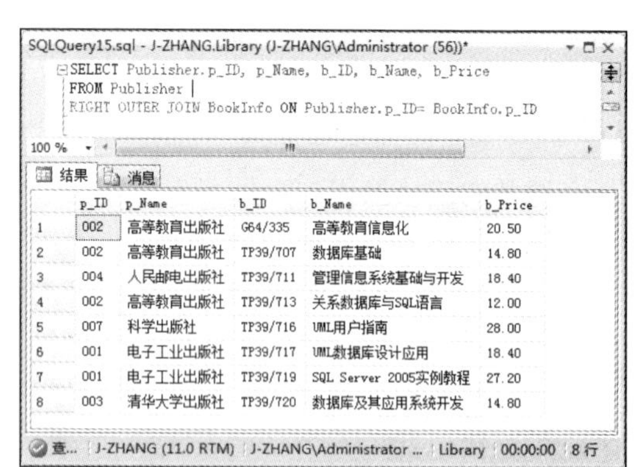

SQLQuery15.sql - J-ZHANG.Library (J-ZHANG\Administrator (56))*

```
SELECT Publisher.p_ID, p_Name, b_ID, b_Name, b_Price
FROM Publisher
RIGHT OUTER JOIN BookInfo ON Publisher.p_ID= BookInfo.p_ID
```

100 %

结果 消息

	p_ID	p_Name	b_ID	b_Name	b_Price
1	002	高等教育出版社	G64/335	高等教育信息化	20.50
2	002	高等教育出版社	TP39/707	数据库基础	14.80
3	004	人民邮电出版社	TP39/711	管理信息系统基础与开发	18.40
4	002	高等教育出版社	TP39/713	关系数据库与SQL语言	12.00
5	007	科学出版社	TP39/716	UML用户指南	28.00
6	001	电子工业出版社	TP39/717	UML数据库设计应用	18.40
7	001	电子工业出版社	TP39/719	SQL Server 2005实例教程	27.20
8	003	清华大学出版社	TP39/720	数据库及其应用系统开发	14.80

查... J-ZHANG (11.0 RTM) J-ZHANG\Administrator ... Library 00:00:00 8 行

图 2-27　右外连接

3）完整外部连接

完整外部连接将包括所有连接表中的所有行，不论它们是否匹配。

子任务 10　需要了解所有图书的基本信息和出版社信息。

在 Publisher 表和 BookInfo 表之间建立完整外部连接。完成语句如下：

```
SELECT Publisher.p_ID, p_Name, b_ID, b_Name, b_Price
FROM Publisher
FULL OUTER JOIN BookInfo ON Publisher.p_ID= BookInfo.p_ID
```

完整外部连接将两个表中的记录按连接条件全部进行连接。

4）使用交叉连接查询数据

连接运算中还有一种特殊情况，即卡氏积连接，卡氏积连接是不带连接谓词的连接。两个表的卡氏积即是两表中记录的交叉乘积，即其中一表中的每一记录都要与另一表中的每一记录作拼接，因此结果表往往很大。

子任务 11　对图书信息表和出版社信息表进行交叉连接。完成语句有下面两种：

```
SELECT * FROM Publisher
CROSS JOIN BookInfo
```

```
SELECT Publisher.*,BookInfo.*
FROM Publisher,BookInfo
```

在示例数据库 Library 的基本表 BookInfo 中有 8 条记录，基本表 Publisher 中有 15 条记录，卡氏积连接后的记录总数为 8×15，即 120 条记录。

5. 子查询

子查询类型与应用

1）使用 IN 或 NOT IN 的子查询

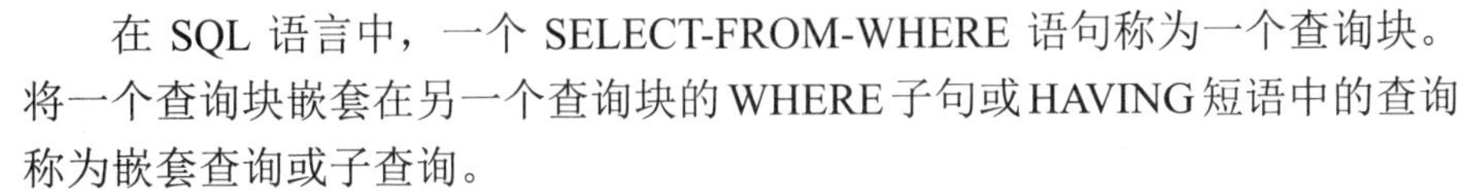

在 SQL 语言中，一个 SELECT-FROM-WHERE 语句称为一个查询块。将一个查询块嵌套在另一个查询块的 WHERE 子句或 HAVING 短语中的查询称为嵌套查询或子查询。

子任务 12　查询和书名《数据库基础》为同一出版社的书号、书名和出版社编号。

带有 IN 谓词的子查询是指父查询与子查询之间用 IN 进行连接，判断某个属性列值是否在子查询的结果中。因为在嵌套查询中，子查询的结果往往是一个集合，所以谓词 IN 是嵌套查询中最经常使用的谓词。

要查询与《数据库基础》为同一出版社的书籍信息，首先要知道《数据库基础》的出版社编号，再根据该编号获取同一出版社的书籍信息。

（1）确定《数据库基础》所属的出版社编号。

```
SELECT  p_ID
FROM    BookInfo
WHERE   b_Name = '数据库基础'
```

运行结果如图 2-28 所示。

（2）查找出版社编号为“002”的图书的书号、书名和出版社编号。

```
SELECT  b_ID, b_Name, p_ID
FROM    BookInfo
WHERE   p_ID = '002'
```

运行结果如图 2-29 所示。

该方式采用分步书写查询，使用起来比较麻烦。上述查询实际上可以用子查询来实现，即将第一步查询嵌入到第二步查询中，作为构造第二步查询的条件。

```
SELECT   b_ID, b_Name, p_ID
FROM     BookInfo
WHERE    p_ID IN (  SELECT   p_ID
             FROM     BookInfo
             WHERE    b_Name = '数据库基础' )
```

该任务也可以用前面学过的表的自身连接查询来完成，如图 2-30 所示。

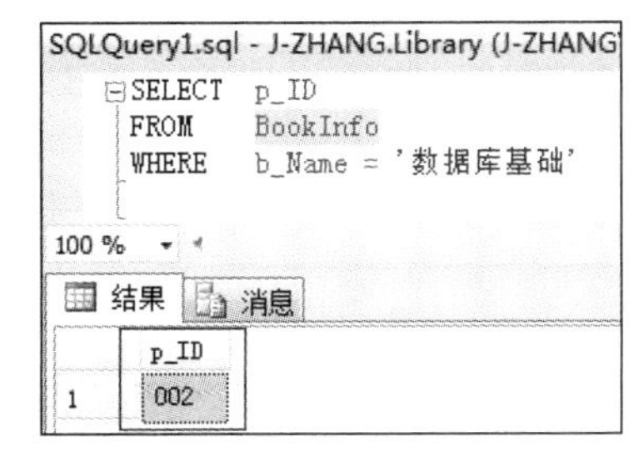

图 2-28　父查询

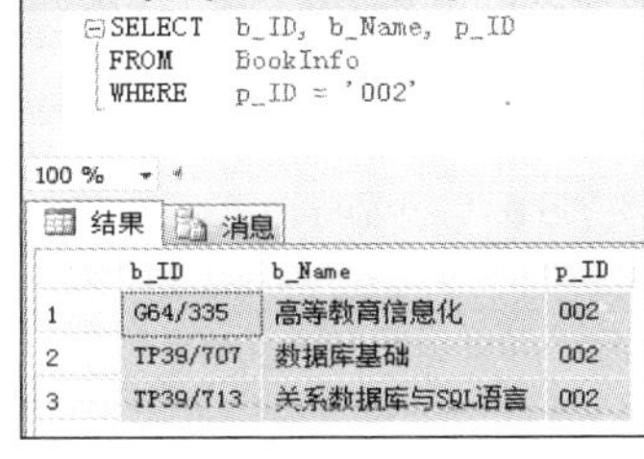

图 2-29　子查询

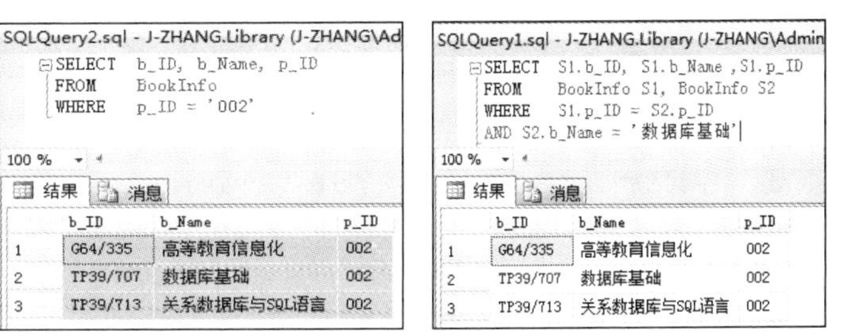

图 2-30　自身连接查询

```
SELECT    S1.b_ID, S1.b_Name ,S1.p_ID
FROM      BookInfo S1, BookInfo S2
WHERE     S1.p_ID = S2.p_ID
           AND S2.b_Name = '数据库基础'
```

提示：

- 实现同一个查询可以采用多种方法，当然不同的方法其执行效率可能会有差别，甚至会差别很大，数据库用户可以根据自己的需要进行合理选择。
- 查询语句中的常量必须准确，如上例中的书名《数据库基础》中间不能出现空格，也不能出现信息遗漏，否则会出现查找不到的情况。

2）使用比较运算符的子查询

带有比较运算符的子查询是指父查询与子查询之间用比较运算符进行连接。当用户能确切知道内层查询返回的是单值时，可以用>、<、 =、 >=、<=、!=或< >等比较运算符。单值情况下使用=，多值情况下使用 IN 或 NOT IN 谓词。

子任务 13 使用“=”完成【子任务 12】。

```
SELECT  b_ID, b_Name, p_ID
FROM    BookInfo
WHERE   p_ID = (  SELECT   p_ID
                  FROM   BookInfo
                  WHERE   b_Name = '数据库基础' )
```

运行结果如图 2-29 所示。

提示：当子查询的结果为单值（单行单列的值）时，才可以在父查询中使用比较运算符进行子查询。

3）使用 ANY 或 ALL 的子查询

子查询返回单值时可以用比较运算符，而使用 ANY 或 ALL 谓词时则必须同时使用比较运算符，其含义如表 2-19 所示。

表 2-19 带有 ANY 和 ALL 谓词的相关连词

连词	含义
> ANY	大于子查询结果中的某个值（大于最小）
< ANY	小于子查询结果中的某个值（小于最大）
>= ANY	大于等于子查询结果中的某个值
<= ANY	小于等于子查询结果中的某个值
= ANY	等于子查询结果中的某个值
!= ANY 或<> ANY	不等于子查询结果中的某个值
> ALL	大于子查询结果中的所有值（大于最大的）
< ALL	小于子查询结果中的所有值（小于最小的）
>= ALL	大于等于子查询结果中的所有值
<= ALL	小于等于子查询结果中的所有值
= ALL	等于子查询结果中的所有值（通常没有实际意义）
!= ALL 或<> ALL	不等于子查询结果中的任何一个值

子任务 14 查询书籍价格比出版社编号为“002”的任一本书都要贵的书籍信息（书号、书名、出版社编号、价格），查询结果按价格降序排列。

```
SELECT   b_ID, b_Name, p_ID, b_Price
FROM     BookInfo
WHERE    b_Price >ALL ( SELECT   b_Price
                        FROM     BookInfo
                        WHERE    p_ID = '002')
ORDER BY b_Price DESC
```

运行结果如图 2-31 所示。

	b_ID	b_Name	p_ID	b_Price
1	TP39/716	UML用户指南	007	28.00
2	TP39/719	SQL Server 2005实例教程	001	27.20

图 2-31　带 ALL 的子查询

用聚合函数实现，完成语句如下：

```
SELECT   b_ID, b_Name, p_ID, b_Price
FROM     BookInfo
WHERE    b_Price > ( SELECT   MAX(b_Price)
                     FROM     BookInfo
                     WHERE    p_ID = '002')
ORDER BY b_Price DESC
```

运行结果如图 2-31 所示。

提示：

- 事实上，用聚合函数实现子查询通常比直接用 ANY 或 ALL 查询效率要高。
- 如果将上例中的 ALL 改为 ANY，即只需要比最小的大即可。反过来，如果是小于 ANY，则只需要小于最大的即可。

4）使用 EXISTS 的子查询

EXISTS 代表存在量词“∃”。带有 EXISTS 谓词的子查询不返回任何实际数据，它只产生逻辑真值“true”或逻辑假值“false”。

子任务 15　针对 ReaderInfo 表中的每一名读者，在 BorrowReturn 表中查找读者类型为“02”的读者信息（读者编号、读者姓名、发证日期、读者类型编号、可借书数量、借书证状态）。

第一步要查找借过书的读者编号，第二步从借过书的读者中筛选出读者类型为“02”的读者信息。

```
SELECT   *
FROM     ReaderInfo ri
WHERE    EXISTS   (SELECT   *
                   FROM     BorrowReturn br
                   WHERE    br.r_ID =ri.r_ID)
AND rt_ID='02'
```

运行结果如图 2-32 所示。

	r_ID	r_Name	r_Date	rt_ID	r_Quantity	r_Status
1	0016585	阳杰	2003-09-16 00:00:00.000	02	19	有效
2	0016586	谢群	2003-09-16 00:00:00.000	02	17	有效
3	0016598	孟昭红	2005-10-17 00:00:00.000	02	30	有效

图 2-32　EXISTS 查询

提示：

- 使用存在量词 EXISTS 后，若内层查询结果非空，则外层的 WHERE 子句返回真值，否则返回假值。
- 由 EXISTS 引出的子查询，其目标列表达式通常都用“*”，因为带 EXISTS 的子查询只返回真值或假值，给出列名也没有实际意义。
- 这类查询与前面的不相关子查询有一个明显区别，即子查询的查询条件依赖于外层父查询的某个属性值（在本例中是依赖于 ReaderInfo 表的 r_ID 值），称这类查询为相关子查询。

相关子查询的内层查询由于与外层查询有关，因此必须反复求值，相关子查询的一般处理过程如下。

（1）首先取外层查询中 ReaderInfo 表的第一个记录，根据它与内层查询相关的属性值（即 r_ID 值）处理内层查询，若 WHERE 子句返回值为真（即内层查询结果非空），则取此记录放入结果表。

（2）再检查 ReaderInfo 表的下一个记录。

（3）重复执行步骤（2），直至 ReaderInfo 表全部检查完毕。

本任务中的查询也可以用连接运算来实现，读者可以参照有关例子，自己写出相应的 SQL 语句。与 EXISTS 谓词意义相反的是 NOT EXISTS 谓词。使用存在量词 NOT EXISTS 后，若内层查询结果为空，则外层的 WHERE 子句返回真值，否则返回假值。

5）抽取数据到另一个表中

记录操作中的子查询

子任务 16 需要将 ReaderType 表中的信息进行处理，但为了防止破坏 ReaderType 表，可以建立一个临时表 Temp，将 ReaderType 表中的数据全部复制到 Temp 表中，然后查询 Temp 中所有记录。

```
SELECT   * INTO Temp FROM ReaderType
GO
SELECT * FROM    Temp
```

运行结果如图 2-33 所示。

	rt_ID	rt_Name	rt_Quantity	rt_Long	rt_Times	rt_Fine
1	01	特殊读者	30	12	5	1.00
2	02	一般读者	20	6	3	0.50
3	03	管理员	25	12	3	0.50
4	04	教师	20	6	5	0.50
5	05	学生	10	6	2	0.10

图 2-33　抽取数据到 Temp 表

提示：

- 该语句不需要先建立表，会自动生成一个新表。
- 自动创建的新表必须有具体的列名，即不能包括聚合函数。

6）INSERT 语句中的子查询

插入子查询结果的 INSERT 语句基本格式如下：

```
INSERT
INTO <表名> [（<属性列 1> [，<属性列 2>...]）]
子查询
```

其功能是一次将子查询的结果全部插入到指定的表中。

子任务 17　求每一个类别的读者人数，并将结果保存到数据库中。

（1）在数据库中建立一个有两个属性列的新表，其中第一列存放类别编号，第二列存放相应类别的读者人数。实现语句如下：

```
CREATE TABLE ReaderCount(rt_ID CHAR(2), count INT)
```

其中，rt_ID 代表类别编号；count 代表类别人数。

（2）对数据库的 ReaderInfo 表按类别编号分组统计读者人数，再把类别编号和读者人数存入新表中。实现语句如下：

```
INSERT INTO   ReaderCount
SELECT   rt_ID, COUNT(*)
FROM    ReaderInfo
GROUP BY    rt_ID
```

（3）查看表 ReaderCount 表中的记录。实现语句如下：

```
SELECT    *
FROM      ReaderCount
```

运行结果如图 2-34 所示。

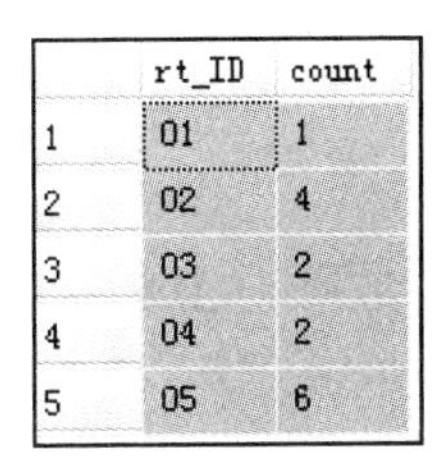

	rt_ID	count
1	01	1
2	02	4
3	03	2
4	04	2
5	05	6

图 2-34　批量插入

提示：

- 目标子句中的列必须与被插入表中所指定的被插入列一一对应，名称可以不同，但类型必须一致。
- 必须首先建立好目标表。

7）UPDATE 语句中的子查询

子查询也可以嵌套在 UPDATE 语句中，用以构造执行修改操作的条件。

子任务 18　将读者类别为“学生”的读者用户的限借数量调整为 12 本。

```
UPDATE   ReaderInfo
SET  r_Quantity = 12
WHERE rt_ID=( SELECT rt_ID
              FROM ReaderType
              WHERE rt_Name = '学生' )
```

通常使用 UPDATE 语句一次只能操作一个表。这样，就可能会带来一些问题。例如，若将学生读者类型编号由“05”调整为“0501”，需要修改 ReaderType 表的读者类别编号。由于 ReaderInfo 表中包含有该读者类别编号信息，如果仅修改 ReaderType 表中的读者类别编号，肯定会造成与 ReaderInfo 表中的数据不一致，因此这两个表都需要修改。这种修改必须通过两条 UPDATE 语句来完成。

8）删除语句中的子查询

子查询同样也可以嵌套在 DELETE 语句中，用以构造执行删除操作的条件。

子任务 19　删除读者姓名为“王周应”的所有借还书信息。

```
DELETE
FROM BorrowReturn
```

```
WHERE r_ID = ( SELECT r_ID
                FROM ReaderInfo
                WHERE r_Name = '王周应' )
```

提示：子查询也由 SELECT 语句组成，所以使用 SELECT 语句应注意的问题，也同样适用于子查询，同时，子查询还受下面的条件的限制。

- 通过比较运算符引入的子查询的选择列表只能包括一个表达式或列名称。
- 如果外部查询的 WHERE 子句包括某个列名，则该子句必须与子查询选择列表中的该列兼容。
- 子查询的选择列表中不允许出现 ntext、text 和 image 数据类型。
- 无修改的比较运算符引入的子查询不能包括 GROUP BY 和 HAVING 子句。
- 包括 GROUP BY 的子查询不能使用 DISTINCT 关键字。
- 不能指定 COMPUTE 和 INTO 子句。
- 只有同时指定了 TOP，才可以指定 ORDER BY。
- 由子查询创建的视图不能更新。
- 通过 EXISTS 引入的子查询的选择列表由星号（*）组成，而不使用单个列名。
- 当=、! =、<、<=、>或>=用在主查询中时，ORDER BY 子句和 GROUP BY 子句不能用在内层查询中，因为内层查询返回的一个以上的值不可被外层查询处理。

6. 联合查询

每一个 SELECT 语句都能获得一个或一组记录。若要把多个 SELECT 语句的结果合并为一个结果，可用集合操作来完成。集合操作主要包括并操作 UNION、交操作 INTERSECT 和差操作 MINUS。

默认情况下，使用 UNION 将多个查询结果合并起来，形成一个完整的查询结果时，系统会自动去掉重复的记录。而如果使用了 ALL 子句，重复行也会显示出来。

提示：

- 参加 UNION 操作的各数据项（字段名、算术表达式、聚合函数）数目必须相同。
- 对应项的数据类型必须相同，或者可以进行显式或隐式转换。
- 各语句中对应的结果集列出现的顺序必须相同。

子任务 20 需要了解所有状态为“注销”以及限借数量超过 20 本书的读者信息。

```
SELECT   *
FROM     ReaderInfo   WHERE r_Status='注销'
UNION
SELECT   *
FROM     ReaderInfo   WHERE r_Quantity>20
ORDER BY r_Quantity DESC
```

运行结果如图 2-35 所示。

标准 SQL 中没有直接提供集合交操作和集合差操作，但可以用其他方法来实现，具体实现方法依查询不同而不同。

	r_ID	r_Name	r_Date	rt_ID	r_Quantity	r_Status
1	0016598	孟昭红	2005-10-17 00:00:00.000	02	30	有效
2	0016589	龙川玉	2003-12-12 00:00:00.000	01	28	有效
3	0016592	蔡鹿其	2003-12-12 00:00:00.000	03	25	有效
4	0016584	王周应	2003-09-16 00:00:00.000	03	24	有效
5	0016588	向鹏	2003-09-16 00:00:00.000	05	12	注销
6	0016591	黎小清	2003-12-12 00:00:00.000	05	12	注销
7	0016593	王谢恩	2003-12-12 00:00:00.000	05	12	注销
8	0016594	罗存	2004-09-23 00:00:00.000	05	12	注销
9	0016596	王彩梅	2004-09-23 00:00:00.000	05	12	注销
10	0016597	粟彬	2004-09-23 00:00:00.000	05	12	注销

图 2-35 联合查询

课堂实践 3

1. 操作要求

（1）查询每条图书借阅记录的基本信息（借阅编号、借书日期、还书日期）、续借次数，以及该条借阅记录的读者信息。

（2）使用 WHERE 语句来实现【子任务 7】中的查询操作。

（3）实现借还书信息表（BorrowReturn）和读者信息表（ReaderInfo）的左外连接。

（4）实现借还书信息表（BorrowReturn）和读者信息表（ReaderInfo）的右外连接。

（5）实现借还书信息表（BorrowReturn）和读者信息表（ReaderInfo）的完整外部连接。

（6）应用子查询了解“王周应”的所有借还书信息。

（7）将读者类别为“学生”的借书证状态全部修改为“有效”。

2. 操作提示

（1）注意 JOIN 连接和 WHERE 连接的不同。

（2）在自身连接中，注意表的别名的使用。

（3）注意父查询和子查询之间的关系。

（4）注意子查询和连接查询之间的关系。

（5）涉及连接查询，尝试使用子查询完成查询操作。

2.3.3 任务小结

通过本任务，读者应掌握的数据库操作技能如下：

- 能使用 SSMS 建立数据库关系图。
- 能使用 CUBE 和 ROLLUP 语句进行汇总查询。
- 能熟练使用等值连接进行多表查询。
- 理解并能够使用非等值连接和自身连接查询。
- 掌握使用外连接查询数据的方法。
- 理解交叉连接查询数据。
- 在操作语句中使用子查询。
- 使用 UNION 运算符实现联合查询。

任务 2.4　管理 Library 数据库的视图

任务目标

本任务将要学习 SQL Server 2012 中视图操作的相关知识，包括视图的概述、视图的建立、视图的查看、视图定义的修改、视图的删除和视图中数据的查询与修改等。本任务的主要目标包括：

- 视图的概念。
- 使用 SSMS 管理视图的操作。
- 使用 T-SQL 语句管理视图。

2.4.1 背景知识

1. 视图概述

视图概述

视图是从一个或多个表（其他视图）中产生的虚拟表，其结构和数据是来自于一个表或多个表的查询，也可以认为视图是保存的 SELECT 查询。视图和表一样，也包括几个被定义的数据列和多个数据行，但就本质而言，这些数据列和数据行来源于视图所引用的表，所以视图不是真实存在的物理表，而是一张虚表。视图（索引视图除外）所对应的数据并不实际地以视图结构存储在数据库中，而是存储在视图所引用的表中。

视图一经定义便存储在数据库中，与其相对应的数据并没有在数据库中另外存储一份，通过视图看到的数据只是存放在基本表中的数据。对视图的操作与对表的操作一样，可以对其进行查询、修改（有一定的限制）和删除。当对视图中的数据进行修改时，相应的基本表的数据也要发生变化；同时，如果基本表的数据发生变化，则这种变化也可以自动地反映到视图中。

视图有很多优点，主要表现在以下几个方面。

（1）视点集中、减少对象量。视图让用户能够关注于他们所需要的特定数据或所负责的特定业务，如用户可以选择特定行或特定列，不需要的数据可以不出现在视图中，增强了数据的安全性；而且视图并不实际包含数据，SQL Server 2012 只在数据库中存储视图的定义。

（2）从异构源组织数据。可以在连接两个或多个表的复杂查询的基础上创建视图，这样可以以单个表的形式显示给用户，即分区视图。分区视图可基于来自异构源的数据，如远程服务器，或来自不同数据库中的表。

（3）隐藏数据的复杂性，简化操作。视图向用户隐藏了数据库设计的复杂性，如果开发者改变数据库设计，不会影响到用户与数据库交互。另外，用户可将经常使用的连接查询、嵌套查询或合并查询定义为视图，这样，用户每次对特定的数据执行进一步操作时，不需指定所有条件和限定，因为用户只需查询视图，而不需再提交复杂的基础查询。

2. 视图的优点与作用

1）视图与查询的比较

视图虽然是保存的SELECT查询，但与普通查询在使用上有一定的区别。

（1）数据库服务器在视图保存后可以立即建立查询计划。但是对于查询，数据库服务器直到查询实际运行时才能建立查询计划。

（2）可以加密视图，但不能加密查询。

（3）可以为查询创建参数，但不能为视图创建参数。

（4）可以对任何查询结果排序，但是只有当视图包括TOP子句时才能排序视图。

（5）视图可以建立索引，提高查询速度。

（6）视图可以屏蔽真实的数据结构和复杂的业务逻辑，简化查询。

（7）视图存储为数据库设计的一部分，而查询则不是。

（8）对视图和查询的结果集更新限制是不同的。

2）视图与基本表的比较

视图通常建立在基本表的基础上，但与基本表相比，视图有许多优点。

（1）视点集中。视图的机制使用户能够把注意力集中在所关心的数据上。

（2）简化操作。视图的建立大大简化了用户的数据查询操作。那些定义了若干张表连接的视图，就将表与表之间的连接操作对用户隐藏起来了。

（3）多角度。视图机制使不同的用户能够从多角度"看待"同一数据。当许多不同种类的用户使用同一个集成数据库时，这种灵活性显然是很重要的。

（4）安全。针对不同用户可以定义不同的视图，使机密数据不再出现在不应该看到这些数据的用户视图上，显然这就提供了对机密数据的保护。

（5）逻辑上的数据独立。视图可避免由于数据库中表的结构变化而对用户程序造成不良影响。例如，当一个大表"垂直"地分成多个表时，只要重新定义视图就可以保持用户原来的关系，使用的外模式不变，从而不必修改用户程序，原来的应用程序仍能通过视图重载数据。当然视图只能在一定程度上提供数据的逻辑独立，修改数据的语句仍会因基本表的结构改变而受到影响。

3）使用视图定制安全策略

借助于视图可以改善数据的安全性。视图的安全性可以让特定的用户查看特定的数据，也可以防止未授权用户查看特定的行或列。限制用户只能看到表中特定行的方法如下。

（1）在表中增加一个标志用户名的列。

（2）建立视图，保证用户只能看到标有自己用户名的行。

（3）把视图授权给其他用户。

2.4.2 完成步骤

1. 使用SSMS管理视图

使用SSMS管理视图

1）使用SSMS创建视图

子任务1 在图书借阅数据库 Library 中创建以出版时间升序排列

的图书价格不低于 18 元的视图 vw_SBookInfo。

（1）启动 SSMS，在“对象资源管理器”中依次展开【数据库】节点、【Library】节点。

（2）右击【视图】节点，选择【新建视图】，如图 2-36 所示。

（3）打开“添加表”对话框，单击要添加到新视图中的表或视图，然后单击【添加】按钮，完成表的添加，最后单击【关闭】按钮，如图 2-37 所示。

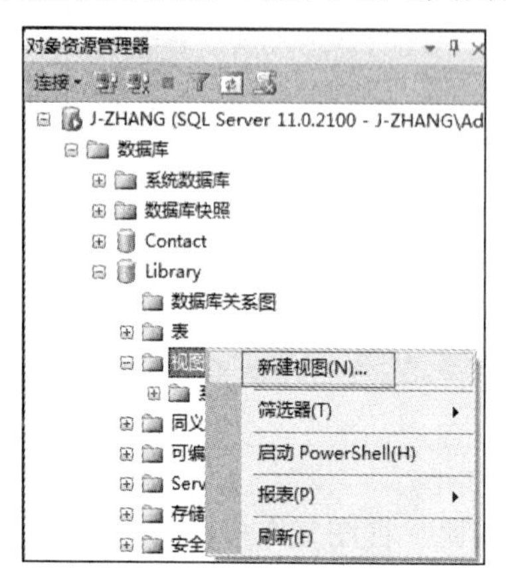

图 2-36　选择【新建视图】

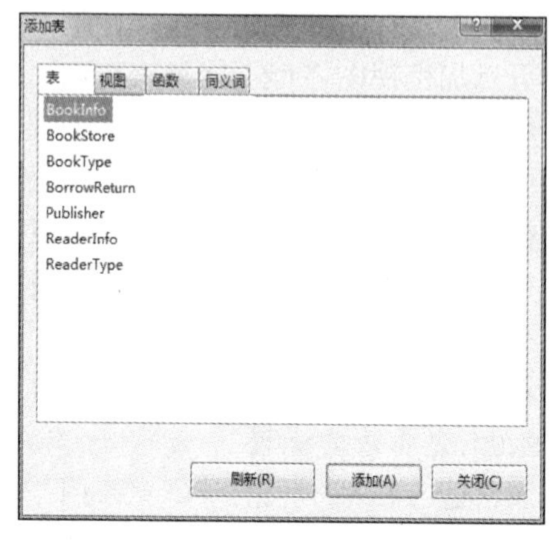

图 2-37　“添加表”对话框

（4）选择添加到视图的列、列的别名、指定筛选条件（这里为图书价格不低于 18 元）和排序方式（这里根据价格升序排列），如图 2-38 所示。

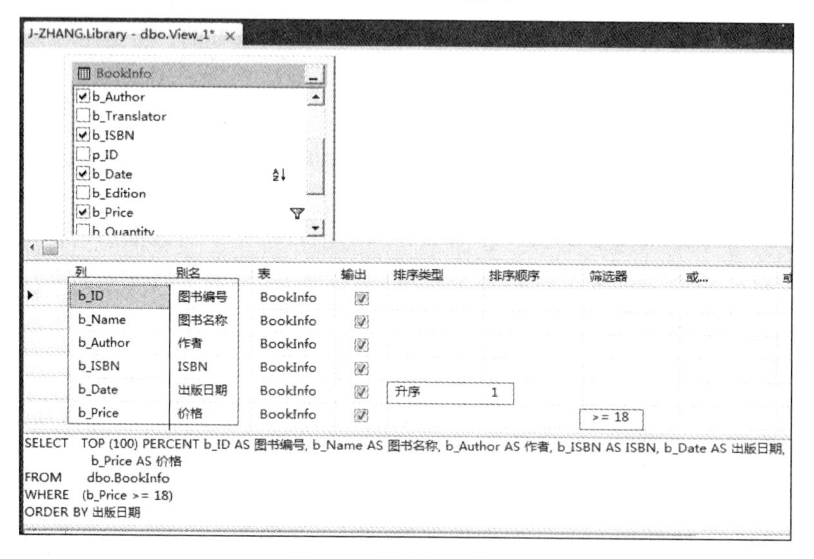

图 2-38　指定视图条件

（5）右击创建视图区域，选择【执行 SQL】，如图 2-39 所示。可以查看视图对应的结果集，如图 2-40 所示。

（6）右击“视图”选项卡，选择【保存】，如图 2-41 所示。

（7）打开“选择名称”对话框，输入新视图的名称（这里为 vw_SBookInfo），单击【确定】按钮保存视图定义，如图 2-42 所示，这样就完成了视图的定义。

执行 SQL(X)
添加分组依据(G)
添加表(B)...
添加新派生表(R)
窗格(N)
清除结果(L)

图 2-39 执行 SQL

图书编号	图书名称	作者	ISBN	出版日期	价格
G64/335	高等教育信息化	NULL	978-7-733-77...	NULL	20.5000
TP39/717	UML数据库设...	[美]Eric J.Naib...	7-5053-6432-...	2001-3-1	18.4000
TP39/716	UML用户指南	Grady Booch等	7-03-012096 ...	2003-8-1	28.0000
TP39/711	管理信息系统...	陈承欢、彭勇	7-115-13103-...	2005-2-1	18.4000
TP39/719	SQL Server 20...	刘志成、陈承欢	978-7-302-14...	2006-10-1	27.2000

图 2-40 视图结果集

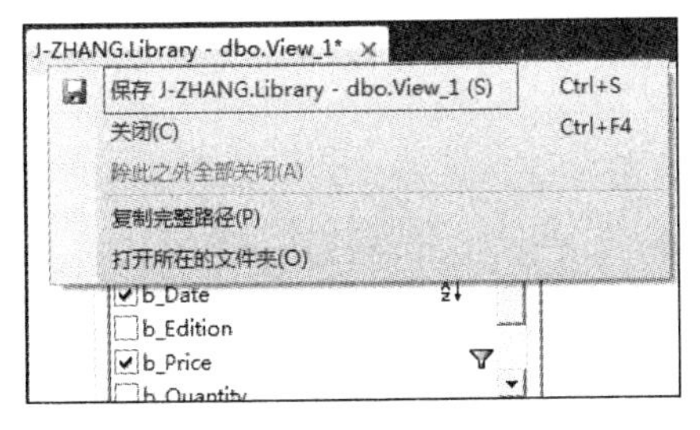

图 2-41 选择保存视图

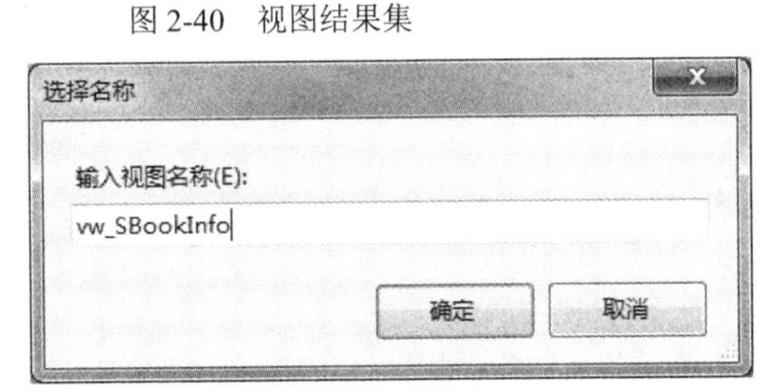

图 2-42 输入视图名称

提示：

- 保存视图时，实际上保存的就是视图对应的 SELECT 查询。
- 保存的是视图的定义，而不是 SELECT 查询的结果。

2）使用 SSMS 修改视图

（1）修改视图定义。

子任务 2 将所创建的视图 vw_SBookInfo 中的商品类别（b_ID）对应的列去掉。

① 启动 SSMS，在“对象资源管理器”中依次展开【数据库】节点、【Library】节点、【视图】节点。

② 右击【vw_SBookInfo】节点，选择【设计】，如图 2-43 所示。

③ 进入视图的修改界面（见图 2-38），取消选择“b_ID”列，完成视图的修改。

④ 修改完成后，保存修改后的视图定义。

提示：

- 修改视图实际上就是修改对应的 SELECT 语句。
- 视图名称前面带有锁标记，表示该视图被加密，其定义不能被修改。

（2）重命名视图。

子任务 3 将所创建的视图 vw_SBookInfo 的名称修改为 vw_HSBookInfo。

① 启动 SSMS，在“对象资源管理器”中依次展开【数据库】节点、【Library】节点、【视图】节点。

② 右击【vw_SBookInfo】节点，选择【重命名】，如图 2-43 所示。或者在选定的视图名称上单击，进入视图名称编辑状态。

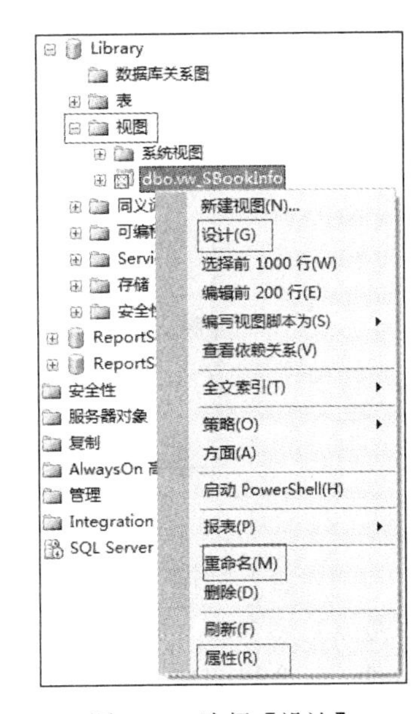

图 2-43 选择【设计】

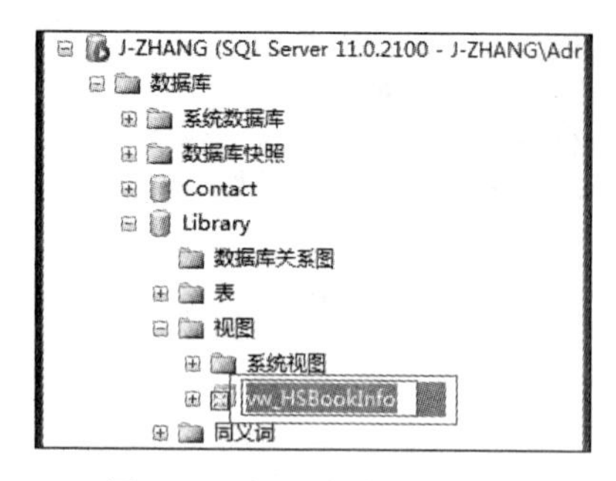

图 2-44 视图名称编辑状态

③ 进入编辑状态后，在原视图名称的位置上输入新的视图名称，完成视图名称的修改，如图 2-44 所示。

提示：

- 要重命名的视图必须位于当前数据库中。
- 新名称必须遵守标识符规则。
- 只能对具有更改权限的视图进行重命名。
- 数据库所有者可以更改任何用户视图的名称。
- 重命名视图并不更改它在视图定义文本中的名称。
- 视图可以作为另一视图的数据来源，重命名视图有可能会影响到其他的对象。

3）使用 SSMS 查看视图

（1）查看视图属性。

子任务 4 查看视图 vw_SBookInfo 的基本信息。

① 启动 SSMS，在“对象资源管理器”中依次展开【数据库】节点、【Library】节点、【视图】节点。

② 右击【vw_SBookInfo】节点，选择【属性】，如图 2-43 所示。

③ 打开“视图属性”对话框，可以查看视图的常规、权限和扩展属性，如图 2-45 所示。

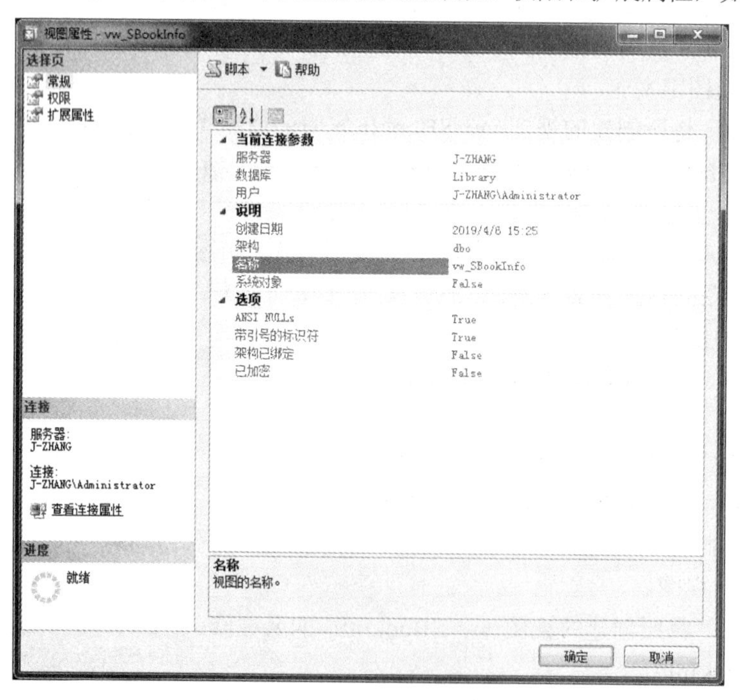

图 2-45 查看视图属性

（2）查看视图依赖关系。视图中的数据可以是一个表（或视图）中的特定数据，也可以是来自多个表（或视图）中的特定数据。因此，视图是依赖于表（或视图）而存在的。同时，一个视图也可以成为其他视图所依赖的基础。

子任务 5 查看视图 vw_SBookInfo 的依赖关系。

① 启动 SSMS，在“对象资源管理器”中依次展开【数据库】节点、【Library】节点、【视图】节点。

② 右击【vw_SBookInfo】节点，选择【查看依赖关系】，如图 2-43 所示。

③ 打开“对象依赖关系”对话框，该对话框显示了视图所依赖的表或视图，也显示了依赖于该视图的其他视图，如图 2-46 所示。

提示：了解视图的依赖关系有助于对视图的维护和管理。

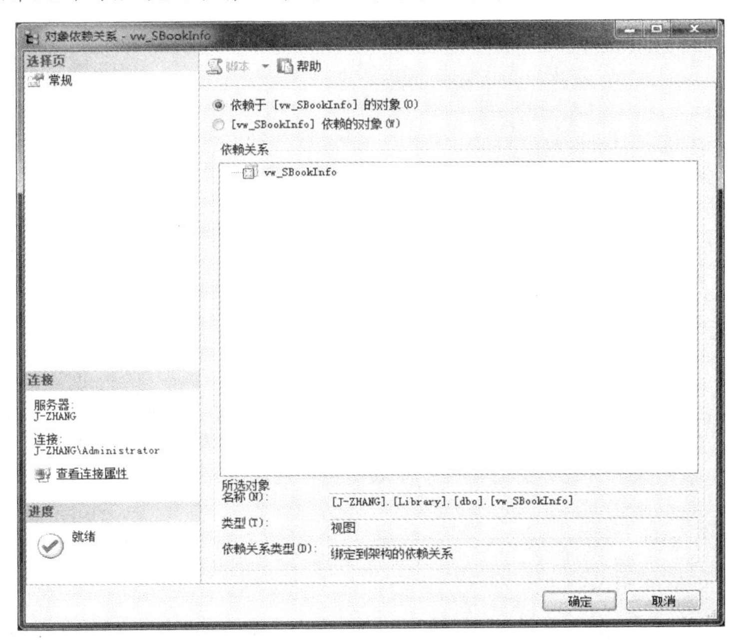

图 2-46　视图依赖关系

4）使用 SSMS 删除视图

在创建视图后，如果不再需要该视图，或想清除视图定义及与之相关联的权限，可以删除该视图。删除视图后，基础表和基础视图并不受影响，但任何使用基于已删除视图的查询将会失败。

子任务 6　删除所创建的视图 vw_SBookInfo。

（1）启动 SSMS，在“对象资源管理器”中依次展开【数据库】节点、【Library】节点、【视图】节点。

（2）右击【vw_SBookInfo】节点，选择【删除】，如图 2-47 所示。

（3）打开“删除对象”对话框，单击【确定】按钮完成删除，如图 2-48 所示。

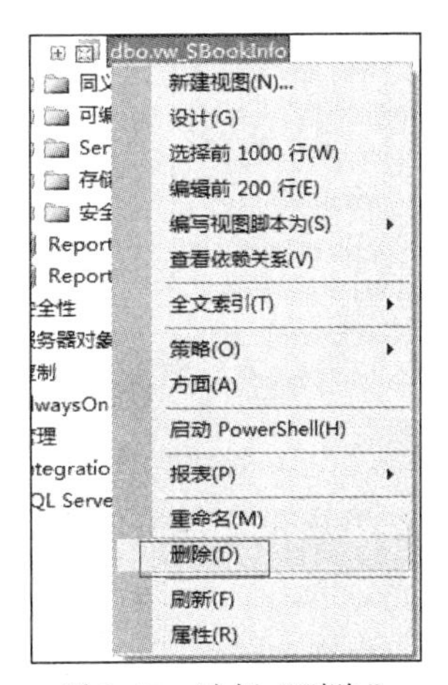

图 2-47　选择“删除”

提示：

- 如果删除的视图是另一个视图的基视图，则当删除该视图时，系统会给出错误提示。因此，通常基于数据表来定义视图，而不是基于其他视图来定义视图。
- 在删除视图之前，可以通过单击【显示依赖关系】按钮了解该视图与其他对象的关系。既可以了解依赖该视图的对象，也可以了解该视图所依赖的对象。

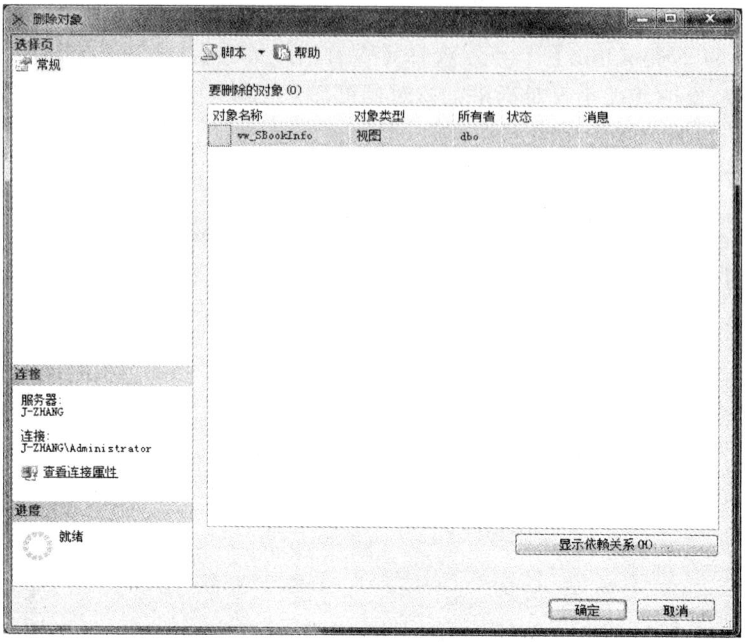

图 2-48　“删除对象”对话框

课堂实践 4

1. 操作要求（使用 SSMS）

（1）创建包含 BookInfo 表中所有图书类别码为“17”的图书视图 vw_TPBookInfo，结果应如图 2-49 所示，然后查看该视图所包含的数据。

图书编码	图书名称	类别码	作者	ISBN	出版日期	价格
TP39/707	数据库基础	17	沈祥玖	7-04-012644-...	2003-9-1	14.8000
TP39/711	管理信息系统...	17	陈承欢、彭勇	7-115-13103-...	2005-2-1	18.4000
TP39/713	关系数据库与S...	17	黄旭明	7-04-01375-4 ...	2004-1-1	12.0000
TP39/716	UML用户指南	17	Grady Booch等	7-03-012096 ...	2003-8-1	28.0000
TP39/717	UML数据库设...	17	[美]Eric J.Naib...	7-5053-6432-...	2001-3-1	18.4000
TP39/719	SQL Server 20...	17	刘志成、陈承欢	978-7-302-14...	2006-10-1	27.2000
TP39/720	数据库及其应...	17	张迎新	7-302-12828-...	2006-7-1	14.8000

图 2-49　视图 vw_ TPBookInfo

（2）创建包含 BookInfo 表和 BookType 表中指定信息的视图 vw_TNameBookInfo，结果应如图 2-50 所示，然后查看该视图所包含的数据。

图书编号	图书名称	类别名称	作者	出版日期	图书价格
G64/335	高等教育信息化	G文化、教育、...	NULL	NULL	20.5000
TP39/707	数据库基础	T工业技术	沈祥玖	2003-9-1	14.8000
TP39/711	管理信息系统...	T工业技术	陈承欢、彭勇	2005-2-1	18.4000
TP39/713	关系数据库与S...	T工业技术	黄旭明	2004-1-1	12.0000
TP39/716	UML用户指南	T工业技术	Grady Booch等	2003-8-1	28.0000
TP39/717	UML数据库设...	T工业技术	[美]Eric J.Naib...	2001-3-1	18.4000
TP39/719	SQL Server 20...	T工业技术	刘志成、陈承欢	2006-10-1	27.2000
TP39/720	数据库及其应...	T工业技术	张迎新	2006-7-1	14.8000

图 2-50　视图 vw_TNameBookInfo

（3）修改视图 vw_TPBookInfo，删除其中的价格列。
（4）查看视图 vw_TNameBookInfo 所依赖的表或视图。
（5）删除视图 vw_TPBookInfo 和视图 vw_TNameBookInfo。
2. 操作提示
（1）注意视图定义和视图中数据的区别。
（2）注意视图定义和 SELECT 查询之间的关系。

2. 使用 T-SQL 语句管理视图

使用 T-SQL 创建和查看视图

1）使用 T-SQL 语句创建视图

使用 T-SQL 语言的 CREATE VIEW 语句可以创建视图，基本语句格式如下：

```
CREATE VIEW 视图名 [( 列名 [,…n])]
[WITH <视图属性>]
AS
查询语句
[ WITH CHECK OPTION ]
```

提示：

- 视图名必须符合标识符规则。
- 视图属性包括 ENCRYPTION（文本加密）、SCHEMABINDING（视图绑定到基础表的架构）和 VIEW_METADATA（指定引用视图的元数据）。
- 查询语句可以是任意复杂的 SELECT 语句。如果 CREATE VIEW 语句仅指定了视图名，省略了组成视图的各个列名，则隐含指明该视图由子查询中 SELECT 子句目标列中的诸字段组成。但在下列三种情况下必须明确指明组成视图的所有列名：
  - ■ 某个目标列不是单纯的列名，而是列表达式或聚合函数。
  - ■ 多表连接中几个同名的列作为视图的列。
  - ■ 需要在视图中为某个列使用新的名字。
- WITH CHECK OPTION 表示对视图进行 UPDATE、INSERT 和 DELETE 操作时，要保证更新、插入或删除的行满足视图定义中的谓词条件（即子查询中的条件表达式）。

（1）创建简单视图。

子任务 7 经常需要了解借书证状态为“有效”的读者信息，包括借书证编号（r_ID）、读者姓名（r_Name）、发证日期（r_Date）、可借书数量（r_Quantity）、借书证状态（r_Status），可以创建一个借书证状态为“有效”的读者信息视图。

```
CREATE VIEW vw_EffReaderInfo
AS
SELECT r_ID AS 借书证编号, r_Name AS 读者姓名, r_Date
AS 发证日期, r_Quantity AS 借书数量, r_Status AS 借书证状态
FROM ReaderInfo
WHERE   r_Status = '有效'
```

提示：

- 视图创建后可以通过打开视图查看视图对应的结果（同查看表）。
- 也可以使用“SELECT * FROM 视图名”语句查看视图对应的结果（见图 2-51）。

SQLQuery18.sql -...dministrator (59))* × SQLQuery17.sql -...dministrator

```
SELECT * FROM vw_EffReaderInfo
```

100 %

结果 | 消息

	借书证编号	读者姓名	发证日期	借书数量	借书证状态
1	0016584	王周应	2003-09-16 00:...	24	有效
2	0016585	阳杰	2003-09-16 00:...	19	有效
3	0016586	谢群	2003-09-16 00:...	17	有效
4	0016587	黄莉	2003-09-16 00:...	19	有效
5	0016589	龙川玉	2003-12-12 00:...	28	有效
6	0016590	谭涛涛	2003-12-12 00:...	20	有效
7	0016592	蔡鹿其	2003-12-12 00:...	25	有效
8	0016598	孟昭红	2005-10-17 00:...	30	有效

图 2-51　使用 SELECT 视图

（2）使用 WITH ENCRYPTION。

子任务 8　需要了解所有读者的信息，包括读者类别以及限借数量、限借期限，同时将创建的视图文本加密。

```
CREATE VIEW vw_TPReaderInfo
WITH ENCRYPTION
AS
SELECT r_ID AS 借书证编号, r_Name AS 读者姓名, r_Date, r_Date AS 发证日期,
rt_Name AS 读者类型, rt_Quantity   AS 限借数量, rt_Long AS 限借期限
FROM ReaderInfo
JOIN ReaderType
ON ReaderInfo.rt_ID = ReaderType.rt_ID
```

该语句创建的视图 vw_TPReaderInfo 的文本将被加密，这样该视图的文本不能被查看。同时，对应视图的右键菜单中的【设计】不可用（该视图也不允许修改），如图 2-52 所示。

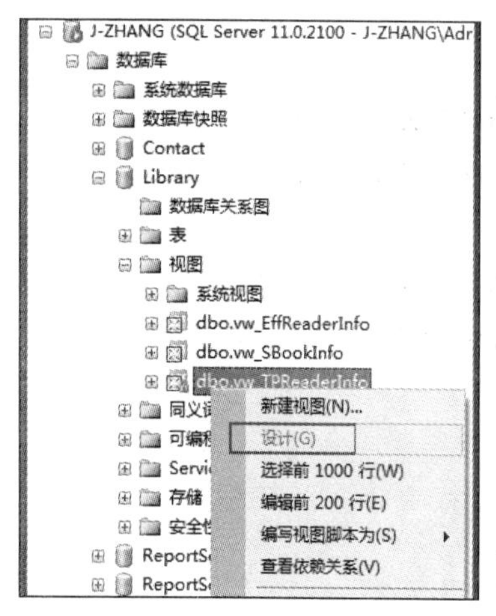

图 2-52　视图加密后的【设计】菜单

（3）使用 WITH CHECK OPTION。

子任务 9　经常需要了解图书的编号（b_ID）、图书名称（b_Name）、图书类别名称（bt_Name）和商品价格（b_Price）信息，可以创建一个关于这类商品的视图。

```
CREATE VIEW vw_TNameBookInfo
AS
SELECT b_ID, b_Name, bt_Name, b_Price
FROM BookInfo
JOIN BookType
ON BookInfo.bt_ID=BookType.bt_ID
WITH CHECK OPTION
```

该语句强制对视图执行的所有数据修改语句都必须符合在“SELECT 查询”中设置的条件。

提示：

- WITH CHECK OPTION 可确保提交修改后，仍可通过视图看到数据。
- 如果在“SELECT 查询”中的任何位置使用 TOP，则不能指定 CHECK OPTION。

（4）使用聚合函数。

子任务 10　经常需要了解某一类图书的类别号（bt_ID）和该类图书的最高价格信息，可以创建一个关于这类图书的视图。

```
CREATE VIEW vw_MaxPriceBook
AS
SELECT bt_ID, Max(b_Price) AS MaxPrice
FROM BookInfo
GROUP BY bt_ID
```

（5）视图类型。

① 水平视图。视图的常见用法是限制用户只能够存取表中的某些数据行，用这种方法创建的视图称为水平视图，即为表中行的子集。

② 投影视图。如果限制用户只能存取表中的部分列的数据，用这种方法创建的视图称为投影视图，即为表中列的子集。

③ 联合视图。用户可以把从多个表中的数据生成联合视图，把查询结果表示为一个单独的“表”。用这种方法创建的视图称为联合视图，即为多个表中数据的集合。

2）使用 T-SQL 语句修改视图

使用 T-SQL 修改和删除视图

（1）使用 T-SQL 语句修改视图。使用 T-SQL 语言的 ALTER VIEW 语句可以修改视图，基本语句格式如下：

```
ALTER VIEW 视图名 [ ( 列名 [ ,...n ] ) ]
[WITH <视图属性>]
AS
查询语句
[ WITH CHECK OPTION ]
```

ALTER VIEW 语句格式与 CREATE VIEW 语句格式基本相同，修改视图的过程就是先删除原有视图，然后根据查询语句再创建一个同名的视图过程。但是它又不完全等同于删除一个视图，然后又重新创建该视图，因为这样的话，需要重新指定视图的权限，而修改视图不会改变原有的权限。

子任务 11　对于已创建的视图 vw_SBookInfo，现在需要删除其中的出版日期（b_Date）信息，使之仅包含商品的图书编号（b_ID）、图书名称（b_Name）、类别号（bt_ID）、价格（b_Price）和 ISBN（b_ISBN）信息。

```
ALTER VIEW vw_SBookInfo
AS
SELECT b_ID AS 图书编号, b_Name AS 图书名称,
bt_ID AS 类别号, b_Price AS 价格, b_ISBN AS ISBN
FROM BookInfo
WHERE b_Price >= 18
```

子任务12　对于已创建的视图vw_TPReaderInfo，要进行相关修改以保证新的视图中只有读者类型为“一般读者”的信息。

```
ALTER VIEW vw_TPReaderInfo
WITH ENCRYPTION
AS
SELECT r_ID AS 借书证编号, r_Name AS 读者姓名, r_Date, r_Date AS 发证日期,
rt_Name AS 读者类型, rt_Quantity  AS 限借数量, rt_Long AS 限借期限
FROM ReaderInfo
JOIN ReaderType
ON ReaderInfo.rt_ID = ReaderType.rt_ID
WHERE ReaderType.rt_Name='一般读者'
```

提示：如果在创建视图时使用了 WITH CHECK OPTION 选项，那么在 ALTER VIEW 命令中也必须使用该选项，否则该选项不再起作用。

（2）使用 sp_rename 重命名视图。使用系统存储过程 sp_rename 可以重命名视图，但不会删除视图，也不会删除在该视图上的权限。系统存储过程 sp_rename 的基本语句格式如下：

```
sp_rename  <旧的视图名>, <新的视图名>
```

子任务13 修改视图vw_TPReaderInfo的名字为vw_TPReaderInfo0802。

```
sp_rename vw_TPReaderInfo, vw_TPReaderInfo0802
```

提示：

- 重命名视图时，必须保证视图在当前数据库中。
- 新的视图名必须遵循标识符命名规则。
- 只有视图的所有者或数据库的所有者才能重命名视图。

3）使用 T-SQL 语句查看视图

（1）查看视图定义。使用系统存储过程 sp_help 可以查看视图的定义，基本语句格式如下：

```
sp_help <视图名>
```

子任务14 查看视图vw_SBookInfo的定义。

```
sp_help vw_SBookInfo
```

运行结果如图 2-53 所示。

结果 消息

	Name	Owner	Type	Created_datetime
1	vw_SBookInfo	dbo	view	2019-04-06 15:25:11.303

	Column_name	Type	Computed	Length	Prec	Scale	Nullable	TrimTr...	FixedLe...	Collation
1	图书编号	char	no	16			no	no	no	Chinese_PRC_CI_AS
2	图书名称	varchar	no	50			no	no	no	Chinese_PRC_CI_AS
3	类别号	char	no	10			yes	no	yes	Chinese_PRC_CI_AS
4	价格	money	no	8	19	4	yes	(n/a)	(n/a)	NULL
5	ISBN	char	no	30			yes	no	yes	Chinese_PRC_CI_AS

	Identity	Seed	Increment	Not For Replication
1	No identity column defined.	NULL	NULL	NULL

	RowGuidCol
1	No rowguidcol column defined.

图 2-53 视图 vw_SBookInfo 的定义

（2）查看视图的文本。使用系统存储过程 sp_helptext 可以查看视图的文本，基本语句格式如下：

sp_helptext <视图名>

子任务15　查看视图vw_SbookInfo的定义文本。

```
sp_helptext vw_SBookInfo
```

运行结果如图 2-54 所示。

结果　消息

	Text
1	CREATE VIEW vw_SBookInfo
2	AS
3	SELECT b_ID AS 图书编号, b_Name AS 图书名称, bt_ID AS 类别号, b_Price AS 价格, b_ISBN AS ISBN
4	FROM BookInfo
5	WHERE b_Price >= 18

图 2-54　视图 vw_SBookInfo 的定义文本

如果要查看的视图在创建时使用了 WITH ENCRYPTION，则该视图的文本不能被查看，如语句 sp_helptext vw_TPReaderInfo0802 的运行结果如图 2-55 所示。

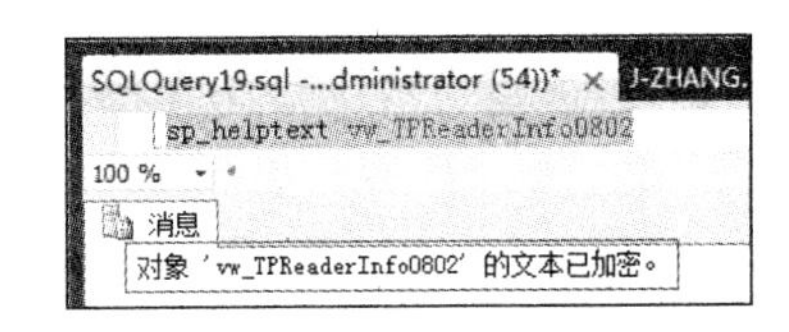

图 2-55　查看视图 vw_TPReaderInfo0802 定义文本

4）使用 T-SQL 语句删除视图

删除视图使用 DROP VIEW 语句。可以使用单个 DROP VIEW 语句删除多个视图，在 DROP VIEW 语句中，需要被删除的视图名之间以逗号隔开。DROP VIEW 语句的基本格式如下：

DROP　VIEW <视图名>

子任务16　出于数据管理的需要，要删除视图vw_TPReaderInfo0802。

```
DROP VIEW vw_TPReaderInfo0802
```

提示：

- 删除视图时，将从系统目录中删除视图的定义和有关视图的其他信息，还将删除视图的所有权限。
- 使用 DROP TABLE 删除的表上的任何视图都必须使用 DROP VIEW 显式删除。
- 对索引视图执行 DROP VIEW 操作时，将自动删除视图上的所有索引。

课堂实践 5

操作要求（使用 T-SQL 语句）

（1）创建包含 BookInfo 表中所有图书信息的视图 vw_AllBookInfo，同时视图中要显示图书的出版社信息，结果应如图 2-56 所示，然后查看该视图所包含的数据。

图书编号	图书名称	作者	ISBN	出版社名称	图书价格
G64/335	高等教育信息化	NULL	978-7-733-777 ...	高等教育出版社	20.5000
TP39/707	数据库基础	沈祥玖	7-04-012644-3 ...	高等教育出版社	14.8000
TP39/711	管理信息系统...	陈承欢、彭勇	7-115-13103-1 ...	人民邮电出版社	18.4000
TP39/713	关系数据库与S...	黄旭明	7-04-01375-4 ...	高等教育出版社	12.0000
TP39/716	UML用户指南	Grady Booch等	7-03-012096 ...	科学出版社	28.0000
TP39/717	UML数据库设...	[美]Eric J.Naib...	7-5053-6432-4 ...	电子工业出版社	18.4000
TP39/719	SQL Server 20...	刘志成、陈承欢	978-7-302-147...	电子工业出版社	27.2000
TP39/720	数据库及其应...	张迎新	7-302-12828-6 ...	清华大学出版社	14.8000

图 2-56　视图 vw_AllBookInfo

（2）使用 T-SQL 语句修改视图 vw_AllBookInfo，删除其中的价格列。
（3）使用 T-SQL 语句修改视图 vw_AllBookInfo 的名字为 vw_AllBookInfo309。
（4）使用 T-SQL 语句查看视图 vw_AllBookInfo309 的定义。
（5）使用 T-SQL 语句删除视图 vw_AllBookInfo309。

2.4.3 任务小结

通过本任务，读者应掌握的数据库操作技能如下：

- 理解视图的概念，明确视图与表的区别。
- 能使用 SSMS 完成视图的创建、修改与删除。
- 能使用 T-SQL 语句完成视图的创建、修改与删除。
- 能使用 T-SQL 语句查看视图的定义。

任务 2.5 管理 Library 数据库的索引

任务目标

用户对数据库最频繁的操作是进行数据查询。一般情况下，数据库在进行查询操作时，需要对整个表进行数据搜索。当表中的数据量很大时，搜索数据就需要很长时间，这就造成了服务器的资源浪费，可以利用索引快速访问数据库表中的特定信息。

本任务将要学习 SQL Server 2012 中索引操作的相关知识，包括索引的建立、索引的查看、索引的修改、索引的删除等。本任务的主要目标包括：

- 掌握索引的概念和类型。
- 能使用 SSMS 管理索引。
- 能使用 T-SQL 语句管理索引。

2.5.1 背景知识

1. 索引简介

索引概述

与书中的目录一样，数据库中的索引使用户可以快速找到表或索引视图中的特定信息。通过创建设计良好的索引，可以显著提高数据库查询和应用程序的性能。索引可以减少为返回查询结果集而必须读取的数据量，还可以强制表中的行具有唯一性，从而确保表数据的数据完整性。索引是对数据库表中一个或多个列的值进行排序的结构。不同的索引对应不同的排序方法。

通常情况下，只有当经常查询索引列中的数据时，才需要在表上创建索引。索引将占用磁盘空间，并且降低添加、删除和更新行的速度。不过在多数情况下，索引所带来的数据检索速度的提升大大超过它的不足之处。然而，如果应用程序非常频繁地更新数据，或者磁盘空间有限，则最好限制索引的数量。

索引是一个单独的、物理的数据结构，这个数据结构中包括表中的一列或若干列的值，以及相应的指向表中物理标识这些值的数据页的逻辑指针的集合。索引提供了数据库中编排表中数据的内部方法。索引依赖于数据库的表，作为表的一个组成部分，一旦创建后，由数据库系统自身进行维护。一个表的存储是由两部分组成的，一部分用来存放表的数据页面，另一部分存放索引页面，索引就存放在索引页面上。通常，索引页面相对于数据页面来说小得多。当进行数据检索时，系统先搜索索引页面，从中找到所需数据的指针，再直接通过指针从数据页面中读取数据。从某种程度上可以把数据库看作一本书，把索引看作书的目录，通过目录查找书中的信息，显然比没有目录会更方便、更快捷。

2. 索引类型

在 SQL Server 数据库中，按存储结构的不同可将索引分为两大类：聚集索引和非聚集索引。

1）聚集索引

聚集索引对表的物理数据页中的数据按列进行排序，然后再重新存储到磁盘上，即聚集索引与数据是混为一体的。由于聚集索引对表中的数据一一进行了排序，因此用聚集索引查找数据很快。但由于聚集索引将表的所有数据完全重新排列了，它所需要的空间也就特别大，大概相当于表中数据所占空间的 120%。表的数据行只能以一种排序方式存储在磁盘上，所以一个表只能有一个聚集索引。单个分区中的聚集索引结构如图 2-57 所示。

聚集索引按 B 树索引结构实现，B 树索引结构支持基于聚集索引键值对行进行快速检索。表的数据页与以字母表顺序存储在档案橱柜中的文件夹相似，而数据行与存储在文件夹中的文档相似。当 SQL Server 使用聚集索引查找值时，执行以下步骤。

（1）获得根页的地址。

（2）查找值与根页中的关键值进行比较。

（3）找出小于或等于查找值的最大关键值的页。

（4）页指针指向索引的下一层。

（5）重复步骤（3）和步骤（4），直到找到数据页。

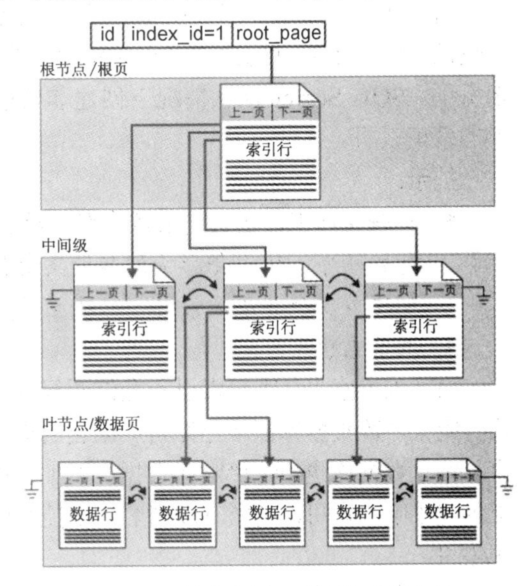

图 2-57 单个分区中的聚集索引结构

（6）在数据页上查找数据行，直到找到查找值为止。如果在数据页上找不到查找值，则表示没有查找到指定数据。

2）非聚集索引

非聚集索引具有与表的数据完全分离的结构，使用非聚集索引不用将物理数据页中的数据按列排序，而是存储索引行，每个索引行均包含非聚集索引键值和一个或多个指向包含该值的数据行的行定位器。如果表有聚集索引，行定位器就是该行的聚集索引键值；如果表没有聚集索引，行定位器就是行的磁盘地址。SQL Server 在搜索数据时，先对非聚集索引进行搜索，然后通过相应的行定位器从表中找到对应的数据。单个分区中的非聚集索引结构如图 2-58 所示。

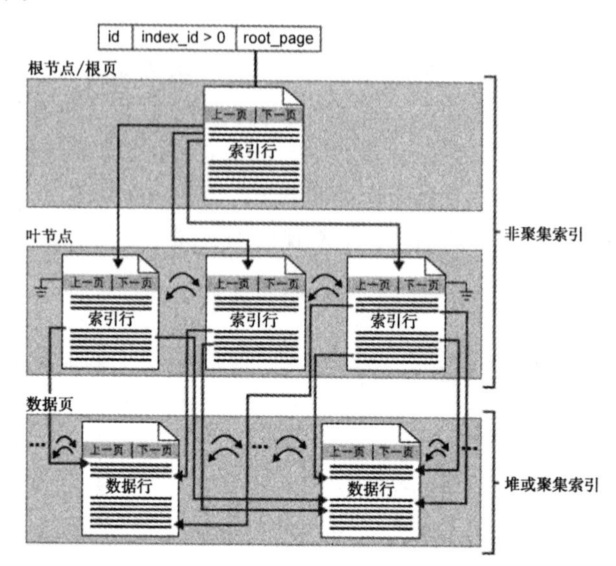

图 2-58　单个分区中的非聚集索引结构

由于非聚集索引使用索引页存储，因此它比聚集索引需要更多的存储空间，且检索效率较低。但一个表只能建一个聚集索引，当用户需要建立多个索引时，就需要使用非聚集索引了。SQL Server 默认情况下创建非聚集索引，从理论上讲，一个表最多可以创建 249 个非聚集索引。

提示：

- 一般情况下，先创建聚集索引，后创建非聚集索引，因为创建聚集索引会改变表中行的顺序，从而会影响到非聚集索引。
- 创建多少个非聚集索引，取决于用户执行的查询要求。

3）其他索引

（1）唯一索引。唯一索引不允许两行具有相同的索引值。如果现有数据中存在重复的键值，则大多数数据库都不允许将新创建的唯一索引与表一起保存。当新数据将使表中的键值重复时，数据库也拒绝接收此数据。例如，如果在 BookInfo 表中的图书名称（b_Name）列上创建了唯一索引，则所有图书名称不能相同。唯一索引既可以是聚集索引，也可以是非聚集索引。

（2）包含列索引。一种非聚集索引，它扩展后不仅包含键列，还包含非键列。

（3）索引视图。视图的索引将具体化（执行）视图，并将结果集永久存储在唯一的聚集索引中，而且其存储方法与带聚集索引的表的存储方法相同。创建聚集索引后，可以为视图添加非聚集索引。

（4）全文索引。一种特殊类型的基于标记的功能性索引，由 Microsoft SQL Server 全文引擎生成和维护，用于帮助在字符串数据中搜索复杂的词。

（5）空间索引。利用空间索引可以更高效地对 geometry 数据类型的列中的空间对象（空间数据）执行某些操作。空间索引可减少需要应用开销相对较大的空间操作的对象数。

（6）筛选索引。一种经过优化的非聚集索引，尤其适用于涵盖从定义完善的数据子集中选择数据的查询。筛选索引使用筛选谓词对表中的部分行进行索引。与全表索引相比，设计良好的筛选索引可以提高查询性能、减少索引维护开销，并可降低索引存储开销。

（7）XML 索引。XML 索引是 XML 数据类型列中 XML 二进制大型对象（BLOB）的已拆分持久表示形式。

提示： 在确定某一索引适合某一查询之后，可以选择最适合具体情况的索引类型。索引包含以下特性。

- 聚集还是非聚集。
- 唯一还是非唯一。
- 单列还是多列。
- 索引中的列是升序排序还是降序排序。

3. 索引选项

当设计、创建或修改索引时，要注意一些索引选项，如表 2-20 所示。这些选项可以在第一次创建索引或重新生成索引时指定。此外，还可以使用 ALTER INDEX 语句的 SET 子句随时设置一些索引选项。

表 2-20　SQL Server 索引选项

索引选项	说明
PAD_INDEX	设置创建索引期间中间级别页中可用空间的百分比
FILLFACTOR	设置创建索引期间每个索引页的页级别中可用空间的百分比
SORT_IN_TEMPDB	确定对创建索引期间生成的中间排序结果进行排序的位置。如果为 ON，则排序结果存储在 tempdb 中；如果为 OFF，则排序结果存储在存储结果索引的文件组或分区方案中
IGNORE_DUP_KEY	指定对唯一聚集索引或唯一非聚集索引的多行 INSERT 事务中重复键值的错误响应
STATISTICS_NORECOMPUTE	指定是否应自动重新计算过期的索引统计信息
DROP_EXISTING	指示应删除和重新创建现有索引
ONLINE	确定是否允许并发用户在索引操作期间访问基础表或聚集索引数据以及任何关联非聚集索引
ALLOW_ROW_LOCKS	确定访问索引数据时是否使用行锁
ALLOW_PAGE_LOCKS	确定访问索引数据时是否使用页锁
MAXDOP	设置查询处理器执行单个索引语句可以使用的最大处理器数。根据当前系统的工作负荷，可以使用较少的处理器
DATA_COMPRESSION	为指定的表、分区号或分区范围指定数据压缩选项。选项有 NONE、ROW 和 PAGE

2.5.2　完成步骤

1. 使用 SSMS 管理索引

使用 SSMS 管理索引

1）使用 SSMS 创建索引

子任务 1　使用 SSMS 在 BookInfo 表创建基于 b_Name 的索引。

（1）启动 SSMS，在“对象资源管理器”中依次展开【数据库】节点、【Library】节点、【BookInfo】表节点。

（2）右击【索引】，选择【新建索引】，索引类型选为【非聚集索引】，如图 2-59 所示。

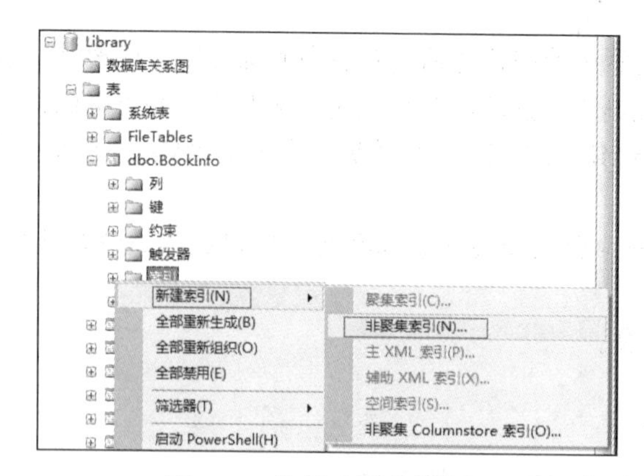

图 2-59 选择【新建索引】

（3）打开“新建索引”对话框，输入索引名称（本例为 idx_BName），如图 2-60 所示。

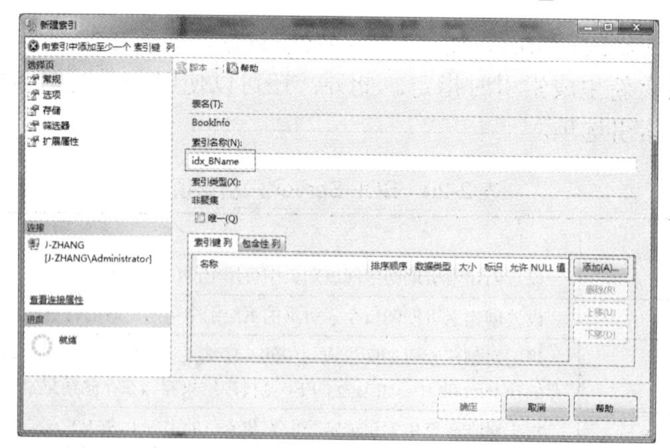

图 2-60 “新建索引”对话框

（4）单击【添加】按钮，打开“选择列”对话框，从中可选择需要创建索引的列，如图 2-61 所示。

图 2-61 “选择列”对话框

（5）设置好索引的属性后，单击【确定】按钮，完成索引的创建。

2）使用 SSMS 查看和删除索引

（1）查看索引。

子任务 2　使用 SSMS 查看所创建的索引 idx_BName。

① 启动 SSMS，在“对象资源管理器”中依次展开【数据库】节点、【Library】节点、【BookInfo】表节点和【索引】节点。

② 右击【idx_BName】，选择【属性】，如图 2-62 所示。

③ 在属性查看窗口可以查看指定索引的属性，同时也可以进行相关的修改。

提示：

- 这里创建的索引为非唯一、非聚集索引。
- 索引一旦创建后，执行查询时由数据库管理系统自动启用。
- 选择【禁用】，可以禁用指定的索引。

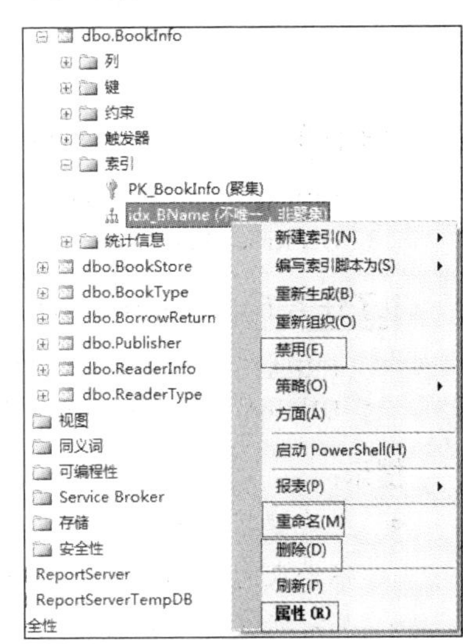

图 2-62　选择【属性】

（2）索引重命名。

① 在如图 2-62 所示的指定索引的右键菜单中选择【重命名】，或在选定的索引名上单击，进入编辑状态。

② 输入新的索引名称，完成重命名。

（3）删除索引。通过 SSMS 删除索引，主要执行以下步骤。

① 启动 SSMS，在“对象资源管理器”中依次展开【数据库】节点、【Library】节点、【BookInfo】表节点和【索引】节点。

② 右击【idx_BName】，在如图 2-62 所示快捷菜单中选择【删除】。

③ 打开“删除对象”对话框，单击【删除】按钮即可删除指定索引。

2. 使用 T-SQL 语句管理索引

使用 T-SQL 管理索引

1）使用 T-SQL 语句创建索引

使用 T-SQL 语言的 CREATE INDEX 语句可以建立索引，其基本语句格式如下：

```
CREATE [UNIQUE] [CLUSTERED | NONCLUSTERED]
INDEX 索引名
ON {表 | 视图 } （列 [ ASC | DESC ] [,…n]）
```

提示：

- 索引名必须符合标识符规则。
- UNIQUE：表示创建一个唯一索引。
- CLUSTERED：指明创建的索引为聚集索引。
- NONCLUSTERED：指明创建的索引为非聚集索引。
- ASC | DESC：指定特定的索引列的排序方式，默认值是升序（ASC）。
- 可以使用 CREATE TABLE 或 ALTER TABLE 在创建或修改表时创建索引。
- 创建索引语句的详细用法请参阅“SQL Server 联机丛书”。

子任务 3 在 ReaderInfo 表的 r_Name 列上创建聚集索引。

```
CREATE CLUSTERED INDEX idx_ReaderName
ON ReaderInfo(r_Name)
```

如果 ReaderInfo 表中已经在 r_ID 列上建立了主键，该语句执行时会出现错误，如图 2-63 所示。其中，“PK_ReaderInfo”即为主键对应的聚集索引名称。

```
消息
消息 1902，级别 16，状态 3，第 1 行
无法对 表 'ReaderInfo' 创建多个聚集索引。请在创建新聚集索引前删除现有的聚集索引 'PK_ReaderInfo'。
```

图 2-63 创建聚集索引错误

子任务 4 在 ReaderInfo 表的 r_Name 列上创建唯一的非聚集索引。

```
CREATE UNIQUE NONCLUSTERED INDEX idx_ReaderName
ON ReaderInfo(r_Name)
```

子任务 5 在 BorrowReturn 表的 br_ID 列和 r_ID 列上创建复合非聚集索引。

```
CREATE NONCLUSTERED INDEX idx_brID_rID
ON BorrowReturn(br_ID,r_ID)
```

提示：

- 主关键字约束相当于聚集索引和唯一索引的结合，因此当一个表中预先存在主关键字约束时，不能建立聚集索引，也没必要再建立聚集索引。
- 如前所述，主键可以跨越多列。

2）使用 T-SQL 语句查看和删除索引

（1）查看索引。利用系统存储过程 sp_helpindex，可以返回表的所有索引的信息，基本语句格式如下：

```
sp_helpindex [@objname =] 'name'
```

其中，[@objname =] 'name' 子句用来指定当前数据库中的表的名称。

子任务 6 查看 BookInfo 表的索引。

```
sp_helpindex BookInfo
```

运行结果如图 2-64 所示。

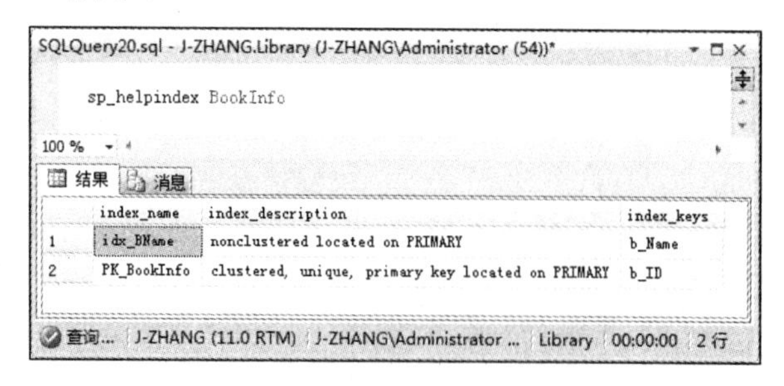

图 2-64 BookInfo 表索引信息

（2）重命名索引。

子任务 7 将索引“idx_BName”改名为“idx_BookInfoName”。

```
sp_rename 'BookInfo.idx_BName', 'idx_BookInfoName'
```

提示：必须在索引前面加上表名前缀。

（3）删除索引。使用 T-SQL 语言的 DROP INDEX 语句可以删除一个或多个当前数据库中的索引，基本语句格式如下：

```
DROP INDEX 索引名 ON 表名
```

子任务 8 删除 BookInfo 表中所建的索引 idx_BName。

```
DROP INDEX idx_BName ON BookInfo
```

提示：DROP INDEX 语句不能删除由 CREATE TABLE 语句或 ALTER TABLE 语句创建的 PRIMARY KEY 或 UNIQUE 约束索引。

3）维护索引

（1）DBCC SHOWCONTIG 语句。当在表中频繁地进行插入、更新和删除操作时，表中会产生碎片，页的顺序也会被打乱，从而引起整个查询性能下降。使用 DBCC SHOWCONTIG 语句可以扫描指定的表的碎片，并用于确定该表或索引页是否严重连续，显示指定的表的数据和索引的碎片信息。

DBCC SHOWCONTIG 语句的基本格式如下：

```
DBCC SHOWCONTIG
[ (
   { 'table_name' | table_id | 'view_name' | view_id }
   [ , 'index_name' | index_id ]
)]
   [ WITH
      {
      [ , [ ALL_INDEXES ] ]
      [ , [ TABLERESULTS ] ]
      [ , [ FAST ] ]
      [ , [ ALL_LEVELS ] ]
      [ NO_INFOMSGS ]
      }
   ]
```

子任务 9 查看 BorrowReturn 表中 idx_brID_rID 索引的信息。

```
DBCC SHOWCONTIG(BorrowReturn, idx_brID_rID)
```

运行结果如图 2-65 所示。

提示：

- 在 SQL Server 2012 中，DBCC SHOWCONTIG 语句不显示数据类型为 ntext、text 和 image 的数据，这是因为 SQL Server 2012 中不再有存储文本和图像数据的文本索引。
- DBCC SHOWCONTIG 语句的详细用法请参阅"SQL Server 联机丛书"。

（2）DBCC DBREINDEX 语句。当数据库中的索引被损坏时，使用 DBCC DBREINDEX 语句可以重建表的一个或多个索引。

DBCC DBREINDEX 语句的基本格式如下：

```
DBCC DBREINDEX
```

```
(
    'table_name'
  [ , 'index_name' [ , fillfactor ] ]
)
  [ WITH NO_INFOMSGS ]
```

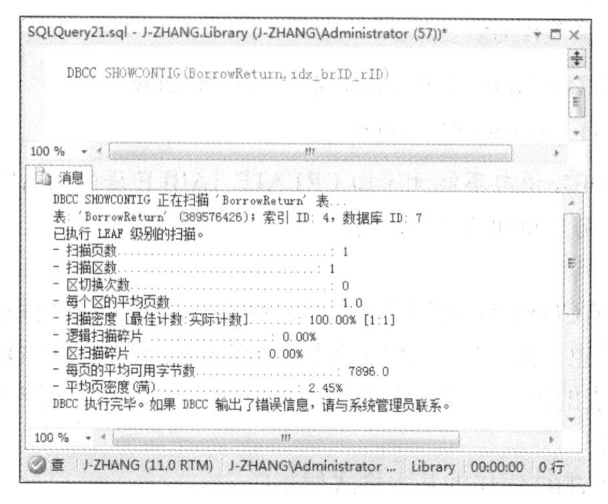

图 2-65　idx_brID_rID 索引的碎片信息

子任务 10　重建索引。

重建 BorrowReturn 表中 idx_brID_rID 索引，其完成语句如下：

```
DBCC DBREINDEX (BorrowReturn, idx_brID_rID,80)
```

重建所有的索引，其完成语句如下：

```
DBCC DBREINDEX (BorrowReturn, ' ',80)
```

提示：

- DBCC DBREINDEX 语句会重新生成表的一个索引或为表定义的所有索引。
- 通过允许动态重新生成索引，可以重新生成强制 PRIMARY KEY 或 UNIQUE 约束的索引，而不必删除并重新创建这些约束。
- DBCC DBREINDEX 语句可以在一条语句中重新生成表的所有索引。这要比对多条 DROP INDEX 和 CREATE INDEX 语句进行编码更容易。

（3）UPDATE STATISTICS 语句。当为表创建索引时，SQL Server 将生成有关该索引的可用性的概要信息，并将这些信息放在分布页上。这些信息将帮助 SQL Server 快速决定在执行指定查询时是否使用该索引。当表中的数据发生变化时，SQL Server 系统会周期性地修改统计信息，但表中的数据发生变化时，系统不一定马上更新统计信息。通过执行 UPDATE STATISTICS 语句，可以更新索引的分布统计页，使得索引的统计信息是最新的。

为确保 SQL Server 具有良好的查询性能，SQL Server 的索引需要进行日常维护。影响性能的一个很重要的维护工作是更新统计数字，这个命令将在很大程度上影响 SQL Server 在执行查询时选择使用哪一个索引。

UPDATE STATISTICS 语句的基本格式如下：

```
UPDATE STATISTICS < table_name > [ . <index_name> ]
```

子任务 11　生成 OrderDetails 表中索引的概要信息。

```
UPDATE STATISTICS BorrowReturn
```

课堂实践 6

1. 操作要求

（1）使用 SSMS 在 ReaderInfo 表的 r_Name 列上创建非聚集索引 idx_ReaderName。

（2）使用 SSMS 在 BookStore 表的 s_ID 列和 b_ID 列上创建复合非聚集索引 idx_sID_bID。

（3）使用 SSMS 查看所建索引 idx_ReaderName 和 idx_sID_bID 的基本信息。

（4）使用 SSMS 删除所建的索引 idx_ReaderName 和 idx_sID_bID。

（5）使用 T-SQL 语句在 Publisher 表中创建基于 p_Name 列的非聚集索引 idx_pName。

（6）使用 T-SQL 语句在 BorrowReturn 表中创建基于 r_ID 列的非聚集索引 idx_rID。

2. 操作提示

（1）必须选择有效的列创建索引。

（2）索引创建好之后，由数据库管理系统自动进行管理，在进行数据查询时发挥作用。

2.5.3 任务小结

通过本任务，读者应掌握的数据库操作技能如下：

- 理解索引的概念，明确索引的作用。
- 能使用 SSMS 完成索引的创建、修改与删除。
- 能使用 T-SQL 语句完成索引的创建、修改与删除。
- 能使用 T-SQL 语句查看索引。

项目3 教务信息数据库

项目描述

某高职院校随着办学时间和办学规模的增长，与教务有关的如专业、课程、教师、学生、成绩等数据也越来越庞大，每年增长的教务数据量超过10万条记录。借助于教务信息数据库（Teach）及基于该数据库开发的教务管理系统，可以方便地对设置与调整专业、设置与开设各专业课程，并对教师授课信息、学生选课信息和学生成绩信息等进行有效管理，从而高效地实现教务管理信息化，甚至是教务管理智能化。数据库管理员通过应用 SQL Server 2012，可以确保教务信息的完整性和一致性，可以实现教务信息关键数据的定期备份、导出，可以实施教务信息数据库多层次的安全保护，可以使用 T-SQL 语句获得复杂多变的查询结果。

本项目是在数据库设计、数据表创建、数据初始化等基本任务完成的基础上，利用 SQL Server 2012 数据库管理系统中的 SSMS 管理教务信息数据库的视图、索引，实现教务信息数据库的备份与恢复、安全管理、导入与导出，并实现复杂的查询。教务信息数据库中的数据表的设计情况如表3-1～表3-14所示。

1. Student 表（学生信息表）

Student 表结构的详细信息如表3-1所示。

表3-1　Student 表结构

表序号	1		表名	Student 表		
含义	存储学生基本信息					
序号	属性名称	含义	数据类型	长度	为空性	约束
1	s_ID	学号	char	12	not null	主键
2	s_Name	姓名	varchar	12	not null	唯一
3	s_Gender	性别	char	2	not null	
4	s_Birth	出生年月	datetime		not null	
5	s_BirthPlace	籍贯	varchar	50	null	
6	s_Address	联系地址	varchar	100	null	
7	s_Postcode	邮政编码	char	6	null	
8	s_Mobile	手机号码	varchar	11	null	
9	s_CardNo	身份证号	varchar	18	not null	

续表

序号	属性名称	含义	数据类型	长度	为空性	约束
10	c_ID	班级编号	varchar	11	not null	外键
11	ps_ID	政治面貌编号	varchar	2	null	外键
12	n_ID	民族编号	varchar	2	null	外键
13	e_ID	学籍状况编号	varchar	2	null	外键

2. Class 表（班级信息表）

Class 表结构的详细信息如表 3-2 所示。

表 3-2 Class 表结构

表序号	2	表名	Class 表			
含义	存储班级信息					
序号	属性名称	含义	数据类型	长度	为空性	约束
1	c_ID	班级编号	char	11	not null	主键
2	c_Grade	年级	varchar	10		
3	c_Name	班级名称	varchar	50	not null	唯一
4	d_ID	所在系部编号	char	5	not null	外键
5	m_ID	所在专业编号	char	5	not null	外键

3. Major 表（专业信息表）

Major 表结构的详细信息如表 3-3 所示。

表 3-3 Major 表结构

表序号	3	表名	Major 表			
含义	存储专业信息					
序号	属性名称	含义	数据类型	长度	为空性	约束
1	m_ID	专业编号	char	4	not null	主键
2	m_Name	专业名称	varchar	50	not null	唯一
3	m_Time	专业学制	int		not null	
4	d_ID	所在系部编号	char	5	not null	

4. PolicitalStatus 表（政治面貌类别信息表）

PolicitalStatus 表结构的详细信息如表 3-4 所示。

表 3-4 PolicitalStatus 表结构

表序号	4	表名	PolicitalStatus 表			
含义	存储政治面貌类别信息					
序号	属性名称	含义	数据类型	长度	为空性	约束
1	ps_ID	政治面貌编号	char	2	not null	主键
2	ps_Name	政治面貌名称	varchar	20	not null	唯一

5. Nation 表（民族类别信息表）

Nation 表结构的详细信息如表 3-5 所示。

表 3-5 Nation 表结构

表序号	5	表名		Nation 表		
含义	存储民族类别信息					
序号	属性名称	含义	数据类型	长度	是否为空	约束
1	n_ID	民族编号	char	2	not null	主键
2	n_Name	民族名称	varchar	20	not null	

6. Enrollment 表（学籍状态类别信息表）

Enrollment 表结构的详细信息如表 3-6 所示。

表 3-6 Enrollment 表结构

表序号	6	表名		Enrollment 表		
含义	存储学籍状态类别信息					
序号	属性名称	含义	数据类型	长度	为空性	约束
1	e_ID	学籍状态编号	char	2	not null	主键
2	e_Name	学籍状态名称	varchar	20	not null	唯一
3	e_Memo	学籍状态描述	varchar	50	not null	

7. Teacher 表（教师信息表）

Teacher 表结构的详细信息如表 3-7 所示。

表 3-7 Teacher 表结构

表序号	7	表名		Teacher 表		
含义	存储教师基本信息					
序号	属性名称	含义	数据类型	长度	为空性	约束
1	t_ID	工号	char	10	not null	主键
2	t_Name	姓名	varchar	12	not null	
3	t_Gender	性别	char	2	not null	
4	t_Birth	出生年月	datetime		not null	
5	t_BirthPlace	籍贯	varchar	50	not null	
6	t_Address	居住地址	varchar	100	null	
7	t_Postcode	邮政编码	char	6	null	
8	t_Mobile	手机号码	varchar	11	not null	
9	t_CardNo	身份证号	varchar	18	not null	
10	ps_ID	政治面貌编号	char	2	not null	外键
11	n_ID	民族编号	char	2	not null	外键
12	d_ID	部门编号	char	2	not null	外键
13	ed_ID	学历编号	char	2	not null	外键
14	ti_ID	职称编号	char	2	not null	外键

8. Department表（部门信息表）

Department表结构的详细信息如表3-8所示。

表3-8 Department表结构

表序号	8	表名	Department表			
含义	存储部门信息					
序号	属性名称	含义	数据类型	长度	为空性	约束
1	d_ID	部门编号	char	2	not null	主键
2	d_Name	部门名称	varchar	50	not null	唯一
3	d_Head	部门负责人	varchar	20	not null	
4	d_Phone	部门联系电话	varchar	11	not null	
5	d_More	备注	varchar	100		

9. Education表（学历类别信息表）

Education表结构的详细信息如表3-9所示。

表3-9 Education表结构

表序号	9	表名	Education表			
含义	存储学历类别信息					
序号	属性名称	含义	数据类型	长度	为空性	约束
1	ed_ID	学历编号	char	2	not null	主键
2	ed_Name	学历名称	varchar	50	not null	唯一

10. Title表（职称信息表）

Title表结构的详细信息如表3-10所示。

表3-10 Title表结构

表序号	10	表名	Title表			
含义	存储职称信息					
序号	属性名称	含义	数据类型	长度	为空性	约束
1	ti_ID	职称编号	char	2	not null	主键
2	ti_Name	职称名称	varchar	20	not null	唯一

11. Course表（课程信息表）

Course表结构的详细信息如表3-11所示。

表3-11 Course表结构

表序号	11	表名	Course表			
含义	存储课程信息					
序号	属性名称	含义	数据类型	长度	为空性	约束
1	cs_ID	课程编号	char	6	not null	主键

续表

序号	属性名称	含义	数据类型	长度	为空性	约束
2	cs_Name	课程名称	varchar	50	not null	
3	m_ID	所属专业编号	char	4	not null	
4	cs_Credit	学分数	int		not null	
5	cs_Time	课时数	int		not null	
6	cs_Type	课程类型	varchar	20	not null	
7	cs_Teach	授课形式	varchar	20		

12. SelectCourse 表（选课信息表）

SelectCourse 表结构的详细信息如表 3-12 所示。

表 3-12　SelectCourse 表结构

表序号	12	表名	SelectCourse 表			
含义	存储学生选课信息					
序号	属性名称	含义	数据类型	长度	为空性	约束
1	sc_ID	选课编号	char	2	not null	主键
2	s_ ID	学号	varchar	10	not null	
3	cs_ID	课程编号	char	6	not null	
4	sc_number	授课序号	varchar	20	not null	

13. Score 表（成绩信息表）

Score 表结构的详细信息如表 3-13 所示。

表 3-13　Score 表结构

表序号	13	表名	Score 表			
含义	存储成绩信息					
序号	属性名称	含义	数据类型	长度	为空性	约束
1	s_ID	学号	char	8	not null	
2	cs_ID	课程编号	varchar	10	not null	
3	grade	分数	float		not null	
4	isResit	是否补考	smallint	2	not null	
5	isRevamp	是否重修	smallint	2	not null	
6	memo	备注	varchar	100		

14. CourseTable 表（课程信息表）

CourseTable 表结构的详细信息如表 3-14 所示。

表 3-14　CourseTable 表结构

表序号	14	表名	CourseTable 表			
含义	存储课程信息					
序号	属性名称	含义	数据类型	长度	为空性	约束
1	ct_ID	序号	char	8	not null	主键

续表

序号	属性名称	含义	数据类型	长度	为空性	约束
2	cs_ID	课程编号	varchar	10	not null	
3	sc_number	授课序号	varchar	20	not null	
4	sk_week	上课时间（周）	char	1	not null	
5	sk_time	上课时间（节）	char	2	not null	
6	sk_place	上课地点	varchar	50	not null	

项目计划

教务信息数据库项目的实施计划如表3-15所示。

表3-15 教务信息数据库实施计划

工作任务	完成时长/课时	任务描述
任务3.1 管理教务信息数据库	4	利用已具备的数据库管理技能完成数据库的创建和初始化操作
任务3.2 管理教务信息数据库中的视图和索引	4	在已具备的数据表基本操作技能和T-SQL语句查询技能的基础上，掌握视图的创建、修改、删除和应用等知识和技能，实现简化部分查询操作、对部分敏感数据进行隐藏保护。在已具备的视图管理和T-SQL语句查询技能的基础上，掌握索引的使用，从而能够通过索引优化数据检索
任务3.3 实现教务信息数据库的备份和恢复	6	掌握数据库备份、数据库恢复的概念和SQL Server的操作方式，能够实现对数据库的防丢失保护，能够将SQL Server数据库导出至Excel等外部文件或从Excel等外部文件导入数据以实现数据交换
任务3.4 实现教务信息数据库的安全管理	6	掌握SQL Server服务器和SQL Server数据库的安全管理模式，能够实现对数据库服务器、数据库和用户的安全控制

项目实施

任务3.1 管理教务信息数据库

任务目标

依据项目目标和项目计划，教务信息数据库Teach包含14个用户自定义数据表，存储与教务有关的专业、课程、教师、学生、成绩等数据。本任务根据教务信息数据库项目的目标，基于已经完成的教务信息数据库的需求分析、概念设计、逻辑设计和物理设计，创建教务信息数据库Teach和其中的14个数据表，并对数据表实施完整性约束。本任务的主要目标包括：

- 能规范创建教务信息数据库Teach。
- 能规范创建教务信息数据库的数据表。
- 能根据实际需求对数据表的相应列实施空值约束。
- 能根据实际需求对性别等列实施DEFAULT（默认）约束。

- 能根据实际需求对数值型的列实施CHECK（检查）约束。
- 能根据实际需求对学号、工号、专业编号和课程编号等实施PRIMARY KEY（主键）约束。
- 能根据实际需求对成绩信息表中的课程编号、选课信息表中的课程编号和学号等实施FOREIGN KEY（外键）约束。
- 能根据实际需求对姓名等列实施UNIQUE（唯一）约束。
- 能识别数据表的常见约束，并能根据要求正确地将数据添加到数据表中。

3.1.1 背景知识

1. 数据完整性概述

SQL Server数据库完整性概述

数据完整性是指数据的准确性和一致性，是用户为防止数据库中存在不符合语义规定的数据和防止因错误信息的输入/输出造成无效操作而提出的。数据完整性主要分为四类，即实体完整性、域完整性、引用完整性和用户定义完整性。

1）实体完整性

实体完整性规定表的每一行在表中是唯一的。表的索引、UNIQUE 约束、PRIMARY KEY约束和IDENTITY属性是实现实体完整性的主要方式。

2）域完整性

域完整性是指数据库数据表中的列必须满足某种特定的数据类型或约束（包括取值范围和精度等规定）。表的CHECK约束、FOREIGN KEY约束、DEFAULT约束、NOT NULL约束和规则都是实现域完整性的主要方式。

3）引用完整性

引用完整性是指两个表的主关键字和外关键字的数据应对应一致。它确保了有主关键字的表中对应其他表的外关键字的行存在，即保证了表之间的数据的一致性，防止了数据丢失或无意义的数据在数据库中扩散。引用完整性是创建在外关键字和主关键字之间或外关键字和唯一性关键字之间的关系上的。FOREIGN KEY约束和CHECK约束是实现引用完整性的主要方式。

4）用户定义完整性

用户定义完整性是指由用户指定的一组规则，它不属于实体完整性、域完整性或引用完整性。CREATE TABLE语句中的所有列级和表级约束、存储过程和触发器都是实现用户定义完整性的主要方式。

在SQL Server 2012中，可以通过NOT NULL约束、DEFAULT约束、CHECK约束、PRIMARY KEY约束、FOREIGN KEY约束和UNIQUE约束等来实施数据完整性。

2. 列约束和表约束

对数据库来说，约束分为列约束和表约束。其中，列约束作为列定义的一部分只作用于指定列；表约束作为表定义的一部分，可以作用于多个列。下面的语句用于创建多个列约束和一个表约束。

```
CREATE TABLE Student (
    s_ID            char(12)        not null,
    s_Name          varchar(12)     not null,
    s_Gender        char(2)         not null   DEFAULT '男',    --列约束
    s_Birth         datetime        not null,
    s_BirthPlace    varchar(50)     not null,
    s_Address       varchar(50)     not null,
    s_Postcode      char(6)         not null,
    s_Mobile        varchar(11)     not null,
    s_CardNo        varchar(18)     not null,
    c_ID            char(4)         not null   REFERENCES Class(c_ID), --列约束
    ps_ID           char(2)         null       REFERENCES PolicitalStatus(ps_ID),--列约束
    n_ID            char(2)         null       REFERENCES Nation(n_ID), --列约束
    e_ID            char(2)         null       REFERENCES Enrollment(e_ID), --列约束
    constraint pk_Student_s_ID primary key(s_ID),      --表约束
    constraint uq_Student_s_Name unique(s_Name)        --表约束
)
```

提示：

- 添加约束可以使用 CREATE TABLE 语句，也可以使用 ALTER TABLE 语句。
- 使用 ALTER TABLE 语句添加约束时，选用【WITH NOCHECK】选项可以实现对表中已有数据不强制应用约束（CHECK 约束和 FOREIGH KEY 约束）。
- 使用 ALTER TABLE 语句添加约束时，选用【NOCHECK】选项可以实现禁止在修改和添加数据时应用约束（CHECK 约束和 FOREIGH KEY 约束）。
- 删除约束只能使用 ALTER TABLE 语句完成。

3.1.2 完成步骤

1. 数据库及数据表的创建

子任务 1 创建 Teach 数据库。

使用 SQL Server 2012 的 SSMS 创建 Teach 数据库，数据库对应的物理文件的存储位置为“E:\data”，包含一个主要数据库文件，逻辑名称为“Teach”，物理文件名为“Teach.mdf”，初始大小为 10MB，每次增长 1MB；日志文件的逻辑名称为“Teach_log”，物理文件名为“Teach_log.ldf”，初始大小为 1MB，按 10% 的比例增长。

（1）启动 SSMS，在“对象资源管理器”中右击【数据库】节点，选择【新建数据库】命令，如图 3-1 所示。

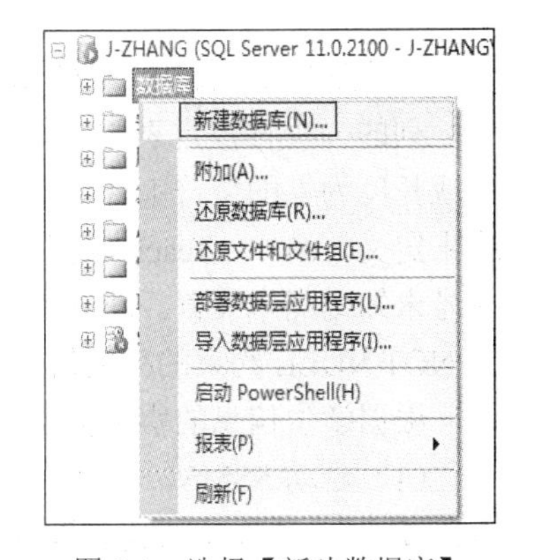

图 3-1 选择【新建数据库】

（2）打开“新建数据库”对话框，在【数据库名称】文本框中输入新数据库的名称 Teach，添加数据文件和日志文件，设置数据文件和日志文件的逻辑名称分别为 Teach、Teach_log，更改文件的增长方式，数据文件的默认增长方式是“按 MB”，日志文件的默认增长方式是“按百分比”，如图 3-2 和图 3-3 所示。

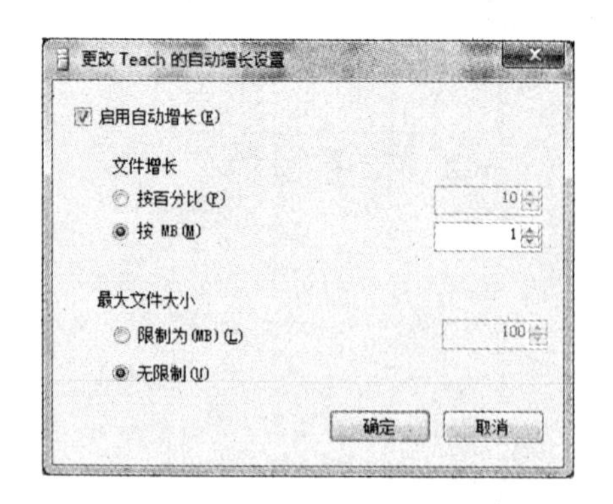

图 3-2　更改 Teach 的自动增长设置

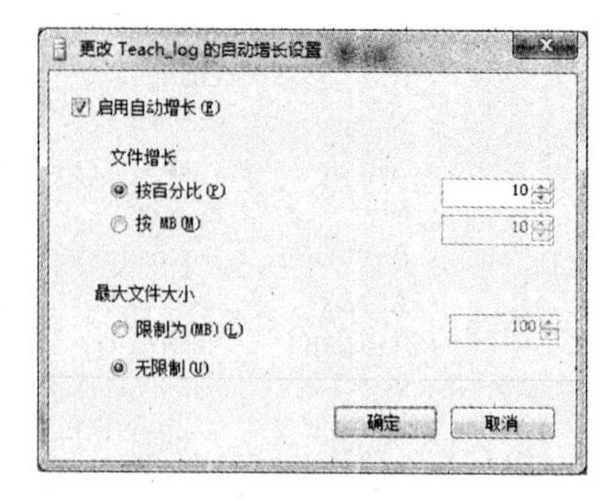

图 3-3　更改 Teach_log 的自动增长设置

（3）在“新建数据库”对话框中，单击“路径”旁边的[...]按钮，更改数据库对应的操作系统文件的路径为 E:\data，完整的“新建数据库”对话框如图 3-4 所示。

（4）单击【确定】按钮，即可成功创建 Teach 数据库。

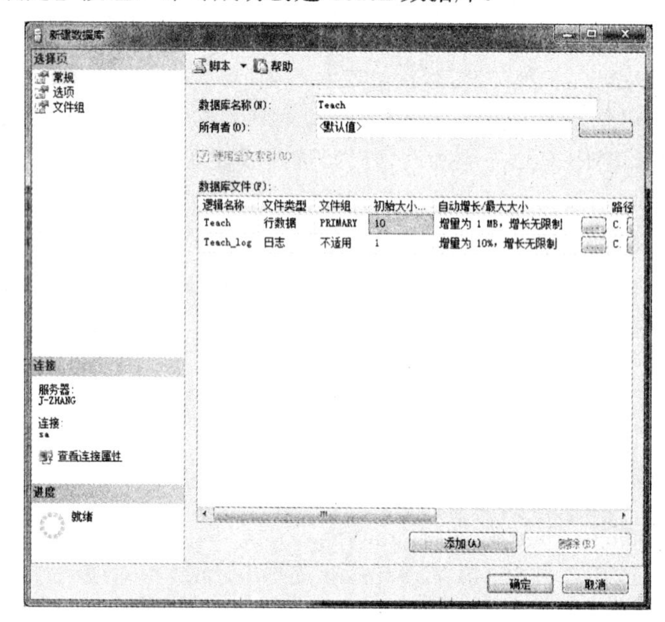

图 3-4　“新建数据库”对话框

子任务 2　使用 SSMS 设置列的为空性。

列的为空性决定表中的行是否可为该列包含空值。空值（NULL）不同于零（0）、空白或长度为零的字符串（如“”）。NULL 的意思是没有输入，出现 NULL 通常表示值未知或未定义。例如，Teach 数据库的 Student 表的 ps_ID 列中的 NULL 表示该学生的政治面貌编号未知或尚未设置。NOT NULL 约束说明列值不允许为空，当插入或修改数据时，设置了 NOT NULL 约束的列的值不允许为空，必须存在具体的值。

根据学生信息的实际情况，Student 表中各列的为空性如表 3-1 所示。

（1）启动 SSMS，在“对象资源管理器”中依次展开【数据库】节点、【Teach】节点。右击【表】，选择【新建表】，如图 3-5 所示。

（2）在如图 3-6 所示的窗口的右上部面板中输入列名、数据类型、长度等表的基本信息。

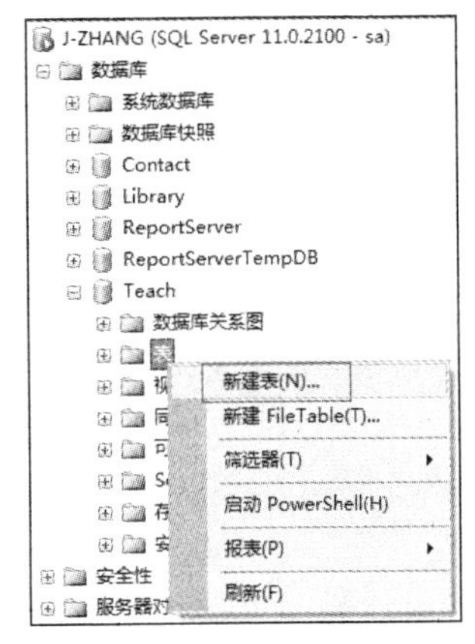

图 3-5　选择【新建表】

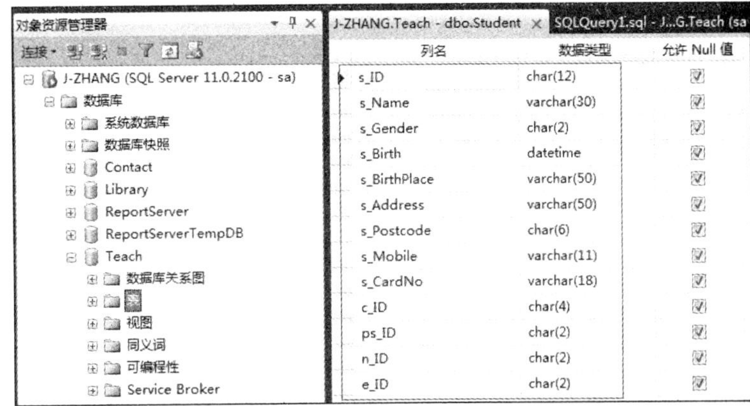

图 3-6　表设计器

（3）在表设计器的【允许 Null 值】选项中，将需要创建 NOT NULL 约束的列（如 s_ID、s_Name、s_Gender、s_Birth、s_CardNo、c_ID 等）的“√”去掉，或者在“列属性”选项卡的指定区域中更改【允许 Null 值】的值（“是”或者“否”），如图 3-7 所示。单击【关闭】按钮完成允许空值约束的设置。

（4）所有列名输入完成后，单击窗口标题栏上的⊠按钮或工具栏上的💾按钮，打开“保存更改”对话框，确认是否保存所创建表。确认保存，然后设置表名称为 Student 即可。

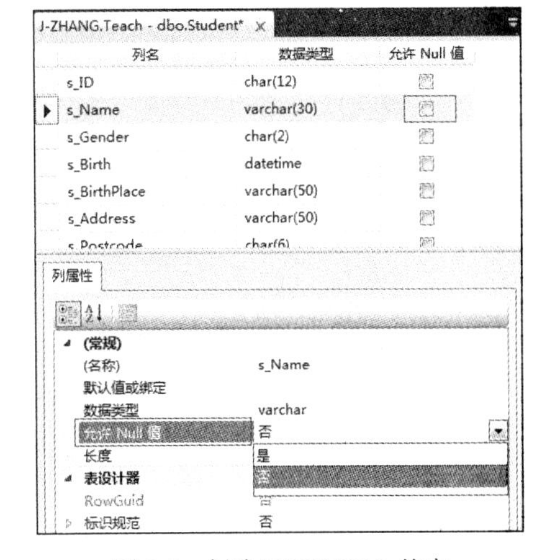

图 3-7　创建 NOT NULL 约束

子任务 3　使用 T-SQL 语句管理 NOT NULL 约束。

在使用 CREATE TABLE 语句创建表和使用 ALTER TABLE 语句修改表时，都可以创建 NOT NULL 约束。Student 表中的 s_Name、s_Gender 和 s_Birth 等列不能为空，否则该记录没有意义。可以在创建 Student 表时为这些列设置 NOT NULL 约束，也可以在使用 ALTER TABLE 语句修改表时实现。

例如，使用 T-SQL 语句为 s_Name 指定 NOT NULL 约束，其完成语句如下：

```
ALTER TABLE Student ALTER COLUMN s_Name varchar(12) NOT NULL
```

2. 使用 DEFAULT 约束

管理 NOT NULL 和 DEFAULT 约束

DEFAULT 约束是指在表中添加新行时给表中某一列指定默认值。使用 DEFAULT 约束，一是可以避免 NOT NULL 值的数据错误；二是可以加快用户的输入速度。DEFAULT 定义可以通过 SSMS 或 T-SQL 语句创建。

创建称为【默认值】的对象。当绑定到列或用户定义数据类型时，如果插入时没有明确提供值，系统便指定一个值，并将其插入到对象所绑定的列中（或者在用户定义数据类型的情况下，插入到所有列中）。因为 DEFAULT 约束和表存储在一起，当除去表时，将自动除去 DEFAULT 约束。

子任务 4 使用 SSMS 管理 DEFAULT 约束。为 s_Gender 列设置默认值为“男”。

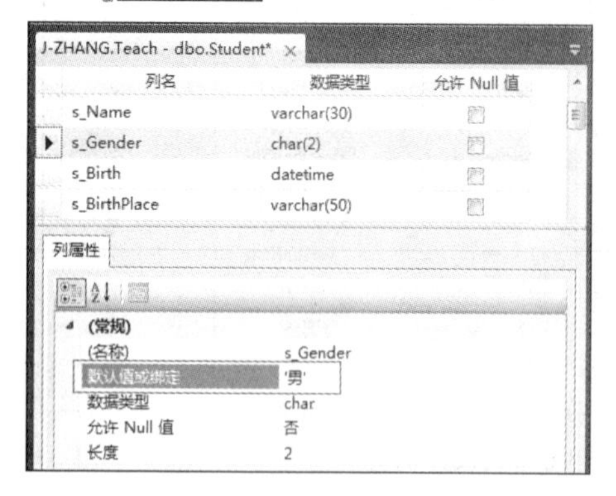

图 3-8 创建 DEFAULT 约束

（1）打开 SSMS，进入设计表状态。

（2）选择要设置默认值的列，在“列属性”选项卡的【默认值或绑定】选项中输入默认值，如为列 s_Gender 设置默认值为“男”，以后往该表插入数据时，如果不指定 s_Gender 的值，其默认值即为“男”，如图 3-8 所示。然后单击【关闭】按钮，完成 DEFAULT 约束的设置。

在如图 3-8 所示的表设计界面中将指定列的默认值（如 s_Gender 中的“男”）取消，即可删除 DEFAULT 约束。

子任务 5 使用 T-SQL 语句管理 DEFAULT 约束。在 Student 表中输入数据时，为 s_Gender 提供一个默认值为“男”，以保证非空性和简化用户输入（使用 T-SQL 语句实现）。

使用 T-SQL 语句创建 DEFAULT 约束，可以通过在 CREATE TABLE 语句或 ALTER TABLE 语句中使用 DEFAULT 关键字来实现，基本语句格式如下：

```
DEFAULT 默认值
```

根据分析，【子任务 5】的完成语句如下：

```
CREATE TABLE Student (
    s_ID            char(12)        not null,
    s_Name          varchar(12)     not null,
    s_Gender        char(2)         DEFAULT '男',
    s_Birth         datetime        not null,
    s_BirthPlace    varchar(50)     not null,
    s_Address       varchar(50)     not null,
    s_Postcode      char(6)         not null,
    s_Mobile        varchar(11)     not null,
    s_CardNo        varchar(18)     not null,
    c_ID            char(4)         not null,
    ps_ID           char(2)         null,
    n_ID            char(2)         null,
    e_ID            char(2)         null
)
```

该语句在创建 Student 表时为 s_Gender 列指定默认值为“男”。读者可以使用以下添加记录语句进行验证。

```
INSERT INTO Student(
s_ID,s_Name,s_Birth,s_BirthPlace,s_Address,s_Postcode,s_Mobile,s_CardNo,c_ID)
VALUES('203001010111', '王小二', '1997-01-10', '湖南省长沙市', '湖南省长沙市开福区蔡锷路',
'410001', '12133331111', '300300199701101111', '0303')
```

提示：

- 若要修改 DEFAULT 约束，必须先删除现有的 DEFAULT 约束，然后再重新创建。

● 默认值必须与应用 DEFAULT 约束的列的数据类型匹配。例如，int 列的默认值必须是整数，而不能是字符串。

3. 使用 CHECK 约束

管理 CHECK 和 UNIQUE 约束

使用 CHECK 约束可以对输入到一列或多列中的可能值进行限制，从而保证 SQL Server 数据库中数据的域完整性。一个数据表可以定义多个 CHECK 约束。

子任务 6 使用 SSMS 设置 CHECK 约束。为 Student 表的 s_Birth 列设置 CHECK 约束。

（1）打开 SSMS，进入设计表状态。

（2）右击要设置 CHECK 约束的列（如 s_Birth），选择【CHECK 约束】，如图 3-9 所示。

（3）打开“CHECK 约束”对话框，如图 3-10 所示。如果表中有约束，则会在该对话框中显示。

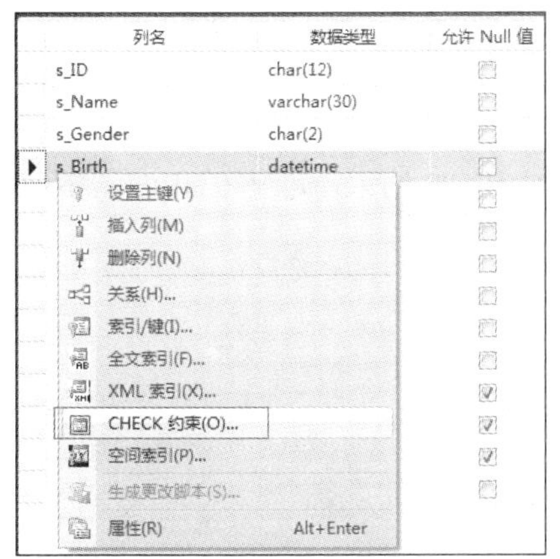

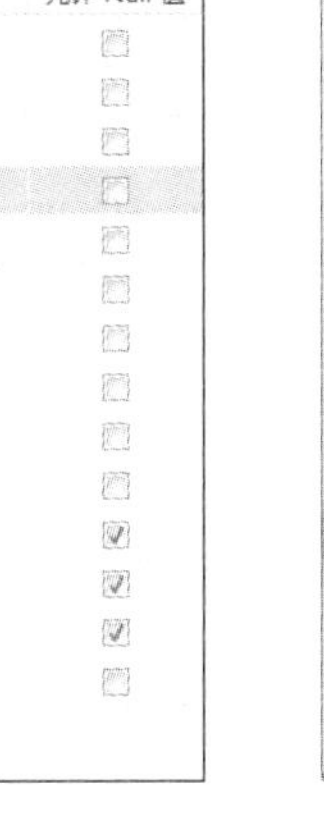

图 3-9 选择【CHECK 约束】

图 3-10 “CHECK 约束”对话框

（4）单击【添加】按钮，进入约束编辑状态，如图 3-11 所示。在【表达式】文本框中输入要设置的 CHECK 约束文本，如“s_Birth<=GETDATE()”，表示学生的出生年月应该晚于当前日期，函数 GETDATE()用于获得当前日期。也可以单击表达式文本框右边的[...]按钮，进入“CHECK 约束表达式”对话框，用户可在该对话框中输入约束表达式，如图 3-12 所示。单击【确定】按钮，返回“CHECK 约束”对话框。

（5）单击【关闭】按钮完成约束的创建。

如果要删除 CHECK 约束，在如图 3-11 所示“CHECK 约束”对话框中选定指定的约束后，单击【删除】按钮即可。主键、外键和索引的删除也可以通过这种方式实现，后续章节中不再进行详细说明。

提示：

● 可以将多个 CHECK 约束应用于单个列。
● 可以在表级创建 CHECK 约束并应用于多个列。
● CHECK 约束不接受计算结果为 false 的值。
● 在执行添加和修改记录语句时，CHECK 约束起作用；在执行删除记录语句时，CHECK 约束不起作用。

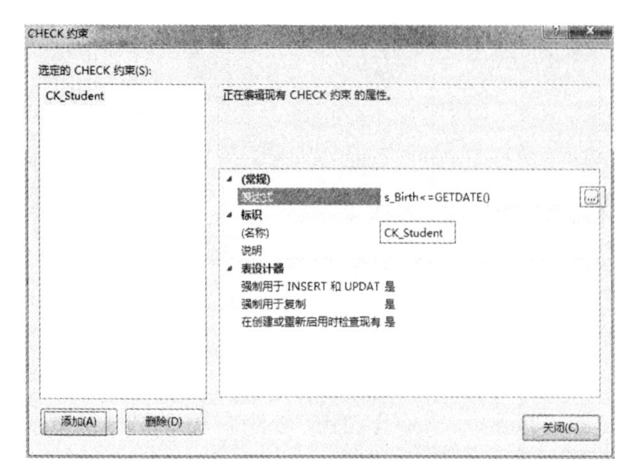

图 3-11 添加约束

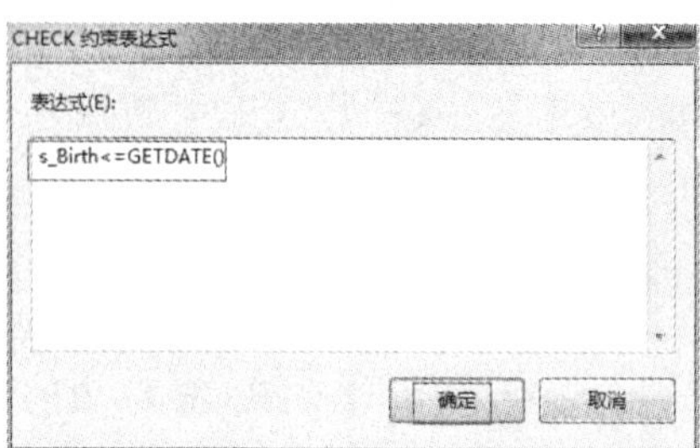

图 3-12 “CHECK 约束表达式”对话框

子任务 7 使用 T-SQL 语句设置 CHECK 约束。根据教务信息数据库 Teach 项目规定，Student 表的 s_Gender 列的数据只能是“男”或“女”。需要在创建 Student 表时，为 s_Gender 列设置 CHECK 约束，使 s_Gender 列的值只能是“男”或“女”。

使用 CREATE TABLE 语句，只能为每列定义一个 CHECK 约束。定义 CHECK 约束的基本语句格式如下：

```
CONSTRAINT 约束名 CHECK（表达式）
```

因此，【子任务 7】的完成语句如下：

```
ALTER TABLE Student WITH NOCHECK
ADD CONSTRAINT chk_Student_s_Gender
CHECK(s_Gender = '男' OR s_Gender = '女')
```

提示：

- 可以使用 CREATE TABLE 语句在创建表时指定约束。
- 可以使用 ALTER TABLE Student DROP CONSTRAINT chk_Student_s_Gender 删除 CHECK 约束。

4. 使用 PRIMARY KEY 约束

管理主键和外键约束

表通常具有包含唯一标识表中每一行的值的一列或多列，这样的一列或多列称为表的主键（primary key，PK），用于强制表的实体完整性。PRIMARY KEY 约束通过创建唯一索引保证指定列的实体完整性。使用 PRIMARY KEY 约束时，列的空值属性必须定义为 NOT NULL。PRIMARY KEY 约束可以应用于表中一列或多列。Teach 数据库的 Student 表中的 s_ID、Class 表中的 c_ID、Major 表中的 m_ID、Teacher 表中的 t_ID 都是主键。

子任务 8 使用 SSMS 管理 PRIMARY KEY 约束。将 s_ID 设置为 Student 表的主键。

（1）打开 SSMS，进入新建表或修改表状态。

（2）右击要设置 PRIMARY KEY 约束的列（如 s_ID），选择【设置主键】（也可以单击工具栏上的按钮），创建 PRIMARY KEY 约束，如图 3-13 所示。

（3）创建 PRIMARY KEY 约束后，在对应的列名前有【🔑】标志，同时列的为空性也变为 NOT NULL，如图 3-14 所示。

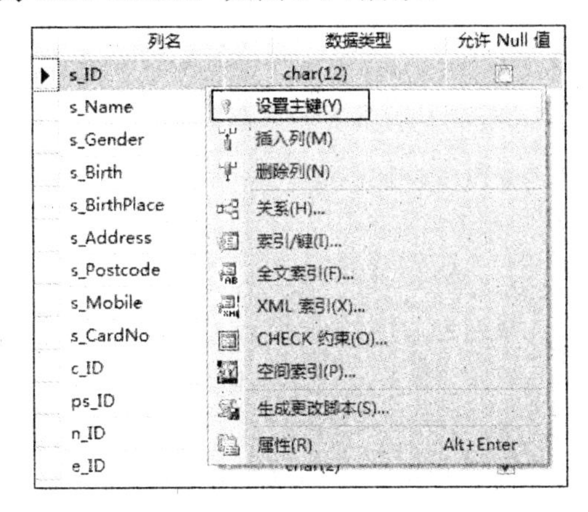

图 3-13　选择【设置主键】

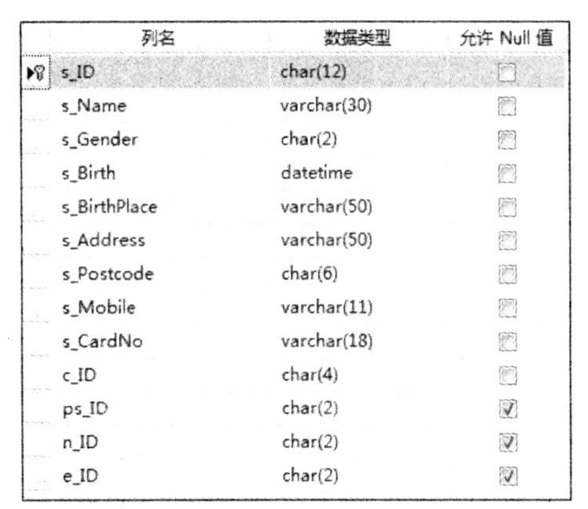

图 3-14　创建 PRIMARY KEY 约束

（4）单击【关闭】按钮完成主键的创建。如果要删除主键，右击已创建主键的列，选择【删除主键】即可，如图 3-15 所示。

子任务 9　使用 T-SQL 语句管理 PRIMARY KEY 约束。Major 表中需要以“专业编号”作为专业信息的唯一标识，在创建 Major 表时，为 m_ID 设置 PRIMARY KEY 约束。

定义 PRIMARY KEY 约束的基本语句格式如下：

```
CONSTRAINT  约束名  PRIMARY  KEY（列或列的组合）
```

【子任务 9】的完成语句如下：

```
CREATE TABLE Major (
    m_ID        char(4)         not null    PRIMARY KEY,
    m_Name      varchar(50)     not null,
    m_Time      int             not null,
    d_ID        char(6)         not null,
)
```

如果在 Score 表中不设置编号，则该表中将以“学号+课程编号”作为成绩信息的唯一标识，在创建 Score 表时，为 s_ID 和 cs_ID 的组合设置 PRIMARY KEY 约束。完成语句如下：

```
CREATE TABLE Score (
    s_ID        char(12)        not null,
    cs_ID       char(6)         not null,
    grade       float           not null,
    isResit     smallint        not null,
    isRevamp    smallint        not null,
    memo        varchar(30)     null,

    constraint pk_Score_s_ID_cs_ID primary key(s_ID, cs_ID)
)
```

该语句执行后的结果如图 3-16 所示。

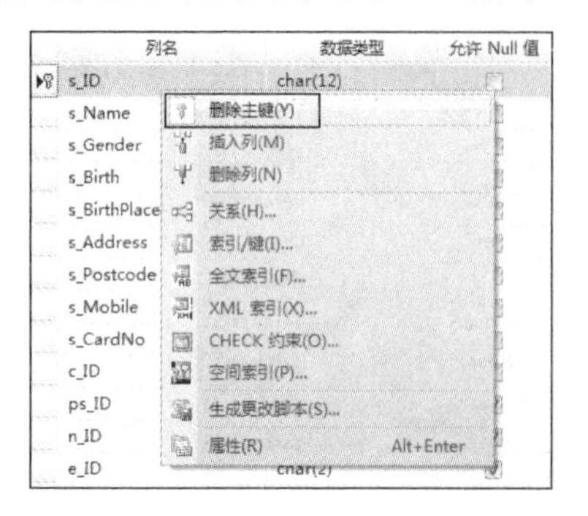

图 3-15 选择【删除主键】

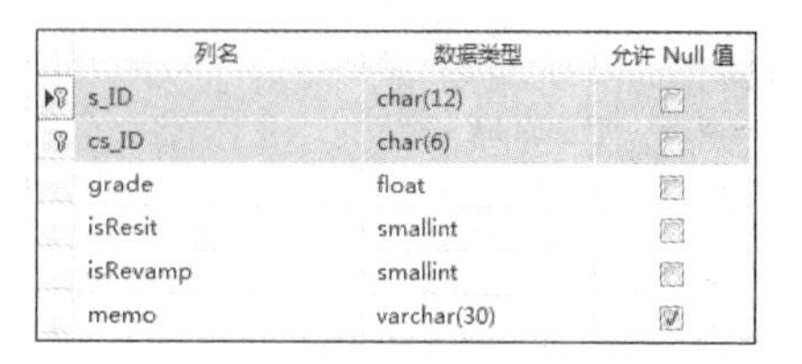

图 3-16 复合主键

提示：

- 一个表只能有一个 PRIMARY KEY 约束，并且 PRIMARY KEY 约束中的列不能为空值。
- 如果为表指定了 PRIMARY KEY 约束，则 SQL Server 2012 数据库引擎将通过为主键列创建唯一索引来强制数据的唯一性。当在查询中使用主键时，此索引还可以用来对数据进行快速访问。
- pk_Score_s_ID_cs_ID 作为表级约束必须有明确的主键的名称。
- 如果对多列定义了 PRIMARY KEY 约束，则一列中的值可能会重复，但来自 PRIMARY KEY 约束定义中所有列的任何值的组合必须唯一。

5. 使用 FOREIGN KEY 约束

FOREIGN KEY 约束为表中一列或多列数据提供引用完整性，它限制插入到表中被约束列的值必须在被引用表中已经存在。如 Course 表中 m_ID 列引用 Major 表中的 m_ID 列，说明 Course 表中的每一个专业编号都来源于 Major 表中的专业编号。在往 Course 表中插入新行或修改其数据时，m_ID 列的值必须在 Major 表中已经存在，否则将不能执行插入或修改操作。实施 FOREIGN KEY 约束时，要求在被引用表中定义了 PRIMARY KEY 约束或 UNIQUE 约束。图 3-17 可以说明主键和外键的关系。

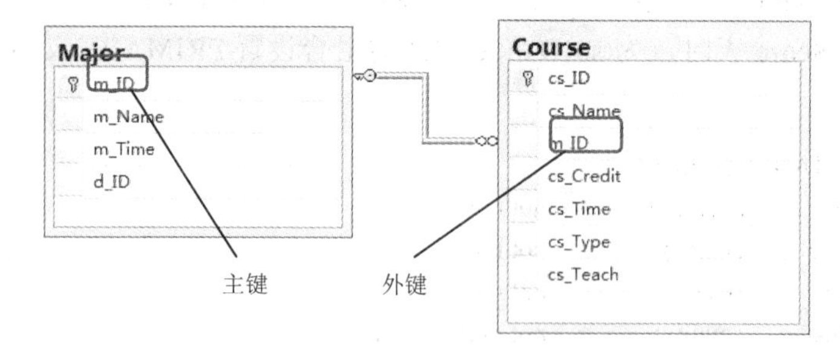

图 3-17 主键和外键的关系

子任务 10 使用 SSMS 管理 FOREIGN KEY 约束。设置 Course 表的 m_ID 为外键。

（1）打开 SSMS，进入设计表状态。

（2）右击表的编辑区域，选择【关系】，如图 3-18 所示。

（3）打开“外键关系”对话框，单击【添加】按钮，如图3-19所示。

（4）单击【表和列规范】右边的…按钮，进入“表和列”对话框，分别选择主键表和外键表以及列，如图3-20所示。

（5）单击【确定】按钮，返回“外键关系”对话框，再单击【关闭】按钮，完成“关系”的添加。一旦建立了表间的关系，也就建立了外键。

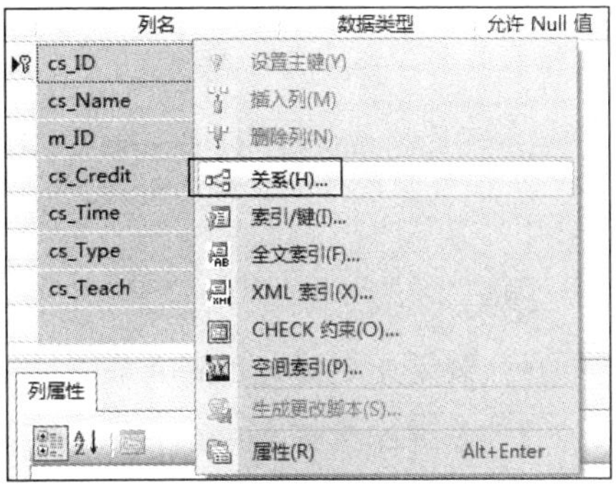

图3-18 选择【关系】

提示：

- 创建FOREIGN KEY约束时，必须先建立好相应的PRIMARY KEY约束或UNIQUE约束。
- FOREIGN KEY约束不仅可以与另一表的PRIMARY KEY约束相链接，还可以定义为引用另一表的UNIQUE约束。
- FOREIGN KEY约束也可以引用同一数据库的表中的列或同一表中的列。
- 表中包含的FOREIGN KEY约束不要超过253个，并且引用该表的FOREIGN KEY约束也不要超过253个。

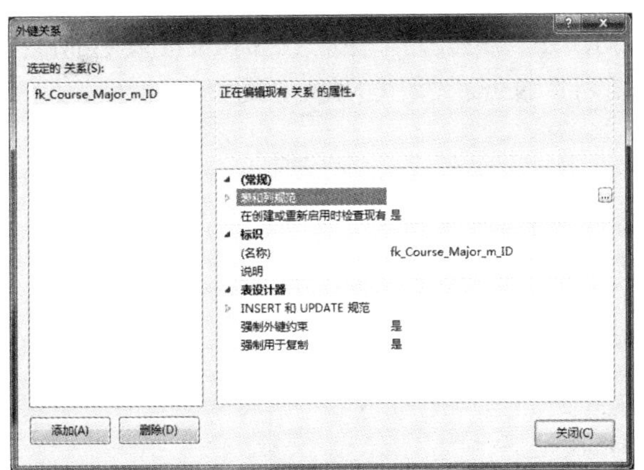

图3-19 创建FOREIGN KEY约束

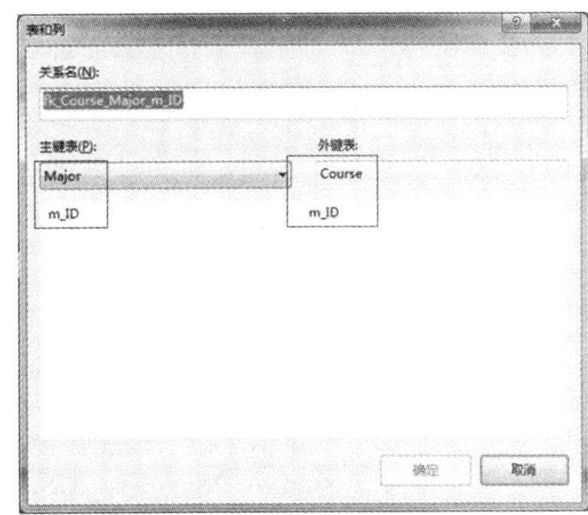

图3-20 “表和列”对话框

子任务11 使用T-SQL语句管理FOREIGN KEY约束。设置Course表中的m_ID列引用Major表中的m_ID列，需要在创建Course表时建立Major表和Course表之间的关系。其中，m_ID为关联列，Major表为主键表，Course表为外键表。

FOREIGN KEY约束的定义格式如下：

```
CONSTRAINT  约束名 FOREIGN  KEY（列）REFERENCES  被引用表（列）
```

【子任务11】的完成语句如下：

```
CREATE TABLE Course (
    cs_ID       char(6)         not null,
    cs_Name     varchar(50)     not null,
    m_ID        char(6)         not null,
    cs_Credit   int             not null,
    cs_Time     int             not null,
```

```
    cs_Type    varchar(20)    not null,
    cs_Teach   varchar(20)    not null,

    constraint pk_Course_cs_ID primary key(cs_ID),   --主键
    constraint fk_Course_Major_m_ID foreign key(m_ID) references Major(m_ID)  --外键
)
```

提示：

- 必须先创建好 Major 表。
- 必须创建好 Major 表中基于 m_ID 列的主键。

6. 使用 UNIQUE 约束

UNIQUE 约束通过确保在列中不输入重复值来保证一列或多列的实体完整性，每个 UNIQUE 约束要创建一个唯一索引。对于实施 UNIQUE 约束的列，不允许有任意两行具有相同的索引值。与 PRIMARY KEY 约束不同的是，SQL Server 2012 允许为一个表创建多个 UNIQUE 约束。

定义 UNIQUE 约束的基本格式如下：

```
CONSTRAINT  约束名  UNIQUE（列或列的组合）
```

子任务 12 使用 T-SQL 语句管理 UNIQUE 约束。为了保证 Department 表中的部门名称不重复，在创建 Department 表时，需要为 d_Name 设置 UNIQUE 约束。

【子任务 12】的完成语句如下：

```
CREATE TABLE Department (
    d_ID       char(2)        not null,
    d_Name     varchar(20)    not null,
    d_Head     varchar(20)    not null,
    d_Phone    varchar(11)    not null,

    constraint pk_Department_d_ID primary key(d_ID),
    constraint uq_Department_d_Name unique(d_Name)
)
```

提示：

- 使用 UNIQUE 约束和 PRIMARY KEY 约束都强制唯一性，PRIMARY KEY 约束自动使用 UNIQUE 约束，但只能使用在主键列。而使用 UNIQUE 约束可以在非主键列或允许空值的列上实现唯一性约束。
- 一个表可以定义多个 UNIQUE 约束，但只能定义一个 PRIMARY KEY 约束。
- 允许空值的列上可以定义 UNIQUE 约束，而不能定义 PRIMARY KEY 约束。
- FOREIGN KEY 约束也可引用 UNIQUE 约束。

用 ALTER TABLE 语句添加列约束，使用 ADD 关键字，完成语句如下：

```
ALTER TABLE Department ADD UNIQUE(d_Name)
```

用 ALTER TABLE 语句删除 UNIQUE 约束，使用 DROP 关键字，完成语句如下：

```
ALTER TABLE Department DROP UNIQUE(d_Name)
```

课堂实践 1

1. 操作要求

（1）创建 Major 表，将 m_ID 列设置为 PRIMARY KEY 约束，m_Name 列设置为 UNIQUE 约束，d_ID 列设置为 FOREIGN KEY 约束，m_Time 列设置为 CHECK 约束，其值只能是 3 或 4。

（2）将 Class 表中的 c_ID 列设置为 PRIMARY KEY 约束，c_Name 列设置为 UNIQUE 约束，d_ID 列设置为 FOREIGN KEY 约束（引用 Department 表中的 d_ID 列），m_ID 列设置为 FOREIGN KEY 约束（引用 Major 表中的 m_ID 列）。

（3）将 Teach 数据库的 Teacher 表和 Course 表中的各列均设置为 NOT NULL 约束。

（4）为 Teacher 表设置以下 DEFAULT 约束:

① 性别（t_Gender）默认为“男”（使用 SSMS 完成）。

② 民族编号（n_ID）默认为“01”（使用 T-SQL 语句完成）。

③ 学历编号（ed_ID）默认为“01”（使用 T-SQL 语句完成）。

④ 职称编号（ti_ID）默认为“013”（使用 T-SQL 语句完成）。

（5）为 Course 表设置以下 CHECK 约束。

① 学分数（cs_Credit）只能输入非负实数，并且默认为“0.0”（使用 SSMS 完成）。

② 课时数（cs_Time）只能为正整数（使用 T-SQL 语句完成）。

③ 课程类型（cs_Type）中只能输入“专业基础课”或“专业核心课”（使用 T-SQL 语句完成）。

2. 操作提示

（1）如果表已经存在，使用 ALTER TABLE 语句添加指定约束；否则，使用 CREATE TABLE 语句在创建表时指定约束。

（2）比较 UNIQUE 约束和 PRIMARY KEY 约束的异同。

（3）创建 FOREIGN KEY 约束时注意分辨主表和从表。

（4）CHECK 约束与实际业务紧密相关。

（5）请自行设置验证数据，并通过修改和删除记录操作进行验证。

3.1.3 任务小结

SQL Server 约束综合应用

通过本任务，读者应掌握的数据库操作技能如下：

- 熟练使用 SSMS 完成数据库的创建与管理。
- 熟练使用 SSMS 完成数据表的创建与管理。
- 能根据需求设计数据库完整性约束。
- 熟练使用 DEFAULT、CHECK、PRIMARY KEY、FOREIGN KEY、UNIQUE 实施完整性约束。

任务 3.2 管理教务信息数据库中的视图和索引

任务目标

根据教务信息数据库项目的实施目标，需要在 SQL Server 2012 中创建视图、查看视图、修改视图的定义、删除视图和查询、修改视图中的数据。同时，教务信息数据库中的数据记录每年都会以 10 万条为基数增加。在使用教务信息数据库的过程中，经常需要根据多个条件查找数据记录，查找的范围也不局限于一个数据表，会涉及多个数据表。使用普通查询方法的运行时间往往会超过 10s，难以满足用户对教务信息数据库性能的需求，基于全文索引进行查询能够很好地解决这一难题。本任务的主要目标如下：

- 能合理查询视图。
- 能修改视图数据。
- 能理解、创建并使用全文索引。

3.2.1 背景知识

1. 教务信息数据库中的视图

在教务信息数据库中，经常需要查询学生的学号（s_ID）、姓名（s_Name）、性别（s_Gender）、出生年月（s_Birth）、籍贯（s_BirthPlace）、联系地址（s_Address）、手机号码（s_Mobile）和班级名称（c_Name）等基本信息。为了简化查询，需要创建一个学生基本信息视图：

```
CREATE VIEW vw_StudentInfo
AS
    SELECT    s_ID 学号, s_Name 姓名, s_Gender 性别, s_Birth 出生年月,
              s_BirthPlace 籍贯, s_Address 联系地址, s_Mobile 手机号码,
              S.c_ID 班级编号, c_Name 班级名称
    FROM      Student S, Class C
    WHERE     S.c_ID = C.c_ID
```

为了了解部门类别信息，需要显示部门编号、部门名称、部门负责人、部门联系电话等部门信息。为了简化查询，需要创建部门基本信息视图：

```
CREATE VIEW vw_DepartmentInfo
AS
    SELECT    d_ID 部门编号,d_Name 部门名称,d_Head 部门负责人,d_Phone 部门联系电话
    FROM      Department
```

2. 全文索引

SQL Server 2012 的全文索引为在字符串数据中进行复杂的词搜索提供了有效支持。全文索引存储重要词及其在特定列中的位置信息。利用这些信息进行全文查询，可以快速搜索包含某个词或一组词的行。

全文索引包含在全文目录中。每个数据库可以包含一个或多个全文目录。一个全文目

录不能属于多个数据库，而每个全文目录可以包含一个或多个表的全文索引。一个表只能有一个全文索引，因此每个有全文索引的表只属于一个全文目录。全文目录和全文索引不存储在它们所属的数据库中。目录和索引由 Microsoft 搜索服务分开管理。

全文索引必须在基表上定义，而不能在视图、系统表或临时表上定义。全文索引的定义包括以下两点。

（1）能唯一标识表中各行的列（主键或候选键），而且不允许为空值。

（2）索引所覆盖的一个或多个字符串列。

全文索引由键值填充。每个键的项提供与该键相关联的重要词、它们所在的列和它们在列中的位置等有关信息。

普通的 SQL 索引与全文索引的比较如表 3-16 所示。

表 3-16 普通 SQL 索引与全文索引的比较

普通 SQL 索引	全文索引
存储时受定义它们所在的数据库的控制	存储在文件系统中，但通过数据库管理
每个表允许有若干个普通 SQL 索引	每个表只允许有一个全文索引
当对作为其基础的数据进行插入、更新或删除操作时，它们自动更新	将数据添加到全文索引称为填充，全文索引可通过调度或特定请求来请求，也可以在添加新数据时自动发生
不分组	在同一个数据库内分组为一个或多个全文目录
使用 SSMS、向导或 T-SQL 语句创建和删除	使用 SSMS、向导或存储过程创建、管理和删除

3.2.2 完成步骤

1. 查询和修改视图数据

使用视图

1）查询视图数据

视图与表具有相似的结构，当定义视图以后，用户就可以像对基本表一样对视图进行查询操作。

子任务 1 需要了解籍贯为湖南长沙、株洲、湘潭的学生信息。为了简化查询操作，可以在视图 vw_StudentInfo 中进行查询。

```
SELECT  学号, 姓名, 性别, 出生年月, 籍贯, 联系地址, 手机号码, 班级名称
FROM    vw_StudentInfo
WHERE   籍贯 IN ('湖南长沙', '湖南株洲', '湖南湘潭')
```

运行结果如图 3-21 所示。

	学号	姓名	性别	出生年月	籍贯	联系地址	手机号码	班级编号	班级名称
1	C0006	陈欢喜	男	1997-02-08 00:00:00.000	湖南株洲	湖南省株洲市	12107334444	2015030301	信管151
2	C0007	吴波	男	1998-10-10 00:00:00.000	湖南长沙	湖南省长沙市	12107338888	2016030401	信息161
3	C0008	罗桂华	女	1996-04-26 00:00:00.000	湖南株洲	湖南省株洲市	12174268888	2016030402	信息162
4	C0009	吴兵	女	1997-09-09 00:00:00.000	湖南株洲	湖南省株洲市	12173307777	2016030201	网络161
5	C0011	曾高鹏	男	1998-05-28 00:00:00.000	湖南长沙	湖南省长沙市	12123379999	2015030201	网络151

图 3-21 查询籍贯为长沙、株洲、湘潭的学生信息

提示：

- 由于在创建视图时为 s_BirthPlace 指定了别名“籍贯”，所以在利用视图进行查询时，

不能使用列名 s_ BirthPlace 而要使用“籍贯”。

- 视图中的列名取决于创建视图时指定的名称，而不是源表中的列名。

子任务 2 需要统计每个班级的学生人数，显示班级名称、学生人数。为了简化查询操作，可以在视图 vw_StudentInfo 中进行查询。

```
SELECT      班级名称, COUNT(*)  学生人数
FROM        vw_StudentInfo
GROUP BY    班级名称
```

	班级名称	学生人数
1	电子商务161	1
2	网络151	2
3	网络152	1
4	网络161	1
5	信管151	1
6	信息161	1
7	信息162	1

图 3-22 统计班级人数

运行结果如图 3-22 所示。

提示：也可以在利用视图进行查询时指定列的别名。这一点与查询基本表是完全一致的。

2）修改视图数据

当向视图中插入或更新数据时，实际上是对视图所基于的表执行数据的插入和更新操作。但是通过视图插入、更新数据有一些限制。

（1）在一个语句中，一次不能修改一个以上的视图基表。例如，对于前面建立的视图 vw_StudentInfo，它基于 Student 和 Class 两个表，所以不能用一个 INSERT 语句或 UPDATE 语句插入或修改视图 vw_ StudentInfo 中的所有列，但可以在多个语句中分别插入或修改该视图所参照的基表的对应列。

（2）对视图中所有列的修改必须遵守视图基表中所定义的各种数据约束条件（如不能为空等）。

（3）不允许对视图中的计算列进行修改，也不允许对视图定义中包含有聚合函数或 GROUP BY 子句的视图进行插入或修改操作。

子任务 3 通过视图 vw_DepartmentInfo 向 Department 表中添加一条部门信息。

通过视图 vw_DepartmentInfo 实现记录的添加。

```
INSERT INTO vw_DepartmentInfo
VALUES('12', '资产管理处', '沈劲', '2440439')
```

该语句成功执行后，在 Department 表中新增了一个名为“资产管理处”的部门信息。

子任务 4 通过视图 vw_DepartmentInfo 将“资产管理处”的部门负责人修改为“张华军”。

```
UPDATE   vw_DepartmentInfo
SET      部门负责人 ='张华军'
WHERE    部门名称 ='资产管理处'
```

提示：如上所述，通过视图进行修改时，也必须使用视图中的列名，如“部门负责人”而不是“d_Head”，“部门名称”而不是“d_Name”。

子任务 5 通过视图 vw_StudentInfo 将学号为“201703050002”的学生的手机号码修改为“12370021234”，同时将其班级名称修改为“移动互联 153”。

如果使用如下语句形式，系统将会报告错误。

```
UPDATE   vw_StudentInfo
SET      手机号码 ='12370021234',
```

```
          班级名称 ='移动互联 153'
    WHERE 学号 ='201703050002'
```

报告错误的截图如图 3-23 所示。

消息 4405，级别 16，状态 1，第 1 行
视图或函数 'vw_StudentInfo' 不可更新，因为修改会影响多个基表。

图 3-23　报告错误

正确的完成语句如下：

```
UPDATE  vw_StudentInfo
SET     手机号码 ='12370021234'
WHERE   学号 ='201703050002'
GO
UPDATE  vw_StudentInfo
SET     班级名称 ='移动互联 153'
WHERE   学号 ='201703050002'
```

提示：

- 当通过视图修改多个视图基表时，必须给出多个单独的修改基表的语句来一起完成。
- 为了保证多个单独的修改语句都能被执行，可以通过显式事务的方式来实现。

2. 管理全文索引

管理全文索引

1）使用“全文索引向导”

子任务 6　在 SSMS 中利用“全文索引向导”在 Student 表中建立基于 s_BirthPlace、s_Address 列的全文索引。

（1）启动 SSMS，在“对象资源管理器”中依次展开【数据库】节点、【Teach】节点。

（2）右击【Student】表，选择【全文索引】→【定义全文索引】，如图 3-24 所示。

（3）打开全文索引向导欢迎对话框，如图 3-25 所示，单击【下一步】按钮。

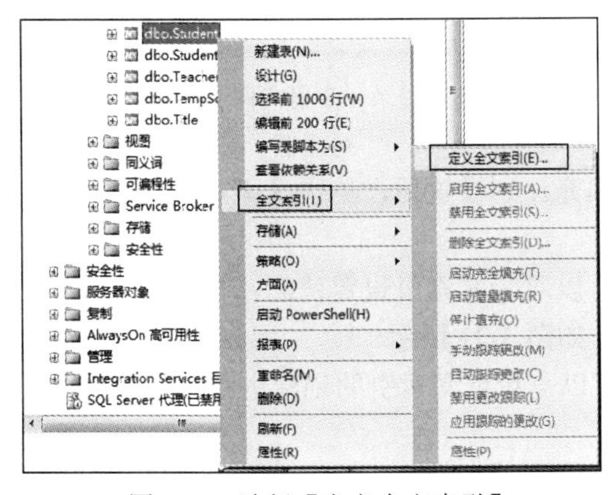

图 3-24　选择【定义全文索引】

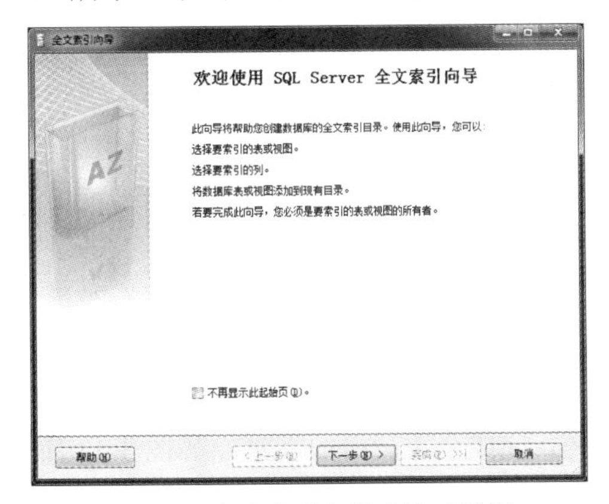

图 3-25　全文索引向导欢迎对话框

（4）打开“选择索引”对话框，选择有效的唯一或主键索引后，单击【下一步】按钮，如图 3-26 所示。

（5）打开“选择表列”对话框，选择创建全文索引的列后，单击【下一步】按钮，如图 3-27 所示。

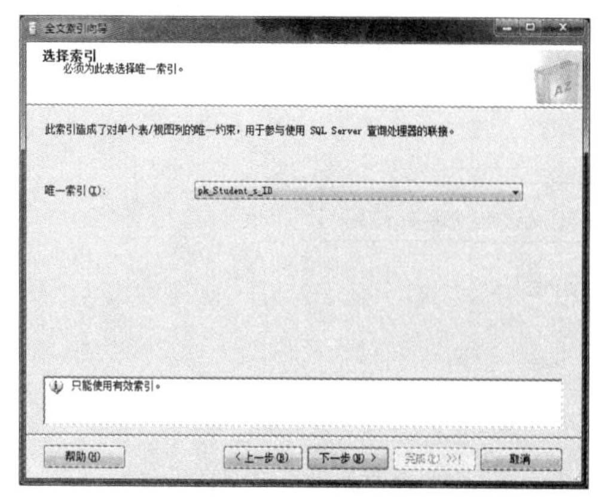

图 3-26　“选择索引”对话框

图 3-27　“选择表列”对话框

（6）打开“选择更改跟踪”对话框，选择跟踪的方式后，单击【下一步】按钮，如图 3-28 所示。

（7）打开“选择目录、索引文件组和非索引字表”对话框，在【名称】文本框中输入全文索引目录（这里为 ft_Student），指定目录位置，单击【下一步】按钮，如图 3-29 所示。

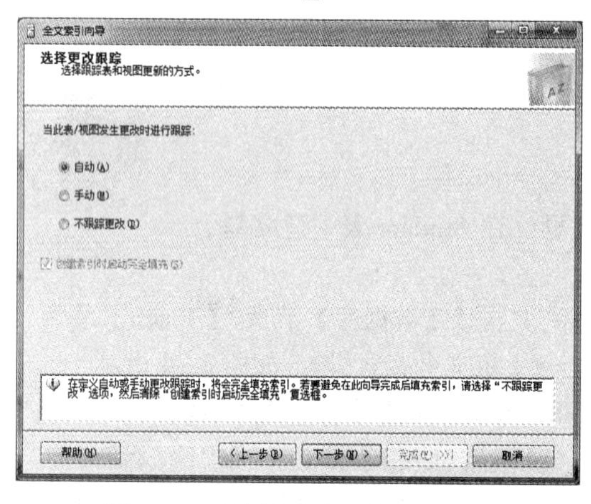

图 3-28　“选择更改跟踪”对话框

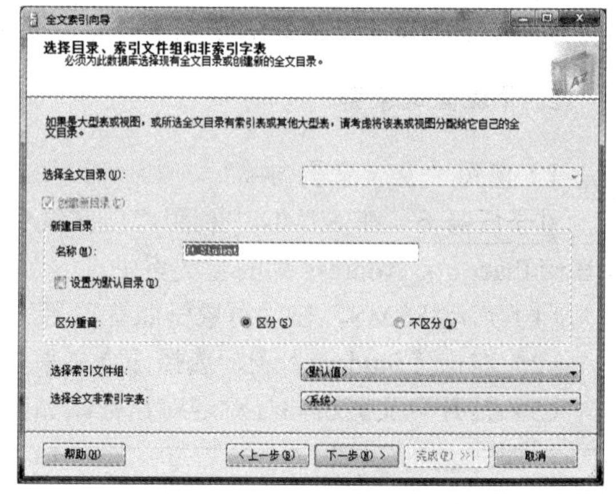

图 3-29　“选择目录、索引文件组和非索引字表”对话框

（8）打开“定义填充计划”对话框，进行填充计划设置后，单击【下一步】按钮，如图 3-30 所示。

（9）打开“全文索引向导说明”对话框，可以对全文索引设置信息，单击【完成】按钮，完成全文索引的配置，开始创建全文索引，如图 3-31 所示。

（10）打开“全文索引向导进度”对话框，可以查看全文索引的创建进程，单击【关闭】按钮，完成全文索引的创建，如图 3-32 所示。

提示：

- 全文索引只能创建在唯一约束且非空的表中。
- 全文索引创建以后，可以进行“禁用全文索引”的管理操作，如图 3-33 所示。
- 全文索引创建以后，可以进行“删除全文索引”的管理操作，如图 3-34 所示。
- 删除全文索引时并没有删除全文索引目录。

- 全文索引建立并启用后，可以使用 SELECT 语句进行基于全文索引的查询操作。

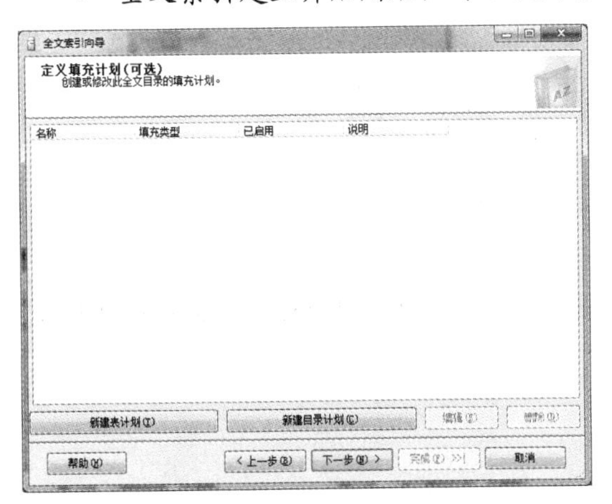

图 3-30 “定义填充计划”对话框

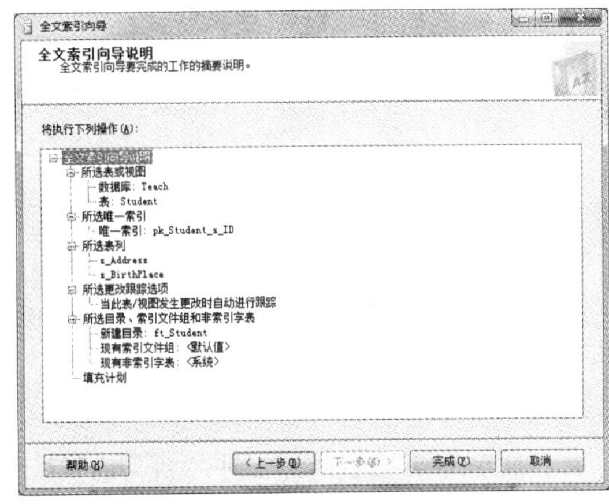

图 3-31 “全文索引向导说明”对话框

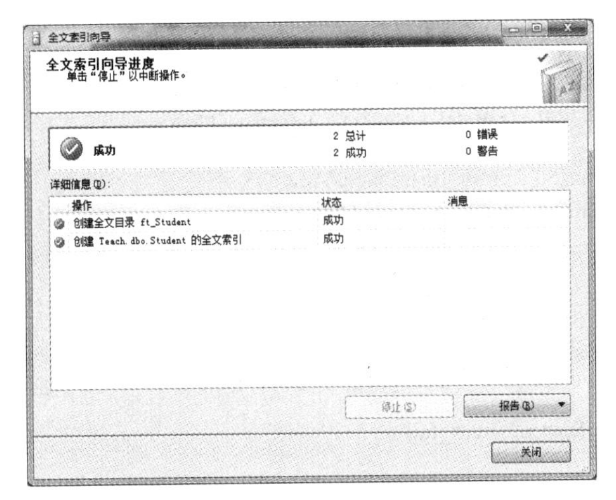

图 3-32 “全文索引向导进度”对话框

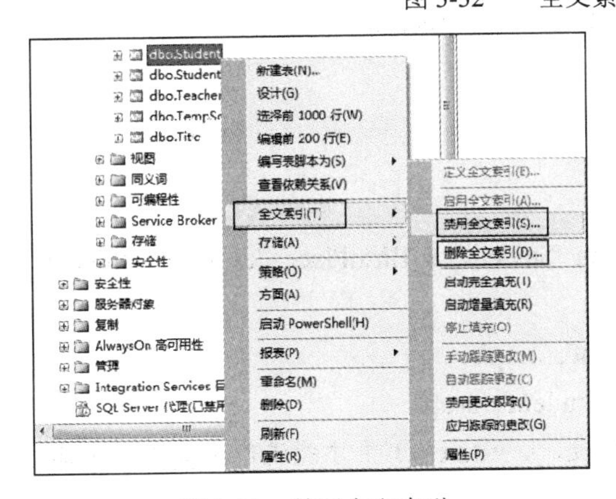

图 3-33 禁用全文索引

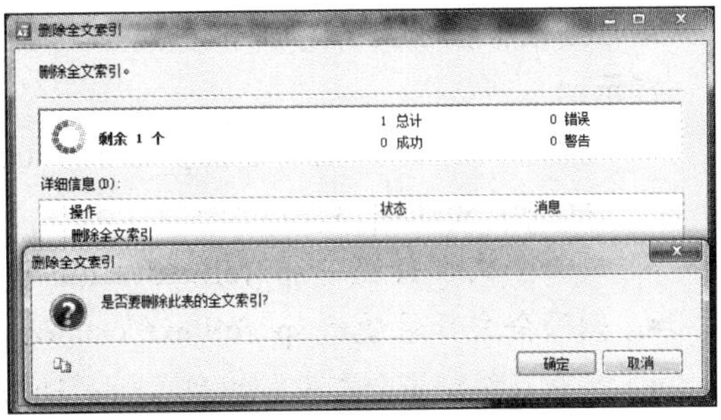

删除全文索引。

1 总计 0 成功 0 错误 0 警告

剩余 1 个

删除全文索引

是否要删除此表的全文索引?

确定 取消

图 3-34 删除全文索引

子任务 7 基于全文索引查询籍贯或联系地址属于“长沙”的学生信息。

```
SELECT   s_ID, s_Name, s_Gender, s_Birth, s_BirthPlace, s_Address
FROM     Student
```

```
WHERE   CONTAINS(*, '"%长沙%"')
```

运行结果如图 3-35 所示。

	s_ID	s_Name	s_Gender	s_Birth	s_BirthPlace	s_Address
1	C0011	曾高鹏	男	1998-05-28 00:00:00.000	湖南长沙	湖南省长沙市
2	C0007	吴波	男	1998-10-10 00:00:00.000	湖南长沙	湖南省长沙市

图 3-35　基于全文索引的查询结果

2）使用 T-SQL 语句管理全文索引

子任务 8　使用 T-SQL 语句在 Student 表上应用基于 s_BirthPlace、s_Address 列的全文索引。

（1）创建全文目录。

```
sp_fulltext_catalog 'ft_Student', 'CREATE'
```

（2）创建全文索引（'表名'，'创建/删除'，'全文目录名'，'约束名'）。

```
sp_fulltext_table 'Student', 'CREATE', 'ft_Student', 'pk_Student_s_ID'
```

其中，“pk_Student_s_ID”为 Student 表的唯一索引（主键）。

（3）添加列到全文索引（'表名'，'列名'，'添加/删除'）。

```
sp_fulltext_column 'Student', s_BirthPlace, 'Add'
sp_fulltext_column 'Student', s_Address, 'Add'
```

（4）激活全文索引（'表名'，'激活'，'添加/删除'）。

```
sp_fulltext_table 'Student', 'activate'
```

（5）填充全文索引（'表名'，'完全填充/增量填充'）。

```
sp_fulltext_table 'Student', 'start_full'
```

（6）使用全文索引。

```
SELECT  s_ID, s_Name, s_Gender, s_Birth, s_BirthPlace, s_Address
FROM    Student
WHERE   CONTAINS(*, '"%长沙%"')
```

运行结果如图 3-35 所示。

提示：

- 删除全文索引中的列使用 sp_fulltext_column 'Student', s_BirthPlace, 'drop'; sp_fulltext_column 'Student', s_Address, 'drop'。
- 删除全文索引使用 sp_fulltext_table 'Student', 'drop'。
- 删除全文目录使用 sp_fulltext_catalog 'ft_Student', 'drop'。
- 只有在编制了全文索引的列（如 s_BirthPlace、s_Address）上才能进行全文索引查询。

课堂实践 2

1．操作要求

（1）使用“全文索引向导”在 Teacher 表中创建基于 t_ID（唯一约束/主键约束）的

全文索引，全文目录名为 ft_Teacher，将 t_Name、t_Mobile 和 t_Address 列添加到该全文索引。

（2）利用基于 Teacher 表的全文索引查询“刘”姓教师的详细信息。

（3）删除 Teacher 表中所创建的全文索引。

（4）使用 T-SQL 语句完成全文索引的创建和查询。

2. 操作提示

（1）必须指定主键索引或唯一索引。

（2）比较基于全文索引的查询与普通 SELECT 语句的异同。

3.2.3 任务小结

通过本任务，读者应掌握的数据库操作技能如下：

- 能使用查询语句查询视图中的数据。
- 能对视图所基于的表执行数据的插入和更新操作。
- 能使用 SSMS 创建与管理全文索引。
- 能使用 T-SQL 语句管理全文索引。

任务 3.3 实现教务信息数据库的备份和恢复

任务目标

教务信息数据库管理员每天的一项重要工作是备份教务信息数据库，以便当系统发生故障或灾难时能够快速恢复数据。另外，教务信息数据库管理员经常需要将数据表中的数据导出到其他数据表或 Excel 文档，也需要将来自其他数据源的数据导入到数据表中。SQL Server 2012 中的数据导入/导出功能能够很好地完成这些工作。根据教务信息数据库项目的目标，需要在 SQL Server 2012 系统中实现备份数据库、恢复数据库、分离附加数据库以及导入/导出数据。本任务的主要目标包括：

- 理解数据库备份和恢复的基本概念。
- 能完成数据库备份设备的管理。
- 能完成数据库备份操作。
- 能完成数据库恢复操作。
- 能完成数据库的分离与附加操作。
- 掌握数据导入/导出的方法和步骤。

3.3.1 背景知识

1. 数据库备份概述

数据的安全对于数据库管理系统来说至关重要。SQL Server 2012 系统中的数据，主要面临下面三种危险。

（1）系统故障。系统故障是指由于硬件故障（停电等）、软件错误（操作系统不稳定等），内存中的数据或日志内容突然损坏，事务处理终止，但是物理介质上的数据和日志并没有被破坏。SQL Server 2012 系统本身可以修复系统故障，无须数据库管理人员干预。

（2）事务故障。事务是 SQL Server 2012 系统执行 SQL 命令的一个完整的逻辑操作。事务故障是事务运行到最后没有得到正常提交而产生的故障。SQL Server 2012 系统本身也可以修复事务故障，无须数据库管理人员干预。

（3）介质故障。介质故障又叫硬故障，是由于物理存储介质发生故障而导致读写错误，或者由于数据库管理人员操作失误而删除了重要数据文件和日志文件而导致的故障。这种故障需要数据库管理人员手工进行恢复，而恢复的基础就是在发生故障以前做的数据库备份和日志记录。数据库管理人员需要掌握的备份与恢复技术主要是针对介质故障的。

数据库备份就是对 SQL Server 数据库或事务日志进行复制。数据库备份记录了在进行备份这一操作时数据库中所有数据的状态，以便在数据库遭到破坏时能够及时地将其恢复。

2. 数据库恢复概述

1）数据库恢复定义

数据库备份后，一旦系统崩溃或者执行了错误的数据库操作，就可以从备份文件中恢复数据库。数据库恢复是指将数据库备份加载到系统中的过程。系统在恢复数据库的过程中，自动执行安全性检查、重建数据库结构以及完善数据库内容，从而保证将遭到破坏或被丢失的数据恢复到备份时的状态，使数据库能够正常工作。

2）数据库恢复模式

在 SQL Server 2012 中有三种恢复模式：简单恢复模式、完整恢复模式和大容量日志恢复模式。

（1）简单恢复模式。对数据安全性要求不高，但对性能要求很高的数据库，可以工作在简单恢复模式下。工作在简单恢复模式下的 SQL Server 2012 数据库的日志虽然会记录数据库的所有日志操作（包括大型操作），但检查点进程会自动截断日志中不活动部分（已经完成的部分）。每执行一次检查点进程，日志已经完成的部分就会被删除，所以简单恢复模式的数据库可能会导致无法恢复到历史上某个时刻的情况出现。当创建 SQL Server 2012 数据库时，用户数据库会继承系统数据库的恢复模式等参数设置，多数情况下，默认工作在简单恢复模式下。

（2）完整恢复模式。对于十分重要的生产数据库，如银行、电信、电力、邮政等系统的数据库，在发生故障时要求这些数据库能恢复到历史某一时刻，发生故障时必须保证数据不能丢失。这样的数据库必须工作在完整恢复模式下。在完整恢复模式下工作的 SQL Server 2012 数据库将准确、完整地记录所有日志，因此必须定期地进行数据库备份或事务日志备份，确保日志空间被定期回收使用；否则，日志空间将持续增长。

（3）大容量日志恢复模式。数据库管理人员在某些时候需要对工作在简单恢复模式下的 SQL Server 2012 数据库进行大批量（如几千条）数据的录入、更新、删除操作，如果数据库工作在完全恢复模式下，则会产生大量的日志记录，导致数据库性能下降。这时可以使数据库工作在大容量日志记录恢复模式下，这样可以大大减少日志记录，减少 I/O 读写，从而提高数据库性能。

一般生产数据库都必须工作在完全恢复模式下，只有对数据库进行一些大批量操作时才切换到大容量日志记录恢复模式，当操作完毕后，应立即切换到完全恢复模式。

3. 数据库备份设备

SQL Server 数据库备份设备

备份设备是指在备份或还原操作中使用的磁带机或磁盘驱动器。备份设备可以被定义成本地的磁盘文件、远程服务器上的磁盘文件或磁带。在创建备份时，必须选择存放备份数据的备份设备。SQL Server 数据库引擎使用物理备份设备名称或逻辑备份设备名称标识备份设备。其中，物理备份设备是操作系统用来标识备份设备的名称，如 E:\data\bak\ backup01。逻辑备份设备是用户定义的别名，用来标识物理备份设备。逻辑备份设备名称永久性地存储在 SQL Server 内的系统表中。使用逻辑备份设备名称的优点是引用它比引用物理备份设备名称简单。例如，逻辑备份设备名称可以是 Teach_Backup，而物理备份设备名称则可能是 E:\Backup\Teach\ Full.bak。备份或还原数据库时，物理备份设备名称和逻辑备份设备名称可以互换使用。备份数据时可以使用 1～64 个备份设备。

常用的备份设备类型如下。

（1）磁盘备份设备。磁盘备份设备是硬盘或其他磁盘存储媒体上的文件，与常规操作系统文件一样。引用磁盘备份设备与引用任何其他操作系统文件一样，可以在服务器的本地磁盘上或共享网络资源的远程磁盘上定义磁盘备份设备。磁盘备份设备根据需要可大可小，最大文件大小可以相当于磁盘上可用磁盘空间。

（2）磁带备份设备。磁带备份设备的用法与磁盘备份设备基本相同，但必须将磁带备份设备物理连接到运行 SQL Server 实例的计算机上。SQL Server 不支持备份到远程磁带设备上。如果磁带备份设备在备份操作过程中已满，但还需要写入一些数据，SQL Server 将提示更换新的磁带备份设备并继续备份操作。

3.3.2 完成步骤

1. 管理备份设备

1）使用 SSMS 管理备份设备

在进行备份以前，首先必须指定或创建备份设备。当使用磁盘作为备份设备时，SQL Server 允许将本地主机硬盘和远程主机上的硬盘作为备份设备。备份设备在硬盘中是以文件的方式存储的。

子任务 1 使用 SSMS 创建磁盘备份设备 Teach。

（1）启动 SSMS，在“对象资源管理器”中展开【服务器对象】节点。

（2）右击【备份设备】，选择【新建备份设备】，如图 3-36 所示。

（3）打开“备份设备”对话框，在【设备名称】文本框中输入“Teach”（即逻辑名称为 Teach），对应的物理文件名为“E:\Program Files(x86)\ Microsoft SQL Server 2012\ MSSQL11.MSSQLSERVER2012\ MSSQL\Backup\ Teach.bak”，也可以通过【文件】单选按钮旁边的...按钮指定备份设备对应的物理文件名，如图 3-37 所示。

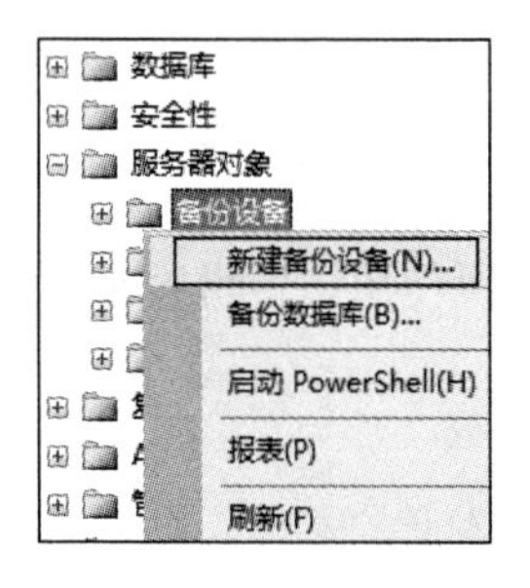

图 3-36　选择【新建备份设备】

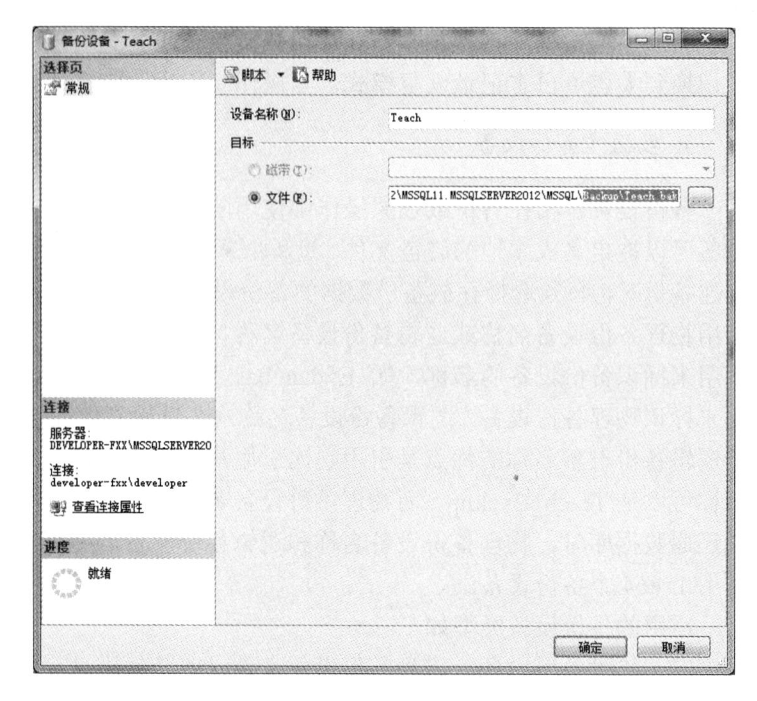

图 3-37　“备份设备”对话框

（4）设置完成以后，单击【确定】按钮，完成备份设备的创建，在【备份设备】节点下会出现一个【Teach】备份设备对象。

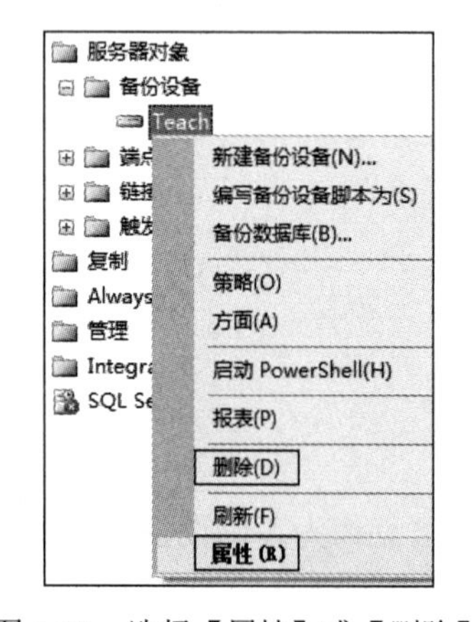

图 3-38　选择【属性】或【删除】

提示：

- 备份设备创建后，在进行备份时可被选择使用。
- 要查看备份设备的属性或删除备份设备，可右击指定的备份设备（这里为 Teach），选择【属性】或【删除】即可，如图 3-38 所示。

2）使用 T-SQL 语句管理备份设备

（1）创建备份设备。可以使用 sp_addumpdevice 语句将备份设备添加到SQL Server 2012数据库引擎的实例中，其基本语句格式如下：

```
sp_addumpdevice 'device_type',
    'logical_name',
    'physical_name'
```

参数含义如下。

- device_type：所创建的备份设备的类型。disk 表示使用硬盘文件作为备份设备；pipe 表示使用命名管道作为备份设备；tape 表示使用磁带作为备份设备。
- logical_name：所创建的备份设备的逻辑名称。
- physical_name：备份设备的物理名称。物理名称必须遵照操作系统文件名称的规则或者网络设备的通用命名规则，并且必须包括完整的路径。

子任务 2　使用 T-SQL 语句在 E:\data\bak 文件夹中创建磁盘备份设备 Teach02。

```
USE Teach
GO
sp_addumpdevice 'disk', 'Teach02', 'E:\data\bak\Teach02.bak'
```

提示：

- 备份设备 Teach02.bak 所保存的文件夹 E:\data\bak 必须首先在操作系统环境下创建好，否则虽然创建备份设备的 T-SQL 语句不会出错，但备份设备不会创建成功。
- 使用“EXEC sp_addumpdevice 'disk', 'networkdevice', '\\<servername>\<sharename>\<path>\<filename>.bak';”语句可以添加网络磁盘备份设备，但必须保证对远程文件拥有权限。

（2）查看备份设备。在 SQL Server 2012 中，可以使用 sp_helpdevice 语句查看备份设备信息，其基本语句格式如下：

```
sp_helpdevice  'name'
```

参数含义如下。

- name：要查看的备份设备的名称，不指定值时将返回服务器上所有设备信息。

（3）删除备份设备。在 SQL Server 2012 中，可以使用 sp_dropdevice 语句删除备份设备，其基本语句格式如下：

```
sp_dropdevice 'device'
    [ , [ @delfile = ] 'delfile' ]
```

参数含义如下。

- device：数据库设备或备份设备的逻辑名称。
- delfile：指出是否应该删除备份设备所在的文件，如果将其指定为 delfile，那么就会删除设备磁盘文件。

子任务3 使用 T-SQL 语句删除备份设备 Teach02，并删除对应的物理文件。

```
USE Teach
GO
sp_dropdevice 'Teach02','delfile'
```

2. 进行数据库备份

SQL Server 数据库备份

1）制定数据库备份策略

（1）选择备份的内容。备份内容包括如下几个方面。

① 系统数据库：系统数据库 master 中存储着 SQL Server 2012 服务器配置参数、用户登录标识、系统存储过程等重要内容，需要备份。在执行影响系统数据库 master 中内容的 SQL 语句或系统存储过程后，要再次备份该数据库。

② 用户数据库：包含用户加载的数据信息，是数据库应用程序操作的主体，应定期备份。

③ 事务日志：记录用户对数据库的修改，一个事务就是一个工作单元。SQL Server 2012 自动维护和管理所有数据库更改事务，在修改数据库以前，它把事务写入日志，所以日志要定期备份。

（2）确定备份频率。影响备份频率的两个因素如下所述。

① 存储介质出现故障可能导致丢失的工作量的大小。

② 数据库事务的数量。

2）选择备份方式

（1）完整备份。该操作将备份包括部分事务日志在内的整个数据库。通过包括在完整备份中的事务日志，可以使数据库恢复到备份完成时的状态。创建完整备份是单一操作，通常会设置该操作定期执行。

（2）完整差异备份。在完整备份之后执行的完整差异备份只记录上次数据库备份后更改的数据。完整差异备份比完整备份更小、更快，可以简化频繁的备份操作，降低数据丢失的风险。完整差异备份基于以前的完整备份，因此，这样的完整备份称为“基准备份”。

（3）部分备份。部分备份类似于完整备份，但只能包含主文件组和所有的读/写文件组。

（4）部分差异备份。在部分备份之后执行的部分差异备份只记录上次数据库备份后在主文件组和所有读/写文件组中更改的数据。如果部分备份捕获的数据只有一部分已更改，则使用部分差异备份可以使数据库管理员更快地创建更小的备份。部分差异备份是与单个基准备份一起使用的。

（5）文件和文件组备份。文件组备份与文件备份的作用相同。文件组备份是文件组中所有文件的单个备份，相当于在创建备份时显式地列出文件组中的所有文件。可以还原文件组备份中的个别文件，也可以将所有文件作为一个整体还原。

（6）文件差异备份。在文件备份或文件组备份之后执行的文件差异备份只记录上次数据库备份后在指定文件或文件组中更改的数据。

（7）事务日志备份。事务日志备份仅用于完整恢复模式或大容量日志记录恢复模式。日志备份序列提供了连续的事务信息链，支持从数据库备份、差异备份或文件备份中快速恢复。使用事务日志备份，可以将数据库恢复到故障点或特定的时间点。一般情况下，事务日志备份比完整备份使用的资源少，因此，可以比完整备份更频繁地创建事务日志，降低数据丢失的风险。

（8）仅复制备份。SQL Server 2012 引入了对于创建仅复制备份的支持，仅复制备份不影响正常的备份序列。因此，与其他备份不同，仅复制备份不会影响数据库的全部备份和还原过程。

本书只简单介绍完整备份和事务日志备份，其他类型的备份，请读者参阅“SQL Server 联机丛书”和其他相关资料。

3）使用 SSMS 进行数据库备份

子任务 4 使用 SSMS 完成对 Teach 数据库的完整备份。

（1）启动 SSMS，在“对象资源管理器”中展开【数据库】节点。

（2）右击【Teach】，选择【任务】→【备份】，如图 3-39 所示；或者在“对象资源管理器”中，右击【管理】节点，选择【备份】，如图 3-40 所示。

（3）打开“备份数据库”对话框，进行如下设置，如图 3-41 所示。

① 数据库：指定要备份的数据库。

② 备份类型：如果在【备份组件】中选择的是【数据库】，在【备份类型】下拉列表中可以选择“完整”、“差异”和“事务日志”三种形式；如果选择的是【文件和文件组】单选按钮，可以通过弹出的对话框选择备份文件或文件组。

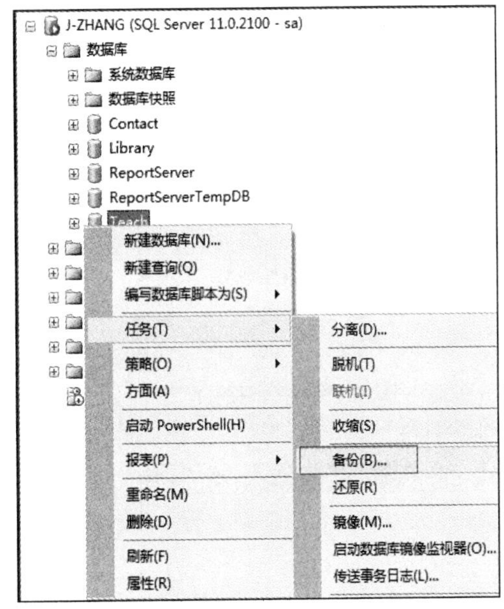

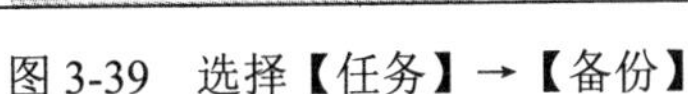
图 3-39 选择【任务】→【备份】

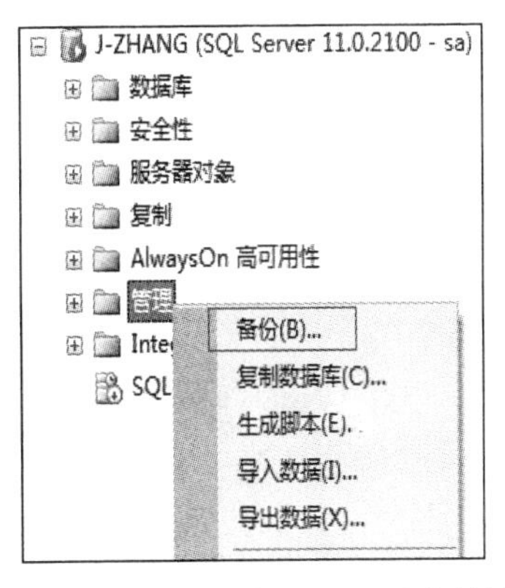

图 3-40 选择【管理】→【备份】

③ 名称：指定备份集的名称。

④ 备份集过期时间：指定备份集过期从而可以被覆盖的时间（通过两种方式指定）。

⑤ 目标：指定源数据的备份位置。默认使用文件名形式，可以单击【添加】按钮，在打开的“选择备份目标”对话框中指定使用文件名还是备份设备的逻辑名称，如图 3-42 所示。

（4）在如图 3-41 所示“备份数据库”对话框中选择“选项”选项卡，可以进行数据库备份选项的设置，如图 3-43 所示。

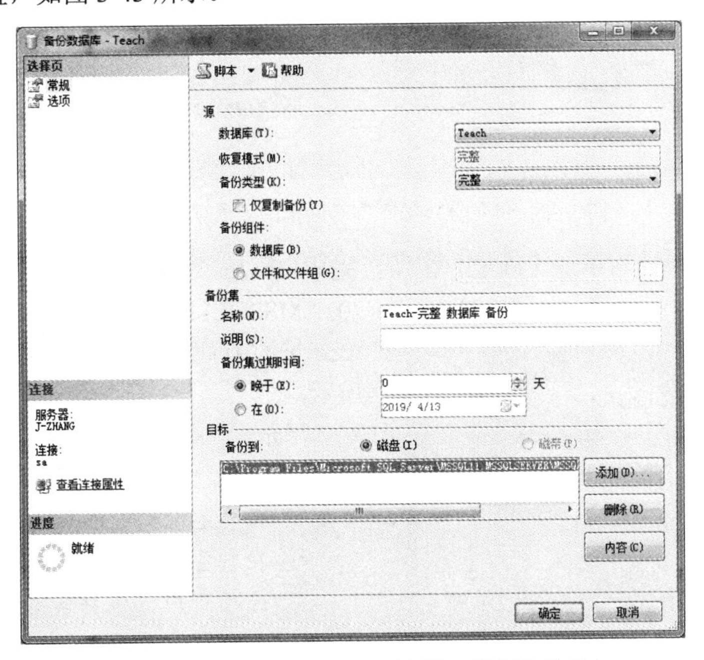

图 3-41 “备份数据库”对话框的“常规”选项卡

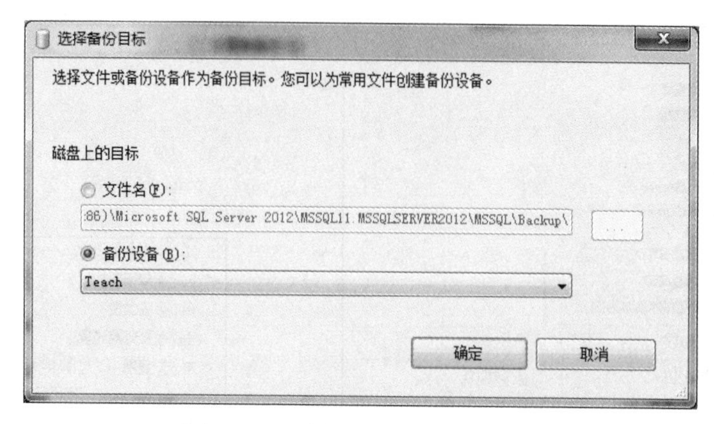

图 3-42 “选择备份目标”对话框

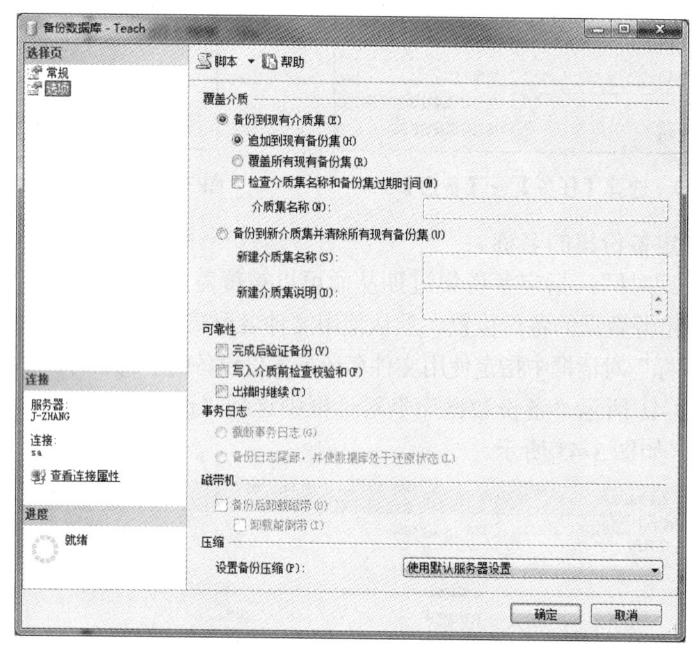

图 3-43 “备份数据库”对话框的“选项”选项卡

（5）设置完成后，单击【确定】按钮，完成 Teach 数据库的备份。在对应的文件夹（E:\Program Files (x86)\Microsoft SQL Server 2012\MSSQL11.MSSQLSERVER2012\MSSQL\Backup）中可以查看对应的备份文件，如图 3-44 所示。

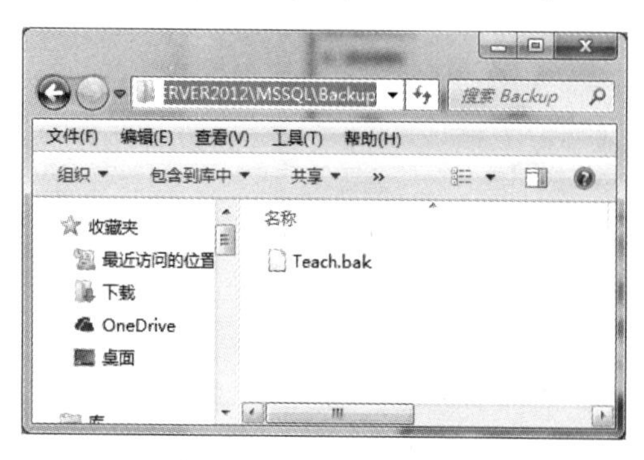

图 3-44 生成的备份文件

提示：

- 备份“文件和文件组”的操作需要选择要备份的文件或文件组。
- 在“备份数据库”对话框的【选项】选项卡中，根据实际的需要选择【追加到现有备份集】还是【覆盖所有现有备份集】单选按钮。

4）使用 T-SQL 语句执行备份

备份数据库可以使用 BACKUP DATABASE 语句完成。使用 T-SQL 语句备份数据库时，根据不同的备份类型，有不同的语句格式。

备份整个数据库的基本语句格式如下：

```
BACKUP DATABASE 数据库名
TO 备份设备[ ,…n ]
```

备份特定的文件或文件组的基本语句格式如下：

```
BACKUP DATABASE 数据库名
FILE[FILEGROUP]= <文件或文件组> [ , …n ]
TO <备份设备> [ , …n ]
```

备份一个事务日志的基本语句格式如下：

```
BACKUP LOG 数据库名
TO < 备份设备> [ , …n ]
```

子任务 5 使用 T-SQL 语句新建备份设备 backup01，并完成对 Teach 数据库的完整备份。

```
USE Teach
GO
EXEC sp_addumpdevice 'disk', 'backup01', 'E:\data\bak\backup01.bak'
BACKUP DATABASE Teach
TO backup01
```

运行结果如图 3-45 所示。

```
消息
已为数据库 'Teach'，文件 'Teach' (位于文件 1 上)处理了 400 页。
已为数据库 'Teach'，文件 'Teach_log' (位于文件 1 上)处理了 2 页。
BACKUP DATABASE 成功处理了 402 页，花费 0.457 秒(6.856 MB/秒)。
```

图 3-45 【子任务 5】运行结果

提示：

- 因为在备份时必须指定备份设备，所以必须首先创建备份设备。
- 必须保证 E:\data\bak 文件夹存在，读者也可以根据实际情况修改该文件夹。
- 创建部分差异备份必须以至少一次的完整备份为基础。如果没有进行完整备份，则无法进行部分差异备份。

子任务 6 使用 T-SQL 语句新建备份设备 backup02，并完成对 Teach 数据库事务日志的备份。

```
USE Teach
GO
EXEC sp_addumpdevice 'disk','backup02','E:\data\bak\backup02.bak'
BACKUP LOG Teach
TO backup02
```

3. 进行数据库恢复

SQL Server 数据库还原

备份和恢复是两个相关联的过程，制定备份策略的同时，也就确定了恢复策略，同样选择恢复策略的同时，也就确定了备份策略，因此要把备份和恢复放在一起分析。SQL Server 2012 共有四种备份和恢复类型。

（1）完整备份和恢复。将整个数据库进行备份，包括数据文件和日志文件，需要较大的备份空间，需要恢复时进行完整恢复。

（2）差异备份和恢复（或称增量备份和恢复）。在执行一次完全的数据库备份后，仅仅备份对数据库修改的内容，比完整备份工作量小且备份速度快，因此可以经常备份。

（3）事务日志备份和恢复。事务日志是自上次备份事务日志后对数据库执行的所有事务的一系列记录，可以使用事务日志备份和恢复将数据库恢复到特定的即时点或故障点。

（4）文件或文件组备份和恢复。备份特定的数据文件或者数据文件组。

尽管 SQL Server 2012 已经提供了四种备份和恢复类型供选择，但实际工作中常用一些上述类型的组合，如完整备份和恢复+差异备份和恢复，完整备份和恢复+事务日志备份和恢复。

1）使用 SSMS 进行数据库恢复

子任务 7 使用 SSMS 恢复 Teach 数据库的完整备份 backup。

（1）启动 SSMS，在“对象资源管理器”中展开【数据库】节点。

（2）右击【Teach】，选择【任务】→【还原】→【数据库】，如图 3-46 所示。也可在“对象资源管理器”中，右击【数据库】，选择【还原数据库】（或【还原文件和文件组】），如图 3-47 所示。

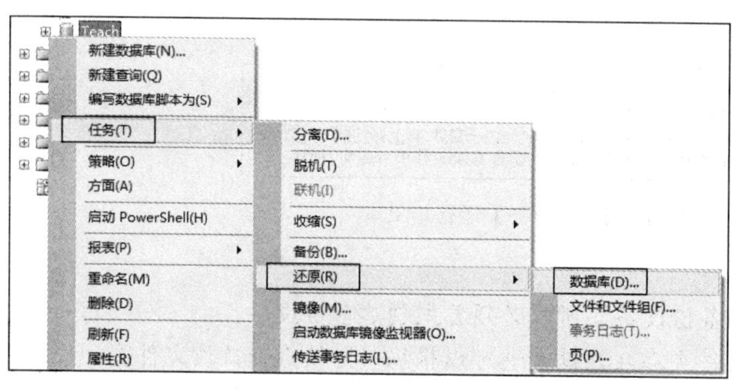

图 3-46　选择【任务】→【还原】→【数据库】

图 3-47　选择【数据库】→【还原数据库】

（3）打开“还原数据库”对话框，进行如下设置，如图 3-48 所示。

① 源数据库：指定要恢复的源数据库。

② 目标数据库：指定要恢复的目标数据库。

③ 还原到：指定将数据库还原到备份的最近可用时间或特定时间点。单击【时间线】按钮，可在“备份时间线”对话框中选择目标时间点，如图 3-49 所示。

④ 选择用于还原的备份集：指定用于还原的备份。

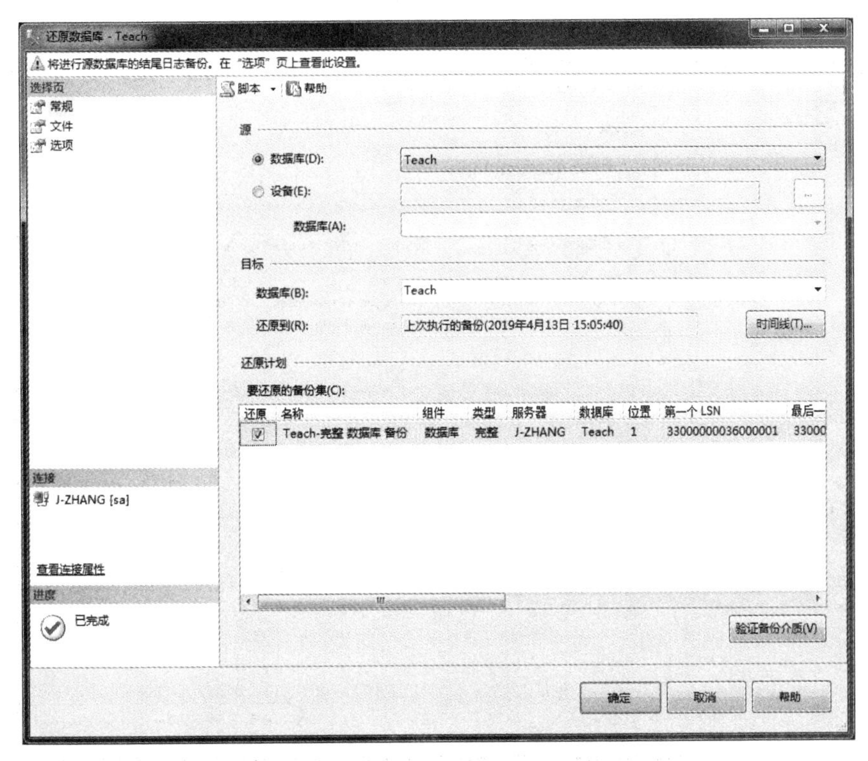

图 3-48　“还原数据库”对话框的“常规”选项卡

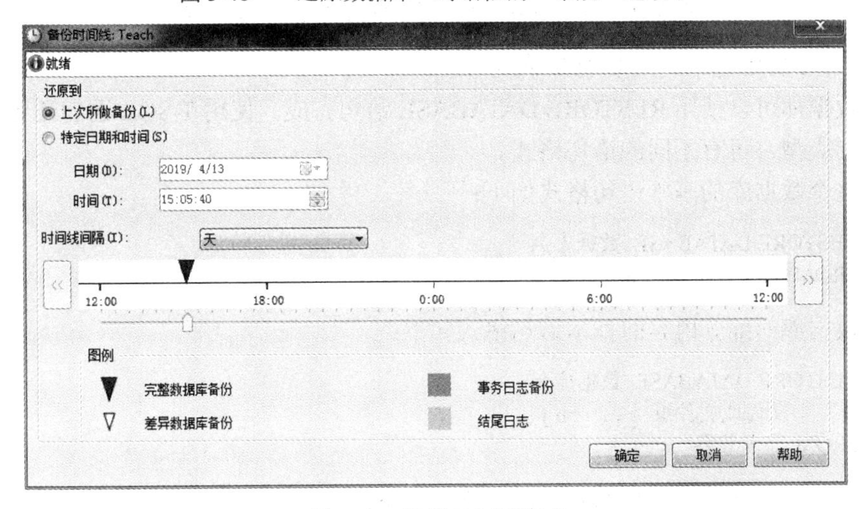

图 3-49　选择目标时间点

（4）在如图 3-48 所示“还原数据库”对话框中选择“文件”选项卡，可以进行数据库还原选项的设置，如图 3-50 所示。

（5）设置完成后，单击【确定】按钮，完成 Teach 数据库的恢复。

提示：

- 在还原数据库时，必须关闭要还原的数据库。
- 如参照图 3-46 或图 3-47 所示步骤选择【文件和文件组】，可以执行恢复“文件和文件组”操作。

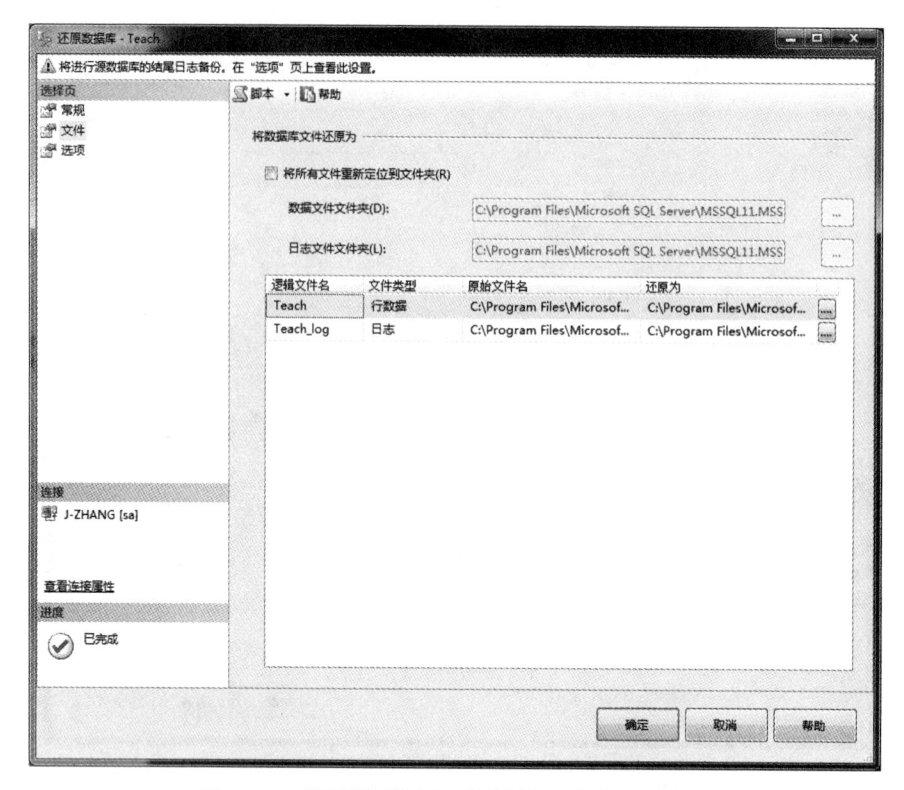

图 3-50 “还原数据库”对话框的“文件”选项卡

2）使用 T-SQL 语句进行数据库恢复

还原数据库可以使用 RESTORE DATABASE 语句完成。使用 T-SQL 语句还原数据库，根据不同的类型，可有不同的语句格式。

还原整个数据库的基本语句格式如下：

```
RESTORE DATABASE 数据库名
FROM 备份设备 [ ,…n ]
```

还原数据库的部分内容的基本语句格式如下：

```
RESTORE DATABASE 数据库名
    < 文件或文件组 > [ , …n ]
FROM 备份设备[ , …n ]
```

还原特定的文件或文件组的基本语句格式如下：

```
RESTORE DATABASE 数据库名
    < 文件或文件组 > [ , …n ]
FROM 备份设备 [ , …n ]
```

还原事务日志的基本语句格式如下：

```
RESTORE LOG 数据库名
FROM 备份设备 [ , …n ]
```

RESTORE 语句的详细用法请参阅“SQL Server 联机丛书”。

子任务8 使用T-SQL语句恢复Teach数据库的完整备份backup01。

```
USE master
GO
RESTORE DATABASE  Teach
FROM  backup01
```

运行结果如图3-51所示。

```
消息
已为数据库 'Teach'，文件 'Teach' (位于文件 ： 上)处理了 400 页。
已为数据库 'Teach'，文件 'Teach_log' (位于文件 1 上)处理了 2 页。
RESTORE DATABASE 成功处理了 402 页，花费 0.226 秒(13.864 MB/秒)。
```

图3-51 【子任务8】运行结果

该语句执行时如果出现“尚未备份数据库‘Teach’的日志尾部”的错误提示，可以使用BACKUP LOG语句进行尾日志备份。BACKUP LOG语句成功执行后，再重新执行恢复语句即可成功恢复数据库。

进行尾日志备份的语句如下：

```
USE master
GO
BACKUP LOG Teach TO backup01 WITH NORECOVERY
```

子任务9 使用T-SQL语句恢复Teach数据库的事务日志备份backup02。

```
USE master
GO
RESTORE  LOG  Teach
FROM  backup02
```

提示：

- 如果恢复当前事务日志备份后还要应用其他事务日志备份，则需要在RESTORE LOG语句中指定WITH NORECOVERY子句。
- 恢复数据库时，要恢复的数据库不能处于活动状态。

4. 分离数据库

SQL Server数据库的分离与附加

在SQL Server 2012中，除了系统数据库外，其余的数据库都可以从服务器中分离出来，脱离当前服务器的管理。被分离的数据库保持了数据文件和日志文件的完整性和一致性。被分离的数据库还可以通过附加功能附加到其他SQL Server 2012服务器上，重新构成完整的数据库，附加得到的数据库和分离时的数据库完全一致。被分离的数据库在执行分离操作时一定不能被其他用户使用。

1）使用SSMS分离数据库

子任务10 使用SSMS实现Teach数据库的分离，并将数据库对应的文件复制到E:\data文件夹中。

（1）启动SSMS，在“对象资源管理器”中展开【数据库】节点。

（2）右击【Teach】，选择【任务】→【分离】，如图3-52所示。

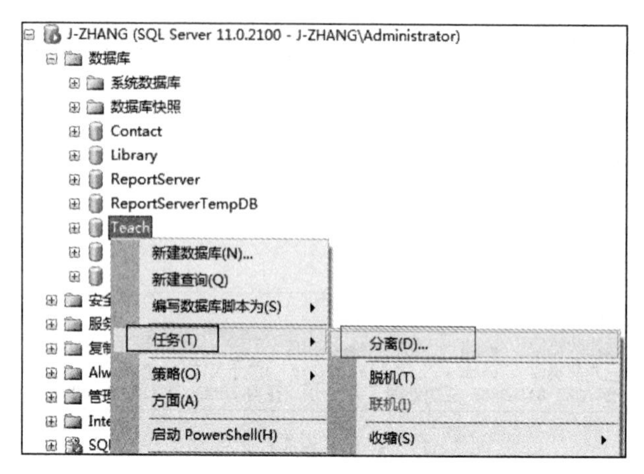

图 3-52　选择【任务】→【分离】

（3）打开“分离数据库”对话框，选择要分离的数据库，并进行相关设置（删除连接、更新统计信息等），如图 3-53 所示。

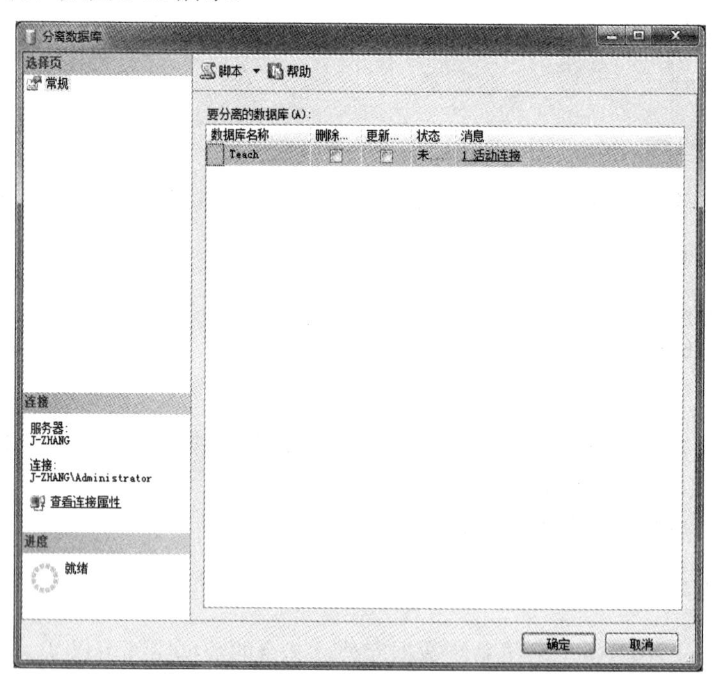

图 3-53　“分离数据库”对话框

（4）分离数据库准备就绪后，单击【确定】按钮，完成数据库的分离操作。数据库分离成功后，在【数据库】节点中【Teach】将不复存在。

（5）将“D:\data”文件夹中 Teach 数据库对应的两个文件复制到“E:\data”文件夹中（如果该文件夹不存在，请首先创建该文件夹）。

提示：

- 分离 SQL Server 2012 数据库之后，是将数据库从 SQL Server 数据库引擎实例中删除，但数据库对应的文件仍然存在。
- 分离后的数据库，可以被重新附加到 SQL Server 2012 的相同实例或其他实例上。

2）使用 T-SQL 语句分离数据库

在 SQL Server 2012 中，使用存储过程 sp_detach_db 可以实现数据库的分离。但只有 sysadmin 固定服务器角色的成员才能执行 sp_detach_db，其基本语句格式如下：

```
sp_detach_db 数据库名
```

子任务 11 使用 T-SQL 语句实现 Teach 数据库的分离。

```
EXEC sp_detach_db 'Teach'
```

5. 附加数据库

附加数据库是附加复制的或分离的 SQL Server 数据库。附加数据库时，数据库包含的全文文件随数据库一起附加。

1）使用 SSMS 附加数据库

子任务 12 使用 SSMS 将 D:\data 文件夹中的数据库附加到当前的 SQL Server 实例上。

（1）启动 SSMS，在“对象资源管理器”中，右击【数据库】，选择【附加】，如图 3-54 所示。

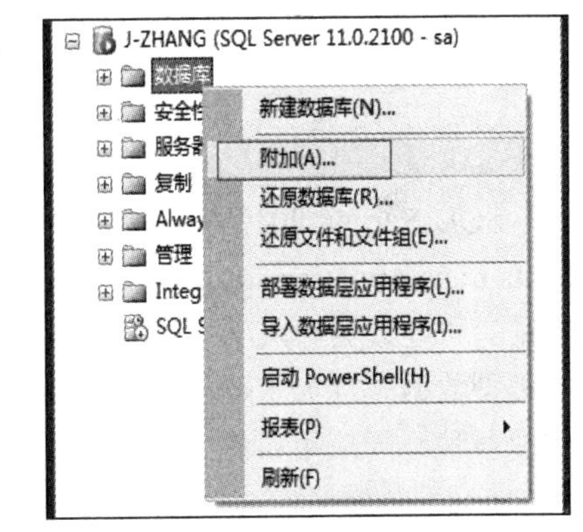

图 3-54 选择【附加】

（2）打开“附加数据库”对话框，进行相关设置，如图 3-55 所示。

（3）单击【添加】按钮，打开“定位数据库文件”对话框，选择要附加的主要数据库文件（路径为 d:\data\Teach.mdf），如图 3-56 所示。

（4）附加数据库准备就绪后，单击【确定】按钮，完成数据库的附加操作。数据库附加成功后，在【数据库】节点中将会出现【Teach】节点。

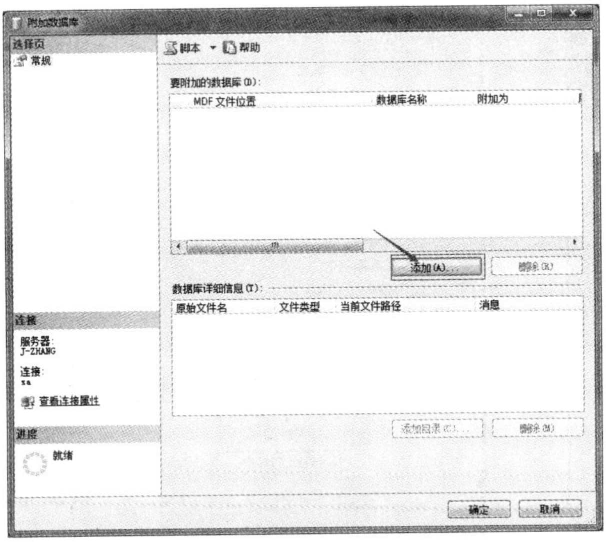

图 3-55 “附加数据库”对话框

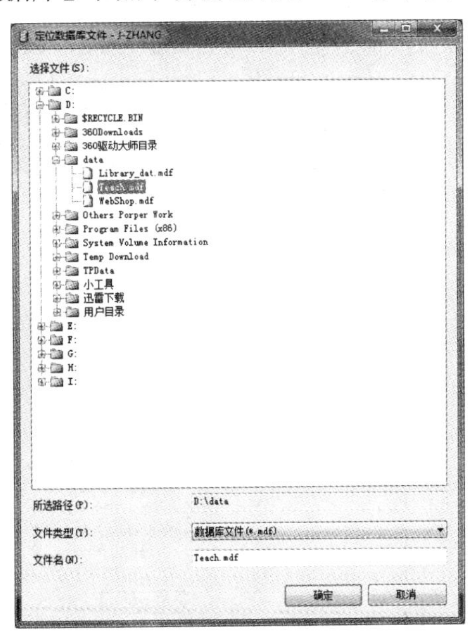

图 3-56 “定位数据库文件”对话框

提示：

- 附加数据库时不需要指定数据库名，使用分离时的数据库名称即可。
- 通过分离和附加数据库可以实现 SQL Server 2012 数据库对应的物理文件的移动。
- 附加的数据库不能与现有的数据库重名。

2）使用 T-SQL 语句附加数据库

在 SQL Server 2012 中，使用存储过程 sp_attach_db 可以实现数据库的附加。只有 sysadmin 和 dbcreator 固定服务器角色的成员才能执行本过程，其基本语句格式如下：

```
sp_attach_db 数据库名
    ,@filename=文件名 [ ,...16 ]
```

子任务 13 使用 T-SQL 语句将 D:\data 文件夹中的数据库附加到当前的 SQL Server 实例上。

```
EXEC sp_attach_db Teach, 'D:\data\Teach.mdf', 'D:\data\Teach_log.ldf'
```

6. 导入/导出数据

数据的导入与导出

SQL Server 2012 提供了数据导入/导出功能，可使用数据转换服务（data transformation services，DTS）在不同类型的数据源之间导入和导出数据。通过数据导入/导出操作，可以实现在 SQL Server 2012 数据库和其他类型数据库（如 Excel 表格、Access 数据库和 Oracle 数据库）之间进行数据转换，从而实现各种不同应用系统之间的数据移植和共享。

1）导出数据

子任务 14 使用 SSMS 将 Teach 数据库的数据导出到 Excel 文件 Teach.xls 中。

（1）启动 SSMS，在“对象资源管理器”中展开【数据库】节点。

（2）右击【Teach】，选择【任务】→【导出数据】，如图 3-57 所示。或者在“对象资源管理器”中右击【管理】节点，选择【导出数据】，如图 3-58 所示。

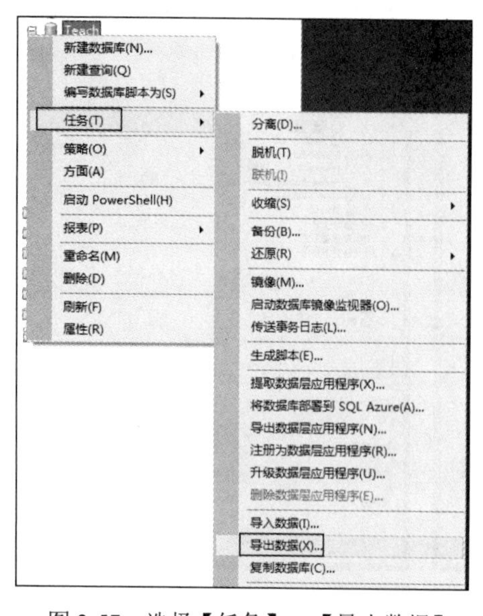

图 3-57 选择【任务】→【导出数据】

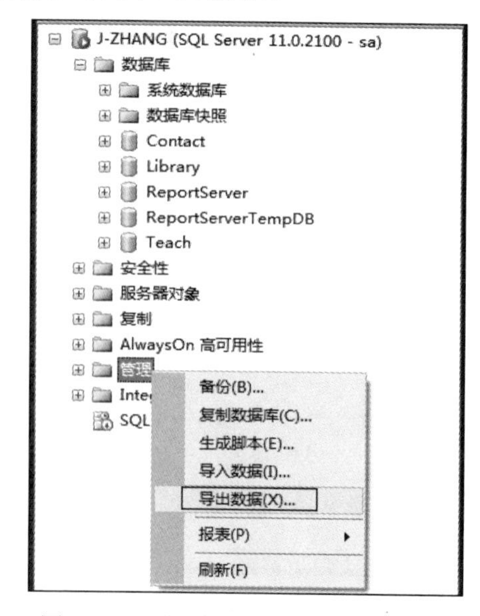

图 3-58 选择【管理】→【导出数据】

（3）打开“欢迎使用 SQL Server 导入和导出向导”对话框。

（4）单击【下一步】按钮，打开“选择数据源”对话框，在【数据源】下拉列表框中选择“Microsoft OLE DB Provider for SQL Server”，表示将从 SQL Server 导出数据；也可以根据实际情况设置【身份验证】模式和选择【数据库】项目，如图 3-59 所示。

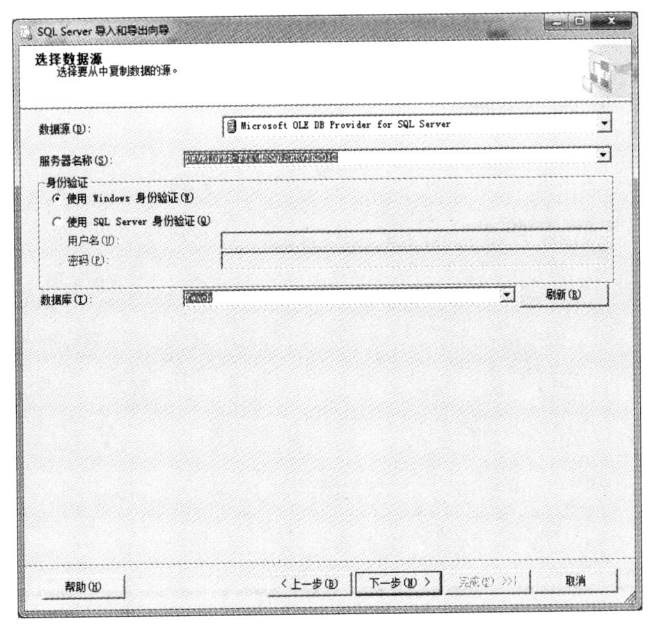

图 3-59 选择 SQL Server 作为数据源

（5）单击【下一步】按钮，打开“选择目标”对话框，在【目标】下拉列表框中选择“Microsoft Excel”，表示将把数据导出到 Excel 表中；也可以根据实际情况设置【Excel 文件路径】和选择【Excel 版本】等项目，如图 3-60 所示。

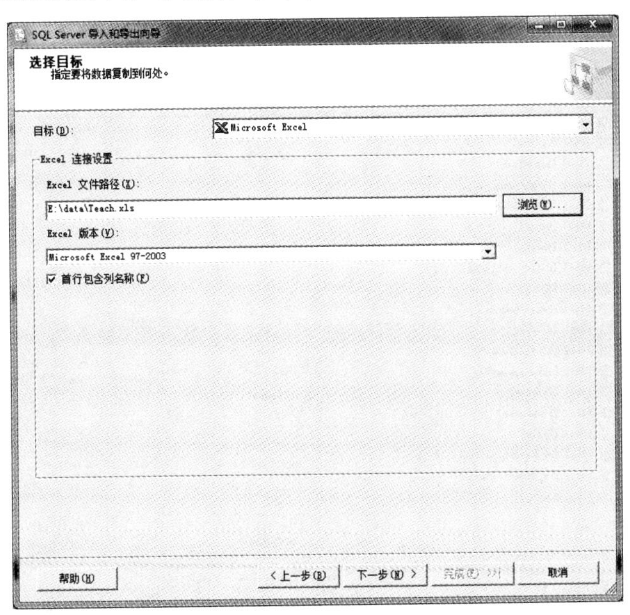

图 3-60 选择 Excel 表格作为目标

（6）单击【下一步】按钮，打开“指定表复制或查询”对话框，默认选择【复制一个或多个表或视图的数据】单选按钮；也可以根据实际情况选择【编写查询以指定要传输的数据】单选按钮，如图 3-61 所示。

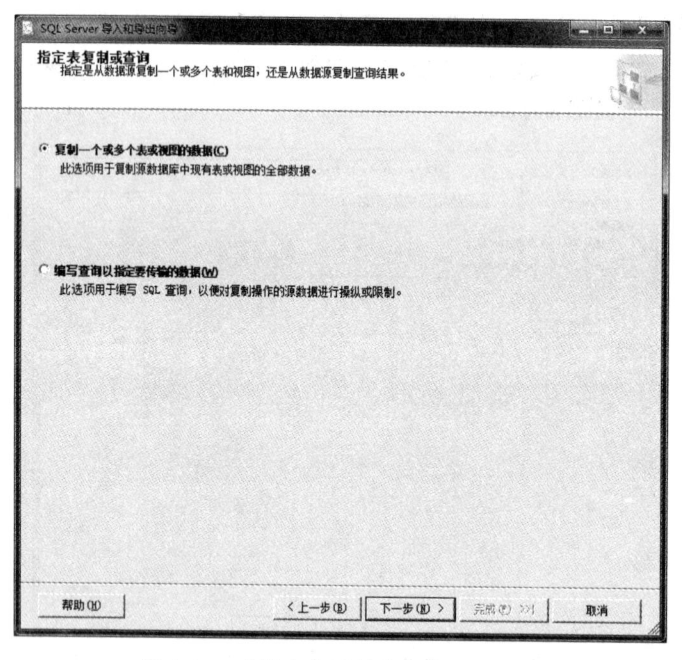

图 3-61　“指定表复制或查询”对话框

（7）单击【下一步】按钮，打开“选择源表和源视图”对话框，如图 3-62 所示。选中 Teach 数据库中的 Student 表和 Teacher 表，单击【编辑映射】按钮，打开“列映射”对话框，用户可以在该对话框中编辑源数据和目标数据之间的映射关系，如图 3-63 所示。

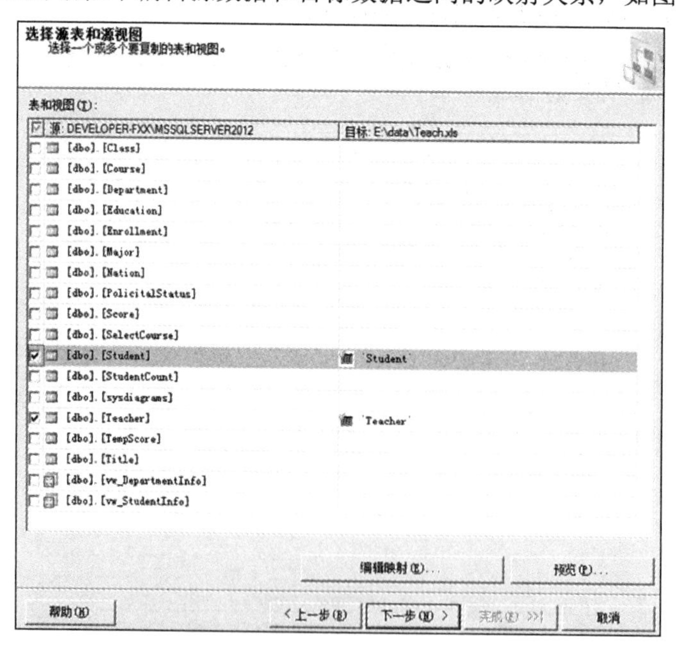

图 3-62　“选择源表和源视图”对话框

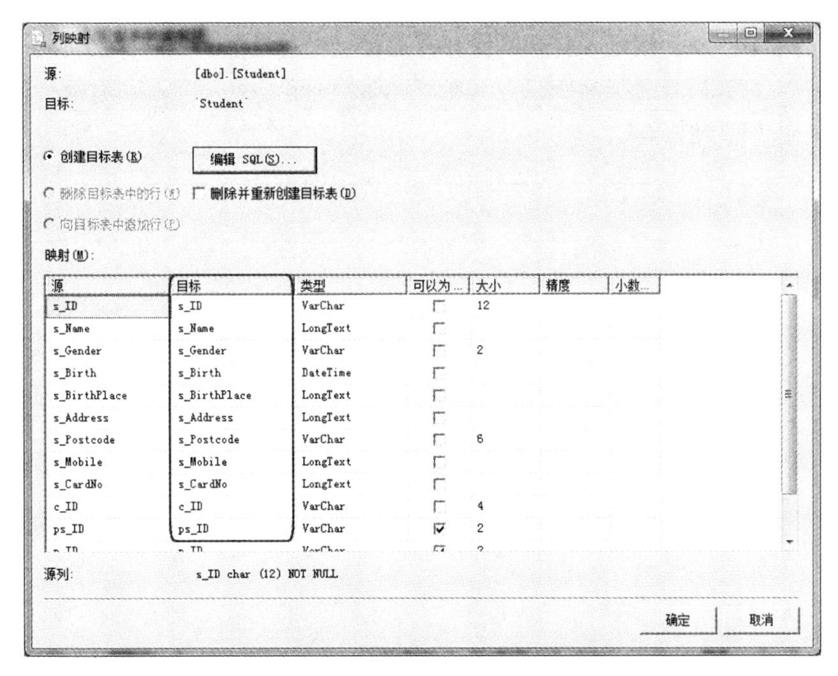

图 3-63 指定源数据和目标数据之间的列映射

（8）“列映射”对话框中单击【确定】按钮，返回“选择源表和源视图”对话框，单击【下一步】按钮，打开“查看数据类型映射”对话框，如图 3-64 所示。

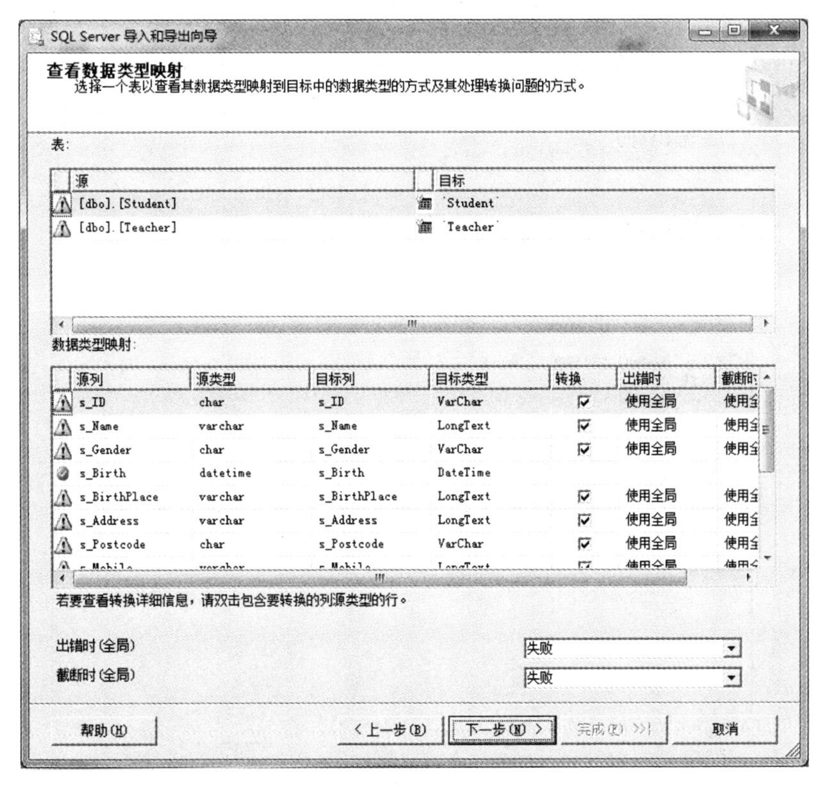

图 3-64 “查看数据类型映射”对话框

（9）单击【下一步】按钮，打开“保存并运行包”对话框，如图 3-65 所示。

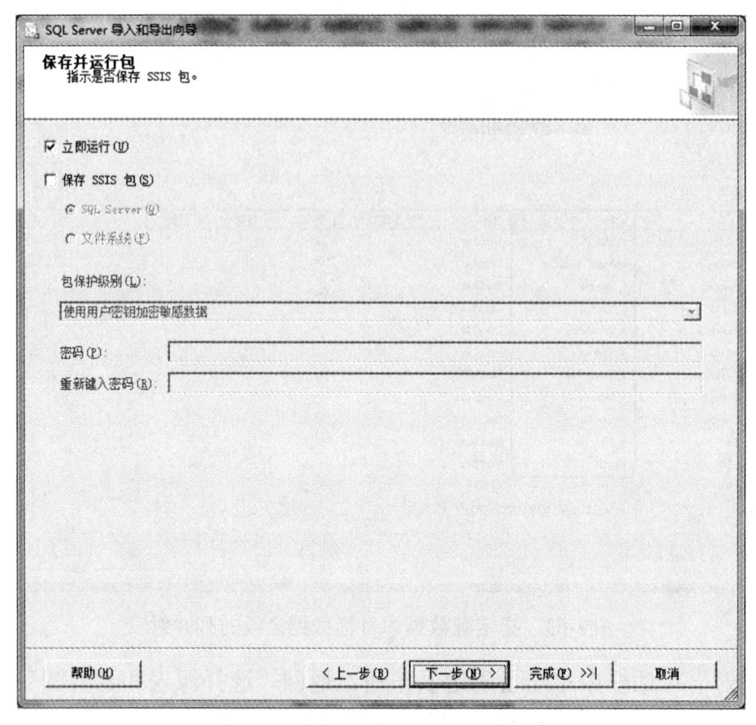

图 3-65 “保存并运行包”对话框

（10）单击【下一步】按钮，打开“完成该向导”对话框，如图 3-66 所示。

图 3-66 “完成该向导”对话框

（11）单击【完成】按钮，打开“执行成功”对话框，如图 3-67 所示。在 E:\data 文件夹中生成 Teach.xls 文件，该文件的内容如图 3-68 所示。

图 3-67　“执行成功”对话框

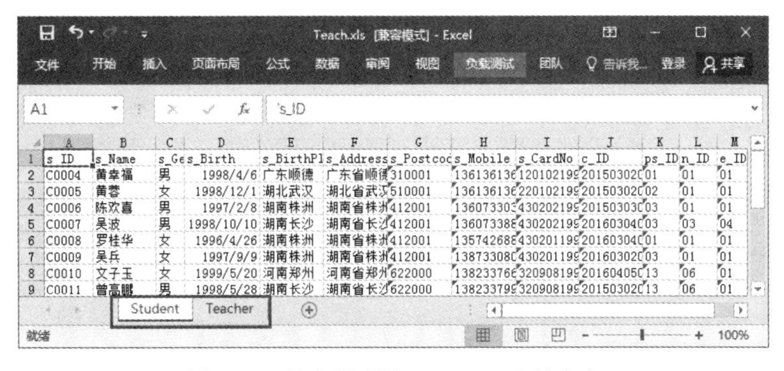

图 3-68　导出得到的 Teach.xls 文件内容

提示：

- SQL Server 中的表或视图都被转换为同一个 Excel 文件中的不同的工作表。
- 从 SQL Server 数据库到其他数据库的转换方法和步骤同上。

2）导入数据

子任务 15　使用 SSMS 将 E:\data 文件夹中 Access 数据库 BookData.mdb 导入到 SQL Server 中。

（1）启动 SSMS，在“对象资源管理器”中展开【数据库】节点。

（2）新建名为【BookData】的数据库（也可以在导入向导执行过程中新建）。

（3）通过如图 3-57 或如图 3-58 所示方式选择【导入数据】。

后续步骤基本同“导出数据”，只在以下几个步骤有些不同。

（1）在“选择数据源”对话框中，指定数据源为“Microsoft Access”，并指定要导入的Access 数据库的【文件名】、【用户名】和【密码】等，如图 3-69 所示。

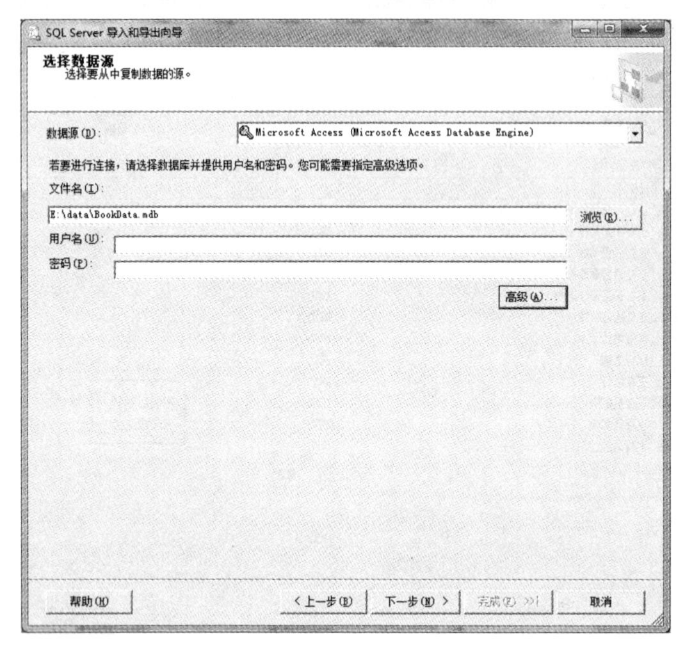

图 3-69　选择 Access 作为数据源

（2）在“选择目标”对话框中，指定目标为“Microsoft OLE DB Provider for SQL Server”，并指定要将数据复制到的【服务器名称】、【数据库】（可以创建新的数据库）等，如图 3-70 所示。

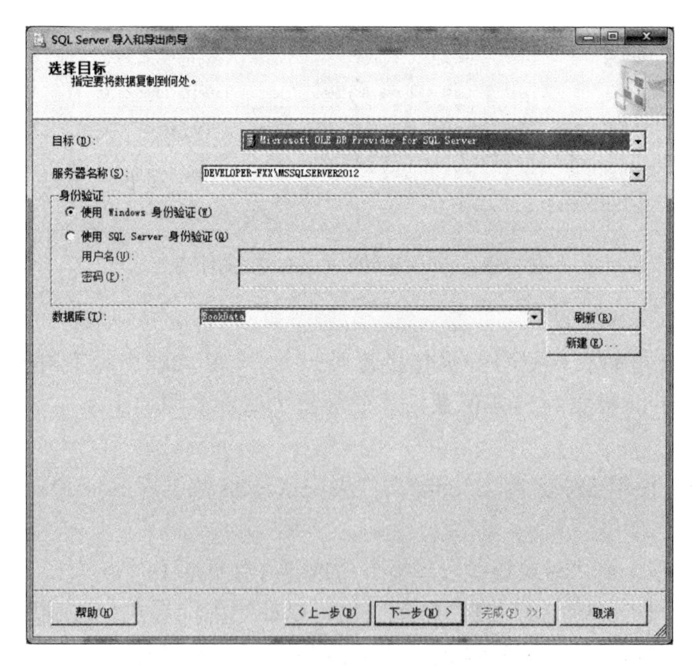

图 3-70　选择 SQL Server 数据库作为目标

（3）在“选择源表和源视图”对话框中，选择 BookData.mdb 中的所有表，如图 3-71 所示。

（4）导入成功后，在 SQL Server 2012 的对象资源管理器的【BookData】节点中可以查看导入的所有表，如图 3-72 所示。

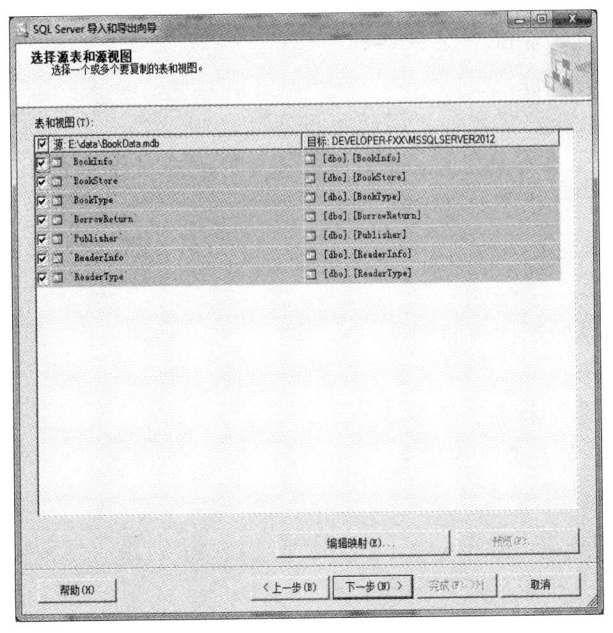

图 3-71　“选择源表和源视图”对话框

图 3-72　导入得到 BookData 数据库中表的情况

课堂实践 3

1. 操作要求

（1）使用 SSMS 完成以下操作。

- 创建逻辑名称为 bak01 的备份设备，将对应物理文件存放在系统默认路径。
- 对 Teach 数据库进行一次完整备份，备份到备份设备 bak01 中。
- 创建逻辑名称为 bak02 的备份设备，将对应物理文件存放在 E:\data\bak 中。
- 对 Teach 数据库进行一次事务日志备份，备份到备份设备 bak02 中。

（2）使用 T-SQL 语句完成以下操作。

- 创建逻辑名称为 bak03 的备份设备，将对应物理文件存放在系统默认路径。
- 对 Teach 数据库进行一次完整备份，备份到备份设备 bak03 中。
- 创建逻辑名称为 bak04 的备份设备，将对应物理文件存放在 E:\data\bak 中。
- 对 Teach 数据库进行一次事务日志备份，备份到备份设备 bak04 中。
- 保存完成操作的 T-SQL 语句。

（3）使用 SSMS 完成以下操作。

- 删除 Teach 数据库的 Score 表。
- 利用（1）中的备份设备（bak01）将 Teach 数据库恢复到完整备份状态。

（4）将 Teach 数据库分离，对应的数据库文件复制到另一台机器上并完成附加。

（5）选择一个 Excel 文件导入到 SQL Server 数据库中。

2. 操作提示

（1）数据库备份时可以选择备份设备的逻辑名称，也可以选择物理文件。

（2）数据库备份时可以不指定备份设备，而是直接备份到指定文件中。

（3）选择的备份类型取决于制定的备份/恢复策略。

（4）怎样恢复数据取决于数据的备份类型。

（5）体会分离前后数据库和对应数据库文件之间的关系。

（6）进行数据导入/导出操作时，自行确定 Excel 文件和 SQL Server 数据库名称。

3.3.3 任务小结

通过本任务，读者应掌握的数据库操作技能如下：

- 能使用 SSMS 管理备份设备。
- 能使用 sp_addumpdevice 语句添加备份设备。
- 能使用 sp_helpdevice 语句查看备份设备信息。
- 能使用 sp_dropdevice 语句删除备份设备。
- 能使用 SSMS 进行数据库的备份与恢复。
- 能使用 BACKUP DATABASE 语句进行数据库备份。
- 能使用 RESTORE DATABASE 语句进行数据库恢复。
- 能使用 SSMS 完成数据库分离与附加。
- 能使用 T-SQL 语句完成数据库分离与附加。
- 能使用 SSMS 语句将数据库的数据导出到 Excel 文件中。
- 能使用 SSMS 将外部数据导入到 SQL Server 数据库中。

任务 3.4 实现教务信息数据库的安全管理

任务目标

教务信息的安全性对于学校来说至关重要，对教务信息数据库对象实施各种权限范围内的操作，拒绝非法授权用户的操作以防止数据库信息遭到破坏是非常必要的。SQL Server 2012 提供了安全性控制策略，构造了一个层次结构的安全体系，以实现信息系统安全的目标。本任务根据教务信息数据库项目的目标，在 SQL Server 2012 中管理登录名、管理用户、管理角色和管理权限。本任务的主要目标包括：

- 理解数据库安全性的基本概念。
- 掌握 SQL Server 2012 中的验证模式。
- 能合理进行登录帐户管理。
- 能合理进行数据库用户管理。
- 能合理进行固定服务器角色管理。
- 能合理进行固定数据库角色管理。

- 能合理进行自定义数据库角色管理。
- 能合理完成角色和用户的权限管理。

3.4.1　背景知识

随着数据库技术的不断普及和发展，数据库管理系统已成为各行各业信息管理的主要形式。数据的安全性对每个组织来说都是至关重要的，每个组织的数据库中都存放了大量的生产经营信息以及各种机密文件资料，如果有人非法入侵了数据库，并查看和修改了数据，那么将会对组织造成极大的危害。因此，对数据库对象实施各种权限范围内的操作，拒绝非授权用户的操作以防止数据库信息资源遭到破坏是十分必要的。

数据库的安全性是指保护数据库以防止不合法的使用所造成的数据泄露、更改或破坏。数据库的安全性和计算机系统的安全性，以及操作系统、网络系统的安全性是紧密联系、相互支持的。对于数据库管理者来说，保护数据不受内部和外部侵害是一项重要的工作，作为SQL Server的数据库系统管理员和开发者，需要深入地理解SQL Server的安全性控制策略，以保证信息系统安全。

图3-73所示为SQL Server安全层次示意图。由图可见，SQL Server的安全控制策略是一个层次结构系统的集合，只有满足上一层系统的安全性要求，才可以进入下一层，各层次从不同角度对系统实施安全保护，从而构成一个相对完善、安全的系统。

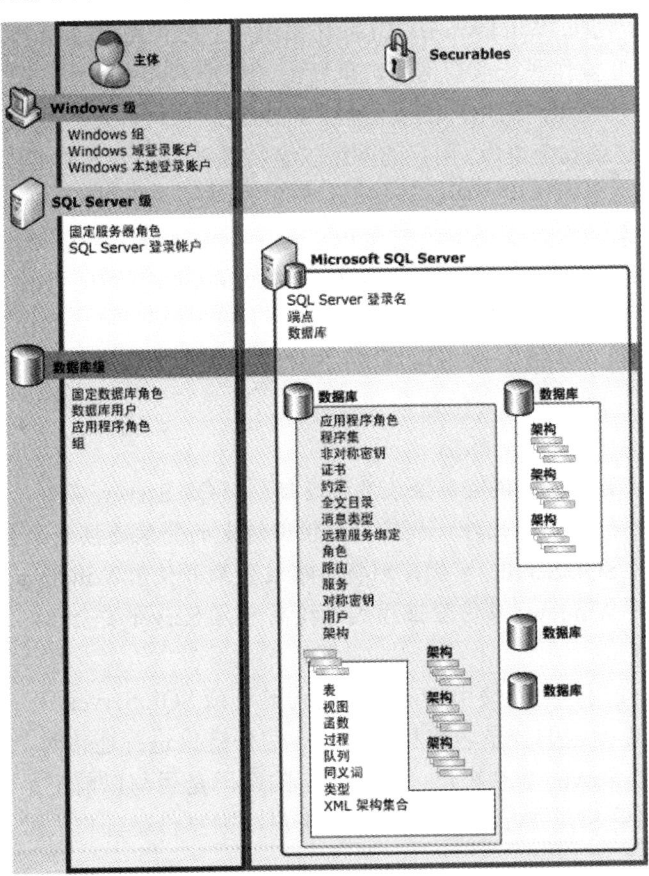

图3-73　SQL Server安全层次示意图

Windows 级安全性是指在 Windows 操作系统层次提供的安全控制，在此不做详细介绍，大家可以参阅 Windows 操作系统的相关说明。

SQL Server 级安全性是指在 SQL Server 服务器层次提供的安全控制，该层次通过验证来实现。验证过程在用户登录 SQL Server 的时候出现，所创建的安全帐户称为登录帐户。用户必须通过输入一个登录帐户名和密码才能登录到 SQL Server 服务器，只有登录了 SQL Server 服务器，用户才能使用、管理 SQL Server 服务器。

数据库级安全性是指在数据库层次提供的安全控制，该层次通过授权来实现。授权过程在用户试图访问数据或执行命令的时候出现，所创建的安全帐户称为数据库用户。用户通过登录用户名及密码登录到 SQL Server 后，如果需要访问服务器上的对象（基本表、数据库、视图、存储过程等），则必须为登录帐户指定相关的数据库用户，这样就可以使不同的登录帐户对不同的数据库对象具有不同的权限。

在 SQL Server 2012 中，通过登录管理、用户管理、角色管理、权限管理和架构管理实现完善的安全控制。

1. 验证模式

1）Windows 身份验证模式

Windows 身份验证模式使用户可以通过 Windows 7/8/10 操作系统用户帐户连接到 SQL Server 实例。当用户通过 Windows 7/8/10 操作系统用户帐户进行连接时，SQL Server 通过回叫 Windows 7/8/10 操作系统获得信息，重新验证帐户名和密码。

SQL Server 通过使用网络用户的安全特性控制登录访问，这样就可以实现与 Windows 7/8/10 操作系统的登录安全集成。用户的网络安全特性在网络登录时建立，并通过 Windows 域控制器进行验证。当网络用户尝试连接时，SQL Server 使用基于 Windows 的功能确定经过验证的网络用户名，登录安全集成在 SQL Server 中任何受支持的网络协议上运行。

由于 Windows 7/8/10 操作系统用户和组织由 Windows 7/8/10 操作系统维护，因此当用户进行连接时，SQL Server 将读取有关该用户在组中的成员资格信息。如果对已连接用户的可访问权限进行更改，则当用户下次连接到 SQL Server 实例或登录到 Windows 7/8/10 操作系统时，这些更改会生效。

提示：

- 如果用户试图通过提供空白登录名称连接到 SQL Server 实例，SQL Server 将使用 Windows 身份验证。此外，如果用户使用特定的登录连接到配置为 Windows 身份验证模式的 SQL Server 实例，则将忽略该登录并使用 Windows 身份验证。
- 尽可能使用 Windows 身份验证模式以提高 SQL Server 安全性。

2）混合验证模式

混合验证模式使用户可以使用 Windows 身份验证或 SQL Server 身份验证与 SQL Server 实例连接。当用户用指定的登录名称和密码从非信任链接进行连接时，SQL Server 通过检查是否已设置 SQL Server 登录帐户，以及指定的密码是否与以前记录的密码匹配，自行进行身份验证。如果 SQL Server 未设置登录帐户，则身份验证将失败，而且用户会收到错误信息。

尽管建议使用 Windows 身份验证，但对于 Windows 客户端以外的其他客户端连接，可能需要使用 SQL Server 身份验证。虽然 SQL Server 提供了两种验证模式，但实际上混合验证模式不过是在 Windows 身份验证模式上增加了一层用户验证，SQL Server 验证流程如图 3-74 所示。

2. 角色类型

1）服务器角色

当一组登录帐户对登录服务器具有相同的访问权限时，对每个帐户做单独设置是很繁杂的一项工作。SQL Server 2012 提供了“角色”这个概念，可实现对一组用户进行管理。登录帐户和服务器角色类似于 Windows 7/8/10 操作系统的用户和组的概念。在 SQL Server 2012 中，设置角色的目的就是将具有相同访问权限的登录帐户集中管理。对于登录帐户而言，有服务器角色与之对应。可以通过 SSMS 和 T-SQL 语句管理固定服务器角色。

SQL Server 2012 系统提供了 9 个固定的服务器角色，如表 3-17 所示。固定服务器角色的每个成员都可以向其所属角色添加其他登录名。

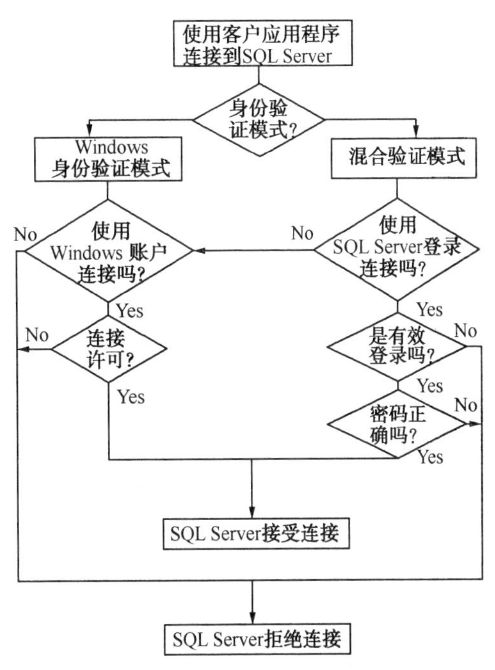

图 3-74 SQL Server 验证流程

表 3-17 固定服务器角色

固定服务器角色	说明	描述
bulkadmin	BULK INSERT 操作员	可以执行 BULK INSERT（大容量插入）语句
dbcreator	数据库创建者	可以创建、更改、删除和还原任何数据库
diskadmin	磁盘管理员	可以管理磁盘文件
processadmin	进程管理员	可以管理在 SQL Server 中运行的进程
public	公共管理员	每个 SQL Server 登录名均属于 public 服务器角色。如果未向某个服务器主体授予或拒绝对某个安全对象的特定权限，该用户将继承授予该对象的 public 角色的权限
securityadmin	安全管理员	管理登录名及其属性；可以 GRANT、DENY 和 REVOKE 服务器级权限和数据库级权限，也可以重置 SQL Server 登录名的密码
serveradmin	服务器管理员	可以设置服务器范围的配置选项和关闭服务器
setupadmin	安装程序管理员	可以添加和删除链接服务器，并且也可以执行某些系统存储过程
sysadmin	系统管理员	可以在服务器中执行任何活动；在默认情况下，Windows BUILTIN/Administrators 组（本地管理员组）的所有成员都是 sysadmin 固定服务器角色的成员

2）数据库角色

如同 SQL Server 的登录名隶属于服务器角色一样，数据库用户也归属于数据库角色。用户可以通过 SSMS 和 T-SQL 语句管理数据库角色。

SQL Server 2012 共提供了 10 个固定数据库角色。在使用 SQL Server 时可将任何有效的用户帐户（Windows 用户或组，或 SQL Server 用户或角色）添加为固定数据库角色成员，每个成员都获得所属的固定数据库角色的权限。固定数据库角色的任何成员都可将其他用户添加到角色中。固定数据库角色的具体描述如表 3-18 所示。

表 3-18 SQL Server 中的固定数据库角色

固定数据库角色	描述
db_owner	在特定的数据库中具有全部权限
db_accessadmin	可以添加或删除数据库用户和角色
db_securityadmin	可以管理全部权限、对象所有权、角色和角色成员资格
db_ddladmin	能够添加、删除和修改数据库对象
db_backupoperator	能够备份和恢复数据库
db_datareader	能够从数据库内任何表中读取数据
db_datawriter	能够对数据库内任何表插入、修改和删除数据
db_denydatareader	不能够从表中读取数据
db_denydatawriter	不能够改变表中的数据
public	维护默认的许可

public 角色是一个特殊的数据库角色，每个数据库用户都属于 public 数据库角色。public 数据库角色包含在每个数据库中，包括 master、msdb、tempdb、model 和所有用户数据库。在进行安全规划时，如果想让数据库中的每个用户都能具有某个特定的权限，则将该权限指派给 public 角色。同时，如果没有给用户专门授予某个对象的权限，他们就只能使用指派给 public 角色的权限。

提示：

- public 数据库角色不能被删除。
- 数据库角色在数据库级别上被定义，存于数据库之内。

3）应用程序角色

应用程序角色是一个数据库主体，它使应用程序能够用其自身的、类似用户的特权来运行。使用应用程序角色，只允许通过特定应用程序连接的用户访问特定数据。与数据库角色不同的是，应用程序角色默认情况下不包含任何成员，而且是非活动的。应用程序角色使用两种身份验证模式，可以使用 sp_setapprole 来激活，并且需要密码。因为应用程序角色是数据库级别的主体，所以它们只能通过其他数据库中授予 guest 用户帐户的权限来访问这些数据库。因此，任何已禁用 guest 用户帐户的数据库对其他数据库中的应用程序角色都不可以访问。并且，通过应用程序角色获得的权限在连接期间始终有效。

应用程序角色切换安全上下文的过程包括以下步骤。

（1）用户执行客户端应用程序。

（2）客户端应用程序作为用户连接到 SQL Server。

（3）应用程序用一个只有它才知道的密码执行存储过程 sp_setapprole。

（4）如果应用程序角色的名称和密码都有效，将激活应用程序角色。

（5）连接将失去用户权限，而获得应用程序角色权限。

提示： 应用程序角色与标准角色有以下区别。

- 应用程序角色不包含成员。
- 在默认情况下，应用程序角色是非活动的，需要用密码激活。
- 应用程序角色不使用标准权限。

应用程序角色允许应用程序（而不是 SQL Server）验证用户身份。但是，SQL Server 在应用程序访问数据库时仍需对其进行验证，因此应用程序必须提供密码。这是因为没有其他方法可以验证应用程序。

3. 权限类型

SQL Server 包括三种类型的权限：默认权限、对象权限和语句权限。

1）默认权限

默认权限是指系统安装以后，固定服务器角色、固定数据库角色和数据库对象所有者具有的默认权限。固定角色的所有成员自动继承角色的默认权限。

SQL Server 中包含很多对象，每个对象都有一个属主。一般情况下，对象的属主是创建该对象的用户。如果系统管理员创建了一个数据库，系统管理员就是这个数据库的属主；如果用户 A 创建了一个表，用户 A 就是这个表的属主。在默认情况下，系统管理员具有这个数据库的全部操作权限，用户 A 具有这个表的全部操作权限，这就是数据库对象的默认权限。

2）对象权限

对象权限是指基于数据库层次上的访问和操作权限。这里的对象包括表、视图、列和存储过程等。常用的对象权限包括 SELECT（查询）、INSERT（插入）、UPDATE（修改）、DELETE（删除）和 EXECUTE（执行）等。其中，前四个权限用于表、列和视图，执行权限用于存储过程。对象权限决定了能对表、视图等数据库对象执行哪些操作。对象权限及其适用对象如表 3-19 所示。

表 3-19 对象权限及其适用对象

序号	权限	适用对象
1	SELECT	表、列和视图
2	UPDATE	表、列和视图
3	REFERENCES	标量函数和聚合函数，表、列和视图
4	INSERT	表、列和视图
5	DELETE	表、列和视图
6	EXECUTE	过程、标量函数和聚合函数
7	RECEIVE	Service Broker 队列
8	VIEW DEFINITION（查看定义）	过程，Service Broker 队列，标量函数和聚合函数，表，视图
9	ALTER（修改）	过程，标量函数和聚合函数，Service Broker 队列，表，视图
10	TAKE OWNERSHIP（获取所有权）	过程，标量函数和聚合函数，表，视图
11	CONTROL（控制）	过程，标量函数和聚合函数，Service Broker 队列，表，视图

3）语句权限

语句权限决定用户能否对数据库和数据库对象进行操作；语句权限应用于语句本身，

而不是数据库对象。如果一个用户获得了某个语句的权限，该用户就具有了执行该语句的权力。需要进行权限设置的语句如表 3-20 所示。

表 3-20　需要进行权限设置的语句

序号	语句	含义
1	CREATE DATABASE	允许用户创建数据库
2	CREATE TABLE	允许用户创建表
3	CREATE VIEW	允许用户创建视图
4	CREATE RULE	允许用户创建规则
5	CREATE DEFAULT	允许用户创建默认值
6	CREATE PROCEDURE	允许用户创建存储过程
7	CREATE FUNCTION	允许用户创建用户定义函数
8	BACKUP DATABASE	允许用户备份数据库
9	BACKUP LOG	允许用户备份事务日志

4. 架构概述

架构是指包含表、视图、过程等的容器。它位于数据库内部，而数据库位于服务器内部。这些实体就像嵌套框一样放置在一起。服务器是最外面的框，而架构是最里面的框。架构包含下面列出的所有安全对象。特定架构中的每个安全对象都必须有唯一的名称。架构中安全对象的完全指定名称包括此安全对象所在的架构的名称。因此，架构也是命名空间。在 SQL Server 2012 中，对象命名为“服务器.数据库.Schema.对象名”。

在 SQL Server 2012 中，架构独立于创建它们的数据库用户而存在。可以在不更改架构名称的情况下转让架构的所有权，从而实现用户和架构的分离。将架构与数据库用户分离对管理员和开发人员而言有下列好处：

- 多个用户可以通过角色成员身份或 Windows 组成员身份拥有一个架构。这扩展了允许角色和组拥有对象的用户熟悉的功能。
- 极大地简化了删除数据库用户的操作。
- 删除数据库用户不需要重命名该用户架构所包含的对象。因而，在删除创建架构所含对象的用户后，不需要修改和测试显式引用这些对象的应用程序。
- 多个用户可以共享一个默认架构以进行统一名称解析。
- 开发人员通过共享默认架构可以将共享对象存储在为特定应用程序专门创建的架构中，而不是 DBO 架构中。
- 可以用比早期版本中的粒度更大的粒度管理架构和架构包含的对象的权限。

提示：在 SQL Server 2000 和早期版本中，数据库可以包含一个名为“架构”的实体，但此实体实际上是数据库用户。在 SQL Server 2005 及以上版本中，架构既是一个容器，又是一个命名空间。

数据库的架构应该是最小粒度的权限设置，既包括固定数据库角色对应的数据库架构，又包括用户自身定义的架构。固定数据库角色对应的架构主要涉及数据存取权限，如 db_datareader 允许读取该数据库中所有数据内容，db_datawriter 允许 UPDATE、INSERT、DELETE 语句等；用户自定义的架构主要用于分离数据，如 AdventureWorks 数据库中拥有下列表：Person.Address、Person.AddressType、Person.Contact、Person.ContactType、Production.Culture、Production.Document、Production.BillOfMaterials、Production.Location、dbo.DatabaseLog、dbo.ErrorLog 等。

对只拥有 Production 架构的数据库用户来说，登录 Adventure 数据库只能看到前缀为 Production.的表，其他前缀的表隶属于其他架构，对当前用户不可见（除非拥有其他架构）。

3.4.2 完成步骤

1. 管理登录名

1）使用 SSMS 管理登录名

登录名即登录数据库服务器的帐户，是 SQL Server 数据库服务器的安全控制手段。在 SQL Server 2012 中，可以通过 SSMS 和 T-SQL 语句进行登录名的管理。

子任务 1 在当前 SQL Server 实例“J-ZHANG”中创建“Windows 身份验证”登录名（对应的 Windows 用户为 winlogin）。

（1）启动 SSMS，在“对象资源管理器”中展开【安全性】节点。

（2）右击【登录名】，选择【新建登录名】，如图 3-75 所示。

（3）打开“登录名-新建”对话框，选择【登录名】为【Windows 身份验证】，如图 3-76 所示。

图 3-75 选择【新建登录名】

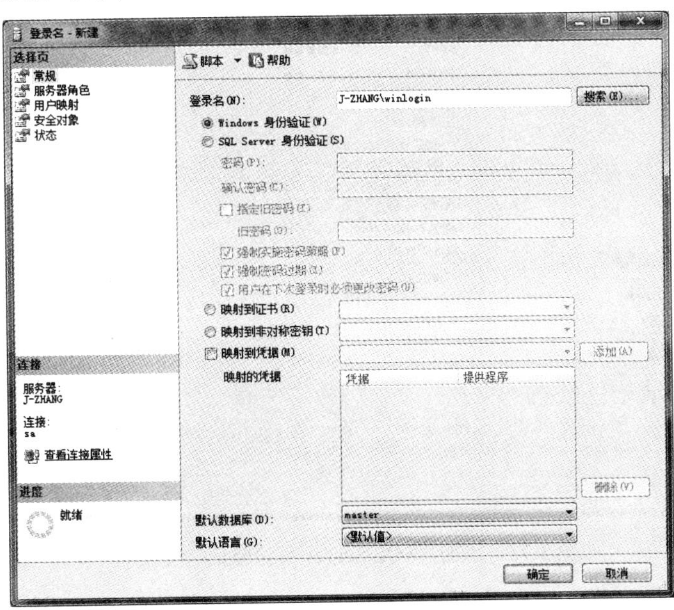

图 3-76 新建登录名

提示：

- 单击【默认数据库】下拉列表框，选择该用户组或用户访问的默认数据库。

- 单击“服务器角色”选项卡，可以查看或修改登录名在固定服务器角色中的成员身份。
- 单击“用户映射”选项卡，可以查看或修改登录名到数据库用户的映射。
- 单击“安全对象”选项卡，可以查看或修改安全对象。
- 单击“状态”选项卡，可以查看或修改登录名的状态信息。

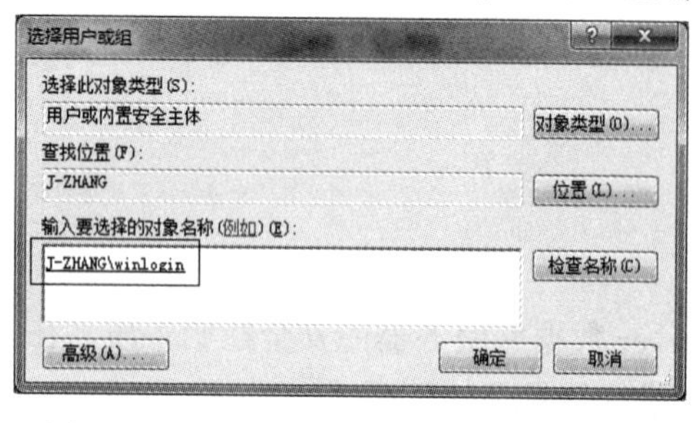

图 3-77 添加 Windows 用户帐户为登录名

（4）单击【搜索】按钮，打开“选择用户或组”对话框，单击【高级】按钮后，在打开的对话框中单击【立即查找】按钮，选择 Windows 用户 winlogin，如图 3-77 所示。

（5）选择用户或用户组后，单击【确定】按钮，返回“登录名-新建”对话框。再单击【确定】按钮，就可以创建与 Windows 用户 winlogin 对应的登录名 winlogin。

子任务 2 在当前 SQL Server 实例“J- ZHANG”中创建“SQL Server 身份验证”登录名“newlogin”。

基本步骤同【子任务 1】，只需要在步骤（3）中选择【登录名】为【SQL Server 身份验证】，然后在指定位置输入登录名（这里为 newlogin）、密码和确认密码，并根据操作系统情况选中/取消选中【用户在下次登录时必须更改密码】复选框即可，如图 3-78 所示。

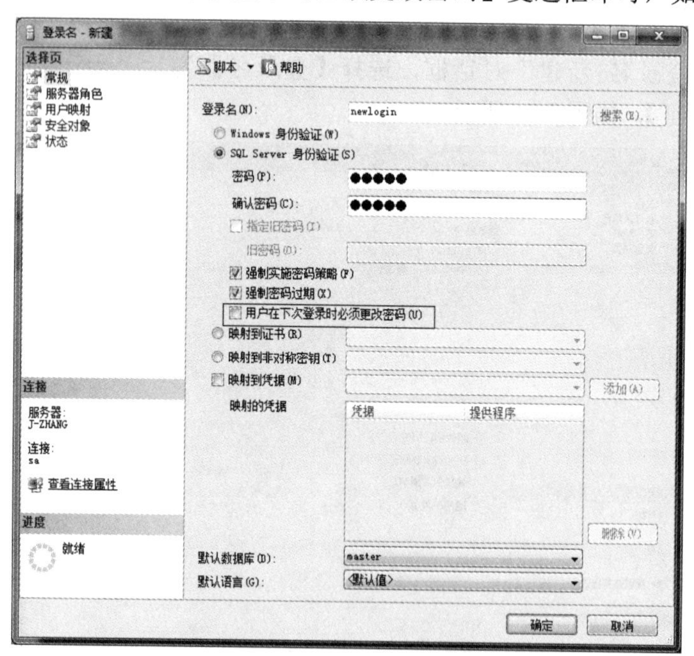

图 3-78 添加“SQL Server 身份验证”登录名

提示：

- 创建“Windows 身份验证”登录名时，必须先创建对应的 Windows 用户。
- 创建“SQL Server 身份验证”登录名时，如果操作系统不支持【用户在下次登录时必须更改密码】功能，则取消选中该复选框。

子任务3 查看sa用户的属性，并将其登录状态设置为“启用”。

（1）启动SSMS，在“对象资源管理器”中依次展开【数据库】节点、【安全性】节点、【登录名】节点。

（2）右击【sa】登录名，选择【属性】，如图3-79所示。

（3）打开“登录属性-sa”对话框，选择“状态”选项卡，选择【登录】中的【已启用】单选按钮，如图3-80所示。

提示：

- 选择“常规”选项卡，可以查看和设置登录名的基本属性。
- 选择“服务器角色”选项卡，可以查看和设置登录名所属的服务器角色。
- 选择“用户映射”选项卡，可以查看和设置映射到此登录名的用户和数据库角色。
- 在图3-79所示的快捷菜单中选择【删除】，打开“删除对象”对话框，单击【删除】按钮，可以完成指定登录名的删除。

图3-79 选择【属性】

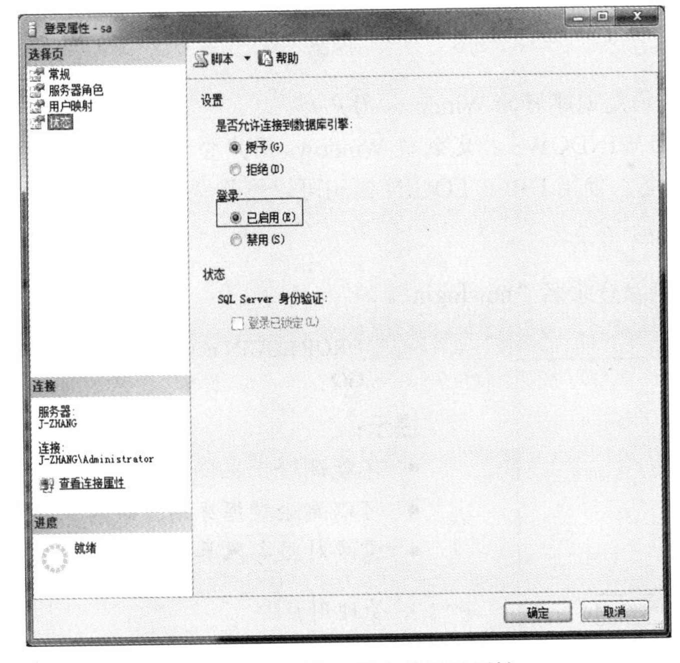

图3-80 设置sa用户的登录属性

2）使用T-SQL语句管理登录名

SQL Server 2012提供了CREATE LOGIN、ALTER LOGIN和DROP LOGIN语句进行登录名的创建、修改和删除操作。以前版本使用的管理登录名的系统存储过程，SQL Server 2012仍然支持，但不建议使用。

（1）创建SQL Server登录名。使用CREATE LOGIN语句可以创建登录名，基本语句格式如下：

```
CREATE LOGIN 登录名
```

（2）修改登录名。使用 ALTER LOGIN 语句可以改变登录名的密码和用户名称，基本语句格式如下：

```
ALTER LOGIN 登录名
WITH  <修改项> [ ,…n ]
```

子任务 4 创建名为“newlogin”的登录，初始密码为“123456”，并指定默认数据库为 Teach；将名为“newlogin”的登录密码由“123456”修改为“super”。

```
CREATE LOGIN newlogin
WITH PASSWORD = '123456'
GO
ALTER LOGIN newlogin
WITH PASSWORD='super'
GO
```

（3）创建 Windows 登录名。

子任务 5 创建 Windows 用户的登录名 winlogin（对应的 Windows 用户为 winlogin）。

```
CREATE LOGIN [J-ZHANG\winlogin] FROM WINDOWS
GO
```

提示：

- winlogin 必须是创建好的 Windows 用户。
- 通过 FROM WINDOWS 指定创建 Windows 用户登录名。

（4）删除登录名。使用 DROP LOGIN 语句可以删除登录名，基本语句格式如下：

```
DROP LOGIN 登录名
```

子任务 6 删除登录名“newlogin”。

```
DROP LOGIN newlogin
GO
```

提示：

- 不能删除正在使用的登录名。
- 可以删除数据库用户映射的登录名。
- 需要对服务器具有 ALTER ANY LOGIN 权限。

2. 管理用户

1）使用 SSMS 管理数据库用户

子任务 7 创建与“newlogin”登录名对应的数据库用户 newuser。

（1）启动 SSMS，在“对象资源管理器”中依次展开【数据库】节点、【Teach】节点、【安全性】节点。

（2）右击【用户】，选择【新建用户】，如图 3-81 所示。

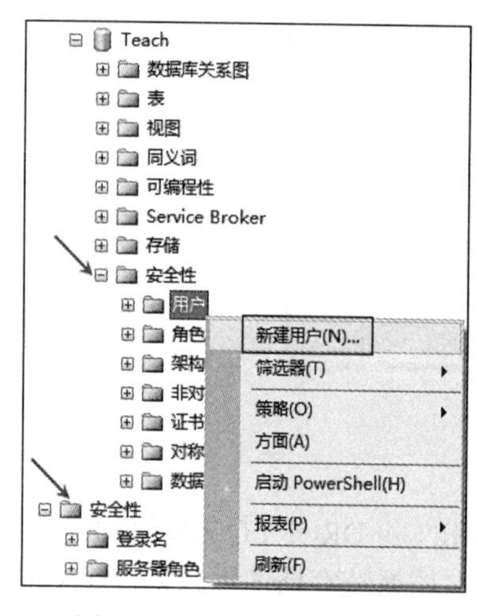

图 3-81 选择【新建用户】

（3）打开“数据库用户-新建”对话框，如图3-82所示，进行如下设置。

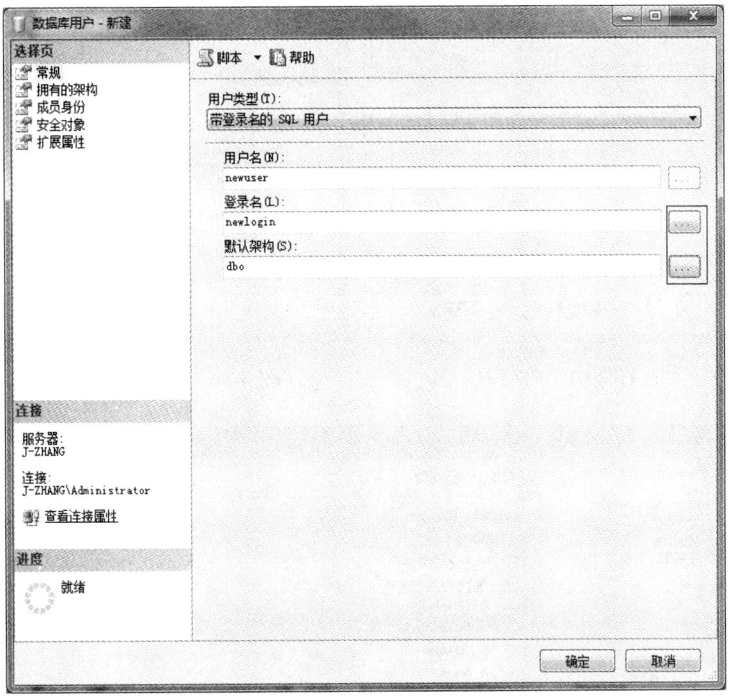

图3-82 “数据库用户-新建”对话框

① 输入数据库用户名“newuser”。

② 指定对应的登录名“newlogin”：单击【登录名】文本框右侧的[...]按钮，打开“选择登录名”对话框，如图3-83所示。单击【浏览】按钮，打开“查找对象”对话框，选择对应的登录名newlogin，如图3-84所示。

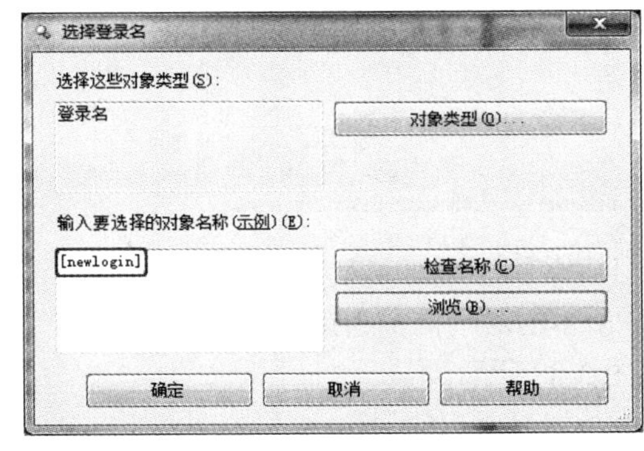

图3-83 “选择登录名”对话框

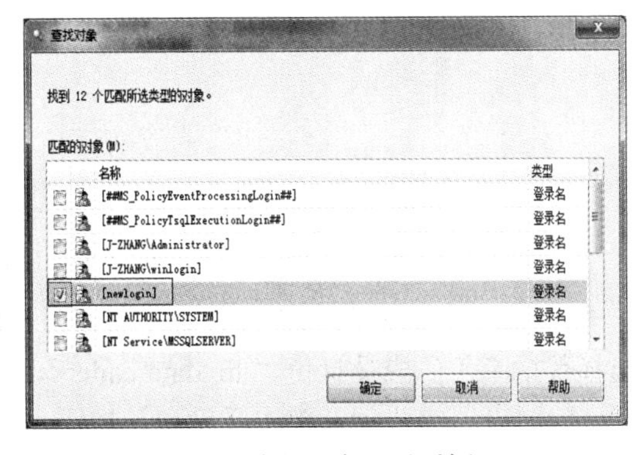

图3-84 “查找对象”对话框（1）

③ 指定默认架构“dbo”：单击【默认架构】文本框右侧的[...]按钮，打开“选择架构”对话框，如图3-85所示。单击【浏览】按钮，打开“查找对象”对话框，选择对应的架构dbo，如图3-86所示。

④ 设置拥有的架构：在如图3-82所示的对话框中选择“拥有的架构”选项卡，选择此用户拥有的架构“db_datareader”“db_datawriter”，如图3-87所示。

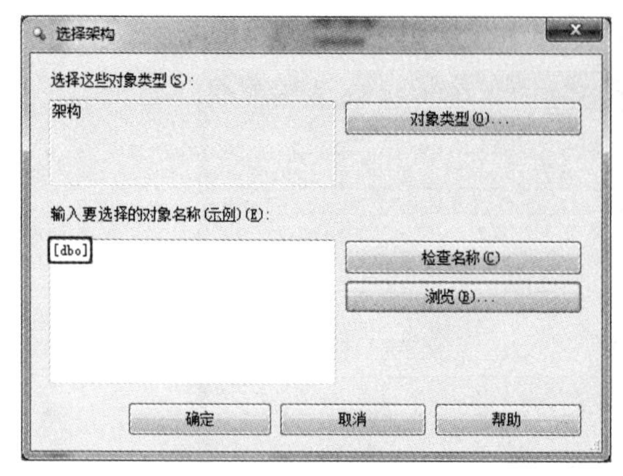

图 3-85 “选择架构”对话框

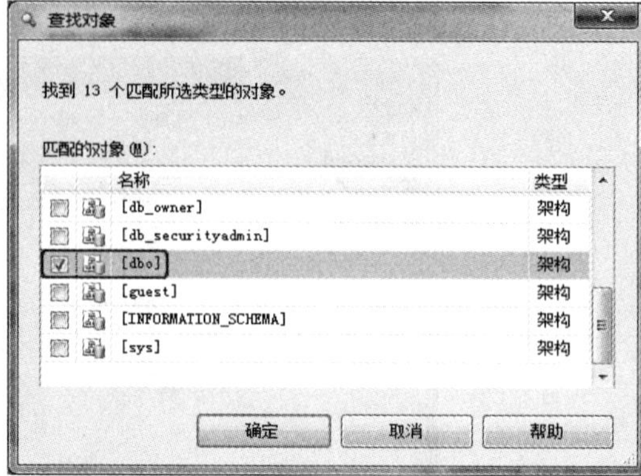

图 3-86 “查找对象”对话框（2）

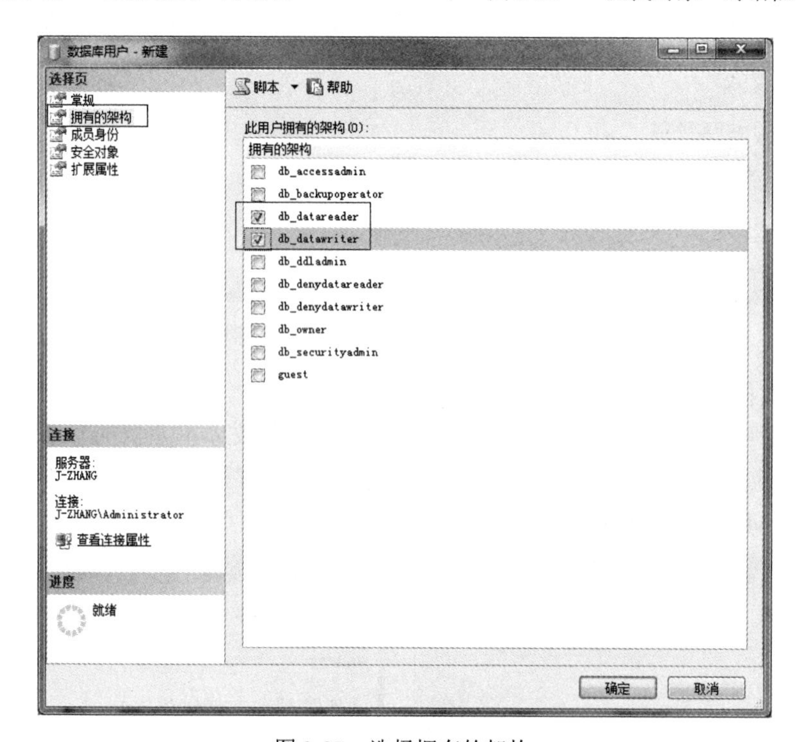

图 3-87 选择拥有的架构

⑤ 设置数据库角色成员身份：在如图 3-82 所示的对话框中选择“成员身份”选项卡，选择数据库角色成员身份“db_datareader”，如图 3-88 所示。

（4）设置完成后，单击【确定】按钮，完成数据库用户的创建。

提示：

- *数据库用户和登录名位于不同的安全层次。*
- *数据库用户必须和一个登录名相关联。*

子任务 8 查看所建数据库用户 newuser 的属性。

（1）启动 SSMS，在“对象资源管理器”中依次展开【数据库】节点、【Teach】节点、【安全性】节点、【用户】节点。

（2）右击【newuser】，选择【属性】，如图 3-89 所示。

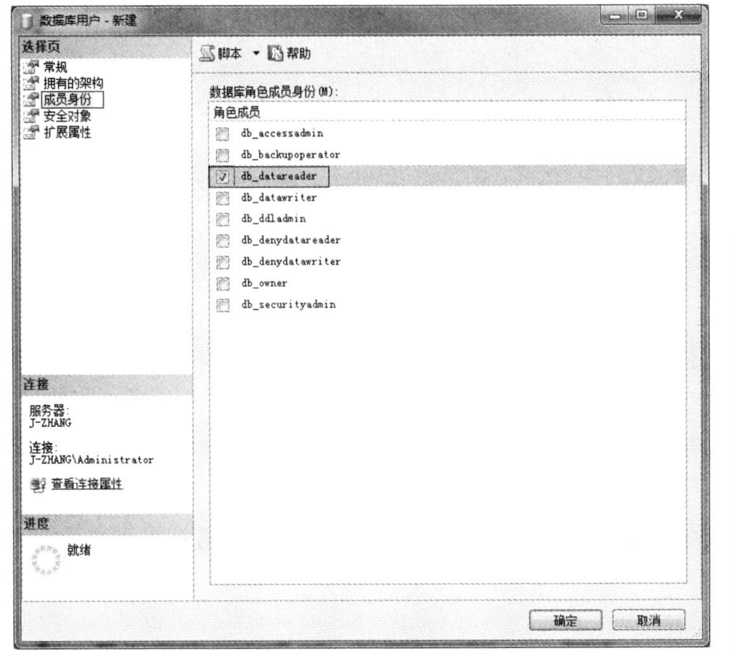

图 3-88　选择数据库角色成员身份

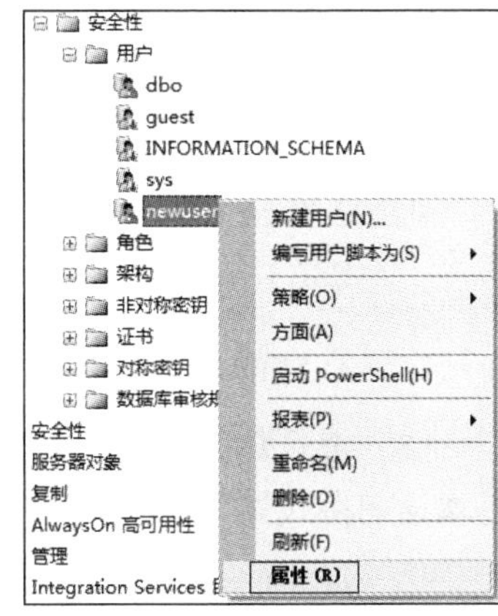

图 3-89　选择【属性】

（3）打开“数据库用户 newuser”对话框，查看和设置数据库用户的属性，显示属性效果类似图 3-82。

提示：在如图 3-89 所示的快捷菜单中选择【删除】即可删除指定的数据库用户。

2）使用 T-SQL 语句管理数据库用户

SQL Server 2012 提供了 CREATE USER、ALTER USER 和 DROP USER 语句进行数据库用户的创建、修改和删除操作。以前版本使用的管理数据库用户的系统存储过程，SQL Server 2012 仍然支持，但不建议使用。

（1）创建数据库用户。使用 CREATE USER 语句可以创建数据库用户，基本语句格式如下：

```
CREATE USER 数据库用户名    [ { FOR | FROM }
          {
             LOGIN 登录名
          }
          | WITHOUT LOGIN
]
```

子任务 9　创建与登录名“newlogin”关联的数据库用户。

创建名称为“newuser”的数据库用户，完成语句如下：

```
USE Teach
GO
CREATE USER newuser
FOR LOGIN newlogin
GO
```

创建与登录名“newlogin”同名的数据库用户，完成语句如下：

```
USE Teach
GO
CREATE USER newlogin
GO
```

（2）修改数据库用户。使用 ALTER USER 语句可以修改数据库用户名和密码，基本语句格式如下：

```
ALTER USER 数据库用户名
   WITH <修改项> [ ,…n ]
```

子任务 10 将数据库用户“newuser”的名称修改为“new”。

```
USE Teach
GO
ALTER USER newuser WITH NAME=new
```

（3）查看数据库用户属性。使用存储过程 sp_helpuser 可以查看当前数据库用户信息，基本语句格式如下：

```
sp_helpuser
```

子任务 11 查看当前数据库中数据库用户信息。

```
EXEC sp_helpuser
GO
```

运行结果如图 3-90 所示。

	UserName	RoleName	LoginName	DefDBName	DefSchemaName	UserID	SID
1	dbo	db_owner	sa	master	dbo	1	0x01
2	guest	public	NULL	NULL	guest	2	0x00
3	INFORMATION_SCHEMA	public	NULL	NULL	NULL	3	NULL
4	new	db_datareader	newlogin	master	dbo	5	0xC74
5	sys	public	NULL	NULL	NULL	4	NULL

图 3-90 Teach 数据库用户属性

（4）删除数据库用户。使用 DROP USER 语句可以删除数据库用户，基本语句格式如下：

```
DROP USER 数据库用户名
```

子任务 12 从 Teach 数据库中删除所建数据库用户“new”。

```
USE Teach
GO
DROP USER new
```

提示：

- 不能从数据库中删除拥有安全对象的用户。
- 不能删除 guest 用户。
- 删除时如果出现“消息 15138，级别 16，状态 1，第 1 行，数据库主体在该数据库中拥有架构，无法删除”，请使用 ALTER AUTHORIZATION 语句将该数据库用户对应的架构更改给其他用户，再执行删除操作。

3. 管理角色

1）管理服务器角色

（1）设置服务器角色。

子任务 13 使用 SSMS，将登录名“newlogin”添加到“sysadmin”固定服务器角色。

① 启动 SSMS，在“对象资源管理器”中依次展开【安全性】节点、【服务器角色】节点。

② 右击【sysadmin】，选择【属性】，如图 3-91 所示。

③ 打开“Server Role Properties（服务器角色属性）-sysadmin”对话框，如图 3-92 所示，进行如下设置。

a. 单击【添加】按钮，打开“选择登录名”对话框，从中选择要添加到 sysadmin 服务器角色的登录名。

b. 单击【删除】按钮，可以将选定的登录名从该服务器角色中删除。

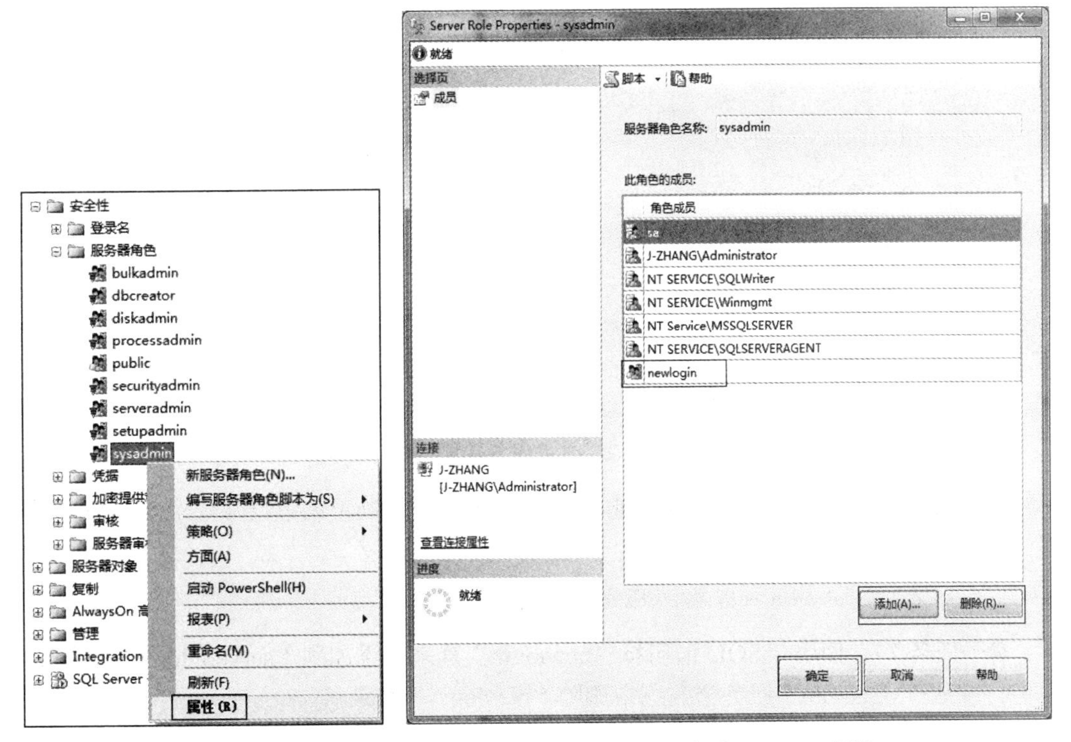

图 3-91 选择【属性】　　　　图 3-92 查看 sysadmin 属性

提示：

- 不能添加和删除服务器角色。
- 角色类似于 Windows 操作系统中的组的概念。
- 在将登录名添加到固定服务器角色时，该登录名将得到与此角色相关的权限。
- 不能更改 sa 登录和 public 的角色成员身份。

（2）查看登录名所属服务器角色。具体内容请参阅“查看登录属性”。在【子任务 13】完成后，登录名“newlogin”所属服务器角色（这里为 public 和 sysadmin）情况如图 3-93 所示。

提示：

- 在固定服务器角色属性中可以查看选定服务器角色所包含的登录名。
- 在登录名的属性中可以查看该登录名隶属于哪些服务器角色。

使用存储过程 sp_addsrvrolemember 可以添加登录名为固定服务器角色的成员，基本语句格式如下：

```
sp_addsrvrolemember 登录名, 服务器角色名
```

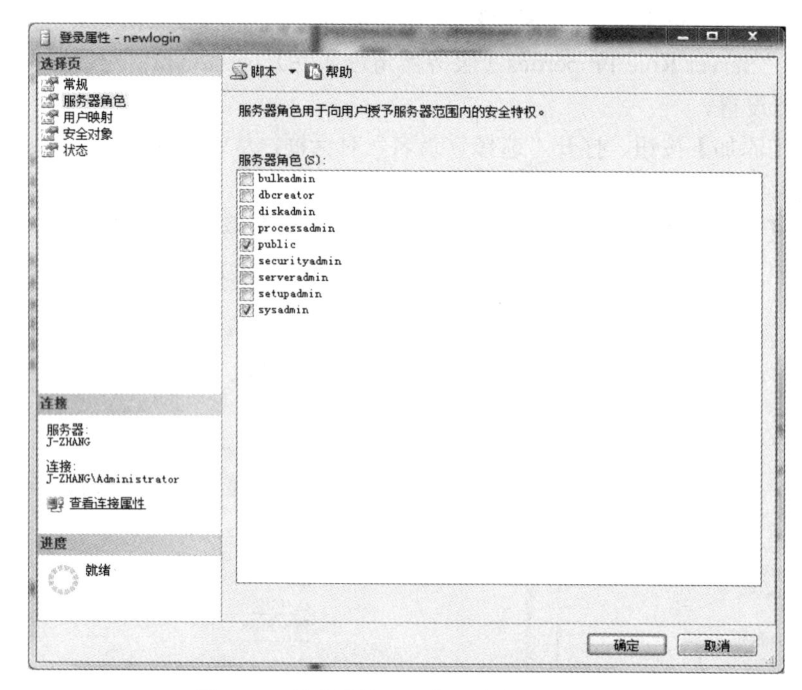

图 3-93　登录属性“服务器角色”选项卡

使用存储过程 sp_dropsrvrolemember 可以从固定服务器角色中删除登录名，基本语句格式如下：

```
sp_dropsrvrolemember 登录名, 服务器角色名
```

子任务 14　使用 T-SQL 语句将“newlogin”登录名添加到“serveradmin”服务器角色中，并从“sysadmin”服务器角色中删除“newlogin”登录名。

```
EXEC sp_addsrvrolemember 'newlogin','serveradmin'
GO
EXEC sp_dropsrvrolemember 'newlogin','sysadmin'
GO
```

2）管理数据库角色

（1）固定数据库角色。

子任务 15　查看固定数据库角色“db_ datawriter”的属性，并将数据库用户“newuser”

添加到该角色中。

① 启动 SSMS，在“对象资源管理器”中依次展开【数据库】节点、【Teach】节点、【安全性】节点、【角色】节点、【数据库角色】节点。

② 右击【db_datawriter】，选择【属性】，如图 3-94 所示。

③ 打开“数据库角色属性-db_datawriter”对话框，如图 3-95 所示，进行如下设置。

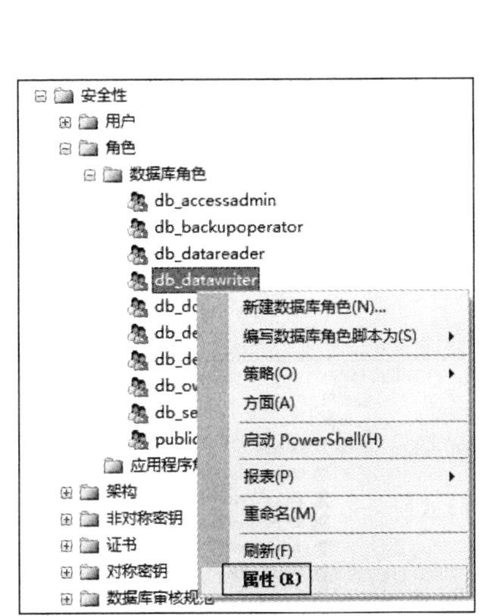

图 3-94　选择查看“db_datawriter”属性

图 3-95　查看“db_datawriter”属性

a. 单击【添加】按钮，打开“选择数据库用户或角色”对话框，单击【浏览】按钮，选择指定的登录名“newuser”，如图 3-96 所示。单击【确定】按钮，返回“数据库角色属性-db_data writer”对话框。

b. 单击【删除】按钮，从数据库角色中删除选定的登录名。

④ 单击【确定】按钮，将数据库用户“newuser”添加到“db_datawriter”数据库角色中。

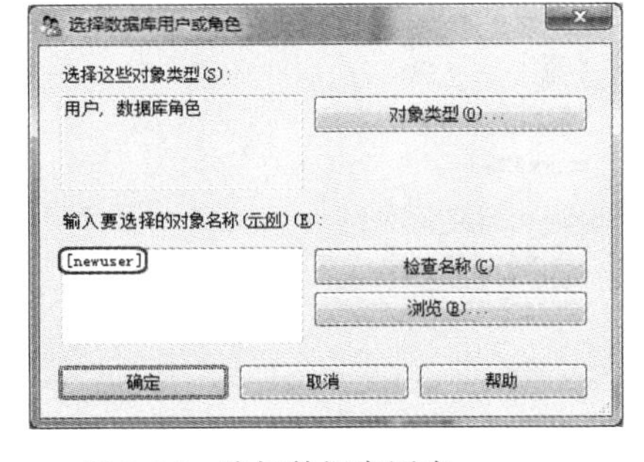

图 3-96　选择数据库用户 newuser

提示：

- 在将数据库用户添加到固定数据库角色时，该数据库用户将得到与此数据库角色相关的权限。
- 固定数据库角色不能被添加、修改和删除。

（2）用户定义数据库角色。当一组用户需要执行一组类似的活动时，如果既没有适用的 Windows 组，也没有管理 Windows 用户账户的权限（如果有 Windows 用户账户管理权限，可以在 Windows 操作系统中创建组），可以在 SQL Server 中创建用户定义数据库角色。

子任务 16　使用 SSMS 创建用户定义数据库角色“db_user”。

① 启动 SSMS，在“对象资源管理器”中依次展开【数据库】节点、【Teach】节点、

【安全性】节点、【角色】节点。

图 3-97　选择【新建数据库角色】

② 右击【数据库角色】，选择【新建数据库角色】，如图 3-97 所示。

③ 打开“数据库角色-新建”对话框，如图 3-98 所示，进行如下设置。

- 输入角色名称为 db_user。
- 指定数据库角色的所有者，默认为 dbo。
- 指定此角色拥有的架构。
- 添加此角色的成员 newuser。

④ 单击【确定】按钮，完成数据库角色的创建。

要查看用户定义数据库角色属性或删除用户定义数据库角色，只要右击特定的用户定义数据库角色，选择【属性】或【删除】即可，如图 3-99 所示。

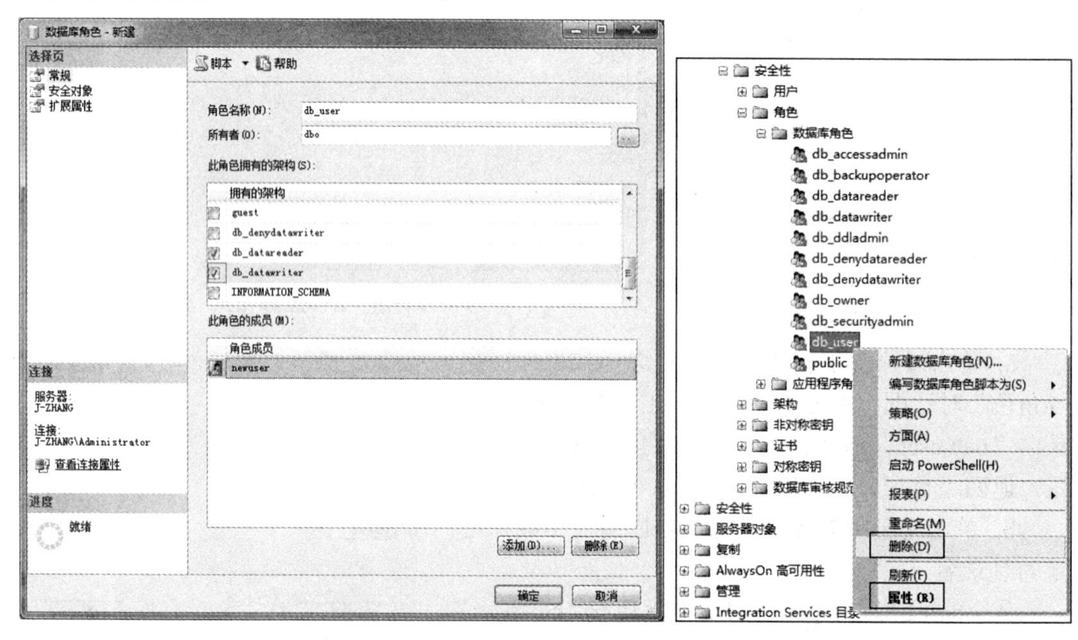

图 3-98　新建数据库角色　　　　图 3-99　查看或删除数据库角色

使用 CREATE ROLE 语句可以在当前数据库创建新的用户定义数据库角色，基本语句格式如下：

```
CREATE ROLE 角色名 [AUTHORIZATION 所有者名]
```

使用存储过程 sp_addrolemember 可以为当前数据库中的数据库角色添加数据库用户，基本语句格式如下：

```
sp_addrolemember 角色名,账户名
```

子任务 17　使用 T-SQL 语句在 Teach 数据库中创建用户定义数据库角色“db_user”，并将所建的数据库用户“newuser”添加到该角色中。

```
USE Teach
GO
CREATE ROLE db_user
GO
EXEC sp_addrolemember 'db_user', 'newuser'
GO
```

使用 ALTER ROLE 语句可以修改当前数据库中的数据库角色，基本语句格式如下：

```
ALTER ROLE 角色名 WITH NAME = 新名称
```

使用 DROP ROLE 语句可以删除当前数据库中的数据库角色，基本语句格式如下：

```
DROP ROLE 角色名
```

使用存储过程 sp_helprole 可以查看数据库角色详细信息，基本语句格式如下：

```
sp_helprole [角色名]
```

子任务 18 查看当前服务器中数据库角色的情况。

```
sp_helprole
```

运行结果如图 3-100 所示。

结果 消息

	RoleName	RoleId	IsAppRole
1	public	0	0
2	db_user	7	0
3	db_owner	16384	0
4	db_accessadmin	16385	0
5	db_securityadmin	16386	0
6	db_ddladmin	16387	0
7	db_backupoperator	16389	0
8	db_datareader	16390	0
9	db_datawriter	16391	0
10	db_denydatareader	16392	0
11	db_denydatawriter	16393	0

图 3-100 当前服务器中数据库角色信息

提示：

- 如果要查看与角色关联的权限，请使用存储过程 sp_helprotect。
- 如果要查看数据库角色的成员，请使用存储过程 sp_helprolemember。

3）管理应用程序角色

子任务 19 用户 nnzhang 需要通过 Teach 应用程序对数据库中的 Student 表和 Course 表进行 SELECT、UPDATE 和 INSERT 操作，但该用户不能使用 SQL Server 提供的工具访问 Student 表或 Course 表。

（1）创建一个数据库角色 approle，该角色不具有对 Student 表和 Course 表的 SELECT、INSERT 和 UPDATE 权限。

（2）将用户 nnzhang 添加为该 approle 数据库角色的成员。

（3）在数据库中创建对 Student 表和 Course 表具有 SELECT、INSERT 和 UPDATE 权限的应用程序角色。

（4）应用程序运行时，使用存储过程 sp_setapprole 提供密码激活应用程序，并获得访问 Student 表和 Course 表的指定权限。但是如果用户 nnzhang 尝试使用除该应用程序外的任何其他工具登录到 SQL Server 实例，则将无法访问 Student 表和 Course 表。

4. 管理权限

1）使用 SSMS 管理权限

子任务 20 使用 SSMS 管理 Student 表的权限。

（1）启动 SSMS，在“对象资源管理器”中依次展开【数据库】节点、【Teach】节点、

【表】节点。

（2）右击【Student】，选择【属性】，打开“表属性”对话框，选择“权限”选项卡，如图 3-101 所示。

（3）单击【搜索】按钮，打开“选择用户或角色”对话框，单击【浏览】按钮，选择匹配的对象（用户、数据库角色、应用程序角色），如图 3-102 所示。

（4）选择指定的用户或角色（这里为 newuser 或 public），如图 3-103 所示。对特定的权限（ALTER、CONTROL 和 DELETE 等）设置【授予】、【具有授予权限】和【拒绝】，如图 3-101 所示。

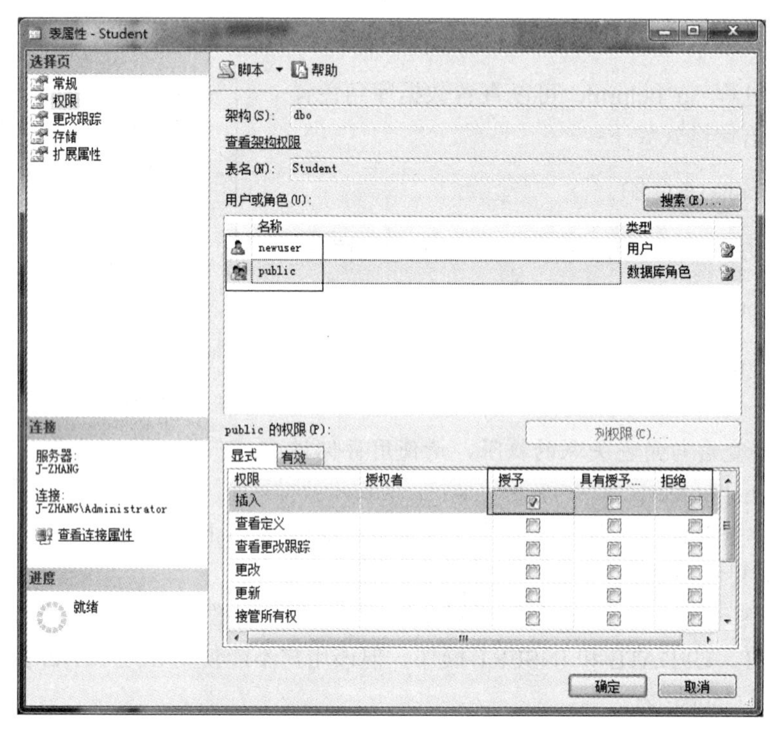

图 3-101 “权限”选项卡

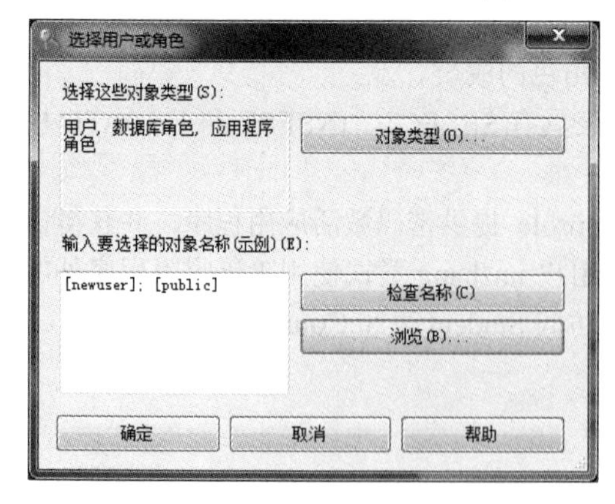

图 3-102 选择用户或角色

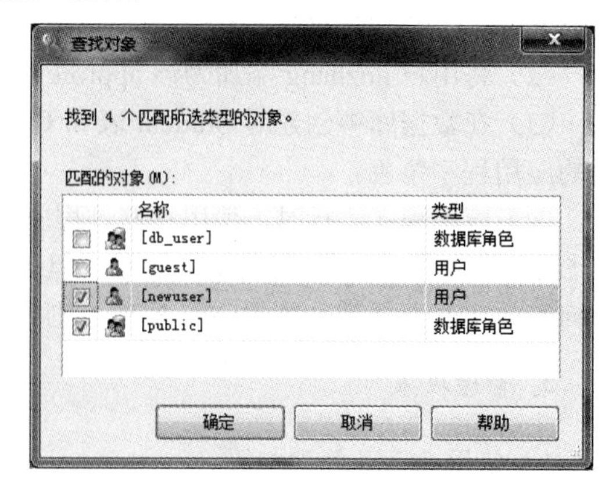

图 3-103 查找对象

提示：

- 视图、存储过程的权限管理与表的权限管理类似。
- 【授予】、【具有授予权限】和【拒绝】权限在同一对话框中进行管理。

2）使用 T-SQL 语句管理权限

使用 T-SQL 语言的 GRANT、DENY 和 REVOKE 语句可以实现对权限的管理。

（1）使用 GRANT 语句授予权限，基本语句格式如下：

```
GRANT <permission> ON <object >TO <user>
```

参数含义如下。

- permission：可以是相应对象的有效权限的组合。可以使用关键字 all（表示所有权限）来替代权限组合。
- object：被授权的对象，可以是表、视图、列或存储过程。
- user：被授权的一个或多个用户或组。

子任务 21　使用 T-SQL 语句授予用户“newuser”对 Teach 数据库中 Student 表的查询和删除权限。

```
USE Teach
GO
GRANT SELECT,DELETE
ON Student
TO newuser
GO
```

该语句执行成功后，Student 表的权限属性如图 3-104 所示。

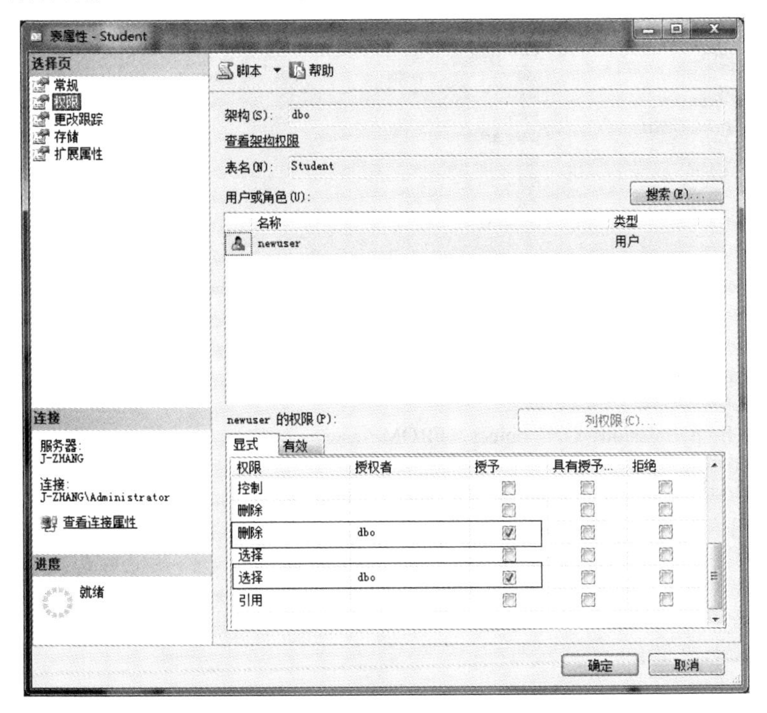

图 3-104　Student 表的权限属性（1）

（2）使用 DENY 语句拒绝权限，基本语句格式如下：

```
DENY <permission> ON <object >TO <user>
```

参数含义同 GRANT 语句。

子任务 22 使用 T-SQL 语句拒绝用户“newuser”对 Teach 数据库中 Student 表的插入和修改权限。

```
USE Teach
GO
DENY INSERT,UPDATE
ON Student
TO newuser
GO
```

该语句执行成功后，Student 表的权限属性如图 3-105 所示。

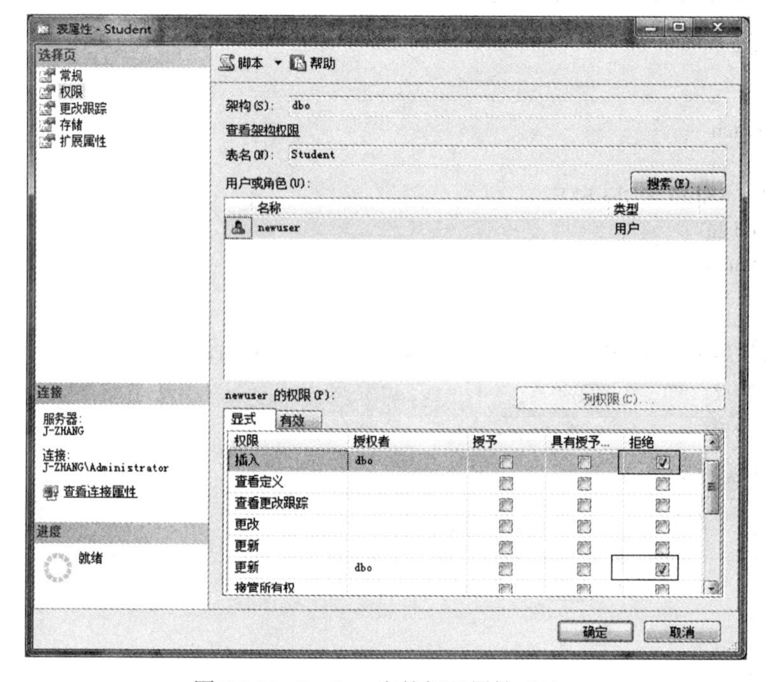

图 3-105 Student 表的权限属性（2）

（3）使用 REVOKE 语句取消权限，基本语句格式如下：

```
REVOKE <permission> ON <object > FROM <user>
```

参数含义同 GRANT 语句。

子任务 23 使用 T-SQL 语句取消用户“newuser”对 Teach 数据库中 Student 表的删除权限。

```
USE Teach
GO
REVOKE DELETE
ON Student
```

```
FROM newuser
GO
```

该语句执行成功后，Student 表的权限属性如图 3-106 所示。

提示：

- 必须显式地指定用户对对象的【授予】、【具有授予权限】和【拒绝】权限。
- 用户获得【具有授予权限】，表示用户可以将对应的权限授予其他对象。
- 改变对象的权限后，需要刷新对象才能查看其更改后的权限属性。

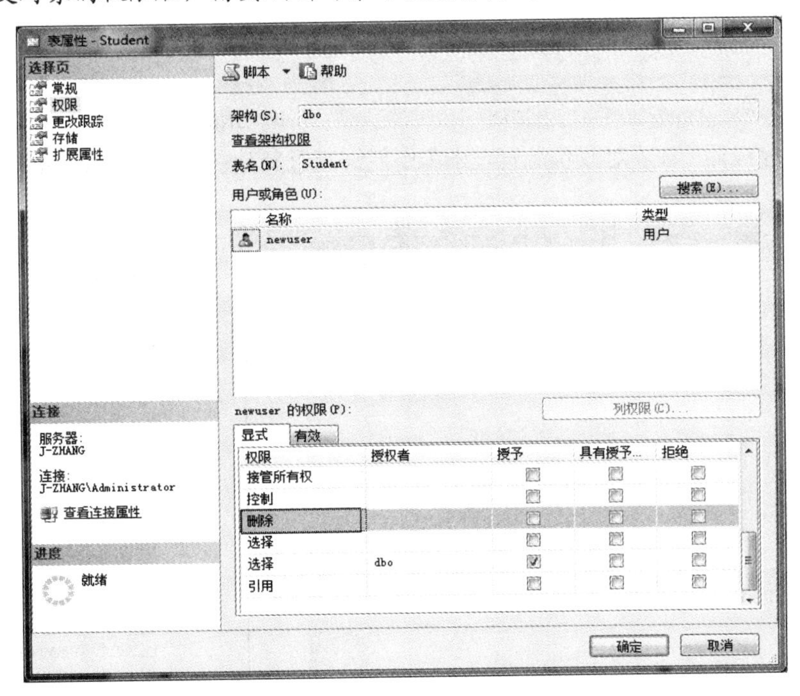

图 3-106 Student 表的权限属性（3）

5. 管理架构

1）使用 SSMS 管理架构

子任务 24 使用 SSMS 管理架构。

（1）启动 SSMS，在“对象资源管理器”中依次展开【数据库】节点、【Teach】节点、【安全性】节点。

（2）右击【架构】，选择【新建架构】，如图 3-107 所示。

（3）打开“架构-新建”对话框，选择“常规”选项卡，输入架构名称（如 newschema），单击【搜索】按钮，打开“搜索角色和用户”对话框，如图 3-108 所示。继续单击【浏览】按钮，打开“查找对象”对话框，如图 3-109 所示。选择用户（如 newuser）后，在打开的对话框中单击【确定】按钮，返回“查找对象”对话框，继续单击【确定】按钮，返回“搜索角色和用户”对话框，继续单击【确定】按钮，返回“架构-新

图 3-107 选择【新建架构】

建”对话框，完成架构所有者的选择，如图 3-110 所示。

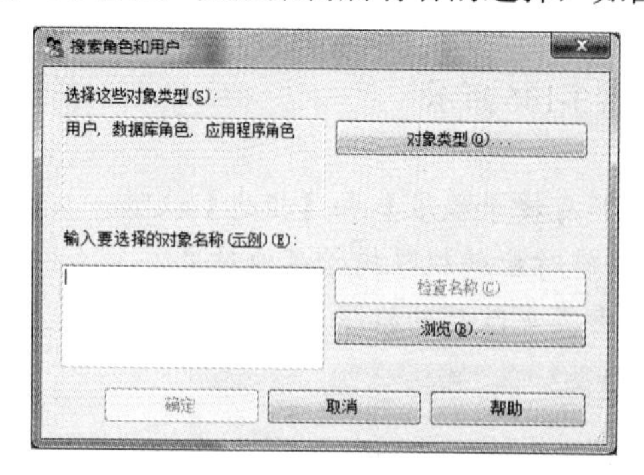

图 3-108 “搜索角色和用户”对话框

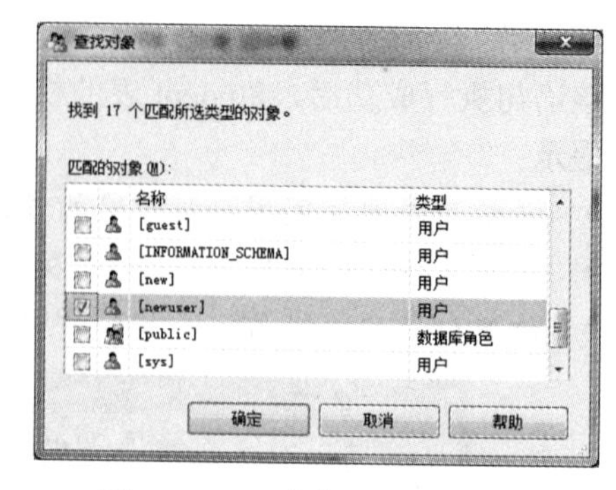

图 3-109 “查找对象”对话框

（4）操作完成后，在“对象资源管理器”中能够查看新建的架构 newschema，如图 3-111 所示。

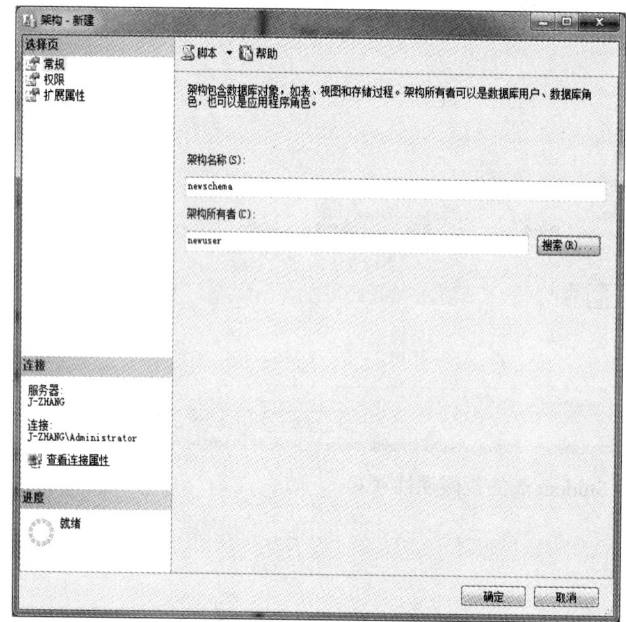

图 3-110 指定新建架构属性

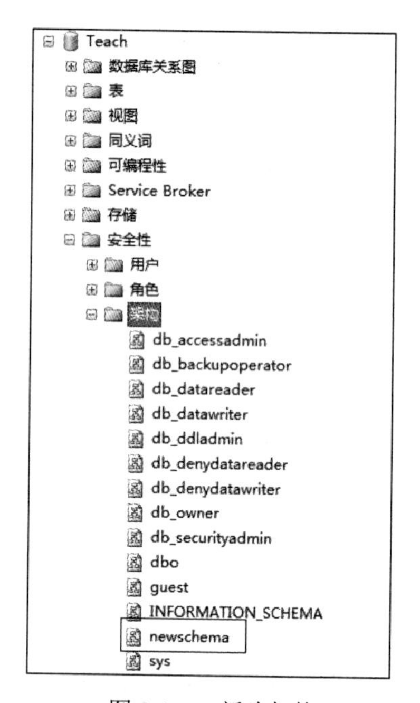

图 3-111 新建架构

下面通过实例说明架构的作用。

（1）将 Teach 数据库下 Student 表的架构修改为 newschema。

在“对象资源管理器”中右击 Student 表后，选择【设计】，打开表设计器，在表的“属性”窗口中将架构的选项改为指定的架构（如 newschema），如图 3-112 所示。

提示：

- 通过选择【视图】→【属性窗口】可以显示“属性”窗口。
- 更改 Student 表的架构时，会弹出如图 3-113 所示的警告对话框。

修改完成后，重新刷新即可看到 Student 表的架构已更改，如图 3-114 所示。

（2）以 newlogin 用户身份重新登录到 SQL Server 实例。

重新连接到 SQL Server 实例，输入登录名 newlogin，密码 123456，如图 3-115 所示。

登录成功后，可以看到【Teach】节点下只有一个数据表 newschema.Student，如图 3-116 所示。Teach 数据库中的其他表由于不属于 newschema 架构，因此查看不到。

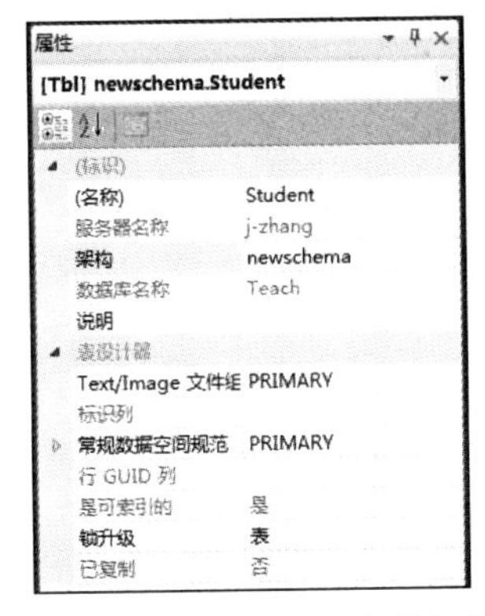

图 3-112 更改 Student 表的架构

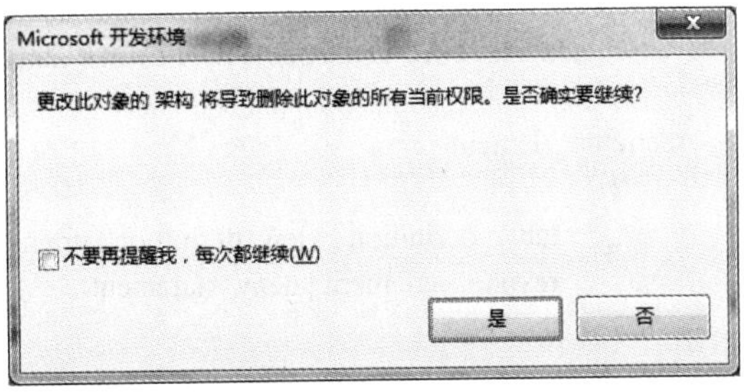

图 3-113 更改 Student 表架构时弹出的警告对话框

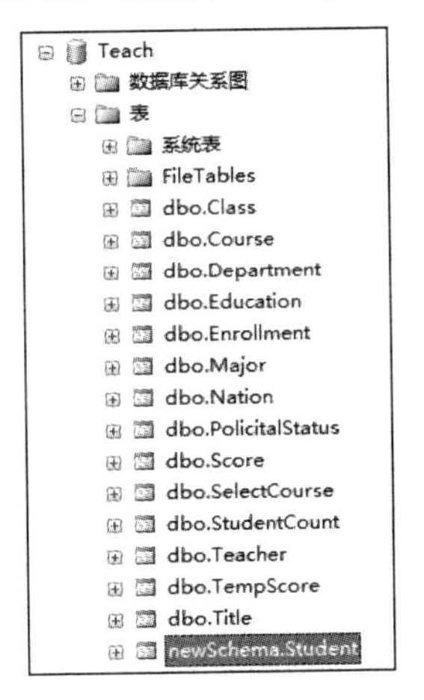

图 3-114 架构修改后的 Student 表

图 3-115 newlogin 登录 SQL Server 实例

提示：

- 数据库用户 newuser 与现登录名 newlogin 关联，newuser 为 newschema 的所有者，因此登录名 newlogin 与架构 newschema 关联。
- 合理使用角色和架构可以简化数据库的权限控制。
- 服务器登录名对象分别与服务器角色和数据库用户直接关联，而数据库用户与数据库角色和数据库架构直接联系，从而形成了整个数据库结构的权限管理。

2）使用 T-SQL 语句管理架构

使用 T-SQL 语言的 CREATE SCHEMA、ALTER SCHEMA 和 DROP SCHEMA 语句可以实现对架构的管理。

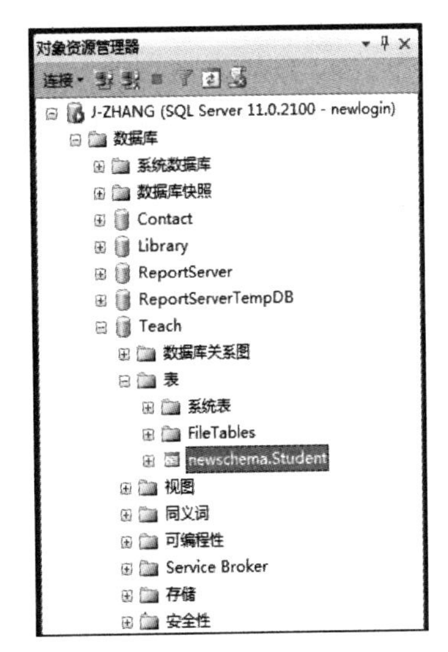

图 3-116 newlogin 登录后 Teach 数据库的表

（1）使用 CREATE SCHEMA 语句创建架构，基本语句格式如下：

```
CREATE SCHEMA schema_name_clause [ <schema_element> [ ...n ] ]
<schema_name_clause> ::=
    {
    schema_name
  | AUTHORIZATION owner_name
  | schema_name AUTHORIZATION owner_name
    }
<schema_element> ::=
    {
        table_definition | view_definition | grant_statement
        revoke_statement | deny_statement
    }
```

参数含义如下。

- schema_name：在数据库内标识架构的名称。
- AUTHORIZATION owner_name：指定将拥有架构的数据库级主体的名称。此主体还可以拥有其他架构，并且可以不使用当前架构作为其默认架构。
- table_definition：指定在架构内创建表的 CREATE TABLE 语句。执行此语句的主体必须对当前数据库具有 CREATE TABLE 权限。
- view_definition：指定在架构内创建视图的 CREATE VIEW 语句。执行此语句的主体必须对当前数据库具有 CREATE VIEW 权限。
- grant_statement：指定可对除新架构外的任何安全对象授予权限的 GRANT 语句。
- revoke_statement：指定可对除新架构外的任何安全对象撤销权限的 REVOKE 语句。
- deny_statement：指定可对除新架构外的任何安全对象拒绝授予权限的 DENY 语句。

子任务 25 使用 T-SQL 语句创建名称为 myschema 的架构，其所有者为登录名 newuser。

```
USE Teach
GO
CREATE SCHEMA myschema
AUTHORIZATION newuser
```

（2）使用 ALTER SCHEMA 语句修改架构。修改架构的基本语句格式如下：

```
ALTER SCHEMA 新架构 TRANSFER 旧架构.对象名称
```

子任务 26 使用 T-SQL 语句将 Teach 数据库下的 Student 表的架构更改为 dbo。

```
ALTER SCHEMA dbo TRANSFER newschema.Student
```

（3）使用 DROP SCHEMA 语句删除架构。删除架构的基本语句格式如下：

```
DROP SCHEMA 架构名
```

子任务 27 使用 T-SQL 语句删除架构 myschema。

```
DROP SCHEMA myschema
```

提示：

- 删除架构时必须保证架构中没有对象。
- 修改和删除架构时要求对架构具有CONTROL权限，或者对数据库具有ALTER ANY SCHEMA权限。

课堂实践4

1. 操作要求

（1）使用SSMS创建“SQL Server身份验证”登录名“testsql”，并查看其属性。

（2）使用SSMS删除登录名“testsql”。

（3）使用T-SQL语句创建“Windows身份验证”登录名（对应的Windows用户为testwin）。

（4）使用T-SQL语句查看所创建的登录名“testwin”的属性。

（5）使用T-SQL语句删除登录名“testwin”。

（6）使用SSMS创建与登录名“testsql”对应的数据库用户“sqluser”，并查看其属性。

（7）使用SSMS删除数据库用户“sqluser”。

（8）使用T-SQL语句创建与登录名“testwin”对应的数据库用户“winuser”。

（9）将数据库用户“winuser”修改为“win”。

（10）使用T-SQL语句查看Teach数据库中数据库用户的信息。

（11）使用T-SQL语句删除数据库用户“win”。

（12）查看固定数据库角色db_owner的属性。

（13）将数据库用户sqluser添加到db_owner角色中。

（14）使用T-SQL语句在Teach数据库中创建用户定义数据库角色“db_myuser”。

（15）将数据库用户“sqluser”添加到“db_myuser”角色中。

（16）使用SSMS授予数据库用户“sqluser”对Teacher表的查询权限。

（17）使用T-SQL语句授予数据库用户“sqluser”对Course表的插入和修改权限，并查看授权后的Course表的权限属性。

（18）使用T-SQL语句拒绝数据库用户“sqluser”对Course表的删除权限，并查看授权后的Course表的权限属性。

（19）使用T-SQL语句取消数据库用户“sqluser”对Course表的修改权限，并查看授权后的Course表的权限属性。

2. 操作提示

（1）根据需要，在操作系统环境中创建对应的用户。

（2）通过改变验证模式验证所创建的登录名。

（3）数据库用户必须与登录名对应。

（4）注意数据库用户名称和密码的指定。

（5）不能创建或删除固定的数据库角色，可以创建或删除用户定义的数据库角色。

（6）一个数据库用户可以属于多个角色。

（7）权限更改后，自行进行权限的测试。

（8）SQL Server的安全体系为一个层次体系，请注意各安全层次间的关系。

3.4.3 任务小结

通过本任务，读者应掌握的数据库操作技能如下：

- 登录管理。能使用 SSMS 管理登录名，能使用 T-SQL 语句完成登录名的创建、修改与删除，能使用存储过程 sp_helplogins 查看登录名信息。
- 用户管理。能使用 SSMS 管理数据库用户，能使用 T-SQL 语句完成数据库用户的创建、修改与删除，能使用存储过程 sp_helpuser 查看数据库用户信息。
- 角色管理。能进行固定服务器角色管理、固定数据库角色管理、用户数据库角色管理、应用程序角色管理，能使用存储过程 sp_helprole 查看数据库角色信息。
- 权限管理。能使用 SSMS 管理权限，能使用 GRANT 语句授予权限，能使用 DENY 语句拒绝权限，能使用 REVOKE 语句取消权限。

项目 4 B/C 电子商城系统数据库

项目描述

随着网络的发展，网上购物已经成为消费者的一种消费习惯。电子商城能够有效降低企业的经营成本，同时避免消费者挑选商品的烦琐过程，使得消费者的购物过程变得轻松、快捷、方便，适合现代人快节奏的生活方式。本项目的主要目标就是要实现一个 B/C 模式的电子商城系统 WebShop，该电子商城系统要求能够实现前台用户购物和后台管理两大功能。前台购物系统包括会员注册、会员登录、商品浏览、商品搜索、购物车管理、订单管理和会员资料修改等功能。后台管理系统包括管理用户、维护商品库、处理订单、维护会员信息和其他管理功能。

根据系统功能描述和实际业务分析，进行 WebShop 电子商城的数据库设计，主要数据表及其结构如表 4-1～表 4-8 所示。

1. Customers 表（会员信息表）

Customers 表结构的详细信息如表 4-1 所示。

表 4-1　Customers 表结构

表序号	1	表名		Customers 表		
含义	存储会员基本信息					
序号	属性名称	含义	数据类型	长度	为空性	约束
1	c_ID	客户编号	char	5	not null	主键
2	c_Name	客户名称	varchar	30	not null	唯一
3	c_TrueName	真实姓名	varchar	30	not null	
4	c_Gender	性别	char	2	not null	
5	c_Birth	出生日期	datetime		not null	
6	c_CardID	身份证号	varchar	18	not null	
7	c_Address	客户地址	varchar	50	null	
8	c_Postcode	邮政编码	char	6	null	
9	c_Mobile	手机号码	varchar	11	null	
10	c_Phone	固定电话	varchar	15	null	

续表

序号	属性名称	含义	数据类型	长度	为空性	约束
11	c_E-mail	电子邮箱	varchar	50	null	
12	c_Password	密码	varchar	30	not null	
13	c_SafeCode	安全码	char	6	not null	
14	c_Question	提示问题	varchar	50	not null	
15	c_Answer	提示答案	varchar	50	not null	
16	c_Type	用户类型	varchar	10	not null	

2. Types 表（商品类别表）

Types 表结构的详细信息如表 4-2 所示。

表 4-2　Types 表结构

表序号	2	表名		Types 表		
含义	存储商品类别信息					
序号	属性名称	含义	数据类型	长度	为空性	约束
1	t_ID	类别编号	char	2	not null	主键
2	t_Name	类别名称	varchar	50	not null	
3	t_Description	类别描述	varchar	100	null	

3. Goods 表（商品信息表）

Goods 表结构的详细信息如表 4-3 所示。

表 4-3　Goods 表结构

表序号	3	表名		Goods 表		
含义	存储商品信息					
序号	属性名称	含义	数据类型	长度	为空性	约束
1	g_ID	商品编号	char	6	not null	主键
2	g_Name	商品名称	varchar	50	not null	
3	t_ID	商品类别	char	2	not null	外键
4	g_Price	商品价格	float		not null	
5	g_Discount	商品折扣	float		not null	
6	g_Number	商品数量	smallint		not null	
7	g_ProduceDate	生产日期	datetime		not null	
8	g_Image	商品图片	varchar	100	null	
9	g_Status	商品状态	varchar	10	not null	
10	g_Description	商品描述	varchar	1000	null	

4. Employees 表（员工信息表）

Employees 表结构的详细信息如表 4-4 所示。

表 4-4　Employees 表结构

表序号	4	表名		Employees 表		
含义	存储员工信息					
序号	属性名称	含义	数据类型	长度	为空性	约束
1	e_ID	员工编号	char	10	not null	主键
2	e_Name	员工姓名	varchar	30	not null	
3	e_Gender	性别	char	2	not null	
4	e_Birth	出生年月	datetime		not null	
5	e_Address	员工地址	varchar	100	null	
6	e_Postcode	邮政编码	char	6	null	
7	e_Mobile	手机号码	varchar	11	null	
8	e_Phone	固定电话	varchar	15	not null	
9	e_E-mail	电子邮箱	varchar	50	not null	

5. Payments 表（支付方式信息表）

Payments 表结构的详细信息如表 4-5 所示。

表 4-5　Payments 表结构

表序号	5	表名		Payments 表		
含义	存储支付信息					
序号	属性名称	含义	数据类型	长度	为空性	约束
1	p_Id	支付编号	char	2	not null	主键
2	p_Mode	支付名称	varchar	20	not null	
3	p_Remark	支付说明	varchar	100	null	

6. Orders 表（订单信息表）

Orders 表结构的详细信息如表 4-6 所示。

表 4-6　Orders 表结构

表序号	6	表名		Orders 表		
含义	存储订单信息					
序号	属性名称	含义	数据类型	长度	为空性	约束
1	o_ID	订单编号	char	14	not null	主键
2	c_ID	客户编号	char	5	not null	外键
3	o_Date	订单日期	datetime		not null	
4	o_Sum	订单金额	float		not null	
5	e_ID	处理员工	char	10	not null	外键
6	o_SendMode	送货方式	varchar	50	not null	
7	p_Id	支付方式	char	2	not null	外键
8	o_Status	订单状态	bit		not null	

7. OrderDetails 表（订单详情表）

OrderDetails 表结构的详细信息如表 4-7 所示。

表 4-7　OrderDetails 表结构

表序号	7	表名		OrderDetails 表		
含义	存储订单详细信息					
序号	属性名称	含义	数据类型	长度	为空性	约束
1	d_ID	编号	int		not null	主键
2	o_ID	订单编号	char	14	not null	外键
3	g_ID	商品编号	char	6	not null	外键
4	d_Price	购买价格	float		not null	
5	d_Number	购买数量	smallint		not null	

8. Users 表（用户表）

Users 表结构的详细信息如表 4-8 所示。

表 4-8　Users 表结构

表序号	8	表名		Users 表		
含义	存储管理员基本信息					
序号	属性名称	含义	数据类型	长度	为空性	约束
1	u_ID	用户编号	varchar	10	not null	主键
2	u_Name	用户名称	varchar	30	not null	
3	u_Type	用户类型	varchar	10	not null	
4	u_Password	用户密码	varchar	30	null	

项目计划

电子商城系统数据库项目的实施计划如表 4-9 所示。

表 4-9　电子商城系统数据库实施计划

工作任务	完成时长（课时）	任务描述
任务 4.1　WebShop 数据库的分析与设计	6	掌握数据库分析的一般过程，明确各阶段的任务及结果呈现方式。掌握数据流图的绘制方法，掌握 E-R 图的设计和绘制方法
任务 4.2　管理 WebShop 数据库的基本对象	2	基于已掌握的 T-SQL 语言知识，完成电子商城系统数据库的创建与管理，完成数据表的创建以及数据的录入，完成视图的创建，完成索引的创建
任务 4.3　管理 WebShop 数据库的触发器	6	理解数据库中触发器的概念以及一般应用场景，掌握三种不同触发器的使用区别。完成电子商城系统数据库中触发器的创建与管理
任务 4.4　管理 WebShop 数据库的存储过程	8	理解 T-SQL 语言的基本概念，理解 T-SQL 语言中的变量和标识符，掌握 T-SQL 语言的流程控制语句以及常用函数，掌握使用 SSMS 和 T-SQL 语句创建和管理存储过程

续表

工作任务	完成时长（课时）	任务描述
任务 4.5 基于.NET 的 WebShop 开发	8	理解数据库应用程序的基本结构，掌握常用的数据库访问技术。掌握 ADO.NET 的使用，能够使用 C#.NET 和 ASP.NET 开发出简单数据库操纵程序
任务 4.6 基于 Java 的 WebShop 开发	6	理解 ODBC 和 JDBC 的结构及原理。掌握 ODBC 数据源的创建，能够使用 J2SE 和 JSP 开发出简单数据库操纵程序

项目实施

任务 4.1 WebShop 数据库的分析与设计

任务目标

如果需要开发一个 B/S 模式的电子商城，首先需要进行数据库设计，通常是利用通用的 DBMS 作为开发的基础，建立数据库及其应用系统，使之能够有效地存储数据，满足各种用户的应用需求（信息要求和处理要求）。数据库设计包括结构特征的设计和行为特征的设计。

结构特征设计指确定数据库的数据模型。数据模型反映了现实世界的数据以及数据间的联系，要求在能够满足需求的前提下，尽可能地减少冗余，实现数据共享。

行为特征设计指确定数据库应用的行为和动作。在数据库应用系统中，应用的行为体现在应用程序中，所有行为特征的设计主要是用于程序的设计。

本任务的主要目标包括：

- 理解需求分析。
- 掌握概念结构设计。
- 掌握逻辑结构设计。
- 掌握物理结构设计。

4.1.1 背景知识

1. 需求分析

需求分析

需求分析是整个数据库设计过程中的第一步，也是最重要的一步，是其他后继各步骤的基础。开发者需要明确需求分析的任务和开展需求分析的基本步骤。需求分析的成果以系统需求说明书的形式呈现。

需求分析是对客观世界的对象进行调查、分析和命名，标识并构造出一个简明的全局数据视图，并且独立于任何具体的 DBMS。数据流图和数据字典都是需求分析说明书中重要的内容，也是进行数据库设计最重要的依据。开发者需要熟练掌握数据流图和数据字典这两种描述方式。

1）需求分析的任务

需求分析的目标是通过详细调查现实世界要处理的对象（组织、部门、企业等），充分了解原系统（手工系统或计算机系统）的工作概况，明确用户需求，确定新系统的功能。需求分析阶段的任务主要有以下两项。

（1）确定设计范围。通过详细调查现实世界要处理的对象（组织、部门、企业等），弄清现行系统（手工系统或计算机系统）的功能划分、总体工作流程，明确用户的各种需求，在此基础上确定应用系统要实现的功能以及今后可能的扩充和改变。

（2）数据收集与分析。需求分析的重点是在调查研究的基础上，获得数据库设计所必需的数据信息。这些信息包括用户的信息需求、处理需求、安全性和完整性需求等。信息需求是指用户需要从数据库中获得信息的内容与性质。处理需求是用户对信息加工处理的要求，包括处理流程、发生频度、响应时间和涉及数据等。同时，还要弄清用户对数据的安全性和完整性的约束等。

2）需求分析的基本步骤

进行需求分析首先要调查清楚用户的实际需求并进行初步分析，与用户达成共识后，再进一步分析与表达这些需求。需求分析的具体步骤如下。

（1）调查与初步分析用户的需求，确定系统的边界。

在这一阶段中，设计人员在用户的积极参与和配合下，完成以下工作：

① 调查组织机构情况，包括了解该组织的部门组织情况，各部门的职责等，为分析信息流程作准备。

② 调查各部门的业务活动情况，包括了解各个部门输入和使用什么数据、如何处理这些数据、输出什么信息、输出到什么部门、输出结果的格式是什么，这是调查的重点。

③ 在熟悉了业务活动的基础上，协助用户明确对新系统的各种要求，包括信息要求、处理要求、安全性与完整性要求，这是调查的又一个重点。

④ 对前面调查的结果进行初步分析，确定新系统的边界，确定哪些功能由计算机完成或将来由计算机完成，哪些功能由人工完成。由计算机完成的功能就是新系统应该实现的功能。

在调查的过程中，可以根据不同的问题和条件使用不同的调查方法。常用的调查方法有面谈、书面填表、开会调查、查看和分析业务记录、实地考察或资料分析法等。

（2）分析和表达用户的需求。

在调查了解了用户的需求、收集了用户的数据后，还必须采用好的工具和方法分析表达用户的需求。结构化分析方法就是一种广泛应用的需求分析表达方法，它是从最上层的系统结构入手，自顶向下、逐步求精地建立系统模型，并用数据流图和数据字典描述系统。

（3）阶段成果。

需求分析的阶段成果是系统需求说明书。此说明书主要包括各项业务的数据流图（data flow diagram，DFD）及有关说明，对各类数据描述的集合，即数据字典，各类数据的统计表格，系统功能结构图和必要的说明。系统需求说明书将作为数据库设计全过程的重要依据文件。

3）数据流图和数据字典

（1）数据流图基本符号。数据流图是一种最常用的结构化分析工具，它用图形的方式来表达数据处理系统中信息的变换和传递过程。数据流图有 4 种基本符号，如图 4-1 所示。

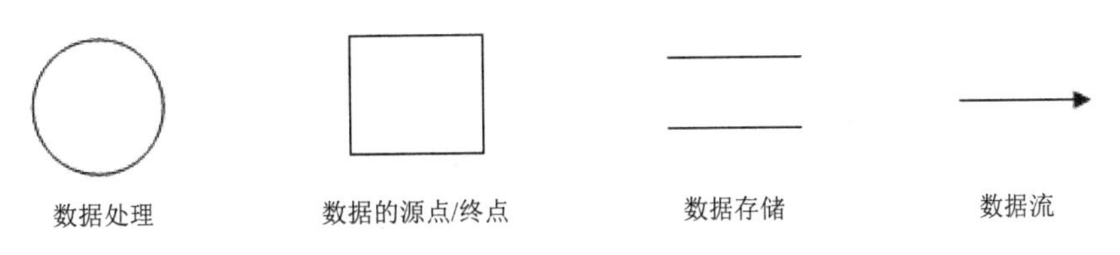

图 4-1 数据流符号图

图 4-1 中，箭头表示数据流，即特定数据的流动方向；圆形表示数据处理，即对数据进行加工或变换，指向处理的数据流是该处理的输入数据，离开处理的数据流是该处理的输出数据；两条平行横线表示数据存储；方框表示数据的源点或终点，即数据处理过程的数据来源或数据去向。

数据流图从顶层开始，依次为第 0 层、第 1 层、第 2 层、…，逐级层次化，分解到系统的工作过程表达清楚为止。

（2）数据字典。数据字典定义的项目包含 4 项：数据项、数据流、数据文件（数据存储）和转换处理。

- 数据项：数据项是不可再分的数据单位，它直接反映事物的某一特征。对数据项的描述通常包括数据项的名称、含义、类型、字节长度、取值范围和别名等。
- 数据流：数据流是数据结构在系统内传输的路径。对数据流的描述通常包括数据流的名称，组成该数据流的所有数据项名、数据流的来源、去向及流量等。
- 数据文件：数据文件是数据项保存的地方，也是数据流的来源和去向之一。对数据文件的描述通常包括数据文件名称、组成该数据文件的所有数据项名，数据的存取频率、存取方式等。
- 转换处理：处理过程条目描述处理过程的说明性信息，通常包括处理过程名称、逻辑功能、事务所涉及的部门名、数据项名、数据流名和激发条件等。

2. 概念结构设计

概念结构设计

完成需求分析以后，需要进行数据库的概念结构设计。概念结构设计是将系统需求分析得到的用户需求抽象为信息结构即概念模型的过程。概念结构设计的结果是概念模型，它不依赖于计算机系统和具体的 DBMS。描述概念模型一般使用 E-R 模型，采用 E-R 方法进行数据库概念设计，可以分成 3 步进行：首先设计局部 E-R 模式，然后把各局部 E-R 模式综合成一个全局的 E-R 模式，最后对全局 E-R 模式进行优化，得到最终的 E-R 模式，即概念模型。

1）概念结构设计的目标

概念结构设计阶段的目标是通过对用户需求进行综合、归纳与抽象，形成一个独立于具体 DBMS 的概念模型。概念结构的设计方法有以下两种。

（1）集中式模式设计法：这种方法是根据需求由一个统一机构或人员设计一个综合的全局模式。这种方法简单方便，适用于小型或不复杂的系统设计。由于该方法很难描述复杂的语义关联，因此不适用于大型的或复杂的系统设计。

（2）视图集成设计法：这种方法是将一个系统分解成若干个子系统，首先对每一个子系统进行模式设计，建立各个局部视图，然后将这些局部视图进行集成，最终形成整个系统的全局模式。

2）概念结构设计的过程

数据库概念结构设计的设计过程是：首先设计局部应用，再进行局部视图（局部 E-R 图）设计，然后进行视图集成得到概念模型（全局 E-R 图）。

视图设计一般有三种方法。

（1）自顶向下。这种方法是从总体概念结构开始逐层细化。如教师这个视图可以从一般教师开始，分解成高级教师、普通教师等，进一步再由高级教师细化为青年高级教师与中年高级教师等。

（2）自底向上。这种方法是从具体的对象逐层抽象，最后形成总体概念结构。

（3）由内向外。这种方法是从核心的对象着手，然后向四周逐步扩充，直到最终形成总体概念结构。如教师视图可从教师开始扩展至教师所担任的课程，上课的教室与学生等。

视图集成的实质是将所有的局部视图合并，形成一个完整的数据概念结构。在这一过程中最重要的任务是解决各个 E-R 图设计中的冲突。

常见的冲突有以下几类。

（1）命名冲突。命名冲突有同名异义和同义异名两种。如教师属性中何时参加工作与参加工作时间属于同义异名。

（2）概念冲突。如同一概念在一处为实体而在另一处为属性或联系。

（3）域冲突。相同属性在不同视图中有不同的域。

（4）约束冲突。不同的视图可能有不同的约束。

视图经过合并形成初步 E-R 图，再进行修改和重构，才能最后生成基本 E-R 图，作为进一步设计数据库的依据。

3）E-R 模型

目前，应用最为广泛的概念结构设计方法是 E-R 模型，E-R 模型是人们认识客观世界的一种方法、工具。这种模型将现实世界的信息结构统一用实体、实体的属性以及实体之间的联系，即 E-R 图来描述。E-R 图可用于描述数据流图中数据存储及其之间的关系，它是数据库概念结构设计最常用的工具。

（1）实体、属性与联系。

实体（Entity）与属性：实体与属性都是客观存在并可以互相区分的事物。而属性是用以描述实体的某一特征的，而且其本身在一定意义中，是不再需要描述的事物。实体必须用一组表征其特征的属性来描述。属性与实体无一定的界限，在设计时可以归属为属性的事物尽可能归为属性，以简化 E-R 图的处理，但也要根据需求而定。

联系（relationship）：联系是指实体之间存在的对应关系（它也具有属性），用菱形表示联系，在图形内标识它们的名字，它们之间用无向线相连，表示联系时在线上标明是哪种对应关系的联系。

联系有以下三种类型。

一对一联系：如果实体集 E1 中每个实体至多和实体集 E2 中的一个实体有联系，反之亦然，那么实体集 E1 和 E2 的联系称为“一对一联系”，记为“1∶1”。

一对多联系：如果实体集 E1 中每个实体可以与实体集 E2 中任意个（零个或多个）实体间有联系，而 E2 中每个实体至多和 E1 中一个实体有联系，那么称 E1 对 E2 的联系是“一对多联系”，记为“1∶N”。

多对多联系：如果实体集 E1 中每个实体可以与实体集 E2 中任意个（零个或多个）实体有联系，反之亦然，那么称 E1 和 E2 的联系是“多对多联系”，记为“M∶N”。

用 E-R 图可以简单明了地描述实体及其相互间的联系。例如，班长实体集和班级实体集之间是一对一的联系，校长实体集和教师实体集之间是一对多的联系，学生实体集和课程实体集之间是多对多的联系，如图 4-2 所示。

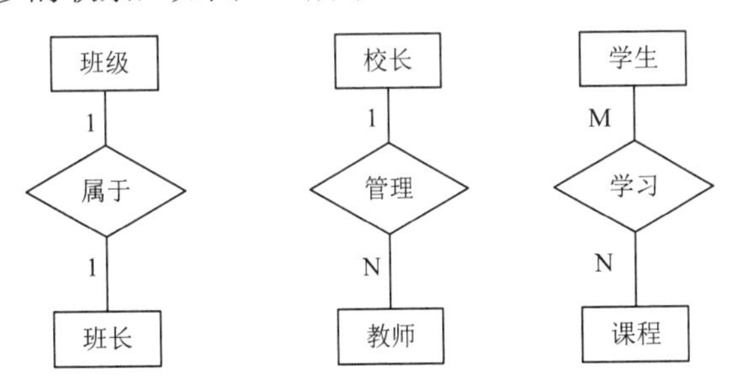

图 4-2　实体间的联系

（2）E-R 模型的表示方法。

在 E-R 模型中用 3 种图形分别表示实体、属性及实体间的联系，其规定如下：

① 用矩形框表示实体，框内标明实体名。

② 用椭圆框表示实体的属性，框内标明属性名。

③ 用菱形框表示实体间的联系，框内标明联系名。

④ 实体与其属性之间以无向边连接，菱形框及相关实体之间亦用无向边连接，并在无向边旁标明联系的类型。

图 4-3 表示了商品实体及属性。

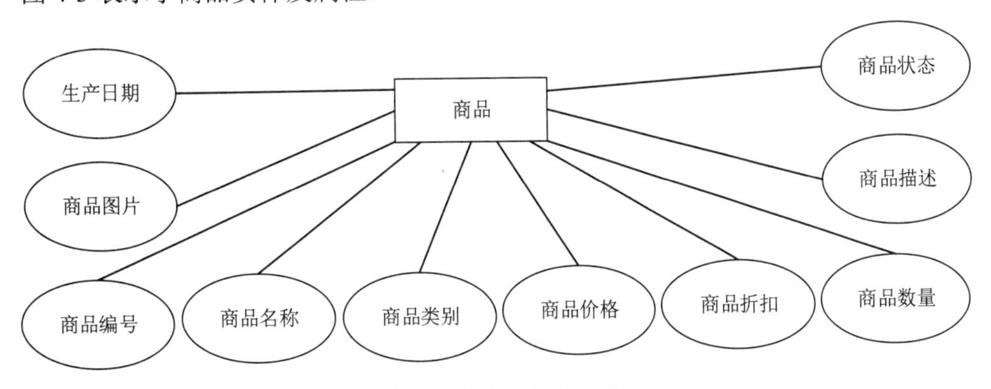

图 4-3　商品实体及属性

3. 逻辑结构设计

逻辑结构设计

完成概念结构设计以后，需要将概念结构模型转换为逻辑结构模型。逻辑结构是独立于任何一种数据模型的，在实际应用中，一般所用的数据库环境已经给定（如 SQL Server 或 Oracle 或 MySql）。由于目前使用的数据库基本上都是关系数据库，因此首先需要将 E-R 图转换为关系模型，然后根据具体 DBMS 的特点和限制转换为特定的 DBMS 支持下的数据模型，最后进行优化。

1）E-R 图向关系模型的转换

关系模型的逻辑结构是一组关系模式的集合，而 E-R 图则是由实体、实体的属性和实体之间的联系三个要素组成的。所以，将 E-R 图转换为关系模型实际上就是把实体、实体的属性和实体之间的联系转换为关系模式。转换规则如下。

（1）实体的转换。

一个实体转换为一个关系，实体的属性转换为关系的属性，实体所对应的主键就是关系所对应的主键。WebShop 电子商城系统中的实体可以转换为下面的关系模型。

会员:{客户编号，客户名称，真实姓名，性别，出生日期，身份证号，客户地址，邮政编码，手机号码，固定电话}

商品类别:{ 类别编号，类别名称，类别描述}

商品:{商品编号，商品名称，商品类别，商品价格，商品折扣，商品数量，生产日期，商品图片，商品状态，商品描述}

（2）1∶1 联系的转换。

一个 1∶1 联系可以转换为一个独立的关系模式，也可以与任意一端所对应的关系模式合并。如果转换为一个独立的关系模式，则与联系相连的各实体的主键以及联系本身的属性均转换为关系的属性，每个实体的主键均是该关系的候选键。如果将联系与任意一端实体所对应的关系模式合并，则需要在被合并的关系中增加属性，其新增的属性为联系本身的属性和与联系相关的另一个实体集的主键。

（3）1∶N 联系的转换。

一个 1∶N 联系可以转换为一个独立的关系模式，也可以与 N 端所对应的关系模式合并。如果转换为一个独立的关系模式，则与该联系相连的各实体的主键以及联系本身的属性均转换为关系模式，而关系的码为 N 端的码。如果是在 N 端实体集中增加新属性，新属性由联系对应的 1 端实体集的主键和联系自身的属性构成，新增属性后原关系的主键不变。

（4）M∶N 联系的转换。

一个 M∶N 联系转换为一个关系模式。转换的方法为：与该联系相连的各实体的主键以及联系本身的属性均转换为关系的属性，新关系的主键为两个相连实体主键的组合。

（5）三个或三个以上实体间的多元联系的转换。

三个或三个以上实体间的多元联系转换为一个关系模式。与该多元联系相连的各实体的主键以及联系本身的属性均转换为关系的属性，而关系的主键为各实体码的组合。

（6）具有相同主键的关系的处理。

具有相同主键的关系可以合并。如果两个关系模式具有相同的主键，可以考虑将它们合并为一个关系模式。合并的方法是将其中一个关系模式的全部属性加入到另一个关系模式中，然后去掉其中的同义属性，并适当调整属性的次序。

2）数据库的规范化

在讲解数据库范式之前，先介绍一下函数依赖的定义。

函数依赖普遍地存在于现实生活中，比如，描述一个学生的关系，可以有学号（SNO）、姓名（SNAME）、年龄（SAGE）等几个属性。由于一个学号只对应一个学生，一个学生只对应一个姓名和一个年龄。因而，当SNO值确定之后，姓名和年龄的值也就被唯一确定了，所以说SNO决定了SNAME和SAGE，或者说SNAME、SAGE依赖于SNO，记为：SNO—>SNAME，SNO—>AVE。

通常可以通过判断分解后的模式达到几范式来评价模式的好坏。范式有1NF、2NF、3NF、BCNF、4NF和5NF。通常，在数据库设计中，达到第三范式就可以了。通过模式分解，将低一级范式的关系模式分解成了若干个高一级范式的关系模式的集合，这种过程叫作规范化。下面将给出各个范式的定义。

（1）第一范式（1NF）。

设R是一个关系模式，如果R中的每个属性都是不可分解的，则称R是第一范式，记为R∈1NF。

第一范式要求不能表中套表，它是关系模式最基本的要求，数据库模式中的所有关系模式必须是第一范式。表4-10列出了一个非第一范式的员工关系。

该员工关系不是第一范式，因为联系方式可以分解为地址与邮编，可以将员工关系的联系方式属性拆开，使其满足第一范式，如表4-11所示。

表4-10 员工关系

姓名	联系方式
丁一	{株洲 412001}
王二	{长沙 410082}

表4-11 满足第一范式的员工关系

姓名	地址	邮编
丁一	株洲	412001
王二	长沙	410082

（2）第二范式（2NF）。

如果关系模式R是第一范式，且每个非主属性都完全依赖于主键属性，则称R是第二范式，记为R∈2NF。

在第二范式中，不存在非主属性之间的部分函数依赖关系，即消除了部分函数依赖关系，因此第二范式解决了插入异常问题。

例如，关系模式SCD（学号，姓名，课程名，成绩，系名，系主任），它不是第二范式，因为该关系模式的主关键字是学号和课程名，对于非主属性姓名和系名来说，它们只依赖于学号，而与课程名无关。我们把关系模式SCD分解为以下两个模式：

学生和系关系模式：SD（学号，姓名，系名，系主任）

选课关系模式：SC（学号，课程，成绩）

这两个关系模式都不存在部分函数依赖，它们都是第二范式。

（3）第三范式（3NF）。

如果关系模式R是第二范式，且没有一个非主属性传递依赖于主键，则称R是第三范式，记为R∈3NF。

第三范式消除了传递函数依赖部分，解决了数据的删除异常问题。

例如，关系模式SD（学号，姓名，系名，系主任）是上例的分解结果，它仍然存在问题。该关系模式中存在着学号→系名→系主任，即系主任传递依赖于学号，因此关系模式SD不是第三模式，把关系模式SD分解为以下两个模式。

学生关系模式：S（学号，姓名，系名）

系关系模式：D（系名，系主任）

可以看出，S 和 D 关系模式各自描述单一的现实事物，都不存在传递依赖关系，它们都是第三范式。

根据三个范式的定义可知，前面所定义的 WebShop 系统的三个关系模式已满足第三范式。值得注意的是，有时为了进一步提高数据库应用性能，需要反规范化，即通过使关系模式违反某一较高范式来获得性能和操作上的提升。

3）设计用户外模式

外模式是用户所看到的数据模式。在关系 DBMS 中，与用户相关的基表，加上按需定义的视图，就构成了一个用户的外模式。因此，设计用户外模式，就是根据需要定义视图。定义外模式时主要考虑以下几个方面：

（1）尽量使用符合用户习惯的命名。

（2）针对不同级别的用户定义不同的外模式，以满足系统对安全性的要求。

（3）简化用户对系统的使用。

4. 物理结构设计

物理设计、实施与运维

完成逻辑结构设计以后，需要将逻辑结构模型转换为物理结构模型。数据库物理结构依赖于给定的 DBMS 和硬件系统，因此设计人员必须充分了解所用 RDBMS 的内部特征、存储结构和存取方法。物理结构的设计目标通常包含两个方面：其一，提高数据库的性能，主要是对用户应用性能的满足；其二，有效的利用存储空间。数据库的物理设计比逻辑设计更加依赖于具体的 DBMS，在进行数据库物理设计时，设计人员必须熟悉具体的 DBMS 提供的访问手段和设计中的限制条件，从而合理地设计数据库的物理结构。关系数据模型大多数物理设计因素都由 RDBMS 处理，留给设计人员控制的因素已很少。一般来说，在物理设计阶段，设计人员需考虑以下内容。

1）设计存取方法

存取方法是快速存取数据库中的数据的技术，因此存取方法的设计主要是指如何建立索引，确定哪些属性上建立组合索引，哪些索引设计为唯一索引以及哪些索引要设计为聚簇索引。创建索引时考虑以下事实：

（1）唯一索引保证索引列中的使用数据是唯一的，不含重复值。因此，唯一索引一般创建在关系的主键上或候选键上。也就是说，只可在强制实体完整地列上创建唯一索引。

（2）复合索引指定多个列为关键字值。当两个或多个列最适合作为搜索关键字时，则可以考虑创建复合索引。

（3）如果一个或多个列在连接操作中经常出现，则考虑在该列上创建索引。

（4）在经常出现查询条件的列上创建索引。

SQL Server 在默认的情况下，会为每个表的主键创建聚簇索引。因为一个表只能建立一个聚簇索引，在具体的应用情况下，如果将聚簇索引建立在其他的字段上更能提高系统的性能，则应进行调整。

在关系上定义适当的索引可以加快数据的存取，但并不是索引越多越好。因为在修改数据时，系统要同时对索引进行维护，使索引与数据保持一致。维护索引要占用相当多的时间，而且存放索引信息也会占用空间资源。因此，在决定是否建立索引时，要权衡数据库的操作，如果查询多，并且对查询的性能要求比较高时，则可以考虑多建一些索引。如果数据更改多，并且对更新的效率要求比较高时，则应该考虑少建一些索引。总之，在设计和创建索引时，应确保对性能的提高程度大于存储空间和处理资源方面的代价。

2）设计数据的存放位置

为了提高系统的性能，在实际设计关系的时候，应根据具体情况将数据的易变部分与稳定部分、经常存取部分（即热点数据）和不常存取部分分开存放。热点数据最好分散存放在不同的磁盘组上，以均衡各个磁盘组的负荷，充分发挥各个磁盘组并行操作的优势，同时保证关键数据的快速访问，缓解系统的瓶颈。

3）确定系统配置

DBMS产品一般都提供了一些存储分配参数，供设计人员和数据库管理员对数据库进行物理优化。初始情况下，系统都为这些变量赋予了合理的默认值。但是这些值不一定适合每一种应用环境，在进行物理设计时，需要重新对这些变量赋予改善系统的性能。通常情况下，这些配置变量包括：同时使用数据库的用户数（即数据库的连接数），同时打开的数据库对象数，使用的缓冲区长度、个数，时间片、数据库的大小，数据页的填充因子，锁的数目等，这些参数值影响存取时间和存储空间的分配，在物理设计时就要根据应用环境确定这些参数值，以使系统性能最优。

4）评价物理结构

评价物理数据库的方法完全依赖于所选用的DBMS，主要是从定量估算各种方案的存储空间、存取时间和维护代价入手，对估算结果进行权衡、比较，选择出一个较优的合理的物理结构。

4.1.2　完成步骤

1. WebShop数据流图

WebShop电子商城的前台购物系统主要功能描述如下。

（1）会员注册：用户的初始状态为游客，游客只能浏览商品，不能购物，只有注册成为会员后才能进行购物操作。会员注册时需要填写会员名称、密码、联系电话等基本信息。

（2）会员登录：会员输入会员名称、密码信息，通过验证后完成登录，登录成功后才能进行购物操作。

（3）商品浏览：会员和游客都能浏览商城中的所有商品，包括查看商品详细信息。

（4）商品搜索：会员和游客都能通过商品名称、商品分类搜索商品信息。

（5）购物车管理：会员可以将选定的商品加入购物车，也可以维护购物车，包括移除购物车中的商品、修改购物车中商品数量、添加新的商品等。

（6）订单管理：会员选择购物车中的商品进行结算，选择付款方式后，生成订单，还可以浏览订单信息、修改订单信息或者取消订单。

（7）会员资料修改：会员可以根据需要修改会员信息，如联系方式、电子邮箱、配送地址等。

下面分别列出顶层数据流图、第0层数据流图及订单管理第1层数据流图，如图4-4～图4-6所示。其中，顶层数据流图反映了电子商城系统与外界的接口；第0层数据流图揭示了系统的组成部分及各部分之间的关系。订单管理第1层数据流图表达了订单管理的具体实现。

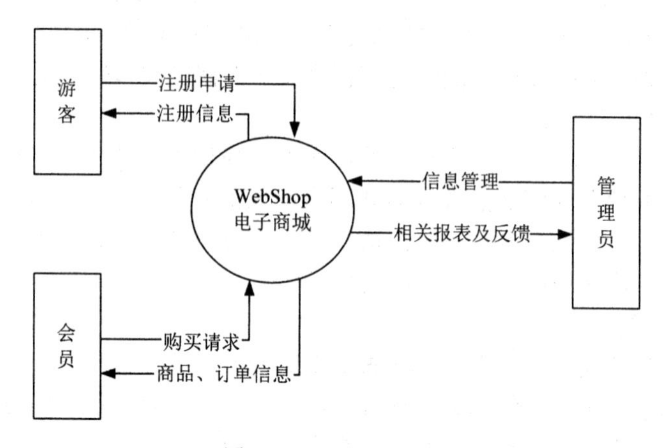

图 4-4　顶层数据流图

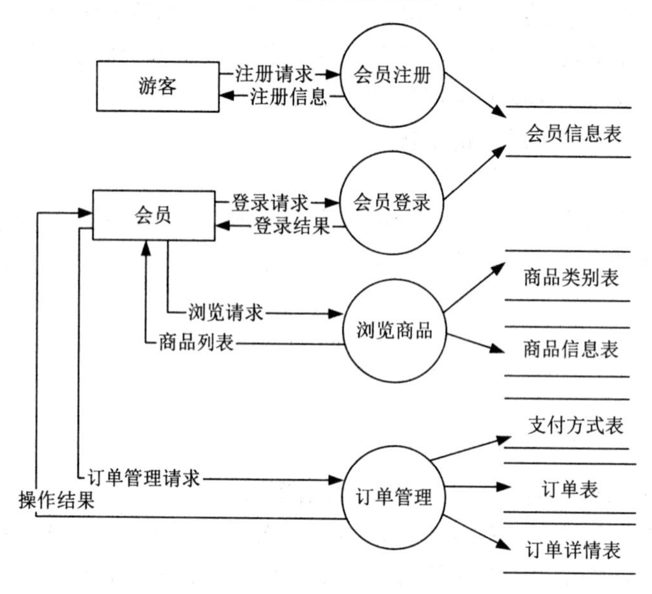

图 4-5　第 0 层数据流图

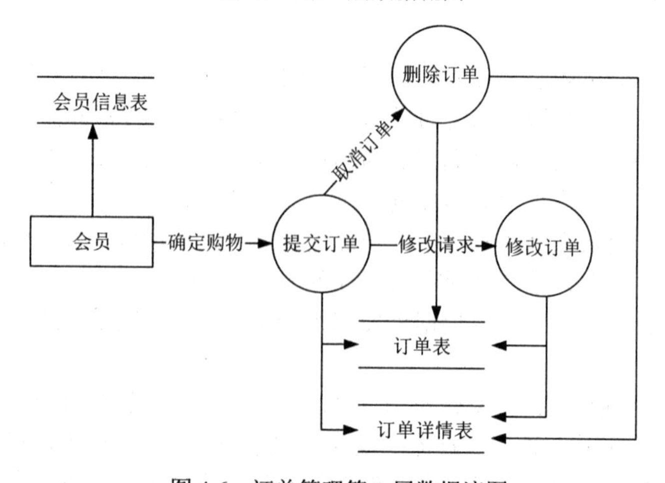

图 4-6　订单管理第 1 层数据流图

2. WebShop 数据字典

子任务1 完成 WebShop 电子商城数据项说明。

① 商品编号。

数据项名称：商品编号

含义说明：唯一标识一个商品，商品编号=一级分类号+二级分类号+流水号

别名：商品号

类型：字符型

长度：6

② 订单编号。

数据项名称：订单编号

含义说明：唯一标识一个订单，订单编号=日期（年月日）+流水号

别名：订单号

类型：字符型

长度：14

子任务2 完成 WebShop 电子商城数据流说明。

数据流名称：商品订单

含义：购买商品时生成的订单

来源：会员

去向：管理员

数据流量：100 份/天

组成：订单编号+客户编号+订单日期+订单金额+处理员工+送货方式+支付方式+订单状态

子任务3 完成 WebShop 电子商城数据存储说明。

① 会员信息表。

数据存储名称：会员信息表

含义说明：存放会员有关信息

组成结构：客户编号+客户名称+真实姓名+性别+出生日期+身份证号+客户地址+邮政编码+手机号码+固定电话+电子邮箱+密码+安全码+提示问题+提示答案+用户类型

数据量：平均每年新增 1000 人，总人数 10 000 人

② 商品类别表。

数据存储名称：商品类别表

含义说明：存放商品类别信息

组成结构：类别编号+类别名称+类别描述

数据量：100 条

③ 商品表。

数据存储名称：商品表

含义说明：存放商品相关信息

组成结构：商品编号+商品名称+商品类别+商品价格+商品折扣+商品数量+生产日期+商品图片+商品状态+商品描述

数据量：10 000 条

④ 员工表。

数据存储名称：员工表

含义说明：存放员工相关信息

组成结构：员工编号+员工姓名+性别+出生年月+员工地址+邮政编码+手机号码+固定电话+电子邮箱

数据量：5000 条

⑤ 支付方式表。

数据存储名称：支付方式表

含义说明：存放支付方式信息

组成结构：支付编号+支付名称+支付说明

数据量：100 条

⑥ 订单信息表。

数据存储名称：订单信息表

含义说明：存放订单信息

组成结构：订单编号+客户编号+订单日期+订单金额+处理员工+送货方式+支付方式+订单状态

数据量：10 000 条

⑦ 订单详情表。

数据存储名称：订单详情表

含义说明：存放订单详情

组成结构：编号+订单编号+商品编号+购买价格+购买数量

数据量：50 000 条

⑧ 用户表。

数据存储名称：用户表

含义说明：存放用户信息

组成结构：用户编号+用户名称+用户类型+用户密码

数据量：100 条

子任务 4 完成 WebShop 电子商城处理过程说明。

处理过程名称：订单处理

输入：订单

输出：订单

加工逻辑：对已经支付的合理订单修改订单的状态为“发货”状态。

3. WebShop E-R 图设计

采用 E-R 图方法进行数据库概念设计，通常分为两步：第一步是抽象数据并设计局部视图，得到局部的概念结构；第二步是集成局部视图，得到全局的概念结构。

设计局部 E-R 图的任务是根据需求分析阶段产生的各个部门的数据流图和数据字典中相关数据，设计出各项应用的局部 E-R 图。局部 E-R 图的设计步骤如图 4-7 所示。

1）确定实体类型和属性

在视图设计中，凡是可以互相区别、又可以被人们识别的事、物、概念等统统可以被抽象为实体。实体和属性之间没有严格的区别界限，但对于属性来讲，可以用下面的两条准则作为依据：

（1）作为属性必须是不可再分的数据项，也就是属性中不能再包含其他的属性。

（2）属性不能与其他实体之间具有联系。

凡是满足上述两条准则的事物，一般均可作为属性来处理。但实际中往往根据业务处理的不同来合理地选定实体或属性。

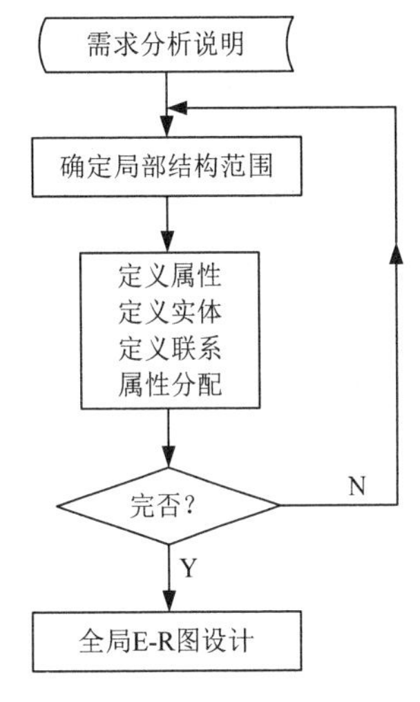

图 4-7 局部 E-R 图的设计步骤

2）确定实体间的联系

因一个商品只能属于一种商品类别，而一种商品类别可以拥有多个商品，因此商品与商品类别之间是多对一的关系，分析后得到商品与商品类别的 E-R 图如图 4-8 所示。

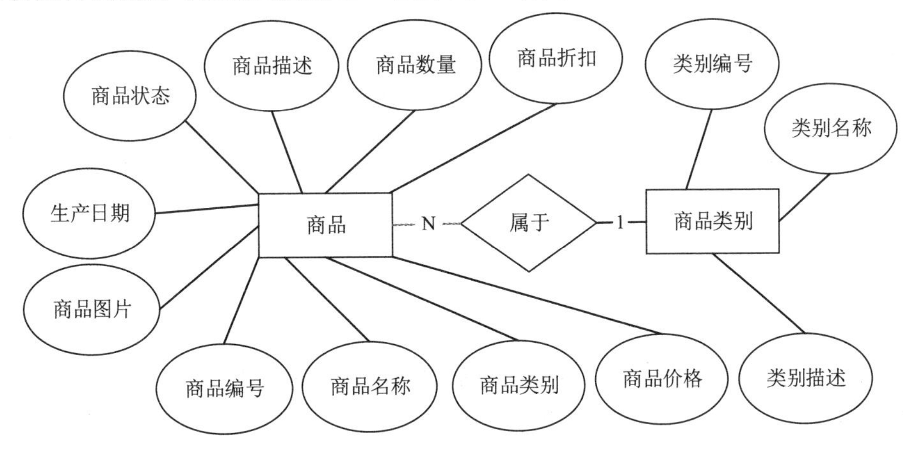

图 4-8 商品与商品类别 E-R 图

一个商品可能出现在多个订单中，一个订单中也可能不止一种商品；商品和订单之间的 E-R 图如图 4-9 所示。

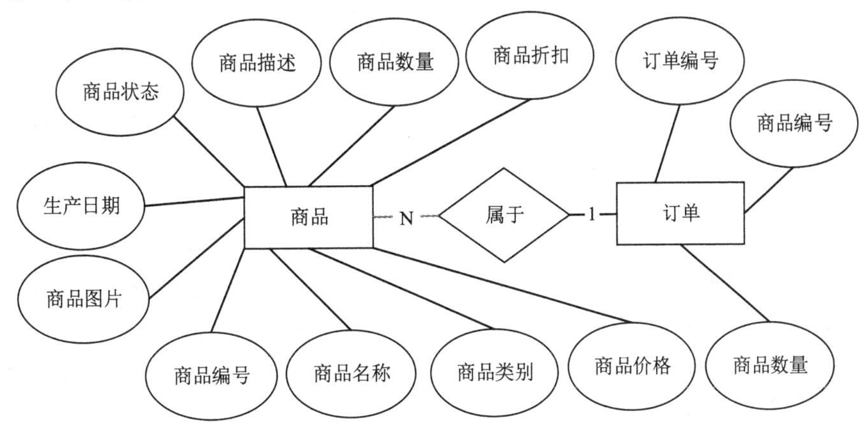

图 4-9 商品与订单 E-R 图

3）画出局部 E-R 图

确定了实体及实体间的联系后，可用 E-R 图描述出来。同时，每个局部视图必须满足：

（1）对用户需求是完整的。

（2）所有实体、属性、联系都有唯一的名字。

（3）不允许有异名同义、同名异义的现象。

（4）无冗余的联系。

综合图 4-8 和图 4-9 两个 E-R 图就可以得到图 4-10 所示的 WebShop 电子商城系统局部 E-R 图。

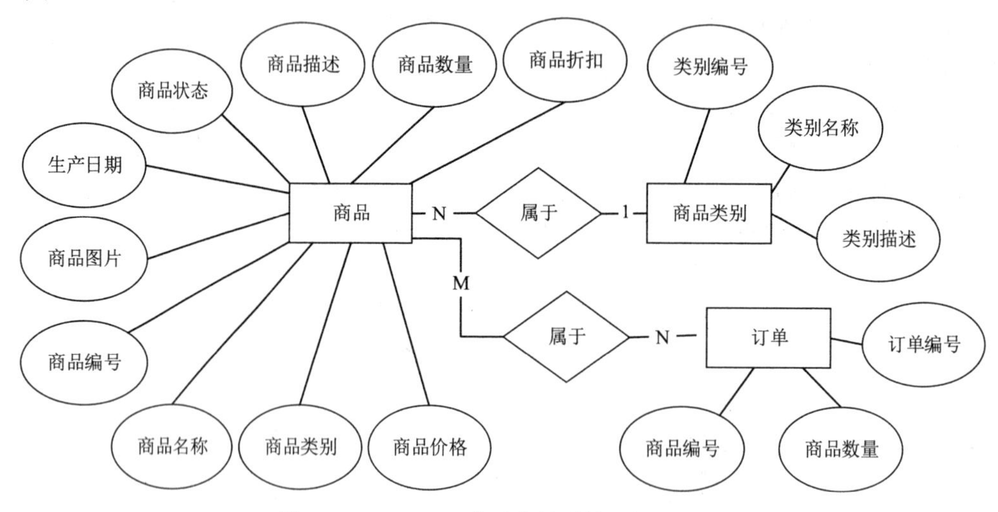

图 4-10 WebShop 电子商城系统局部 E-R 图

4）合并局部 E-R 图，生成初步 E-R 图

把局部 E-R 图集成为全局 E-R 图时，一般采用两两集成的方法，即：先将具有相同实体的两个 E-R 图，以该相同实体为基准进行集成。如果还有相同实体的 E-R 图，再次集成，这样一直下去，直到所有的具有相同实体的局部 E-R 图都被集成，从而初步得到总的 E-R 图。

将局部的 E-R 图集成为全局的 E-R 图时，可能存在三类冲突。

（1）属性域冲突。

属性域冲突即存在一个属性在不同的分 E-R 图中，其值的类型、取值范围等不一致或者取值单位不同。这需要各部门之间协商来使之统一。

（2）命名冲突。

命名冲突即属性名、实体名、联系名之间有同名异义或异名同义的问题存在，这显然也是不允许的，要讨论、协商解决。

（3）模型冲突。

这主要表现在同一对象在不同的应用中有不同的抽象，比如同一对象在不同的分 E-R 图中有实体和属性两种不同的抽象。还有，同一实体在不同的分 E-R 图中有着不同的属性组成，诸如属性个数不同、属性次序不一致等。还有，相同的实体之间的联系，在不同的分 E-R 图中其类型可能不一样。例如，在一个分 E-R 图中是一对多的联系，而在另一个分 E-R 图中是多对多的联系。

在综合各分 E-R 图时，必须处理、解决上述冲突，从而得到一个集中了各用户的信息要求，被所有用户共同理解和接受的初步的总体模型，即初步 E-R 图。

在初步 E-R 图中可能存在冗余数据和冗余联系。所谓冗余数据，是指可由基本数据导出的数据。所谓冗余联系，是指可由其他联系导出的联系。冗余的存在容易破坏数据库的完整性，给数据库的维护增加困难，应当加以消除。修改与重构初步 E-R 图，就是合并具有相同键的实体类型，消除冗余属性，消除冗余联系。

提示：

- 数据库的设计可以使用 PowerDesigner 等工具来进行辅助设计。
- 在 Rational Rose 等 UML 建模工具中也提供了数据库建模的方法。

4. E-R 图向关系模型转换

将 E-R 图向关系模型转换，并应用范式理论对关系进一步优化，理论上达到第三范式的要求，得到 WebShop 的 8 个关系如下。

会员：{客户编号，客户名称，真实姓名，性别，出生日期，身份证号，客户地址，邮政编码，手机号码，固定电话}

商品类别：{类别编号，类别名称，类别描述}

商品：{商品编号，商品名称，商品类别，商品价格，商品折扣，商品数量，生产日期，商品图片，商品状态，商品描述}

员工：{员工编号，员工姓名，性别，出生年月，员工地址，邮政编码，手机号码，固定电话，电子邮箱}

支付方式：{支付编号，支付名称，支付说明}

订单：{订单编号，客户编号，订单日期，订单金额，处理员工，送货方式，支付方式，订单状态}

订单详情：{编号，订单编号，商品编号，购买价格，购买数量}

用户：{用户编号，用户名称，用户类型，用户密码}

4.1.3　任务小结

通过本任务，读者应掌握的数据库相关知识如下：

- 数据库设计的一般过程。
- 需求分析的任务及方法。
- 实体、属性与联系的概念。
- E-R 模型图的设计。
- E-R 模型向关系模型的转换。
- 物理设计的主要内容。

任务 4.2　管理 WebShop 数据库的基本对象

任务目标

在完成了数据库的物理设计之后，进入数据库实施阶段。首先需要创建数据库，接下来是创建数据表并添加记录，然后根据业务需求，创建合理的视图和索引。本任务要求掌握 SQL Server 2012 基本对象操作，包括创建数据库、创建表、添加记录、创建视图、创建索引等。本任务的主要目标包括：

- 能使用 T-SQL 语句创建数据库。
- 能使用 T-SQL 语句创建数据表。
- 能使用 T-SQL 语句添加记录。
- 能使用 T-SQL 语句创建视图。
- 能使用 T-SQL 语句创建索引。

4.2.1 背景知识

1. 使用 T-SQL 语句创建数据库

使用 CREATE DATABASE 语句可以创建数据库，基本语句格式如下：

```
CREATE DATABASE <数据库文件名>
[ ON   <数据文件> ]
( [ NAME = <逻辑文件名>, ]
  FILENAME = '<物理文件名>'
  [ , SIZE = <大小>]
  [ , MAXSIZE = <可增长的最大大小>]
  [ , FILEGROWTH = <增长比例>])
[ LOG ON   <日志文件> ]
 ( [ NAME = <逻辑文件名>, ]
  FILENAME = '<物理文件名>'
  [ , SIZE = <大小> ]
  [ , MAXSIZE = <可增长的最大大小>]
  [ , FILEGROWTH = <增长比例>])
```

2. 使用 T-SQL 语句创建数据表

使用 CREATE TABLE 语句可以向数据库中添加新表，基本语句格式如下：

```
CREATE TABLE<表名>（<列名><数据类型>[列级完整性约束条件]
[，<列名><数据类型>[列级完整性约束条件]...]
[，<表级完整性约束条件>]）
```

3. 使用 T-SQL 语句添加记录

使用 INSERT INTO 语句可以向表中添加记录或者创建追加查询，基本语句格式如下：

```
INSERT   INTO <表名>
[<属性列 1>[，<属性列 2>...]]
VALUES （<常量 1> [，<常量 2>]...）
```

4. 使用 T-SQL 语句创建视图

使用 CREATE VIEW 语句可以创建视图，基本语句格式如下：

```
CREATE VIEW 视图名 [ ( 列名 [ ,...n ] ) ]
[WITH <视图属性>]
AS
查询语句
[ WITH CHECK OPTION ]
```

5. 使用 T-SQL 语句创建索引

使用 CREATE INDEX 语句可以创建索引，基本语句格式如下：

```
CREATE [UNIQUE] [CLUSTERED | NONCLUSTERED]
INDEX 索引名
ON {表 | 视图 } （列 [ ASC | DESC ] [,...n]）
```

4.2.2 完成步骤

1. 创建 WebShop 电子商城系统数据库

子任务1 使用 T-SQL 语句创建 WebShop 电子商城系统数据库，指定主数据库文件的逻辑名称为“WebShop_dat”，物理文件名称为“WebShop_dat.mdf”，初始大小为 5MB，最大为 10MB，增长为 5MB；日志文件的逻辑名称为“WebShop_log”，物理文件名称为“Webshop_log.ldf”，初始大小为 3MB，最大为 10MB，增长为 2MB。

```
CREATE DATABASE WebShop
ON
(
        NAME='D:\Data\WebShop_data',
        FILENAME='D:\Data\WebShop.mdf ',
        SIZE=5,
        MAXSIZE=10,
        FILEGROWTH=2
)
LOG ON
(
        NAME='D:\Data\WebShop_log',
        FILENAME='D:\Data\WebShop.ldf ',
        SIZE=5,
        MAXSIZE=10,
        FILEGROWTH=2
)
```

2. 创建 WebShop 电子商城系统数据表

子任务2 创建客户表 Customers，用于存储客户信息，包含客户编号、客户名称等字段。

```
CREATE TABLE Customers
(
    c_ID char(5) primary key not null,              -- 客户编号
    c_Name varchar(30) UNIQUE not null ,            -- 客户名称
    c_TrueName varchar(30) not null,                -- 真实姓名
    c_Gender char(2) not null,                      -- 性别
    c_Birth datetime not null,                      -- 出生日期
    c_CardID varchar(18) not null,                  -- 身份证号
    c_Address varchar(50) not null,                 -- 客户地址
    c_Postcode char(6) not null,                    -- 邮政编码
    c_Mobile varchar(11) not null,                  -- 手机号码
    c_Phone    varchar(15) not null,                -- 固定电话
    c_Email varchar(50) not null,                   -- 电子邮箱
    c_Password varchar(30) not null,                -- 密码
    c_SafeCode char(6) not null,                    -- 安全码
    c_Question varchar(50) not null,                -- 提示问题
    c_Answer varchar(50) not null,                  -- 提示答案
    c_Type varchar(10) not null                     -- 用户类型(普通用户、VIP 用户)
)
```

子任务 3 创建商品类别表 Types，用于存储商品类别信息，包含分类编号、分类名称、类别描述等字段。

```
CREATE TABLE Types
(
    t_ID char(2) PRIMARY KEY not null,              -- 类别编号
    t_Name varchar(50) not null,                    -- 类别名称
    t_Description    varchar(100) not null          -- 类别描述
)
```

子任务 4 创建商品信息表 Goods，用于存储商品基本信息，包含商品编号、商品名称、商品分类等字段。

```
CREATE TABLE Goods
(
    g_ID char(6) not null PRIMARY KEY,              -- 商品编号
    g_Name varchar(50) not null,                    -- 商品名称
    t_ID char(2) not null REFERENCES Types(t_ID),   -- 商品的分类号（外键）
    g_Price float not null,                         -- 商品价格
    g_Discount float not null,                      -- 商品折扣
    g_Number smallint not null,                     -- 库存数量
    g_ProduceDate datetime not null,                -- 商品生产日期
    g_Image varchar(100),                           -- 商品图片
    g_Status varchar(10) not null,                  -- 商品状态 // 热点// 促销// 推荐
    g_Description varchar(1000)                     -- 商品描述
)
```

子任务 5 创建员工表 Employees，用于存储员工基本信息，包含员工编号、员工姓

名、性别等字段。

```
CREATE TABLE Employees
(
    e_ID char(10) not null PRIMARY KEY,          -- 员工编号
    e_Name varchar(30) not null,                 -- 员工姓名
    e_Gender char(2) not null,                   -- 性别
    e_Birth datetime not null,                   -- 出生年月
    e_Address varchar(100) not null,             -- 员工地址
    e_Postcode char(6) not null,                 -- 员工邮政编码
    e_Mobile varchar(11) not null,               -- 员工手机号码
    e_Phone varchar(15) not null,                -- 员工固定电话
    e_Email varchar(50) not null                 -- 员工电子邮箱
)
```

子任务6 创建支付方式表 Payments，用于存储支付方式信息，包含支付方式编号、支付方式名称、支付说明等字段。

```
CREATE TABLE Payments
(
    p_Id char(2) NOT NULL PRIMARY KEY,           -- 支付方式编号
    p_Mode varchar(20) NOT NULL,                 -- 支付方式
    p_Remark varchar(100) NOT NULL               -- 支付说明
)
```

子任务7 创建订单表 Orders，用于存储订单信息，包含订单编号、客户编号、订货日期等字段。

```
CREATE TABLE Orders
(
    o_ID char(14) not null PRIMARY KEY,                         -- 订单编号
    c_ID char(5) not null REFERENCES Customers(c_ID),           -- 客户编号（外键）
    o_Date datetime not null,                                   -- 订货日期
    o_Sum float not null,                                       -- 订单金额
    e_ID char(10) not null REFERENCES Employees(e_ID),          -- 员工编号（外键）
    o_SendMode varchar(50) not null,                            -- 送货方式
    p_Id char(2) not null REFERENCES Payments(p_ID),            -- 支付方式（外键）
    o_Status bit not null                                       -- 是否已派货
)
```

子任务8 创建订单明细表 OrderDetails，用于存储订单详细信息，包含编号、订单编号、商品编号、购买价格、购买数量等字段。

```
CREATE TABLE OrderDetails
(
    d_ID int IDENTITY(1,1) not null PRIMARY KEY,                -- 编号
    o_ID char(14) not null REFERENCES Orders(o_ID),             -- 订单编号（外键）
    g_ID char(6) not null REFERENCES Goods(g_ID),               -- 商品编号（外键）
    d_Price float not null,                                     -- 购买价格
    d_Number smallint not null                                  -- 购买数量
)
```

子任务 9 创建用户表 Users，用于存储用户信息，包含用户编号、用户名称、用户类型、用户密码等字段。

用户密码等字段。

```
CREATE TABLE Users
(
    u_ID varchar(10) not null PRIMARY KEY,          -- 用户编号
    u_Name varchar(30) not null ,                   -- 用户名称
    u_Type varchar(10) not null ,                   -- 用户类型
    u_Password varchar(30) not null                 -- 用户密码
)
```

3. 为 WebShop 电子商城系统数据表添加记录

子任务 10 为 Customers 表添加记录。

```
INSERT Customers VALUES('C0001','liuzc','刘志成','男','1972-05-18','120104197205181111','湖南株洲市','412000','13317411111','0733-8208290','liuzc518@163.com','123456','6666','你的生日哪一天','5 月 18 日','普通')
INSERT Customers VALUES('C0002','liujin','刘津津','女','1986-04-14','300300198604142222','湖南长沙市','410001','12113313333','0731-8888888','jjjj@167.com','123456','6666','你出生在哪里','湖南长沙','普通')
INSERT Customers VALUES('C0003','wangym','王咏梅','女','1976-08-06','300300197608063333','湖南长沙市','410001','12111115555','0731-8666666','wwww@167.com','123456','6666','你最喜爱的人是谁','女儿','VIP')
INSERT Customers VALUES('C0004','hangxf','黄幸福','男','1978-04-06','300300197608064444','广东顺德市','310001','12111116666','0757-5555555','ffff@167.com','123456','6666','你最喜爱的人是谁','我的父亲','普通')
INSERT Customers VALUES('C0005','hangrong','黄蓉','女','1982-12-01','300300197608065555','湖北武汉市','510001','12111116666','024-33334444','eeee@167.com','123456','6666','你出生在哪里','湖北武汉','普通')
INSERT Customers VALUES('C0006','chenhx','陈欢喜','男','1970-02-08','300300197002086666','湖南株洲市','412001','12133335555','0733-44445555','dddd@167.com','123456','6666','你出生在哪里','湖南株洲','VIP')
INSERT Customers VALUES('C0007','wubo','吴波','男','1979-10-10','300300197910107777','湖南株洲市','412001','12177778888','0733-77778888','cccc@167.com','123456','6666','你的生日哪一天','10 月 10 日','普通')
INSERT Customers VALUES('C0008','luogh','罗桂华','女','1985-04-26','300300198504268888','湖南株洲市','412001','12166668888','0733-66668888','bbbb@167.com','123456','6666','你的生日哪一天','4 月 26 日','普通')
INSERT Customers VALUES('C0009','wubin','吴兵','女','1987-09-09','300300198709099999','湖南株洲市','412001','12122228888','0733-90009000','aaaa@167.com','123456','6666','你出生在哪里','湖南株洲','普通')
INSERT Customers VALUES('C0010','wenziyu','文子玉','女','1988-05-20','300300198805200000','河南郑州市','622000','12133336666','0327-2000200','wuziyu@167.com','123456','6666','你的生日哪一天','5 月 20 日','VIP')
```

子任务 11 为 Types 表添加记录。

```
INSERT INTO Types VALUES('01','通信产品','包括手机和电话等通信产品')
INSERT INTO Types VALUES('02','电脑产品','包括台式电脑和笔记本电脑及电脑配件')
INSERT INTO Types VALUES('03','家用电器','包括电视机、洗衣机、微波炉等')
INSERT INTO Types VALUES('04','服装服饰','包括服装产品和服饰商品')
INSERT INTO Types VALUES('05','日用商品','包括家庭生活中常用的商品')
INSERT INTO Types VALUES('06','运动用品','包括篮球、排球等运动器具')
INSERT INTO Types VALUES('07','礼品玩具','包括儿童、情侣、老人等礼品')
INSERT INTO Types VALUES('08','女性用品','包括女人用化妆品等女性用品')
INSERT INTO Types VALUES('09','文化用品','包括光盘、图书、文具等文化用品')
INSERT INTO Types VALUES('10','时尚用品','包括一些流行的商品')
```

子任务 12 为 Goods 表添加记录。

```
INSERT INTO Goods VALUES('010001','诺基亚 6500 Slide','01',1500,0.9,20,'2007-06-01',
'pImage/010001.gif','热点','彩屏,1600 万色,TFT,240×320 像素,2.2 英寸')
INSERT INTO Goods VALUES('010002','三星 SGH-P520','01',2500,0.9,10,'2007-07-01',
'pImage/010002.gif','推荐','彩屏,26 万色,TFT,240×320 像素,触摸屏,2.6 英寸')
INSERT INTO Goods VALUES('010003','三星 SGH-F210','01',3500,0.9,30,'2007-07-01',
'pImage/010003.gif','热点','彩屏,26 万色,TFT,128×220 像素,1.46 英寸')
INSERT INTO Goods VALUES('010004','三星 SGH-C178','01',3000,0.9,10,'2007-07-01',
'pImage/010004.gif','热点','彩屏,65536 色,CSTN,128×128 像素,内置摄像')
INSERT INTO Goods VALUES('010005','三星 SGH-T509','01',2020,0.8,15,'2007-07-01',
'pImage/010005.gif','促销','彩屏,26 万色,TFT,176×220 像素,1.8 英寸,GPRS')
INSERT INTO Goods VALUES('010006','三星 SGH-C408','01',3400,0.8,10,'2007-07-01',
'pImage/010006.gif','促销','彩屏,65536 色,CSTN,128×160 像素,1.8 英寸,GPRS Class 10')
INSERT INTO Goods VALUES('010007','摩托罗拉 W380','01',2300,0.9,20,'2007-07-01',
'pImage/010007.gif','热点','折叠,彩屏,65536 色,TFT,128×160 像素,1.8 英寸')
INSERT INTO Goods VALUES('010008','飞利浦 292','01',3000,0.9,10,'2007-07-01',
'pImage/010008.gif','热点','直板,彩屏,26 万色,TFT,176×220 像素,2.0 英寸,GPRS')
INSERT INTO Goods VALUES('020001','联想旭日 410MC520','02',4680,0.8,18,'2007-06-01',
'pImage/020001.gif','促销','内存容量: 512M;硬盘容量: 80G;屏幕尺寸: 14.1 寸')
INSERT INTO Goods VALUES('020002','联想天逸 F30T2250','02',6680,0.8,18,'2007-06-01',
'pImage/020002.gif','促销','内存容量:512M/硬盘容量:80G/光驱类型:内置')
INSERT INTO Goods VALUES('030001','海尔电视机 HE01','03',6680,0.8,10,'2007-06-01',
'pImage/030001.gif','促销','超大屏幕，超级视听享受')
INSERT INTO Goods VALUES('030002','海尔电冰箱 HDFX01','03',2468,0.9,15,'2007-06-01',
'pImage/030002.gif','热点','安全节能王,最佳选择 ')
INSERT INTO Goods VALUES('030003','海尔电冰箱 HEF02','03',2800,0.9,10,'2007-06-01',
'pImage/030003.gif','热点','家庭主妇的最爱')
INSERT INTO Goods VALUES('060001','红双喜牌乒乓球拍','06',46.8,0.8,45,'2007-06-01',
'pImage/060001.gif','促销','价廉物美,超值享受')
INSERT INTO Goods VALUES('040001','劲霸西服','04',1468,0.9,60,'2007-06-01','pImage/040001.gif', '
推荐','展现男人的魅力')
```

子任务 13　为 Employees 表添加记录。

```
INSERT Employees VALUES('E0001','张小路','男','1982-09-09','湖南株洲市','412000','12111112222','0733-8208290','aaa111@167.com')
INSERT Employees VALUES('E0002','李玉蓓','女','1978-06-12','湖南株洲市','412001','12122223333','0733-8208290',bbb222@167.com')
INSERT Employees VALUES('E0003','王忠海','男','1966-02-12','湖南株洲市','412000','12133334444','0733-8208290',ccc333@167.com')
INSERT Employees VALUES('E0004','赵光荣','男','1972-02-12','湖南株洲市','412000','12144445555','0733-8208290',ddd444@167.com')
INSERT Employees VALUES('E0005','刘丽丽','女','1984-05-18','湖南株洲市','412002','12155556666','0733-8208290',eee555@167.com')
```

子任务 14　为 Payments 表添加记录。

```
INSERT INTO Payments VALUES('01','货到付款','货到之后再付款')
INSERT INTO Payments VALUES('02','网上支付','采用支付宝等方式')
INSERT INTO Payments VALUES('03','邮局汇款','通过邮局汇款方式')
INSERT INTO Payments VALUES('04','银行电汇','通过各商业银行电汇')
INSERT INTO Payments VALUES('05','其他方式','赠券等其他方式')
```

子任务 15　为 Orders 表添加记录。

```
INSERT INTO Orders VALUES('200708011012','C0001','2007-08-01',1387.44,'E0001','送货上门','01',0)
INSERT INTO Orders VALUES('200708011430','C0001','2007-08-01',5498.64,'E0001','送货上门','01',1)
INSERT INTO Orders VALUES('200708011132','C0002','2007-08-01',2700,'E0003','送货上门','01',1)
INSERT INTO Orders VALUES('200708021850','C0003','2007-08-02',9222.64,'E0004','邮寄','03',0)
INSERT INTO Orders VALUES('200708021533','C0004','2007-08-02',2720,'E0003','送货上门','01',0)
INSERT INTO Orders VALUES('200708022045','C0005','2007-08-02',2720,'E0003','送货上门','01',0)
```

子任务 16　为 OrderDetails 表添加记录。

```
INSERT INTO OrderDetails(o_Id,g_Id,d_price,d_number) VALUES('200708011012','010001',1350,1)
INSERT INTO OrderDetails(o_Id,g_Id,d_price,d_number) VALUES('200708011012','060001',37.44,1)
INSERT INTO OrderDetails(o_Id,g_Id,d_price,d_number) VALUES('200708011430','060001',37.44,1)
INSERT INTO OrderDetails(o_Id,g_Id,d_price,d_number) VALUES('200708011430','010007',2070,2)
INSERT INTO OrderDetails(o_Id,g_Id,d_price,d_number) VALUES('200708011430','040001',1321,1)
INSERT INTO OrderDetails(o_Id,g_Id,d_price,d_number) VALUES('200708011132','010008',2700,1)
INSERT INTO OrderDetails(o_Id,g_Id,d_price,d_number) VALUES('200708021850','030003',2520,1)
INSERT INTO OrderDetails(o_Id,g_Id,d_price,d_number) VALUES('200708021850','020002',5344,1)
INSERT INTO OrderDetails(o_Id,g_Id,d_price,d_number) VALUES('200708021850','040001',1321,1)
INSERT INTO OrderDetails(o_Id,g_Id,d_price,d_number) VALUES('200708021850','060001',37.44,1)
INSERT INTO OrderDetails(o_Id,g_Id,d_price,d_number) VALUES('200708021533','010006',2720,1)
INSERT INTO OrderDetails(o_Id,g_Id,d_price,d_number) VALUES('200708022045','010006',2720,1)
```

子任务 17　为 Users 表添加记录。

```
INSERT INTO Users VALUES('01','admin','超级','admin')
INSERT INTO Users VALUES('02','amy','超级','amy0414')
INSERT INTO Users VALUES('03','wangym','普通','wangym')
INSERT INTO Users VALUES('04','luogh','查询','luogh')
```

4. 创建WebShop电子商城系统视图

子任务18 经常需要了解“热点”商品的商品号（g_ID）、商品名称（g_Name）、类别号（t_ID）、商品价格（g_Price）、商品折扣（g_Discount）和商品数量（g_Number）信息，可以创建一个“热点”商品的视图。

```
CREATE VIEW vw_HotGoods
AS
SELECT g_ID AS 商品号, g_Name AS 商品名称, t_ID AS 类别号, g_Price AS 商品价格, g_Discount
AS 商品折扣, g_Number AS 商品数量
FROM Goods
WHERE   g_Status = '热点'
```

子任务19 需要了解所有订单所订购的商品信息（商品名称、购买价格和购买数量）和订单日期，同时将创建的视图文本加密。

```
CREATE VIEW vw_AllOrders
WITH ENCRYPTION
AS
SELECT Orders.o_ID,o_Date,g_Name,d_Price,d_Number
FROM Orders
JOIN OrderDetails
ON Orders.o_ID=OrderDetails.o_ID
JOIN Goods
ON OrderDetails.g_ID=Goods.g_ID
```

子任务20 经常需要了解商品的商品号（g_ID）、商品名称（g_Name）、类别名称（t_Name）和商品价格（g_Price）信息，可以创建一个关于这类商品的视图。

```
CREATE VIEW vw_TNameGoods
AS
SELECT g_ID, g_Name, t_Name, g_Price
FROM Goods
JOIN Types
ON Goods.t_ID=Types.t_ID
WITH CHECK OPTION
```

子任务21 经常需要了解某一类商品的类别号（t_ID）和该类商品的最高价格信息，可以创建一个关于这类商品的视图。

```
CREATE VIEW vw_MaxPriceGoods
AS
SELECT t_ID, Max(g_Price) AS MaxPrice
FROM Goods
GROUP BY t_ID
```

5. 创建电子商城系统索引

子任务22 在Users表的u_Name列上创建聚集索引。

```
CREATE CLUSTERED INDEX idx_UsersName
ON Users(u_Name)
```

注意：如果 Users 表中已经在 u_ID 列上建立了主键，则该语句执行时会出现错误。

子任务 23 在 Users 表的 u_Name 列上创建唯一的非聚集索引。

```
CREATE UNIQUE NONCLUSTERED INDEX idx_UsersName
ON Users(u_Name)
```

子任务 24 在 OrderDetails 表的 o_ID 列和 g_ID 列上创建复合非聚集索引。

```
CREATE NONCLUSTERED INDEX idx_OID_GID
ON OrderDetails(o_ID,g_ID)
```

4.2.3 任务小结

通过本任务，读者应掌握的数据库操作技能如下：

- 能熟练使用 T-SQL 语句管理数据库。
- 能熟练使用 T-SQL 语句管理数据表。
- 能熟练使用 T-SQL 语句管理视图。
- 能熟练使用 T-SQL 语句管理索引。

任务 4.3 管理 WebShop 数据库的触发器

任务目标

数据库管理员在进行数据管理或程序员进行数据库应用程序开发时，都希望在一个表中的数据插入或删除后，与之关联的另一个表也能根据业务规则自动完成插入或删除操作。SQL Server 2012 中提供了 DDL 触发器和 DML 触发器来实现以上目标。触发器是一种保证数据完整性和实施业务规则的有效方法。触发器的执行类似于“扳机”，具有“一触即发”的特点。

本任务将要学习 SQL Server 2012 触发器相关知识，包括触发器基础知识、触发器的类型、inserted 表和 deleted 表、使用 SMSS 管理触发器、使用 T-SQL 语句管理触发器和触发器的应用等内容。本任务的主要学习目标包括：

- 掌握触发器的类型。
- 能使用 SSMS 管理触发器。
- 能使用 T-SQL 语句管理触发器。
- 了解触发器的应用。

4.3.1 背景知识

触发器概述

1. 触发器基本知识

触发器是一种特殊类型的存储过程，它在指定的表中的数据发生变化时自动生效，触发器被调用时自动执行 INSERT 语句、UPDATE 语句、DELETE 语句和 SELECT 语句，实现表间的数据完整性和复杂的业务规则。

与前面介绍过的存储过程不同，触发器主要是通过事件进行触发而自动执行的，而存储过程可以通过存储过程名字而被直接调用。当对某一表进行诸如 INSERT、UPDATE 或 DELETE 操作时，如果在这些操作上定义了触发器，SQL Server 就会自动执行触发器（执行触发器中所定义的 SQL 语句），从而确保对数据的处理必须符合由这些 SQL 语句所定义的规则。触发器的主要作用就是其能够实现由主键和外键所不能保证的复杂的参照完整性和数据的一致性。除此之外，触发器还有其他许多不同的功能。

（1）强化约束：触发器能够实现比 CHECK 语句更为复杂的约束。

（2）跟踪变化：触发器可以侦测数据库内的操作，从而不允许数据库中未经许可的指定更新和变化。

（3）级联运行：触发器可以侦测数据库内的操作，并自动地级联影响整个数据库的相关内容。例如，某个表上的触发器包含有对另外一个表的数据操作（如插入、更新、删除），而该操作又可以导致该表上触发器被触发。

（4）存储过程的调用：为了响应数据库更新，触发器可以调用一个或多个存储过程，甚至可以通过调用外部过程而在 DBMS 本身之外进行操作。

由此可见，触发器可以解决高级形式的业务规则或复杂行为限制以及实现定制记录等方面的问题。例如，触发器能够找出某一表在数据修改前后状态发生的差异，并根据这种差异执行一定的处理。此外，一个表的同一类型（INSERT、UPDATE、DELETE）的多个触发器能够对同一种数据操作采取多种不同的处理。

总体而言，触发器性能通常比较低。当运行触发器时，系统处理的大部分时间花费在参照其他表的这一处理上，因为这些表既不在内存中也不在数据库设备上，而删除表和插入表总是位于内存中。由此可见，触发器所参照的其他表的位置决定了操作要花费的时间长短。

2. 触发器类型

根据服务器或数据库中调用触发器的操作不同，SQL Server 2012 的触发器分为 DML 触发器、DDL 触发器和登录触发器三种。

（1）DML 触发器。

DML 触发器是当数据库服务器中发生数据操作语言（DML）事件时要执行的操作。DML 事件包括对表或视图发出的 UPDATE 语句、INSERT 语句或 DELETE 语句。DML 触发器用于在数据被修改时强制执行业务规则，以及扩展 Microsoft SQL Server 2012 约束、默认值和规则的完整性检查逻辑。

DML 触发器可以查询其他表，还可以包含复杂的 T-SQL 语句。将触发器和触发它的语句作为可在触发器内回滚的单个事务对待。如果检测到错误（例如，磁盘空间不足），则整个事务即自动回滚。DML 触发器的特点包括以下几点。

① DML 触发器可通过数据库中的相关表实现级联更改。

② DML 触发器可以防止恶意或错误的 INSERT 语句、UPDATE 语句以及 DELETE 语句操作，并强制执行比 CHECK 约束定义的限制更为复杂的其他限制。与 CHECK 约束不同，DML 触发器可以引用其他表中的列。例如，触发器可以使用另一个表中的 SELECT

语句比较插入或更新的数据，以及执行其他操作，如修改数据或显示用户定义错误信息。

③ DML 触发器可以评估数据修改前后表的状态，并根据该差异采取措施。

④ 一个表中的多个同类 DML 触发器（INSERT、UPDATE 或 DELETE）允许采取多个不同的操作来响应同一个修改语句。

DML 触发器根据其引发的时机不同又可以分为 AFTER 触发器、INSTEAD OF 触发器和 CLR 触发器。

① AFTER 触发器。在执行了 INSERT 语句、UPDATE 语句或 DELETE 语句操作之后执行 AFTER 触发器。指定 AFTER 与指定 FOR 相同，它是 Microsoft SQL Server 早期版本中唯一可用的选项，但是 AFTER 触发器只能在表上指定。

② INSTEAD OF 触发器。执行 INSTEAD OF 触发器代替通常的触发动作。还可为带有一个或多个基表的视图定义 INSTEAD OF 触发器，而这些触发器能够扩展视图可支持的更新类型。

③ CLR 触发器。CLR 触发器可以是 AFTER 触发器或 INSTEAD OF 触发器，还可以是 DDL 触发器。CLR 触发器将执行在托管代码（在.NET Framework 中创建并在 SQL Server 中加载的程序集的成员）中编写的方法，而不用执行 T-SQL 语言的存储过程。

（2）DDL 触发器。

DDL 触发器是一种特殊的触发器，当服务器或数据库中发生数据定义语言（DDL）事件时，将调用 DDL 触发器。DDL 触发器可以用于数据库中执行管理任务，例如，审核以及规范数据库操作。

像常规触发器一样，DDL 触发器将激发存储过程以响应事件，但与 DML 触发器不同的是，它们不会为响应针对表或视图的 UPDATE 语句、INSERT 语句或 DELETE 语句而激发。相反，它们会为响应多种数据定义语言（DDL）语句而激发，这些语句主要是以 CREATE、ALTER 和 DROP 开头的语句。DDL 触发器可用于管理任务，例如审核和控制数据库操作。DDL 触发器通常适用于以下情况：

① 要防止对数据库架构进行某些更改。

② 希望数据库中发生某种情况以响应数据库架构中的更改。

③ 要记录数据库架构中的更改或事件。

一般情况下，在运行触发 DDL 触发器的 DDL 语句后，DDL 触发器才会激发。DDL 触发器不能作为 INSTEAD OF 触发器使用。

（3）登录触发器。

登录触发器将会为响应 LOGON 事件而激发存储过程，与 SQL Server 实例建立用户会话时将引发此事件。

3. inserted 表和 deleted 表

认识 inserted 表和 deleted 表

每个触发器有两个特殊的表：inserted 表和 deleted 表。这两个表都是逻辑表，并且这两个表都是由系统管理的。inserted 表和 deleted 表存储在内存中，而不是存储在数据库中，因此不允许用户直接对其进行修改。inserted 表和 deleted 表在结构上与该触发器作用的表相同。这两个表是动态驻留在内存中的，当触发器工作完成时，这两个表也被删除。这两个表主要保存因用户操作而被影响到的原数据值或新数据值。另外，这两个表是只读的，即用户不能向这两个表写入内容，但可以在触发器执行过程中引用这两个表中的数据。

deleted 表用于存储 DELETE 语句和 UPDATE 语句所影响的行的副本。在执行 DELETE 语句或 UPDATE 语句时，行从触发器表中删除，并存放到 deleted 表中。deleted 表和触发器表通常没有相同的行。

inserted 表用于存储 INSERT 语句和 UPDATE 语句所影响的行的副本。在一个插入或更新事务处理中，新建行被同时添加到 inserted 表和触发器表中。inserted 表中的行是触发器表中新行的副本。

通过上面的分析会发现，进行 INSERT 语句操作时，只影响 inserted 表；进行 delete 语句删除操作时，只影响 deleted 表；而进行 Update 语句操作时，既影响 inserted 表，也影响 deleted 表。

（1）INSERT 触发器。对一个定义了 INSERT 类型触发器的表来说，一旦对该表执行了 INSERT 语句操作，那么对向该表插入的所有行来说，都有一个相应的副本存放到 inserted 表中。inserted 表就是用来存储向原表插入的内容。

（2）DELETE 触发器。对一个定义了 DELETE 类型触发器的表来说，一旦对该表执行了 DELETE 语句操作，则将所有的删除行存放至 deleted 表中。这样做的目的是：一旦触发器遇到了强迫它中止的语句被执行时，删除的那些行可以从 deleted 表中得以恢复。

（3）UPDATE 触发器。UPDATE 操作包括两个部分：即先将需要被更新的内容去掉，然后将新值插入。因此，对一个定义了 UPDATE 类型触发器的表来说，当执行 UPDATE 语句的操作时，在 deleted 表中会存放原有值，在 inserted 表中会存放新值。

4. 友情提示

1）AFTER 触发器和 INSTEAD OF 触发器

（1）AFTER 触发器。用于指定 DML 触发器仅在触发 SQL 语句中指定的所有操作都已成功执行时才被激发。所有的引用级联操作和约束检查也必须在激发此触发器之前成功完成。

提示：

- 如果仅指定 FOR 关键字，则默认为 AFTER 触发器。
- 不能对视图定义 AFTER 触发器。

可以通过使用系统存储过程 sp_settriggerorder 来改变 DML 触发器和 DDL 触发器的执行次序，系统存储过程 sp_settriggerorder 的基本语句格式如下：

```
sp_settriggerorder  [@triggername = ] '触发器名',  [@order = ] '次序值',
                    [@stmttype = ] '触发器类型'
```

其中，“次序值”是指触发器被触发的顺序，取值如表 4-12 所示。

表 4-12 触发器触发顺序

值	描述
First	最先激发的触发器
Last	最后激发的触发器
None	以未定义的顺序激发的触发器

“触发器类型”可以是 INSERT、UPDATE 或 DELETE。

（2）INSTEAD OF 触发器。用于指定 DML 触发器是“代替”SQL 语句执行的，因此其优先级高于触发语句的操作。

提示：

- 不能为 DDL 触发器指定 INSTEAD OF 触发器。
- 对于表或视图，每个 INSERT 语句、UPDATE 语句或 DELETE 语句最多可定义一个 INSTEAD OF 触发器。
- INSTEAD OF 触发器不可以用于使用 WITH CHECK OPTION 的可更新视图。

2）约束和触发器

约束和 DML 触发器各有优点。约束的优点是可以在低层次上进行数据完整性控制，效率较高。

① 实体完整性总应在最低级别上通过索引进行强制，这些索引应是 PRIMARY KEY 和 UNIQUE 约束的一部分，或者是独立于约束而创建的。

② 域完整性应通过 CHECK 约束进行强制。

③ 引用完整性应通过 FOREIGN KEY 约束进行强制。

DML 触发器的主要优点在于它们可以包含使用 T-SQL 语言的复杂处理逻辑。因此，DML 触发器可以支持约束的所有功能，当约束支持的功能无法满足应用程序的功能要求时，DML 触发器非常有用。

① 除非 REFERENCES 子句定义了级联引用操作，否则 FOREIGN KEY 约束只能用与另一列中的值完全匹配的值来验证列值。

② 约束只能通过标准化的系统错误消息来传递错误消息。如果应用程序需要使用自定义消息和较为复杂的错误处理，则必须使用触发器。

③ DML 触发器可以将更改通过级联方式传播给数据库中的相关表。不过，通过级联引用完整性约束可以更有效地执行这些更改。

④ DML 触发器可以禁止或回滚违反引用完整性的更改，从而取消所尝试的数据修改。当更改外键且新值与其主键不匹配时，这样的触发器将生效。

⑤ 如果触发器表上存在约束，则在 INSTEAD OF 触发器执行后，AFTER 触发器执行前检查这些约束。如果违反了约束，则回滚 INSTEAD OF 触发器操作并且不执行 AFTER 触发器。

4.3.2 完成步骤

1. 使用 SSMS 管理触发器

使用 SSMS 管理触发器

1）验证 inserted 表和 deleted 表

子任务 1 了解在 WebShop 数据库的 Goods 表中添加一条商品号为“888888”的记录时，inserted 表的变化情况。

```
INSERT INTO Goods VALUES('888888','测试商品','01',8888,0.8,8,'2007-08-08','pImage/888888.gif',
'热点','测试商品信息')
```

在执行上述 INSERT 语句后，Goods 表和 inserted 表的记录情况如图 4-11 所示。

	g_ID	g_Name	t_...	g_Price	g_Discount	g_Number	g_ProduceDate	g_Image
9	020001	联想旭日410MC520	02	4680	0.8	18	2007-06-01 00:00:00.000	pImage/02000
10	020002	联想天逸F30T2250	02	6680	0.8	18	2007-06-01 00:00:00.000	pImage/02000
11	030001	海尔电视机HE01	03	6680	0.8	10	2007-06-01 00:00:00.000	pImage/03000
12	030002	海尔电冰箱HDFX01	03	2468	0.9	15	2007-06-01 00:00:00.000	pImage/03000
13	030003	海尔电冰箱HEF02	03	2800	0.9	10	2007-06-01 00:00:00.000	pImage/03000
14	040001	劲霸西服	04	1468	0.9	60	2007-06-01 00:00:00.000	pImage/04000
15	060001	红双喜牌乒乓球拍	06	46.8	0.8	45	2007-06-01 00:00:00.000	pImage/06000
16	888888	测试商品	01	8888	0.8	8	2007-08-08 00:00:00.000	pImage/88888

	g_ID	g_Name	t_...	g_Price	g_Discount	g_Number	g_ProduceDate	g_Image	g_Statu
1	888888	测试商品	01	8888	0.8	8	2007-08-08 00:00:00.000	pImage/888888.gif	热点

图 4-11　INSERT 语句操作中的 inserted 表

提示：

- inserted 表和 deleted 表不能直接被读取，因为这两个表是存在于内存中的，也就是说在执行 INSERT 语句、DELETE 语句和 UPDATE 语句操作过程中，这两个表才存在。
- 而只有在触发器中才能捕获这一动态过程（事务），所以 inserted 表和 deleted 表的读取也只能在触发器中实现。
- 上述结果是在触发器中对 inserted 表和 deleted 表查询(如 SELECT*FROM inserted)的结果。

子任务 2　了解在 WebShop 数据库的 Goods 表中删除一条商品号为“030001”的记录时，deleted 表的变化情况。

```
DELETE FROM Goods
WHERE g_ID='030001'
```

在执行上述 DELETE 语句时，Goods 表和 deleted 表的记录情况如图 4-12 所示。

	g_ID	g_Name	t_...	g_Price	g_Discount	g_Number	g_ProduceDate	g_Image
7	010007	摩托罗拉 W380	01	2300	0.9	20	2007-07-01 00:00:00.000	pImage/01000
8	010008	飞利浦 292	01	3000	0.9	10	2007-07-01 00:00:00.000	pImage/01000
9	020001	联想旭日410MC520	02	4680	0.8	18	2007-06-01 00:00:00.000	pImage/02000
10	020002	联想天逸F30T2250	02	6680	0.8	18	2007-06-01 00:00:00.000	pImage/02000
11	030002	海尔电冰箱HDFX01	03	2468	0.9	15	2007-06-01 00:00:00.000	pImage/03000
12	030003	海尔电冰箱HEF02	03	2800	0.9	10	2007-06-01 00:00:00.000	pImage/03000
13	040001	劲霸西服	04	1468	0.9	60	2007-06-01 00:00:00.000	pImage/04000
14	060001	红双喜牌乒乓球拍	06	46.8	0.8	45	2007-06-01 00:00:00.000	pImage/06000

	g_ID	g_Name	t_...	g_Price	g_Discount	g_Number	g_ProduceDate	g_Image
1	030001	海尔电视机HE01	03	6680	0.8	10	2007-06-01 00:00:00.000	pImage/030001.gif

图 4-12　DELETE 语句操作中的 deleted 表

子任务 3　了解在 WebShop 数据库的 Goods 表中将商品号为“888888”的商品号修改成“999999”时，inserted 表和 deleted 表的变化情况。

```
UPDATE Goods
SET g_ID='999999'
WHERE g_ID='888888'
```

在执行上述 UPDATE 语句时，Goods 表、inserted 表和 deleted 表的记录情况如图 4-13 所示。

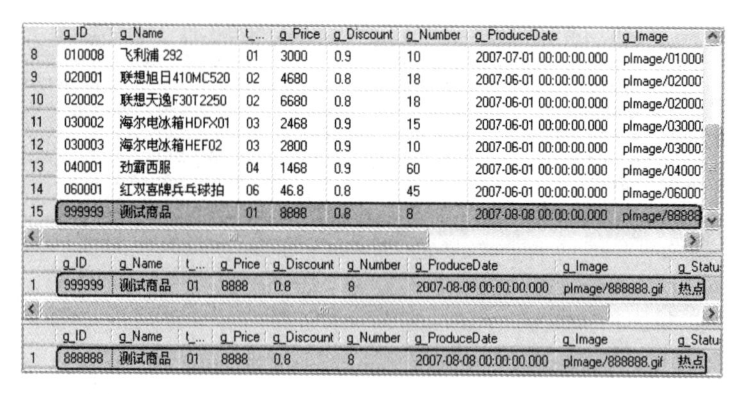

	g_ID	g_Name	t_...	g_Price	g_Discount	g_Number	g_ProduceDate	g_Image
8	010008	飞利浦 292	01	3000	0.9	10	2007-07-01 00:00:00.000	pImage/01000
9	020001	联想旭日410MC520	02	4680	0.8	18	2007-06-01 00:00:00.000	pImage/02000
10	020002	联想天逸F30T2250	02	6680	0.8	18	2007-06-01 00:00:00.000	pImage/02000
11	030002	海尔电冰箱HDFX01	03	2468	0.9	15	2007-06-01 00:00:00.000	pImage/03000
12	030003	海尔电冰箱HEF02	03	2800	0.9	10	2007-06-01 00:00:00.000	pImage/03000
13	040001	劲霸西服	04	1468	0.9	60	2007-06-01 00:00:00.000	pImage/04000
14	060001	红双喜牌乒乓球拍	06	46.8	0.8	45	2007-06-01 00:00:00.000	pImage/06000
15	999999	测试商品	01	8888	0.8	8	2007-08-08 00:00:00.000	pImage/88888

	g_ID	g_Name	t_...	g_Price	g_Discount	g_Number	g_ProduceDate	g_Image	g_Statu
1	999999	测试商品	01	8888	0.8	8	2007-08-08 00:00:00.000	pImage/888888.gif	热点

	g_ID	g_Name	t_...	g_Price	g_Discount	g_Number	g_ProduceDate	g_Image	g_Statu
1	888888	测试商品	01	8888	0.8	8	2007-08-08 00:00:00.000	pImage/888888.gif	热点

图 4-13　UPDATE 语句操作中的 inserted 表和 deleted 表

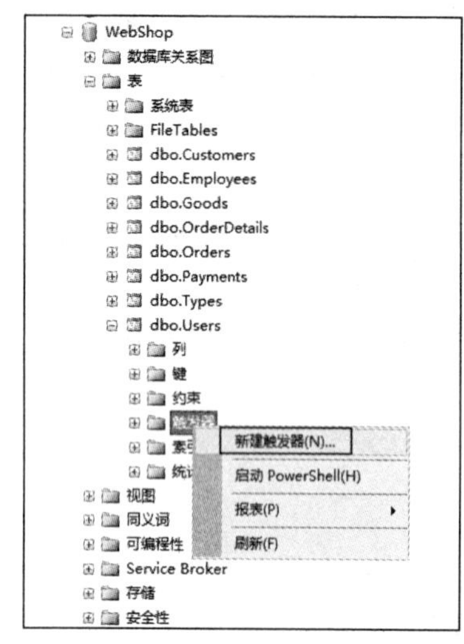

图 4-14　选择【新建触发器】

2）创建触发器

使用 T-SQL 创建触发器

子任务 4　为 WebShop 数据库的 Users 表创建一个在添加记录后显示提示信息的触发器 tr_notify，并添加一条用户记录（'trigger','trigger','普通','trigger'）来验证触发器的执行。

（1）启动 SSMS，在“对象资源管理器”中依次展开【数据库】节点、【WebShop】节点和【表】节点。

（2）展开【Users】表，右击【触发器】，选择【新建触发器】，如图 4-14 所示。

（3）在右边弹出的查询窗口中显示“触发器”的模板，输入触发器的文本后，执行创建触发器语句。语句成功执行后，则创建好触发器。

触发器 tr_notify 的脚本如下：

```
USE WebShop
IF OBJECT_ID ('Users.tr_notify', 'TR') IS NOT NULL
    DROP TRIGGER Users.tr_notify
GO
CREATE TRIGGER tr_notify
ON Users
AFTER INSERT
AS
PRINT ('友情提示：表中增加新记录!')
GO
```

（4）使用 INSERT 语句向 Users 表中添加一条记录，来验证触发器的功能。

```
INSERT Users VALUES('trigger','trigger','普通','trigger')
```

该语句执行后，消息框中显示结果如图 4-15 所示。

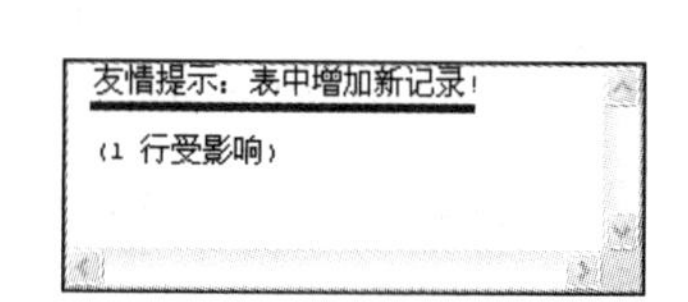

图 4-15　验证触发器

提示：

- 在查询窗口中创建触发器实质上是通过 T-SQL 语句创建触发器。

- 触发器创建后，在指定的条件下会自动触发。
- 创建的触发器为DML触发器。

3）禁用、修改和删除触发器

子任务5 禁用触发器tr_notify。

（1）启动SSMS，在“对象资源管理器”中依次展开【数据库】节点、【WebShop】节点、【表】节点。

（2）右击【tr_notify】，选择【禁用】，如图4-16所示。

提示：

- 在图4-16中选择【修改】可以完成触发器的修改操作。
- 在图4-16中选择【删除】可以删除指定的触发器。

触发器被禁用后，图4-16中的【启用】菜单项将变为【可用】，并可通过该菜单项启用指定的触发器。

（3）打开“禁用触发器”对话框，单击【关闭】按钮，如图4-17所示，即可禁用选定的触发器，被禁用的触发器的图标会变成。请读者注意分辨。

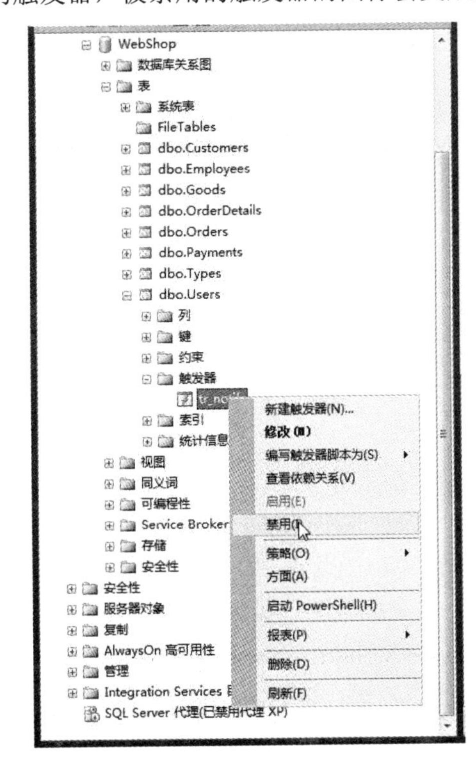

图4-16 选择【禁用】

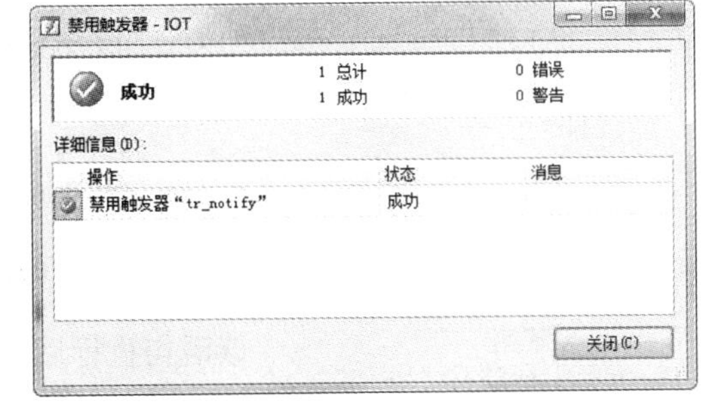

图4-17 “禁用触发器”对话框

2. 使用T-SQL语句管理触发器

使用T-SQL管理触发器

1）创建触发器

使用T-SQL语言的CREATE TRIGGER语句创建触发器，创建DML触发器的基本语句格式如下：

```
CREATE   TRIGGER    触发器名
ON   表 | 视图
FOR | AFTER | INSTEAD OF
INSERT | UPDATE | DELETE
AS
DML 语句
```

创建 DDL 触发器的基本语句格式如下：

```
CREATE   TRIGGER    触发器名
ON     ALL SERVER | DATABASE
FOR | AFTER     { DDL 事件 }
AS
DDL 语句
```

创建登录触发器的基本语句格式如下：

```
CREATE TRIGGER 触发器名
ON ALL SERVER
{ FOR | AFTER } LOGON
AS
SQL 语句
```

子任务 6 在 WebShop 数据库中创建一个 DML 触发器，实现在用户信息表（Users）中删除用户信息时，显示“×××用户已被删除！”。

① 创建 Users 表的删除触发器 tr_delete。

```
CREATE TRIGGER tr_delete
ON Users
FOR DELETE
AS
BEGIN
  DECLARE @user VARCHAR(30)
  SELECT @user=u_Name FROM DELETED
  PRINT @user+'用户已被删除！'
END
```

② 验证触发器。

```
DELETE FROM Users WHERE u_Name='trigger'
```

该语句执行后，触发器被触发后返回信息如图 4-18 所示。

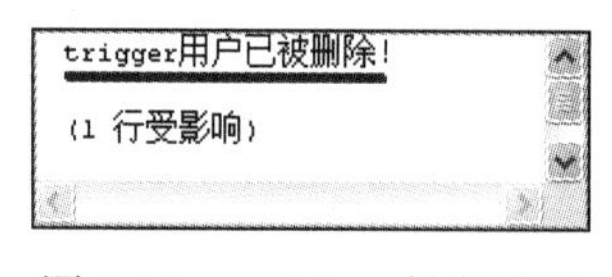

图 4-18 tr_delete 触发结果

提示：

- CREATE TRIGGER 语句必须是批处理中的第一个语句，该语句后面的所有其他语句被解释为 CREATE TRIGGER 语句定义的一部分。
- 创建 DML 触发器的权限默认分配给表的所有者，且不能将该权限转给其他用户。
- DML 触发器为数据库对象，其名称必须遵循标识符的命名规则。
- 虽然 DML 触发器可以引用当前数据库以外的对象，但只能在当前数据库中创建

DML 触发器。

- 虽然 DML 触发器可以引用临时表，但不能对临时表或系统表创建 DML 触发器。同时，不应引用系统表，而应使用信息架构视图。
- 对于含有用 DELETE 语句或 UPDATE 语句操作定义的外键的表，不能定义 INSTEAD OF DELETE 触发器和 INSTEAD OF UPDATE 触发器。
- TRUNCATE TABLE 语句不会触发 DELETE 触发器，因为 TRUNCATE TABLE 语句没有执行记录。

子任务 7　在 WebShop 数据库中创建一个 DDL 触发器，实现在修改表时弹出提示信息“数据表已被修改！”的功能。

① 创建作用于数据库的修改表事件的触发器 tr_altertable。

```
CREATE TRIGGER tr_altertable
ON DATABASE
FOR ALTER_TABLE
AS
BEGIN
PRINT '数据表已被修改！'
END
```

② 验证触发器。

```
ALTER TABLE Users    ADD    test    CHAR(8)
```

该语句运行结果如图 4-19 所示。

图 4-19　tr_altertable 触发结果

提示：

- 在编写 DDL 触发器时要了解用于激发 DDL 触发器的 DDL 事件，请参阅“SQL Server 联机丛书”。
- DDL 触发器作用于数据库或服务器，不同于 DML 触发器作用于表。

子任务 8　在 master 数据库中创建一个登录触发器，实现拒绝登录名为 login_test 的成员登录到 SQL Server 的功能。

① 创建作用于登录 SQL Server 实例的触发器 tr_testlogin。

```
USE master;
GO
CREATE LOGIN login_test WITH PASSWORD = '123456'
GO
GRANT VIEW SERVER STATE TO login_test;
GO
CREATE TRIGGER tr_testlogin
ON ALL SERVER WITH EXECUTE AS 'login_test'
FOR LOGON
AS
BEGIN
IF ORIGINAL_LOGIN()= 'login_test'
      ROLLBACK;
END;
```

② 验证触发器。

在连接到 SQL Server 实例时，输入创建的登录名 login_test 和密码 123456，如图 4-20 所示。

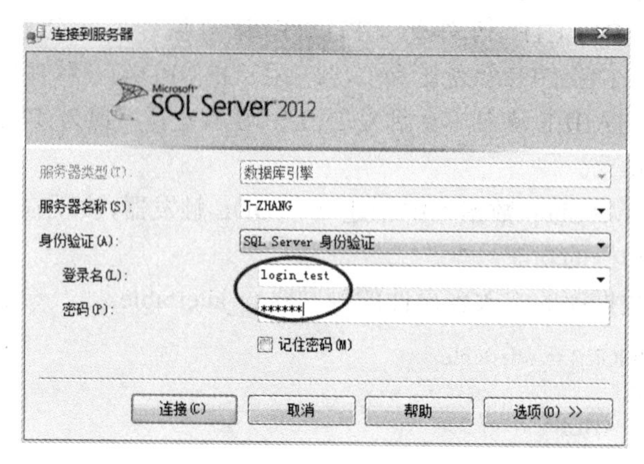

图 4-20　login_test 登录 SQL Server 实例

单击【连接】按钮后，由于触发器 tr_testlogin 起作用，登录名 login_test 登录失败，弹出拒绝连接的对话框，如图 4-21 所示。

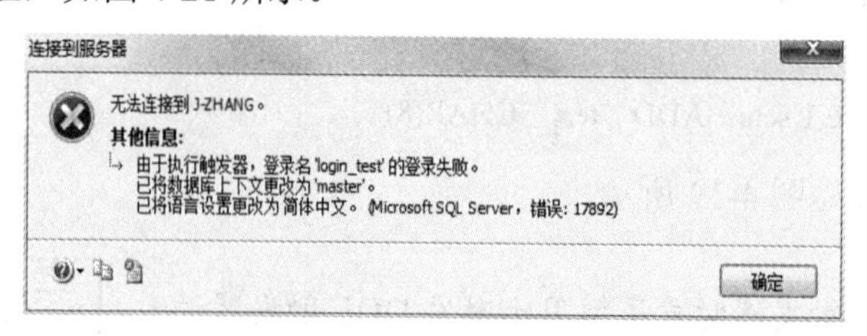

图 4-21　login_test 登录 SQL Server 实例失败

提示：

- DDL 触发器和登录触发器通过使用 T-SQL 语言的 EVENTDATA 函数来获取有关触发事件的信息。
- 若要创建 DML 触发器，则需要对要创建触发器的表或视图拥有 ALTER 权限。
- 若要创建具有服务器范围的 DDL 触发器（ON ALL SERVER）或登录触发器，则需要对服务器拥有 CONTROL SERVER 权限。
- 若要创建具有数据库范围的 DDL 触发器（ON DATABASE），则需要在当前数据库中拥有 ALTER ANY DATABASE DDL TRIGGER 权限。
- DML 触发器作用于表或视图，DDL 触发器作用于数据库或服务器，登录触发器作用于服务器。表或视图范围的 DML 触发器显示在“触发器”文件夹中，该文件夹位于特定的表或视图中；数据库范围的 DDL 触发器显示在“数据库触发器”文件夹中，该文件夹位于相应数据库的“可编程性”文件夹下。具有服务器范围的 DDL 触发器和登录触发器显示在 SSMS 对象资源管理器中的“触发器”文件夹中，该文件夹位于“服务器对象”文件夹下。三类触发器在对象资源管理器中的位置如图 4-22 所示。

2）修改触发器

使用 T-SQL 语言的 ALTER TRIGGER 语句可修改 DML 触发器，基本语句格式如下：

```
ALTER   TRIGGER    触发器名
ON   表  |  视图
FOR | AFTER | INSTEAD OF    INSERT |
UPDATE | DELETE
AS
DML 语句
```

修改 DDL 触发器的基本语句格式如下：

```
ALTER   TRIGGER    触发器名
ON   ALL SERVER | DATABASE
FOR | AFTER    { DDL 事件 }
AS
DDL 语句
```

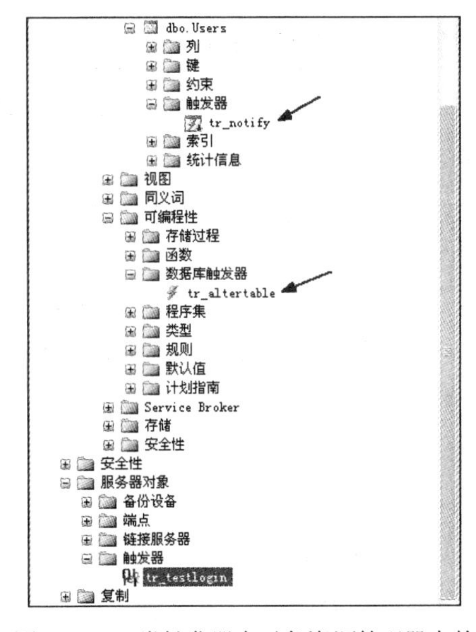

图 4-22 三类触发器在对象资源管理器中的位置

修改登录触发器的基本语句格式如下：

```
ALTER TRIGGER 触发器名
ON ALL SERVER
{ FOR | AFTER } LOGON
AS
SQL 语句
```

修改触发器与创建触发器的语法基本相同，只是将创建触发器的 CREATE 关键字换成了 ALTER 关键字而已。

子任务 9 修改【子任务 6】中创建的触发器，在输出的文字前加上“注意:”字样。

```
ALTER TRIGGER tr_delete
ON Users
FOR DELETE
AS
BEGIN
  DECLARE @user VARCHAR(30)
  SELECT @user=u_Name FROM DELETED
  PRINT '注意:'+@user+'用户已被删除！'
END
```

3）查看触发器

使用系统存储过程 sp_helptrigger 和 sp_helptext 可以查看触发器，但作用有所差异：使用 sp_helptrigger 返回的是触发器的类型，而使用 sp_helptext 则显示触发器的文本。

（1）系统存储过程 sp_helptrigger。使用系统存储过程 sp_helptrigger 返回指定表中定义的触发器类型，基本语句格式如下：

```
sp_helptrigger  [ @tabname = ]表名 [, [ @triggertype = ] 触发器类型 ]
```

其中，“触发器类型”的数据类型为 CHAR(6)，默认值为 NULL，并且可以是如表 4-13 所示的三个值之一。

表 4-13　触发器类型的数据类型

值	描述
DELETE	返回 DELETE 触发器信息
INSERT	返回 INSERT 触发器信息
UPDATE	返回 UPDATE 触发器信息

（2）系统存储过程 sp_helptext。使用系统存储过程 sp_helptext 可以显示规则、默认值、未加密的存储过程、用户定义函数、触发器或视图的文本，基本语句格式如下：

```
sp_helptext   [ @objname = ] 对象名
```

其中，“对象名”可以是规则、默认值、未加密的存储过程、用户自定义函数、触发器或视图。

子任务 10　了解 Users 表中所有触发器的相关信息，并显示触发器 tr_notify 的文本信息。

```
sp_helptrigger Users
GO
sp_helptext tr_notify
GO
```

执行结果如图 4-23 所示。

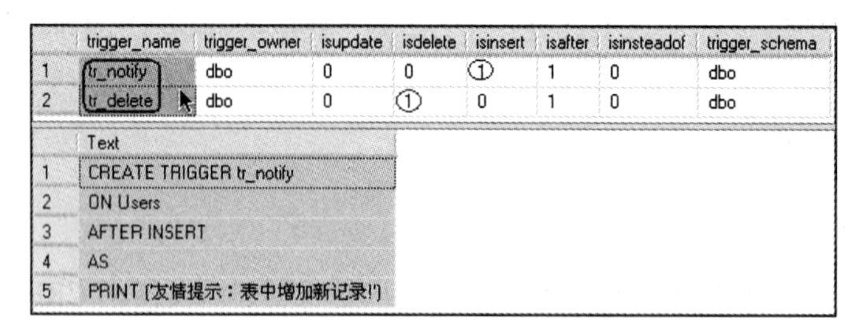

	trigger_name	trigger_owner	isupdate	isdelete	isinsert	isafter	isinsteadof	trigger_schema
1	tr_notify	dbo	0	0	1	1	0	dbo
2	tr_delete	dbo	0	1	0	1	0	dbo

	Text
1	CREATE TRIGGER tr_notify
2	ON Users
3	AFTER INSERT
4	AS
5	PRINT ('友情提示：表中增加新记录!')

图 4-23　【子任务 10】的执行结果

提示：

- sp_helptrigger 不能用于 DDL 触发器。
- isupdate 表示是否修改触发器，isdelete 表示是否删除触发器， isinsert 表示是否插入触发器，isafter 表示是否 after 触发器，isinsteadof 表示是否 insteadof 触发器。

4）禁用触发器

使用 T-SQL 语言的 DISABLE TRIGGER 语句可以禁用 DML 触发器和 DDL 触发器，基本语句格式如下：

```
DISABLE TRIGGER 触发器名[，…n] | ALL
ON   对象名 |数据库 | 服务器
```

子任务 11　禁用触发器 tr_delete，并通过删除名为“amy”的用户来验证触发器的工作。

① 禁用触发器。

```
DISABLE TRIGGER tr_delete
ON Users
```

② 验证触发器。

```
DELETE Users
WHERE u_Name='amy'
```

该语句执行时不会出现“注意:×××用户已被删除”的提示信息，说明 tr_delete 触发器没有被引发。

提示：

- 在默认情况下，创建触发器后会启用触发器。
- 禁用触发器不会删除该触发器，该触发器仍然作为对象存在于当前数据库中。
- 禁用触发器后，执行相应的 T-SQL 语句时，不会引发触发器。
- 使用 ENABLE TRIGGER 可以重新启用 DML 触发器和 DDL 触发器。
- 也可以使用 ALTER TABLE 语句来禁用或启用为表所定义的 DML 触发器。

5）启用触发器

使用 T-SQL 语言的 ENABLE TRIGGER 语句可以启用 DML 触发器和 DDL 触发器，基本语句格式如下：

```
ENABLE TRIGGER  触发器名[, …n] | ALL
ON   对象名 |数据库 | 服务器
```

ENABLE TRIGGER 语句的基本使用方法同 DISABLE TRIGGER 语句，只是作用刚好相反。

6）删除触发器

使用 T-SQL 语言的 DROP TRIGGER 语句可以删除 DML 触发器，基本语句格式如下：

```
DROP   TRIGGER    触发器名[, …n]
ON   数据库 | 服务器
```

子任务 12 删除 Users 表中的触发器 tr_notify 和 WebShop 数据库中的触发器 tr_altertable。

```
DROP TRIGGER tr_notify
GO
DROP TRIGGER tr_ altertable
ON DATABASE
GO
```

提示：

- 可以通过删除 DML 触发器或删除触发器表来删除 DML 触发器。
- 仅当所有的触发器均使用相同的 ON 子句创建时，才能使用一个 DROP TRIGGER 语句删除多个 DDL 触发器。

3. 应用触发器

触发器综合应用

1）实施参照完整性

使用触发器也可以维护两个表间的参照完整性，不同于外键的是，外键是在数据改变之前起作用，而触发器是在数据改变时引发，再根据数据改变的情况决定是否执行改变。

子任务 13 在 WebShop 数据库中创建一个触发器，实现在生成订单时，即往 Orders 表中插入订单记录时能够进行如下检查：如果插入的订单中的商品的商品号 g_ID 不存在或者下达订单的会员号 c_ID 不存在，则必须取消订单插入操作，并返回一条错误消息。

① 创建触发器 tr_placeorder。

```
CREATE TRIGGER tr_placeorder
ON Orders
FOR INSERT,UPDATE
AS
BEGIN
  DECLARE @p_no CHAR(6)   --支付方式编号
  DECLARE @c_no CHAR(5)   --会员号
  --获取新插入订单的支付方式编号
  SELECT @p_no=Payments.p_ID
  FROM Payments,inserted
  WHERE Payments.p_ID=inserted.p_ID
  --获取新插入订单的会员号
  SELECT @c_no=Customers.c_ID
  FROM Customers,inserted
  WHERE Customers.c_ID=inserted.c_ID
  --如果新插入行的支付方式编号或会员号在被参照表中不存在，则撤销插入，并给出错误信息
  IF @p_no is NULL OR   @c_no is NULL
    BEGIN
        --事务回滚：撤销插入操作
        ROLLBACK TRANSACTION
        --返回一个错误信息
        RAISERROR('不存在这样的支付方式或会员！',16,10)
    END
END
```

② 验证触发器。

```
UPDATE Orders
SET c_ID='C8888'
WHERE o_ID='200708021850'
```

执行该语句时由于会员号“C8888”在被参照的表 Customers 中并不存在，所以触发器被引发后返回信息如图 4-24 所示。

```
消息 50000，级别 16，状态 10，过程 tr_placeorder，第 22 行
不存在这样的支付方式或会员!
消息 3609，级别 16，状态 1，第 1 行
事务在触发器中结束。批处理已中止。
```

图 4-24 【子任务 13】的执行结果

提示：

- 如果创建了外键约束，则在触发器执行前外键会起作用，为了验证该触发器的功能，可以先删除 Orders 表的约束。
- tr_placeorder 触发器的引发操作是 INSERT 和 UPDATE，请读者自行使用 INSERT 操作验证该触发器。
- 在创建触发器的语句中使用了“ROLLBACK TRANSACTION”，表示取消所执行的操作（这里为 UPDATE）。
- 触发器中对于参照表中 p_ID 和 c_ID 的判断，也可以使用存在性检查语句实现，请参考以下语句。

使用连接查询和存在性检查，语句如下：

```
CREATE TRIGGER tr_placeorder
ON Orders
```

```
FOR INSERT,UPDATE
AS
BEGIN
  IF(NOT EXISTS
  (SELECT Payments.p_ID
  FROM Payments,inserted
  WHERE Payments.p_ID=inserted.p_ID))
  OR
  (NOT EXISTS
  (SELECT Customers.c_ID
  FROM Customers,inserted
  WHERE Customers.c_ID=inserted.c_ID))
  BEGIN
     ROLLBACK TRANSACTION
     RAISERROR('不存在这样的支付方式或会员！',16,10)
  END
END
```

使用子查询，语句如下：

```
ALTER TRIGGER tr_placeorder
ON Orders
FOR INSERT,UPDATE
AS
BEGIN
  IF(NOT EXISTS
  (SELECT p_ID FROM Payments WHERE p_ID IN
  (SELECT p_ID FROM inserted)))
  OR
  (NOT EXISTS
  (SELECT c_ID FROM Customers WHERE c_ID IN
  (SELECT c_ID FROM inserted)))
  BEGIN
     ROLLBACK TRANSACTION
     RAISERROR('不存在这样的支付方式或会员！',16,10)
  END
END
```

2）实施特殊业务规则

应用触发器除了可以实现数据完整性以外，还可以实施一些特殊业务规则。

子任务 14 会员在购买商品时，其所购买商品的详细信息存放在 OrderDetails 表中，而订单的总金额存放在 Orders 表中。在 WebShop 数据库中创建一个触发器，实现订单详情表中的商品信息发生变化时，能够自动更新订单表中的订单总金额。

① 创建触发器 tr_sum。

```
CREATE TRIGGER tr_sum
ON OrderDetails
FOR INSERT,UPDATE
AS
BEGIN
```

```
    UPDATE Orders
    SET o_Sum=(SELECT SUM(d_Price*d_Number) FROM OrderDetails WHERE o_ID=(SELECT
o_ID FROM inserted))
  END
```

② 在 OrderDetails 表中插入记录之前的 OrderDetails 表和 Orders 表的记录情况如图 4-25 所示。

d_ID	o_ID	g_ID	d_Price	d_Number
1	200708011012	010001	1350	1
2	200708011012	060001	37.44	1
3	200708011430	060001	37.44	1
4	200708011430	010007	2070	2
5	200708011430	040001	1321.2	1
6	200708011132	010008	2700	1
7	200708021850	030003	2520	1
8	200708021850	020002	5344	1
9	200708021850	040001	1321.2	1
10	200708021850	060001	37.44	1
11	200708021533	010006	2720	1
12	200708022045	010006	2720	1

o_ID	c_ID	o_Date	o_Sum	e_ID	o_SendMode	p_Id
200708011012	C0001	2007-8-1 0:00:00	1387.44	E0001	送货上门	01
200708011132	C0002	2007-8-1 0:00:00	2700	E0003	送货上门	01
200708011430	C0001	2007-8-1 0:00:00	5498.64	E0001	送货上门	01
200708021533	C0004	2007-8-2 0:00:00	2720	E0003	送货上门	01
200708021850	C0003	2007-8-2 0:00:00	9222.64	E0004	邮寄	03
200708022045	C0005	2007-8-2 0:00:00	2720	E0003	送货上门	01

图 4-25　OrderDetails 表插入记录之前

③ 在 OrderDetails 表中插入记录，验证触发器的执行。

```
INSERT OrderDetails(o_ID,g_ID,d_Price,d_Number)
VALUES('200708022045','030003',2520,2)
```

该语句执行时，在 OrderDetails 表中成功添加一条记录（添加一条购物明细，价格为 2520×2=5040），同时引发触发器 tr_sum，完成对 Orders 表中订单总金额的更改。OrderDetails 表插入记录之前编号为 200708022045 的订单总额为 2720 元，如图 4-25 所示。OrderDetails 表插入记录之后编号为 200708022045 的订单总额变为 7760 元，如图 4-26 所示。

d_ID	o_ID	g_ID	d_Price	d_Number
1	200708011012	010001	1350	1
2	200708011012	060001	37.44	1
3	200708011430	060001	37.44	1
4	200708011430	010007	2070	2
5	200708011430	040001	1321.2	1
6	200708011132	010008	2700	1
7	200708021850	030003	2520	1
8	200708021850	020002	5344	1
9	200708021850	040001	1321.2	1
10	200708021850	060001	37.44	1
11	200708021533	010006	2720	1
12	200708022045	010006	2720	1
15	200708022045	030003	2520	2

o_ID	c_ID	o_Date	o_Sum	e_ID	o_SendMode	p_Id
200708011012	C0001	2007-8-1 0:00:00	7760	E0001	送货上门	01
200708011132	C0002	2007-8-1 0:00:00	7760	E0003	送货上门	01
200708011430	C0001	2007-8-1 0:00:00	7760	E0001	送货上门	01
200708021533	C0004	2007-8-2 0:00:00	7760	E0003	送货上门	01
200708021850	C0003	2007-8-2 0:00:00	7760	E0004	邮寄	03
200708022045	C0005	2007-8-2 0:00:00	7760	E0003	送货上门	01

图 4-26　OrderDetails 表插入记录之后

提示：
- 在 OrderDetails 表的 INSERT 语句中的表名之后指定列名表，是考虑到“d_ID”为自动编号，不需要明确指定。
- 这些特殊的业务规则也可以由应用程序员编写程序来完成。

课堂实践 1

操作要求

（1）对 Goods 表创建插入触发器 tr_insert，实现显示 Goods 表、inserted 表和 deleted 表中记录的功能。

（2）往 Goods 表中插入一条商品号为“111111”的商品记录，验证触发器的执行。

（3）对 Goods 表创建修改触发器 tr_update，实现显示 Goods 表、inserted 表和 deleted 表中记录的功能。

（4）将 Goods 表中商品号为“111111”的商品号修改为“222222”，记录验证触发器的执行。

（5）删除所创建的触发器 tr_insert 和 tr_update。

（6）在 Orders 表中创建触发器 tr_deleteorder，实现在 Orders 表中删除订单号为“200708021533”的订单记录时，将该订单所包含的详细信息（在 OrderDetails 表中）全部删除的功能。

（7）在 Orders 表中创建触发器 tr_detail，实现在订单表中添加一条记录号为“200708080808”的记录时，在 OrderDetails 表中添加如下两条记录的功能。

```
('200708080808', '030003', 2520, 1)
('200708080808', '010008', 2700, 2)
```

（8）删除所创建的触发器 tr_deleteorder 和 tr_detail。

4.3.3 任务小结

通过本任务，读者应掌握的数据库操作技能如下：
- 掌握触发器的基本概念。
- 能使用 SSMS 管理触发器。
- 能使用 T-SQL 语句管理触发器。
- 能应用触发器实施参照完整性。
- 能应用触发器实施特殊业务规则。

任务 4.4 管理 WebShop 数据库的存储过程

任务目标

存储过程（stored procedure）是一组为了完成特定功能的 SQL 语句集，存储在数据库中，经过第一次编译后再次调用不需要再次编译，用户通过指定存储过程的名字并给出参数（如果该存储过程带有参数）来执行它。当对数据库进行复杂操作时（如对多个表进行UPDATE、INSERT、QUERY、DELETE 语句操作时），可将此复杂操作用存储过程封装起来，与数据库提供的事务处理结合在一起使用。存储过程是数据库中的一个重要对象，任何一个设计良好的数据库应用程序都应该用到存储过程。为了完成存储过程设计，必须熟悉 T-SQL 语言的语法，掌握 T-SQL 语言的编程技能。

本任务将要学习 T-SQL 语言编程和存储过程的相关知识，包括标识符、注释、批处理、运算符、变量、显示和输出语句、流程控制语句、CASE 表达式、系统内置函数和存储过程的创建、修改、删除和执行。本任务的主要学习目标包括：

- 掌握 T-SQL 语言的基本元素。
- 掌握 T-SQL 语言的流程控制语句。
- 掌握 T-SQL 语言的系统内置函数。
- 掌握存储过程的基本概念。
- 能创建、修改、删除和执行存储过程。

4.4.1 背景知识

1. T-SQL 语言基础

T-SQL 简介

Transact-SQL（简写为 T-SQL）语言是 SQL Server 对标准 SQL 功能的增强与扩充，利用 T-SQL 语言可以完成数据库上的各种管理操作，而且可以编制复杂的程序。

1）标识符

T-SQL 程序基本概念

标识符是指用户在 SQL Server 中定义的服务器、数据库、数据库对象、变量和列等对象名称。SQL Server 标识符分为常规标识符和分隔标识符两类。

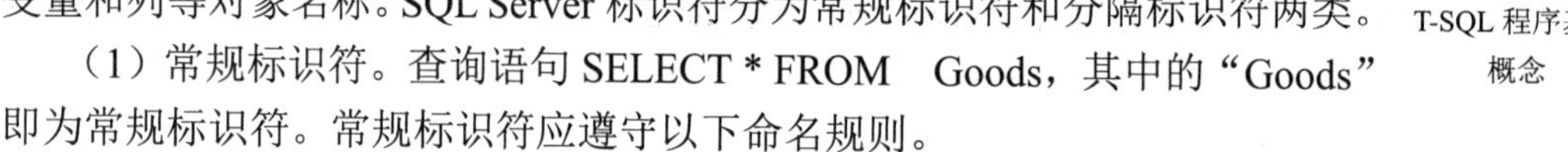

（1）常规标识符。查询语句 SELECT * FROM　Goods，其中的“Goods”即为常规标识符。常规标识符应遵守以下命名规则。

① 标识符长度可以为 1～128 个字符。对于本地临时表，标识符最多可以有 116 个字符。

② 标识符的首字符必须为 Unicode 3.2 标准所定义的字母或_、@、# 符号。

③ 标识符第一个字符后面的字符可以为 Unicode 3.2 标准所定义的字符、数字或@、#、$、_符号。

④ 标识符内不能嵌入空格或其他特殊字符。

⑤ 标识符不能与 SQL Server 中的保留关键字同名。

提示：在 SQL Server 中，某些位于标识符开头位置的符号具有特殊意义。为了避免混淆，不应使用以这些具有特殊意义符号开头的名称。

- 以 at 符号（@）开头的标识符表示局部变量或参数。
- 以一个数字符号（#）开头的标识符表示临时表或过程。
- 以两个数字符号（##）开头的标识符表示全局临时对象。
- 以两个 at 符号（@@）开头的标识符为某些 T-SQL 语言函数的名称。

（2）分隔标识符。分隔标识符允许在标识符中使用 SQL Server 保留关键字或常规标识符中不允许使用的一些特殊字符，这是由双引号或方括号分隔符进行分隔的标识符。

在语句CREATE DATABASE [My　DB]中，由于数据库名称“My DB”中包含空格，所以用方括号来分隔。

操作1　创建一个新表，新表使用“table”作为表名。

```
CREATE TABLE [table]
(
    column1   CHAR(10)   PRIMARY   KEY,
    column2   INT
)
```

提示：

- 由于所创建的表名table与T-SQL语言保留字相同，因此也要用方括号来分隔。
- 符合标识符格式规则的标识符可以分隔，也可以不分隔。

```
SELECT [g_ID], [g_Name]
FROM [Goods]
```

2）批处理

多条语句放在一起依次执行，称为批处理执行，批处理语句之间用GO分隔。这里的GO表示向SQL Server实用工具（如sqlcmd）发出一批T-SQL语句结束的信号。但并不是所有的T-SQL语句都可以组合成批处理，在使用批处理时有如下限制。

（1）规则和默认不能在同一个批处理中既绑定到列又被使用。

（2）CHECK约束不能在同一个批处理中既定义又使用。

（3）在同一个批处理中不能删除对象又重新创建该对象。

（4）用SET语句改变的选项在批处理结束时生效。

（5）在同一个批处理中不能改变一个表再立即引用该表的新列。

操作2　创建查看“促销”商品信息的视图vw_SaleGoods后，查询vw_SaleGoods视图中的信息。

```
USE WebShop
GO
CREATE VIEW vw_SaleGoods   AS SELECT * FROM Goods
GO
SELECT * FROM vw_SaleGoods
GO
```

提示：

- GO不是T-SQL语句，它是sqlcmd和osql实用工具以及SSMS代码编辑器识别的命令。
- SQL Server实用工具将GO解释为应该向SQL Server实例发送当前一批T-SQL语句的信号。当前批处理由上一GO命令后到下一GO命令前的所有语句组成。
- GO命令和T-SQL语句不能在同一行中，但在GO命令行中可包含注释。

3）注释

注释是程序代码中不执行的文本字符串。在SQL Server中，可以使用两种类型的注释字符。

（1）“--”用于单行注释。

（2）“/*　*/ ”用于多行注释。

操作 3　对完成【操作 2】的批处理语句进行说明，以方便各类用户理解语句的含义。

```
/* 以下语句完成 vw_SaleGoods 视图的创建和查询操作　*/
--如果 WebShop 不是当前数据库，首先打开 WebShop 数据库
USE WebShop
GO
--创建"促销"商品的视图 vw_SaleGoods
CREATE VIEW vw_SaleGoods AS SELECT * FROM Goods
GO
--查询 vw_SaleGoods 中的信息
SELECT * FROM vw_SaleGoods
GO
```

4）输出语句

（1）PRINT 语句。PRINT 语句把用户定义的消息返回客户端，其基本语句格式如下：

```
PRINT <字符串表达式>
```

（2）RAISERROR 语句。返回用户定义的错误信息，其基本语句格式如下：

```
RAISERROR ( { msg_id | msg_str } { , severity ,  state })
```

参数含义如下：

- msg_id：存储于 sysmessages 表中的用户定义的错误信息。用户定义错误信息的错误号应大于 50 000。
- msg_str：是一条特殊消息字符串。
- severity：用户定义的与消息关联的严重级别。用户可以使用 0～18 的严重级别。
- state：1～127 的任意整数，表示有关错误调用状态的信息。

操作 4　输出“Hello World”字符串和返回用户定义的错误信息。

```
PRINT  'Hello World'
RAISERROR ('发生错误', 16, 1)
```

```
Hello World
消息 50000，级别 16，状态 1，第 2 行
发生错误
```

图 4-27　【操作 4】运行结果

运行结果如图 4-27 所示。

提示：RAISERROR 与 PRINT 相比具有以下优点。

- RAISERROR 支持使用 C 语言标准库 printf 函数上的建模机制将参数代入错误消息字符串。
- 除了文本消息外，RAISERROR 还可以指定唯一错误编号、严重性和状态代码。
- RAISERROR 可用于返回使用 sp_addmessage 系统存储过程创建的用户定义的消息。

2. 变量和运算符

T-SQL 中的变量和运算符

1）变量

变量是 SQL Server 用来在语句之间传递数据的方式之一，由系统或用户定义并赋值。SQL Server 中的变量分局部变量和全局变量两种，其中全局变

量是指由系统定义和维护，名称以“@@”字符开始的变量。局部变量是指名称以一个“@”字符开始，由用户自己定义和赋值的变量。

（1）局部变量。T-SQL语言中使用DECLARE语句声明变量，并在声明后将变量的值初始化为NULL。在一个DECLARE语句中可以同时声明多个局部变量，它们相互之间用逗号分隔。DECLARE语句的基本语句格式如下：

```
DECLARE  @variable_name  date_type
[,@variable_name  data_type…]
```

变量声明后，DECLARE语句将变量初始化为NULL，这时可以使用SET语句或SELECT语句为变量赋值。SET语句的基本语句格式如下：

```
SET  @variable_name = expression
```

SELECT语句为变量赋值的基本语句格式如下：

```
SELECT @variable_name = expression  [FROM <表名> WHERE <条件>]
```

其中，expression为有效的SQL Server表达式，它可以是一个常量、变量、函数、列名和子查询等。

操作5 使用@birthday存储出生日期，使用@age存储年龄，使用@name存储姓名，同时为所声明的@birthday变量赋值为“1999-4-14”（使用SET语句），然后将Customers表中的会员的最大年龄赋值给变量@age（使用SELECT语句）。

```
DECLARE  @birthday  datetime
DECLARE  @age  INT,@name  CHAR(8)
SET @birthday = '1999-4-14'
USE WebShop
--GO（该处不能使用）
SELECT @age = MAX(YEAR(GETDATE())-YEAR(c_Birth)) FROM  Customers    --给@ age
变量赋值
PRINT '-------变量的输出结果-----------'
PRINT '@birthday 的值:'
PRINT @birthday          --输出@birthday 的值
PRINT '最大年龄:'
PRINT @age               --输出@ age 的值
PRINT @name              --输出@name 的值
```

运行结果如图4-28所示。

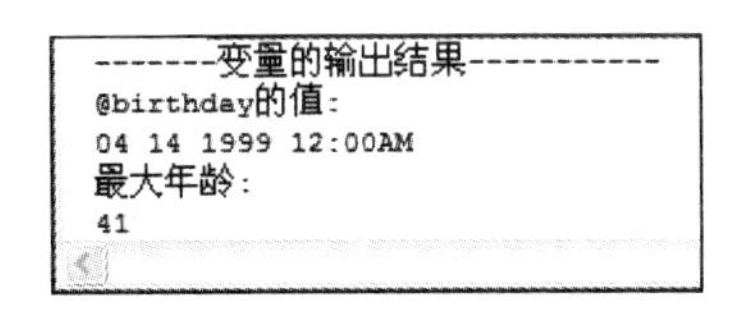

图4-28 【操作5】运行结果

提示：

- 局部（用户定义）变量的作用域限制在一个批处理中，不可在GO命令后引用，否则会出现“变量需要声明”的错误提示。
- 变量常用在批处理或过程中，用来保存临时信息。
- 局部变量的作用域是其被声明时所在的批处理。
- 声明一个变量后，该变量将被初始化为NULL。

（2）全局变量。全局变量不能由用户定义，全局变量不可以赋值，并且在相应的上下文中时随时可用。使用全局变量时应该注意以下几点。

① 全局变量不是由用户的程序定义的，它们是服务器级别定义。

② 用户只能使用预先定义的全局变量。

③ 引用全局变量时，必须以标记符“@@”开头。

局部变量的名称不能与全局变量的名称相同，否则会在应用程序中出现不可预测的结果。常用的全局变量如表 4-14 所示。

表 4-14　SQL Server 常用全局变量

序号	名称	说明
1	@@ERROR	返回最后执行的 T-SQL 语句的错误代码，返回类型为 integer
2	@@ROWCOUNT	返回受上一语句影响的行数（除了 DECLARE 语句外，其他任何语句都可以改变其值）
3	@@IDENTITY	返回最后插入的标识值，返回类型为 numeric
4	@@VERSION	返回当前的 SQL Server 安装的版本、处理器体系结构、生成日期
5	@@SPID	返回当前用户进程的会话 ID
6	@@SERVERNAME	返回运行 SQL Server 的本地服务器的名称
7	@@OPTIONS	返回有关当前 SET 选项的信息
8	@@MAX_CONNECTIONS	返回 SQL Server 实例允许同时进行的最大用户连接数
9	@@IDENTITY	返回上次插入的标识值
10	@@FETCH_STATUS	返回针对连接当前打开的任何游标发出的上一条游标 FETCH 语句的状态
11	@@CONNECTIONS	返回 SQL Server 自上次启动以来尝试的连接数

操作 6　检查 UPDATE 语句中的错误（错误号为 547），可以使用全局变量@@ERROR，同时要了解执行 UPDATE 语句是否影响了表中的行，可以使用@@ROWCOUNT 来检测是否有发生更改的行。

```
UPDATE Customers SET c_Gender= '无'
WHERE c_ID = 'C0001'
IF @@ERROR = 547
PRINT  '错误：违反 Check 约束!'
IF @@ROWCOUNT = 0
PRINT '警告：没有数据被更新!'
```

运行结果如图 4-29 所示。

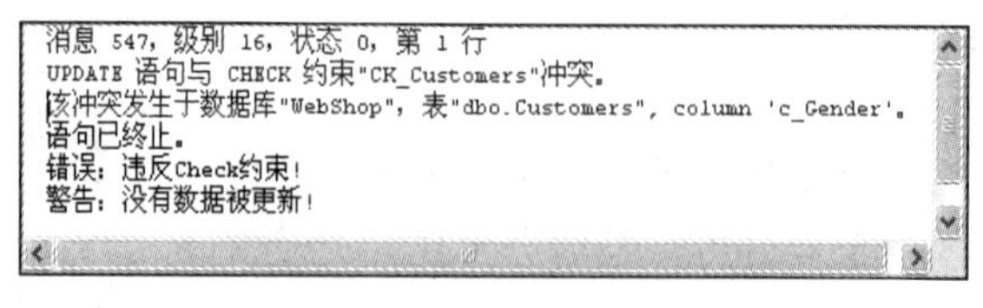

图 4-29　【操作 6】运行结果

2）运算符

运算符用来执行列、常量或变量间的数学运算和比较操作。SQL Server 支持的运算符分算术运算符、赋值运算符、位运算符、比较运算符、逻辑运算符、字符串连接运算符和单目运算符。

（1）常用运算符。SQL Server 2012 支持的常用运算符如表 4-15 所示。

表 4-15　SQL Server 2012 支持的常用运算符

类型	运算符	功能	备注
算术运算符	加（+）	加	数字类别中任何一种数据类型（bit 数据库类型除外）
	减（-）	减	可以从日期中减去以天为单位的数字
	乘（*）	乘	除 datetime 和 smalldatetime 之外的数值数据类型
	除（/）	除	用一个整数的 divisor 去除另一个整数，其结果是一个整数，小数部分被截断
	取模（%）	返回一个除法运算的整数余数	12 % 5 = 2，这是因为 12 除以 5，余数为 2
赋值运算符	等号（=）	它将表达式的值赋给一个变量	可以使用赋值运算符在列标题和定义列值的表达式之间建立关系
位运算符	与（&）	位与（两个操作数）	当且仅当输入表达式中两个位的值都为 1 时，结果中的位才被设置为 1；否则，结果中的位被设置为 0
	或（|）	位或（两个操作数）	如果在输入表达式中有一个位为 1 或两个位均为 1，结果中的位将被设置为 1；如果输入表达式中的两个位都不为 1，则结果中的位将被设置为 0
	异或（^）	位异或（两个操作数）	如果在输入表达式的正在被解析的对应位中，任意一位的值为 1，则结果中该位的值被设置为 1；如果相对应的两个位的值都为 0 或者都为 1，那么结果中该位的值被清除为 0
比较运算符	等于（=）		具有 Boolean 数据类型的比较运算符的结果；它有三个值：TRUE、FALSE 和 UNKNOWN；返回 Boolean 数据类型的表达式称为布尔表达式；与其他 SQL Server 数据类型不同，Boolean 数据类型不能被指定为表列或变量的数据类型，也不能在结果集中返回
	大于（>）		
	小于（<）		
	大于等于（>=）		
	小于等于（<=）		
	不等于（<>）		
	不等于（!=）		
	不小于（!<）		
	不大于（!>）		
逻辑运算符	ALL	所有	如果一组的比较都为 TRUE，那么就为 TRUE
	AND	并列	如果两个布尔表达式都为 TRUE，那么就为 TRUE
	ANY	任何	如果一组的比较中任何一个为 TRUE，那么就为 TRUE
	BETWEEN	间于	如果操作数在某个范围之内，那么就为 TRUE
	EXISTS	存在	如果子查询包含一些行，那么就为 TRUE
	IN	范围操作	如果操作数等于表达式列表中的一个，那么就为 TRUE
	LIKE	模式匹配	如果操作数与一种模式相匹配，那么就为 TRUE
	NOT	否定	对任何其他布尔运算符的值取反
	OR	或者	如果两个布尔表达式中的一个为 TRUE，那么就为 TRUE
	SOME	一些	如果在一组比较中，有些为 TRUE，那么就为 TRUE

续表

类型	运算符	功能	备注
字符串连接运算符	连接符（+）	实现字符串之间的连接操作	SELECT 'abc' + '123' 结果为 abc123
单目运算符	正（+）		可以用于 numeric 数据类型类别中任一数据类型
	负（-）		
	位反（~）	用于整数数据类型类别中任一数据类型	DECLARE @intNum INT SET @intNum=10 SELECT ~@intNum 结果为-11

（2）运算符优先级。当一个复杂的表达式中包含多个运算符时，运算执行的先后次序取决于运算符的优先级，具有相同优先级的运算符，根据它们在表达式中的位置从左到右对其进行求值。在 SQL Server 中，运算符的优先级是在较低级别的运算符之前先对较高级别的运算符进行求值。运算符的优先级如表 4-16 所示。

表 4-16　运算符优先级

<table>
<tr><th>级别</th><th>运算符</th></tr>
<tr><td>1</td><td>~（位反）</td></tr>
<tr><td>2</td><td>*（乘）、/（除）、%（取模）</td></tr>
<tr><td>3</td><td>+（正）、-（负）、+（加）、+（连接）、-（减）、&（位与）</td></tr>
<tr><td>4</td><td>=,>、<、>=、<=、<>、!=、!>、!<（比较运算符）</td></tr>
<tr><td>5</td><td>^（位异或）、|（位或）</td></tr>
<tr><td>6</td><td>NOT</td></tr>
<tr><td>7</td><td>AND</td></tr>
<tr><td>8</td><td>ALL、ANY、BETWEEN、IN、LIKE、OR、SOME</td></tr>
<tr><td>9</td><td>=（赋值）</td></tr>
</table>

操作 7　计算 2 * (4 + (5 - 3))的值。

```
DECLARE @iNumber int
SET @iNumber = 2 * (4 + (5 - 3) )
SELECT @iNumber
```

该语句中包含嵌套的括号，其中表达式“5 - 3”在嵌套最深的那对括号中。该表达式产生一个值 2，然后加运算符“+”将此结果与 4 相加，这将生成一个值 6，最后将 6 与 2 相乘，生成表达式的结果 12。

提示：

- 当一个表达式中的两个运算符有相同的运算符优先级时，将按照它们在表达式中的位置从左到右对其进行求值。
- 在表达式中使用括号替代所定义的运算符的优先级。首先对括号中的内容进行求值，从而产生一个值，然后括号外的运算符才可以使用这个值。
- 如果表达式有嵌套的括号，那么首先对嵌套最深的表达式求值。

3. 流程控制语句

T-SQL 中的流程控制

1）顺序控制语句

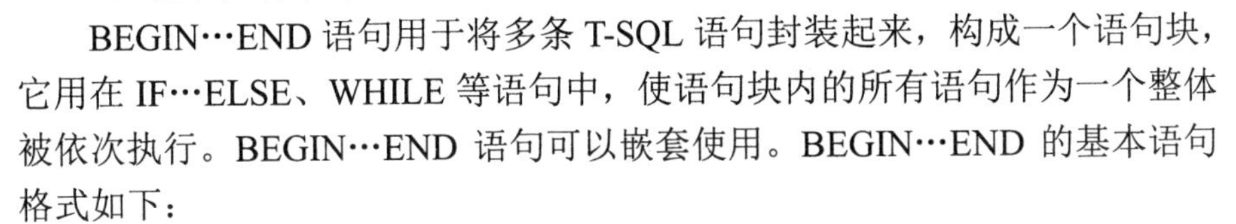

BEGIN…END 语句用于将多条 T-SQL 语句封装起来，构成一个语句块，它用在 IF…ELSE、WHILE 等语句中，使语句块内的所有语句作为一个整体被依次执行。BEGIN…END 语句可以嵌套使用。BEGIN…END 的基本语句格式如下：

```
BEGIN
    {SQL 语句 | 语句块}
END
```

2）分支控制语句

IF…ELSE 语句是条件判断语句，其中 ELSE 子句是可选的，最简单的 IF 语句没有 ELSE 子句部分。IF…ELSE 的基本语句格式如下：

```
IF  <布尔表达式>
    {SQL 语句 | 语句块}
[ELSE
    {SQL 语句 | 语句块}]
```

IF…ELSE 语句的执行方式是：如果布尔表达式的值为 True，则执行 IF 后面的语句块；否则，执行 ELSE 后面的语句块。

操作 8 查找姓名为“刘津津”的会员的会员号，如果查找到该会员，显示其籍贯和联系电话；否则，显示“查无此人”。

```
DECLARE @address VARCHAR(50),@phone VARCHAR(15)
IF EXISTS (SELECT * FROM  Customers  WHERE c_TrueName='刘津津')
BEGIN
  USE WebShop
SELECT @address=c_Address,@phone=c_Phone FROM  Customers WHERE c_TrueName='刘津津'
PRINT  '-----刘津津的联系信息-----'
PRINT ''
PRINT  '地址：'+@address
PRINT  '电话：'+@phone
END
ELSE
  PRINT  '查无此人!'
```

运行结果如图 4-30 所示。

3）循环控制语句

WHILE…CONTINUE…BREAK 语句用于设置重复执行 SQL 语句或语句块的条件，只要指定的条件为真，就重复执行语句。其中，CONTINUE 语句可以使程序跳过 CONTINUE 语句后面的语句，回到 WHILE 循环的第一行命令；BREAK 语句则使程序完全跳出循环，结束 WHILE 语句的执行。WHILE 的基本语句格式如下：

```
WHILE  <布尔表达式>
    {SQL 语句 | 语句块}
```

```
[BREAK]
{SQL 语句 | 语句块}
[CONTINUE]
[SQL 语句 | 语句块]
```

操作 9 求 1～100 中能被 7 整除的整数之和。

```
DECLARE @number SMALLINT,@sum SMALLINT
SET @number=1
SET @sum=0
WHILE @number<=100
BEGIN
IF @number % 7=0
    BEGIN
        SET @sum=@sum+@number
        PRINT @number
    END
SET @number=@number+1
END
PRINT '1～100 中能被整除的整数和为:'+STR(@sum)
```

运行结果如图 4-31 所示。

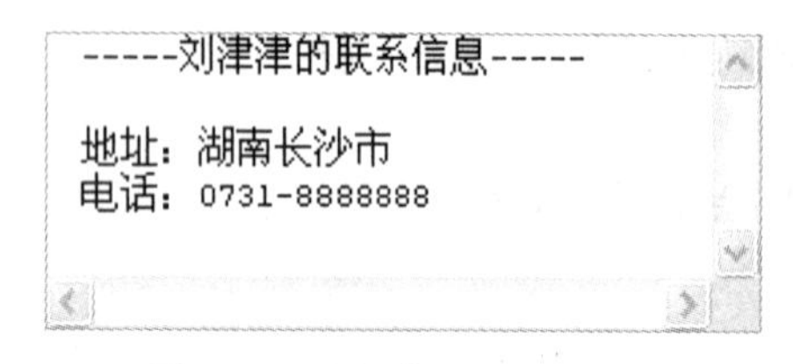

图 4-30 【操作 8】运行结果

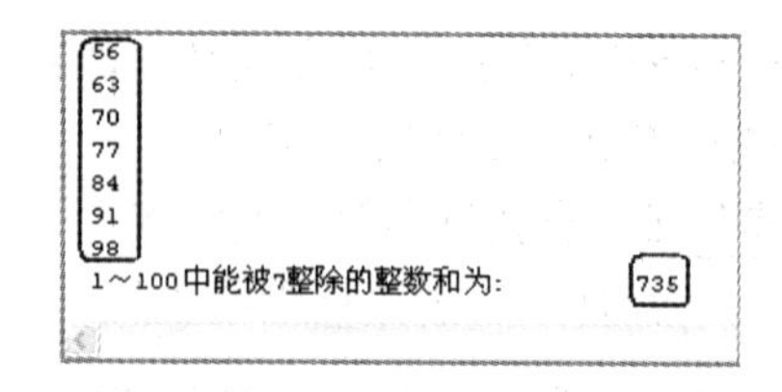

图 4-31 【操作 9】运行结果

4）错误处理语句

T-SQL 语句组可以包含在 TRY 块中。如果 TRY 块内部发生错误，则会将控制传递给 CATCH 块中包含的另一个语句组。

```
BEGIN TRY
   <SQL 语句块>
END TRY
BEGIN CATCH
   <SQL 语句块>
END CATCH
```

操作 10 使用 TRY-CATCH 捕捉 SQL 语句执行过程中的异常。

```
--使用 TRY-CATCH 捕捉异常
BEGIN TRY
   SELECT 1/0
END TRY
BEGIN CATCH
     SELECT
          ERROR_NUMBER() AS 错误号,
          ERROR_SEVERITY() AS 错误等级,
```

```
        ERROR_STATE() AS 错误状态,
        ERROR_PROCEDURE() AS 错误过程,
        ERROR_LINE() AS 错误行,
        ERROR_MESSAGE() AS 错误信息
END CATCH
GO
```

运行结果如图4-32所示。

	(无列名)					
	没有输出结果					

	错误号	错误等级	错误状态	错误过程	错误行	错误信息
1	8134	16	1	NULL	3	遇到以零作除数错误。

图4-32 【操作10】运行结果

5）其他流程控制语句

（1）RETURN语句。RETURN语句用于无条件地终止一个查询、存储过程或者批处理，此时位于RETURN语句之后的程序将不会被执行。RETURN语句的基本语句格式如下：

```
RETURN [ integer_expression ]
```

其中，参数integer_expression为返回的整型值。

（2）GOTO语句。GOTO语句可将执行流更改到标签处，跳过GOTO后面的T-SQL语句，并从标签位置继续处理。GOTO语句和标签可在过程、批处理或语句块中的任何位置使用。GOTO语句可嵌套使用。

（3）WAIT FOR语句。WAIT FOR语句用于在达到指定时间或时间间隔之前，或者指定语句至少修改或返回一行之前，阻止执行批处理、存储过程或事务。

```
WAITFOR
{
     DELAY 'time_to_pass'
   | TIME 'time_to_execute'
   | ( receive_statement ) [ , TIMEOUT timeout ]
}
```

操作11 指定在5分钟之后对Orders表进行查询，在23:00时对Goods表进行查询。

```
USE WebShop
GO
BEGIN
      WAITFOR DELAY '00:05'
      SELECT * FROM Orders
      WAITFOR TIME '23:00'
      SELECT * FROM Goods
END
```

提示：

- 在指定的时间或时间间隔之后执行指定操作。
- 执行WAIT FOR语句时，事务正在运行，其他请求不能在同一事务下运行。
- 不能对WAIT FOR语句打开游标，也不能对WAIT FOR语句定义视图。

- 利用该功能可以让数据库管理系统自动完成一些管理操作，如数据库备份和删除临时表等。

6）CASE 函数

CASE 函数可以计算多个条件表达式，并将其中一个符合条件的结果表达式返回。CASE 函数按照使用形式的不同，可以分为简单 CASE 函数和 CASE 搜索函数。

（1）简单 CASE 函数。简单 CASE 函数将某个表达式与一组简单表达式进行比较以确定结果，其基本语句格式如下：

```
CASE 输入表达式
WHEN 简单表达式 THEN 结果表达式
[…n ]
[ELSE 结果表达式]
END
```

对于简单 CASE 函数，系统进行如下处理。

① 计算输入表达式，然后按指定顺序对每个 WHEN 子句（“输入表达式” =“简单表达式”）进行计算。

② 返回第一个取值为 TRUE 的（“输入表达式” = “简单表达式”）结果表达式。

③ 如果没有取值为 TRUE 的（“输入表达式” = “简单表达式”）结果表达式，则当指定 ELSE 子句时，SQL Server 将返回 ELSE 结果表达式；若没有指定 ELSE 子句，则返回 NULL 值。

操作 12 在 WebShop 数据库的 Goods 表中查询商品类别号，并将所查询到的类别号为“01”的商品的类别名称用“通信产品”表示，类别号为“02”的商品的类别名称用“电脑产品”表示，类别号“03”的商品的类别名称用“家用电器”表示，其余类别号的商品的类别名称用“其他”表示（不重复显示）。

```
USE WebShop
GO
SELECT DISTINCT t_ID 类别号,类别名称=case t_ID
WHEN '01' THEN '通信产品'
WHEN '02' THEN '电脑产品'
WHEN '03' THEN '家用电器'
ELSE '其他'
END
FROM Goods
```

运行结果如图 4-33 所示。

（2）CASE 搜索函数。CASE 搜索函数计算一组布尔表达式以确定结果，其基本语句格式如下：

```
CASE
WHEN 布尔表达式 THEN  结果表达式
[…n]
[ ELSE 结果表达式]
END
```

操作 13 在 WebShop 数据库中根据 Goods 表中的商品价格设置对应的等级，商品价格在 2000 元以下（含 2000 元）设置为“低档商品”，2000～6000 元（含 6000 元）设置为“中档商品”，6000 元以上设置为“高档商品”。

```
USE WebShop
GO
SELECT TOP 10 g_ID 商品号, g_Name 商品名称, g_Price 价格, 等级=case
WHEN g_Price>6000 THEN  '高档商品'
WHEN g_Price>=2000 AND g_Price<6000 THEN  '中档商品'
ELSE  '低档商品'
END
FROM Goods
```

运行结果如图 4-34 所示。

	类别号	类别名称
1	01	通信产品
2	02	电脑产品
3	03	家用电器
4	04	其他
5	06	其他

图 4-33 【操作 12】运行结果

	商品号	商品名称	价格	等级
2	010002	三星SGH-P520	2500	中档商品
3	010003	三星SGH-F210	3500	中档商品
4	010004	三星SGH-C178	3000	中档商品
5	010005	三星SGH-T509	2020	中档商品
6	010007	摩托罗拉 W380	2300	中档商品
7	010008	飞利浦 292	3000	中档商品
8	020001	联想旭日410MC520	4680	中档商品
9	020002	联想天逸F30T2250	6680	高档商品
10	030001	海尔电视机HE01	6680	高档商品

图 4-34 【操作 13】运行结果

4. 常用函数

T-SQL 中的常用函数

如同其他编程语言一样，T-SQL 语言也提供了丰富的数据操作函数，常用的有数据转换函数、字符串函数、日期和时间函数、系统函数和数学函数等。

1）数据转换函数

常用的数据转换函数如表 4-17 所示。

表 4-17 数据转换函数

函数	功能
CAST	将某种数据类型的表达式显式转换为另一种数据类型
CONVERT	将某种数据类型的表达式显式转换为另一种数据类型，可以指定长度；Style 为日期格式样式

操作 14 将商品价格以字符显示（使用 CAST 函数），将商品的进货日期转换为字符型（使用 CONVERT 函数）。

```
USE WebShop
GO
SELECT g_Name AS 商品名称, '价格:'+CAST(g_Price AS VARCHAR(30)) AS 价格, Convert(CHAR(20),
g_ProduceDate) AS 进货日期
FROM Goods
WHERE g_Price> 2500
```

运行结果如图 4-35 所示。

	商品名称	价格	进货日期
1	三星SGH-F210	价格:3500	07 1 2007 12:00AM
2	三星SGH-C178	价格:3000	07 1 2007 12:00AM
3	飞利浦 292	价格:3000	07 1 2007 12:00AM
4	联想旭日410MC520	价格:4680	06 1 2007 12:00AM
5	联想天逸F30T2250	价格:6680	06 1 2007 12:00AM
6	海尔电视机HE01	价格:6680	06 1 2007 12:00AM
7	海尔电冰箱HEF02	价格:2800	06 1 2007 12:00AM

图 4-35 【操作 14】运行结果

2）字符串函数

常用的字符串函数如表 4-18 所示。

表 4-18 字符串函数

函数	功能
ASCII	返回字符表达式最左端字符的 ASCII 代码值
CHAR	将 int ASCII 代码转换为字符的字符串函数（0～255）
CHARINDEX	返回字符串中指定表达式的起始位置
LEFT	返回从字符串左边开始指定个数的字符
LEN	返回给定字符串表达式的字符（而不是字节）个数，其中不包含尾随空格
LOWER	将大写字符数据转换为小写字符数据后返回字符表达式
LTRIM	删除起始空格后返回字符表达式
PATINDEX	返回指定表达式中某模式第一次出现的起始位置；如果在全部有效的文本和字符数据类型中没有找到该模式，则返回零
REPLACE	字符串替换
REPLICATE	以指定的次数重复字符表达式
REVERSE	返回字符表达式的反转
RIGHT	返回字符串中从右边开始指定个数的字符
RTRIM	截断所有尾随空格后返回一个字符串
SPACE	返回由重复的空格组成的字符串
STR	由数字数据转换来的字符数据
STUFF	删除指定长度的字符并在指定的起始点插入另一组字符
SUBSTRING	返回字符、binary、text 或 image 表达式的一部分
UPPER	返回将小写字符数据转换为大写的字符表达式

操作 15 有一字符串“Hunan Railway Professional College”，要对其进行如下操作：去掉其左边和右边空格；将该字符串全部转换为大写；了解整个字符串的长度；提取左边 6 个字符；提取“Hunan”子串。

```
DECLARE @temp VARCHAR(50)
SET @temp=' Hunan Railway Professional College '
PRINT '去掉空格后:'+RTRIM(LTRIM(@temp))
PRINT '转换为大写:'+UPPER(@temp)
PRINT '字符串长度:'+CAST(LEN(@temp) AS CHAR(4))
PRINT '取左 6 个字符:'+LEFT(@temp,6)
```

```
PRINT '截取子串后:'+SUBSTRING(@temp,2,5)
PRINT 'way 第一次出现位置:'+CONVERT(CHAR(4),PATINDEX('%way%',@temp))
```

运行结果如图 4-36 所示。

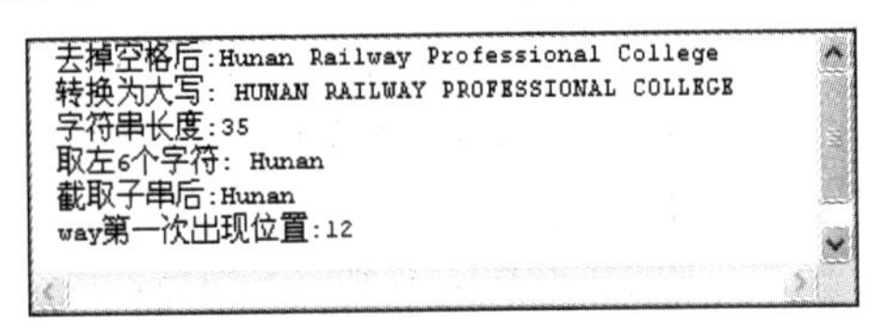

图 4-36 【操作 15】运行结果

3）日期和时间函数

常用的日期和时间函数如表 4-19 所示。

表 4-19 日期和时间函数

函数	功能
DATEADD	在向指定日期加上一段时间的基础上，返回新的 datetime 值
DATEDIFF	返回两个日期/时间之间指定部分的差
DATENAME	返回日期的指定日期部分的字符串
DATEPART	返回日期的指定部分的整数
DAY	返回日期的天的日期部分
GETDATE	返回当前系统的日期和时间
MONTH	返回指定日期中的月份
YEAR	返回指定日期中的年份

Microsoft SQL Server 2012 可识别的日期部分及其缩写如表 4-20 所示。

表 4-20 Microsoft SQL Server 2012 可识别的日期部分及其缩写

日期部分	缩写	日期部分	缩写
year（年）	yy, yyyy	weekday（星期）	dw, w
quarter（刻）	qq, q	hour（小时）	hh
month（月）	mm, m	minute（分钟）	mi, n
Day of year（一年中的天数）	dy, y	second（秒）	ss, s
day（日期）	dd, d	millisecond（毫秒）	ms
week（周）	wk, ww		

操作 16 查询订单号为“200708011012”的订单的下达日期是星期几，下达日期与当前日期的相隔天数。

```
USE WebShop
GO
DECLARE @temp DATETIME
SELECT @temp=o_Date FROM Orders WHERE o_ID='200708011012'
PRINT '星期数：'
PRINT DATEPART(w,@temp)-1
PRINT '相隔天数：'
PRINT DATEDIFF(DAY,@temp,GETDATE())
```

运行结果如图 4-37 所示。

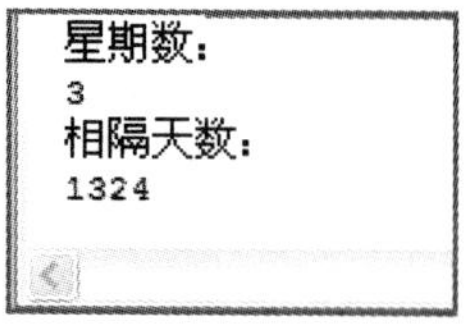

```
星期数:
3
相隔天数:
1324
```

图 4-37 【操作 16】运行结果

提示：

- 使用“dw”或“w”可以获得指定日期的星期数，在此基础上减 1 才为实际的星期数。
- 注意日期的各种不同格式。

4）系统函数

常用的系统函数如表 4-21 所示。

表 4-21 系统函数

函数	功能
COALESCE	返回其参数中第一个非空表达式
DATALENGTH	返回任何表达式所占用的字节数
HOST_NAME	返回工作站名称
ISNULL	使用指定的替换值替换 NULL
NEWID	创建 uniqueidentifier 类型的唯一值
NULLIF	如果两个指定的表达式相等，则返回空值
USER_NAME	返回给定标识号的用户数据库用户名
@@IDENTITY	返回最后插入的标识值的系统函数

5）数学函数

常用的数学函数如表 4-22 所示。

表 4-22 数学函数

函数	功能
ABS	返回给定数字表达式的绝对值
CEILING	返回大于或等于所给数字表达式的最小整数
FLOOR	返回小于或等于所给数字表达式的最大整数
POWER	返回给定表达式乘指定次方的值
RAND	返回 0～1 的随机 float 值
ROUND	返回数字表达式并四舍五入为指定的长度或精度
SIGN	返回给定表达式的正（+1）、负（-1）号或零（0）
SQUARE	返回给定表达式的平方
SQRT	返回给定表达式的平方根

【操作 17】 有两个数值 123.45 和-123.45，请使用各种数学函数求值。

```
DECLARE @num1 FLOAT,@num2 FLOAT
SET @num1=123.45
SET @num2=-123.45
SELECT 'ABS', ABS(@num1) ,ABS(@num2)
SELECT 'SIGN',SIGN(@num1),SIGN(@num2)
SELECT 'CEILING',CEILING(@num1),CEILING(@num2)
SELECT 'FLOOR',FLOOR(@num1),FLOOR(@num2)
SELECT 'ROUND',ROUND(@num1,0),ROUND(@num2,1)
```

运行结果如图4-38所示。

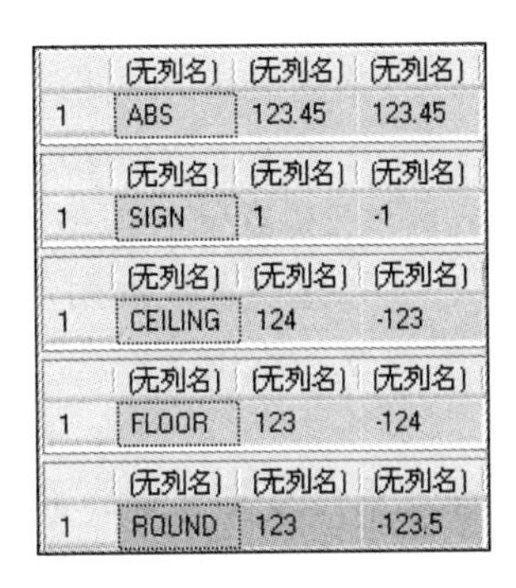

图4-38 【操作17】运行结果

存储过程概述

5. 存储过程基础

1）存储过程简介

（1）使用存储过程的优点。SQL Server 2012提供了一种方法，它可以将一些固定的操作集中起来由SQL Server 2012数据库服务器来完成，从而完成某个特定的任务，这种方法就是存储过程。Microsoft SQL Server中的存储过程与其他编程语言中的过程类似，具备了以下功能。

① 包含用于在数据库中执行操作（包括调用其他过程）的编程语句。

② 接受输入参数并以输出参数的格式向调用过程或批处理返回多个值。

③ 向调用过程或批处理返回状态值，以指明成功或失败（以及失败的原因）。

可以使用EXECUTE语句来运行存储过程。存储过程与函数不同，因为存储过程不返回取代其名称的值，也不能直接在表达式中使用。存储过程是SQL语句和可选控制流语句的预编译集合，以一个名称存储并作为一个单元处理。存储过程存储在数据库内，可由应用程序通过一个调用执行，允许用户声明变量、有条件执行，而且具有其他强大的编程功能。在SQL Server中使用存储过程而不使用存储在客户端计算机本地的T-SQL程序的好处体现在以下几个方面。

① 加快系统运行速度。存储过程只在创造时进行编译，以后每次执行存储过程时都不需再重新编译，而一般SQL语句每执行一次就编译一次，所以使用存储过程可提高数据库执行速度。

② 封装复杂操作。当对数据库进行复杂操作时（如对多个表进行UPDATE、INSERT、QUERY、DELETE操作时），可用存储过程将此复杂操作封装起来与数据库提供的事务处理结合一起使用。

③ 实现代码重用。可以实现模块化程序设计，存储过程一旦创建，以后即可在程序中调用任意多次，这可以改进应用程序的可维护性，并允许应用程序统一访问数据库。

④ 增强安全性。可设定特定用户具有对指定存储过程的执行权限，而不具备直接对存储过程中引用的对象具有权限；可以强制应用程序的安全性；参数化存储过程有助于保护应用程序不受SQL注入式攻击。

⑤ 减少网络流量。因为存储过程存储在服务器上，并在服务器上运行，一个需要数百行T-SQL代码的操作可以通过一条执行存储过程代码的语句来执行，而不需要在网络中发送数百行代码，这样就可以减少网络流量。

（2）存储过程的分类。存储过程分为五类，用户定义的存储过程、系统存储过程、扩展存储过程、临时存储过程和远程存储过程。

① 用户定义的存储过程：是由用户为完成某一特定功能而编写的存储过程。用户定义的存储过程存储在当前的数据库中，建议以“up_”（User Procedure的缩写）为前缀。用户定义的存储过程又分为T-SQL存储过程和CLR存储过程。

- T-SQL存储过程是指保存的T-SQL语句集合，可以接受和返回用户提供的参数。例如，存储过程中可能包含根据客户端应用程序提供的信息，在一个或多个表中插入新行所需的语句，存储过程也可能从数据库向客户端应用程序返回数据。例如，Web 应用程序可能使用存储过程根据联机用户指定的搜索条件返回有关特定产品的信息。

- CLR 存储过程是指对 Microsoft .NET 框架公共语言运行时（CLR）方法的引用，可以接受和返回用户提供的参数。它们在.NET 框架程序集中是作为类的公共静态方法实现的。

② 系统存储过程：在安装 SQL Server 2012 时，系统创建了很多系统存储过程，系统存储过程存储在 master 和 msdb 数据库中。系统存储过程主要用于从系统表中获取信息，系统存储过程的名字都以“sp_”为前缀。

③ 扩展存储过程：是对动态链接库（DLL）函数的调用，在 SQL Server 2012 环境外执行，一般以“xp_”为前缀。

④ 临时存储过程：以“#” 和“##”为前缀的存储过程，“#”表示本地临时存储过程，“##”表示全局临时存储过程，它们存储在 tempdb 数据库中。

⑤ 远程存储过程：是在远程服务器的数据库中创建和存储的过程。这些存储过程可被各种服务器访问，向具有相应许可权限的用户提供服务。

2）设计存储过程

几乎所有可以写成批处理的T-SQL代码都可以用来创建存储过程。CREATE PROCEDURE 自身可以包括任意数量和类型的 SQL 语句，不能在存储过程的任何位置使用的语句如表 4-23 所示。

表 4-23　不能在存储过程中使用的语句

语句	语句
CREATE AGGREGATE	CREATE RULE
CREATE DEFAULT	CREATE SCHEMA
CREATE 或 ALTER FUNCTION	CREATE 或 ALTER TRIGGER
CREATE 或 ALTER PROCEDURE	CREATE 或 ALTER VIEW
SET PARSEONLY	SET SHOWPLAN_ALL
SET SHOWPLAN_TEXT	SET SHOWPLAN_XML
USE database_name	

提示：设计存储过程时应注意的事项。

- 除存储过程外的其他数据库对象均可在存储过程中创建。可以引用在同一存储过程中创建的对象，只要引用时已经创建了该对象即可。
- 可以在存储过程内引用临时表。如果在存储过程内创建本地临时表，则临时表仅为该存储过程而存在；退出该存储过程后，临时表将消失。
- 如果执行的存储过程将调用另一个存储过程，则被调用的存储过程可以访问由第一个存储过程创建的所有对象，包括临时表在内。
- 如果执行对远程 Microsoft SQL Server 2012 实例进行更改的远程存储过程，则不能回滚这些更改。远程存储过程不参与事务处理。
- 存储过程中的参数的最大数目为 2100。

- 存储过程中的局部变量的最大数目仅受可用内存的限制。
- 根据可用内存的不同，存储过程最大可达128MB。
- 如果要创建存储过程，并且希望确保其他用户无法查看该过程的定义，则可以使用WITH ENCRYPTION子句。这样，存储过程定义将以不可读的形式存储。

课堂实践2

1. 操作要求

（1）根据Orders表中的订单总额进行处理：总额大于或等于5000的显示“大额”，小于5000的显示“小额”。

（2）利用WHILE循环求1～100的偶数和。

（3）对于字符串“Welcome to SQL Server 2012”，进行以下操作。

① 将字符串转换为全部大写。

② 将字符串转换为全部小写。

③ 去掉字符串前后的空格。

④ 截取从12个字符开始的10个字符。

（4）使用日期型函数，获得如下输出结果。

年份	月份	星期几
2011	03	星期四

（5）分析RAND(5)、ROUND(−121.66666,2)和ROUND(−121.66666,−2)的值。

2. 操作提示

（1）按要求编写批处理。

（2）先进行分析，然后通过实践进行验证。

4.4.2 完成步骤

使用SSMS管理和运行存储过程

1. 使用SSMS管理存储过程

1）创建和执行存储过程

子任务1 在WebShop数据库中创建查询指定商品信息的存储过程up_AllGoods。

① 启动SSMS，在“对象资源管理器”中依次展开【数据库】节点、【WebShop】节点、【可编程性】节点。

② 右击【存储过程】，选择【新建存储过程】，如图4-39所示。

③ 右边窗格中显示了存储过程的模板，用户可以根据模板输入存储过程所包含的文本，如图4-40所示。

④ 如果创建存储过程的语句正确执行，在“对象资源管理器”中便可显示新创建的存储过程，如图4-41所示。

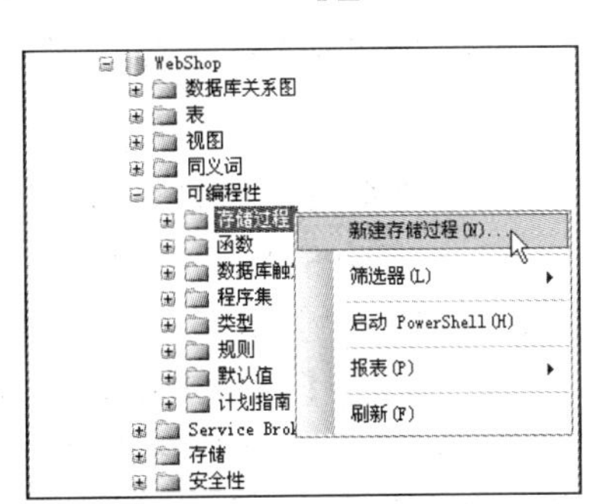

图4-39 选择【新建存储过程】

```
--- ====================================================
SET ANSI_NULLS ON
GO
SET QUOTED_IDENTIFIER ON
GO
--- ====================================================
-- Author:      <Author,,Name>
-- Create date: <Create Date,,>
-- Description: <Description,,>
-- ====================================================
CREATE PROCEDURE up_AllGoods
AS
BEGIN
    SELECT g_ID,g_Name,g_Price,g_Number FROM GOODS
    SET NOCOUNT ON;
END
GO
```

图 4-40　编写存储过程 SQL 代码

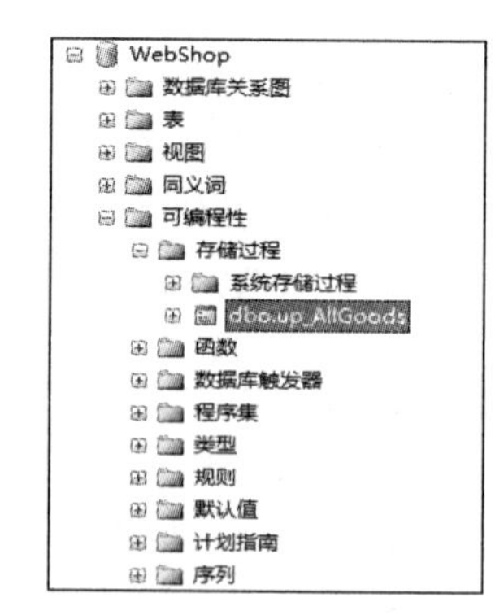

图 4-41　【up_AllGoods】存储过程创建成功

子任务 2　执行存储过程 up_AllGoods。

① 启动 SSMS，在“对象资源管理器”中依次展开【数据库】节点、【WebShop】节点、【可编程性】节点。

② 右击【up_AllGoods】存储过程，选择【执行存储过程】，如图 4-42 所示。

③ 打开“执行过程”对话框，可以指定执行存储过程的相关属性，单击【确定】按钮即可执行选定的存储过程，如图 4-43 所示。

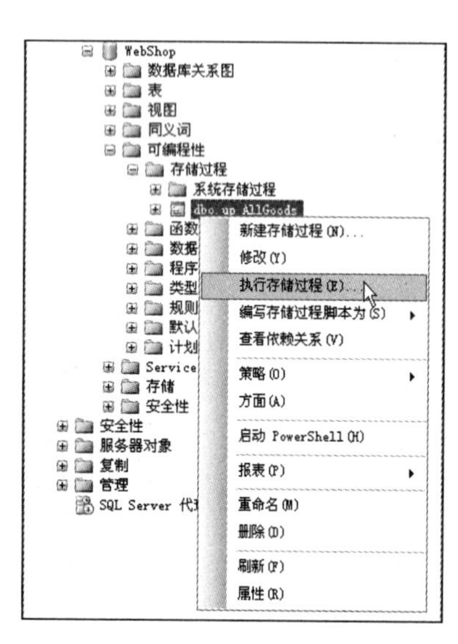

图 4-42　选择【执行存储过程】

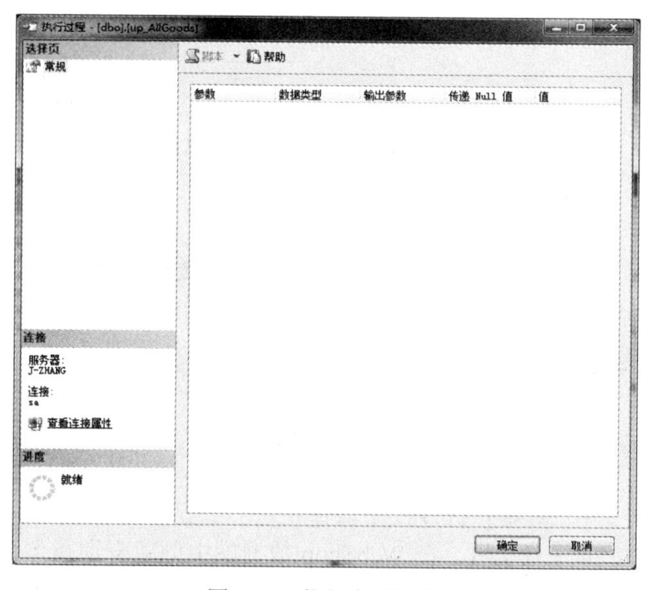

图 4-43　执行存储过程

2）查看、修改和删除存储过程

子任务 3　在 WebShop 数据库中查看存储过程 up_AllGoods 的属性。

（1）启动 SSMS，在“对象资源管理器”中依次展开【数据库】节点、【WebShop】节点、【可编程性】节点。

（2）右击【up_AllGoods】存储过程，选择【属性】，如图 4-42 所示。

（3）打开“存储过程属性”对话框，查看指定存储过程的详细内容，如图 4-44 所示。其中可以查看以下内容。

① 选择“常规”选项卡：可以查看该存储过程属于哪个数据库、创建日期和属于哪个

数据库用户等信息。

② 选择“权限”选项卡：可以为存储过程添加用户并授予其权限。

③ 选择“扩展属性”选项卡：可以了解排序规则等扩展属性。

（4）在如图4-42所示的右键菜单中也可以完成以下操作。

① 选择【删除】，可以删除指定的存储过程。

② 选择【修改】，可以进入存储过程文本修改状态，保存后完成存储过程的修改。

③ 选择【重命名】，可以进入存储过程名称编辑状态，实现存储过程的名称的更改。

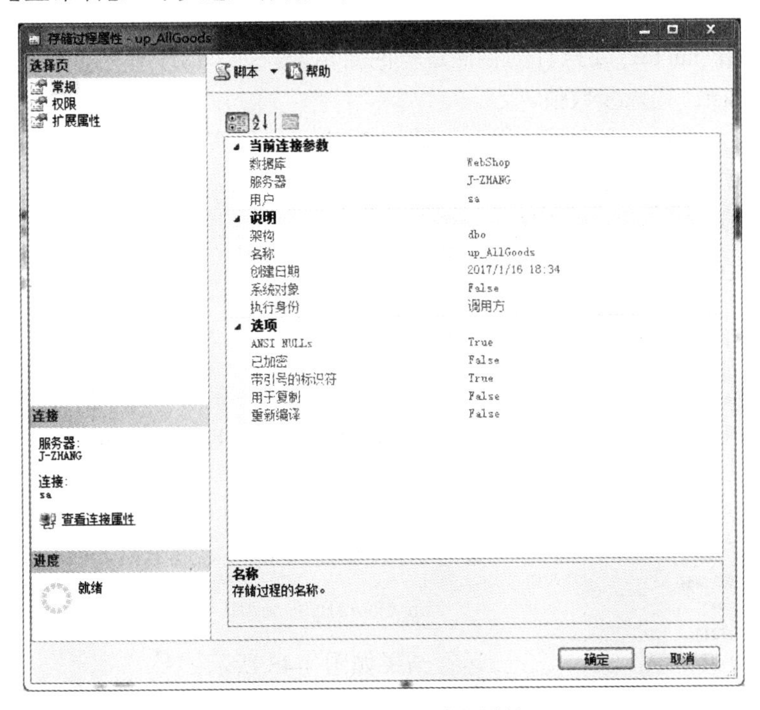

图4-44 查看存储过程属性

2. 使用T-SQL语句管理存储过程

使用T-SQL管理和运行存储过程

1）使用T-SQL语句创建和执行存储过程

（1）使用T-SQL语言的CREATE PROC语句可以创建存储过程，其基本语句格式如下：

```
CREATE   PROC[EDURE]   存储过程名
[ {@参数 1   数据类型} [= 默认值] [OUTPUT],
      … ,
      {@参数 n   数据类型} [= 默认值] [OUTPUT]
]
      AS
      SQL 语句
      …
```

参数含义：

- 存储过程名：要符合标识符规则，少于128个字符。

- @参数：过程中的参数。在 CREATE PROCEDURE 语句中可以声明一个或多个参数。
- OUTPUT：表明该参数是一个返回参数。
- AS：用于指定该存储过程要执行的操作。
- SQL 语句：是存储过程中要包含的任意数目和类型的 T-SQL 语句。

（2）执行存储过程的基本语句格式如下：

```
[ EXEC]   procedure_name [Value_List]
```

参数含义：

- procedure_name：要执行的存储过程的名称。
- Value_List：输入参数值。

子任务 4 编写一个存储过程 up_GoodsByType，以实现在 Goods 表中查询类别号为“01”的商品信息，然后执行存储过程完成指定的查询。

① 编写存储过程 up_GoodsByType。

```
USE WebShop
GO
CREATE PROCEDURE   up_GoodsByType
@type char(2)
AS
SELECT g_ID  商品号, g_Name  商品名称,t_ID  商品类别  FROM Goods
WHERE t_ID=@type
GO
```

② 执行存储过程 up_GoodsByType。

```
up_GoodsByType '01'
```

运行结果如图 4-45 所示。

	商品号	商品名称	商品类别
1	010001	诺基亚6500 Slide	01
2	010002	三星SGH-P520	01
3	010003	三星SGH-F210	01
4	010004	三星SGH-C178	01
5	010005	三星SGH-T509	01
6	010006	三星SGH-C408	01
7	010007	摩托罗拉 W380	01
8	010008	飞利浦 292	01

图 4-45 【子任务 4】运行结果

提示：执行存储过程有如下几种方法：

- EXECUTE up_GoodsByType '01'。
- EXEC up_GoodsByType @type = '01'。
- EXECUTE up_GoodsByType @type = '01'。

子任务 5 用户在网站购买商品，确认生成订单后，将用户的订单信息写入 Orders 表中，然后通过执行存储过程完成订单信息的添加。

① 编写存储过程 up_GoodsByType。

```
USE WebShop
GO
CREATE PROC up_PlaceOrders
(
@customer_no    VARCHAR(5),
@order_sum float,
@order_status bit
)
AS
BEGIN
```

```
/*在以下语句中，以当前时间组成的字符串作为订单编号*/
DECLARE @order_no  VARCHAR(14),@temp VARCHAR(16)
--获得当前日期
SET @temp=CAST(GETDATE() AS CHAR(16))
SET
--取得日期中的年、月、日
@order_no=SUBSTRING(@temp,7,4)+SUBSTRING(@temp,1,2)+SUBSTRING(@temp,4,2)
--在年、月、日的基础上加上时、分、秒
SET @order_no=@order_no+CAST(DATEPART(HOUR,GETDATE()) AS CHAR(2))+CAST
(DATEPART(MINUTE,GETDATE()) AS CHAR(2))+CAST(DATEPART(SECOND,GETDATE()) AS
CHAR(2))
INSERT INTO orders(o_ID,c_ID,o_Date,o_Sum,o_Status)
VALUES(@order_no,@customer_no,GETDATE(),@order_sum,@order_status)
END
```

② 执行存储过程up_GoodsByType。

```
EXEC up_PlaceOrders  'C0008', 9988, 0
```

另外一种传递参数的方法是在赋值时指明参数，此时各个参数的顺序可以任意排列。例如，上面的例子可以这样执行：

```
EXEC up_PlaceOrders  @customer_no='C0008, @order_status =0',@order_sum =9988
```

提示：

- 在创建存储过程时可以给参数指定默认值，这样调用存储过程时相应参数可以不赋值，可以使用"@order_status bit=0"语句为"订单状态"指定默认处理为"FALSE"。
- 存储过程中指定的输入参数的类型和长度应与表中的列一致。
- 变量的声明，如果在AS之后使用DECLARE声明的为局部变量，而如果在CREATE PROC语句的括号中声明的为存储过程的参数。
- 订单号由当前的系统日期和时间构成，如订单号"20110317142525"表示在2011年3月17日14点25分25秒产生的订单。

2）使用输出参数

输出参数用于在存储过程中返回值，使用OUTPUT声明输出参数。

使用输入输出参数的存储过程

子任务6 编写一个存储过程，将指定商品号（010004）的价格通过输出参数返回，然后通过执行存储过程验证其功能。

① 编写存储过程up_PriceByGno。

```
USE WebShop
GO
CREATE PROC up_PriceByGno
(
@no   VARCHAR(6),
@price   float   OUTPUT
)
AS
SELECT @price= g_Price
FROM Goods
WHERE g_ID =@no
```

在该方案中，@ no 为输入参数，用于传入商品号；@ price 为输出参数，用于返回商品的价格，请注意其后面的 output 表明此参数为输出参数，即将值由存储过程传出。

② 执行存储过程 up_PriceByGno。执行该存储过程以查询商品号为“010005”的商品的价格情况。

```
USE WebShop
GO
DECLARE @tempPrice AS float
EXEC up_PriceByGno '010005',@tempPrice OUTPUT
PRINT @tempPrice
```

运行结果为：2020。

提示：由于该存储过程需要将值传出，因此需要另外声明一个变量接受存储过程传出的价格信息。

3）存储过程的返回值

存储过程可以用 return 语句返回值。

子任务 7 编写一个存储过程，将存储过程是否执行成功的结果返回，然后通过执行存储过程验证其返回值。

① 编写存储过程 up_returnPrice。

```
USE WebShop
GO
CREATE PROC up_returnPrice
(
@no    VARCHAR(6)
)
AS
DECLARE @price    float
SELECT @price= g_Price
FROM Goods
WHERE g_ID =@no
RETURN @price
```

② 执行存储过程 up_returnPrice（指定商品号为“010005”）。

```
USE WebShop
GO
DECLARE @retVal INT
EXEC @retVal= up_returnPrice    '010005'
PRINT '返回的价格值为:'+convert(CHAR(5),@retVal)
```

运行结果为：返回的价格值为:2020

4）使用 T-SQL 语句修改、删除和查看存储过程

（1）修改存储过程。

使用 ALTER PROCEDURE 语句可以更改先前通过执行 CREATE PROCEDURE 语句创建的过程，ALTER PROCEDURE 语句的基本格式如下：

```
ALTER   PROC[EDURE]   存储过程名
        [ {@参数 1   数据类型} [= 默认值] [OUTPUT],
            …,
          {@参数 n   数据类型} [= 默认值] [OUTPUT]
        ]
        AS
        SQL 语句
        …
```

各参数含义与 CREATE PROCEDURE 语句相同。

（2）删除存储过程。

使用 DROP PROCEDURE 语句可以删除存储过程，基本语句格式如下：

```
DROP   PROCEDURE   存储过程名
```

子任务 8　删除存储过程 up_GoodsByType。

```
DROP PROC up_GoodsByType
```

（3）查看存储过程。

子任务 9　查看存储过程 up_returnPrice 的信息。

```
sp_help up_returnPrice
```

运行结果如图 4-46 所示。

	Name	Owner	Type	Created_datetime
1	up_returnPrice	dbo	stored procedure	2011-03-17 09:31:02.857

	Parameter_name	Type	Length	Prec	Scale	Param_order	Collation
1	@no	varchar	6	6	NULL	1	Chinese_PRC_CI_AS

图 4-46　【子任务 9】运行结果

子任务 10　查看存储过程 up_returnPrice 的文本内容。

```
sp_helptext up_returnPrice
```

运行结果如图 4-47 所示。

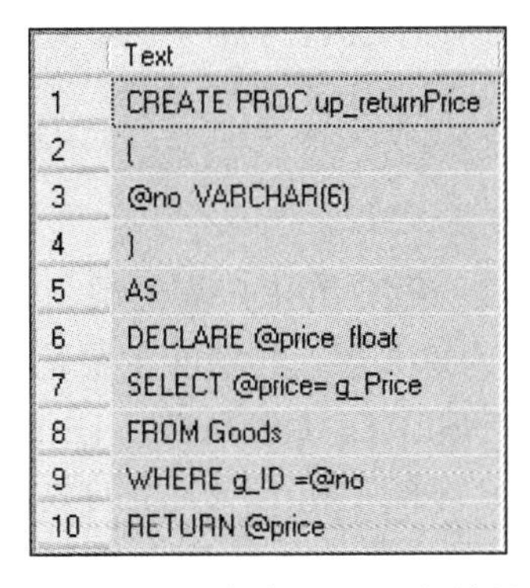

	Text
1	CREATE PROC up_returnPrice
2	(
3	@no VARCHAR(6)
4	)
5	AS
6	DECLARE @price float
7	SELECT @price= g_Price
8	FROM Goods
9	WHERE g_ID =@no
10	RETURN @price

图 4-47 【子任务 10】运行结果

课堂实践 3

1. 操作要求

（1）创建存储过程 up_Orders，要求该存储过程返回所有订单的详细信息，包括订单号、订单日期、订单总额、会员名称和处理员工。

（2）执行存储过程 up_Orders，查询所有订单的详细信息。

（3）创建存储过程 up_OrderByID，要求该存储过程能够根据输入的订单号返回订单详细信息，包括订单号、订单日期、订单总额、会员名称和处理员工。

（4）执行存储过程 up_OrderByID，查询订单号为“200708011012”订单的详细信息。

（5）创建存储过程 up_InsertCust，要求该存储过程能够根据会员输入的注册信息，将会员记录添加到 Customers 表中。

（6）执行存储过程 up_InsertCust，将会员信息（C0011，proc，存储过程，女，1988-8-8，300300198808089999，湖南株洲市，412000，12133337777，0733-22223333，pppp@167.com，123456，6666，你的生日哪一天，8 月 8 日，VIP）添加到 Customers 表中。

（7）创建存储过程 up_Add，该存储过程能够实现对输入的两个数相加，并将结果输出。

（8）执行存储过程 up_Add，计算 78 加上 82 的和。

2. 操作提示

（1）存储过程要接受输入，请使用输入参数；存储过程要输出，请使用输出参数。

（2）带参数的存储过程执行时，有不同的参数值指定方法。

4.4.3 任务小结

通过本任务，读者应掌握的数据库操作技能如下：

- 掌握 T-SQL 语言的基础知识。
- 掌握变量、标识符、流程控制语句、常用函数。
- 掌握存储过程的基本概念和设计。
- 使用 SSMS 管理存储过程。
- 使用 T-SQL 语句管理存储过程。

任务 4.5 基于.NET 的 WebShop 开发

任务目标

在典型的数据库应用系统中，一般分为用户界面层、业务逻辑层和数据库层。数据访问层又称为 DAL 层，有时候也称为持久层，其功能主要是负责数据库的访问。简单的说法就是实现对数据表的 SELECT、INSERT、UPDATE、DELETE 等操作。微软公司的.NET Framework 中提供了 ADO.NET 允许程序和不同类型的数据源以及数据库进行交互，程序员不论基于.NET 开发 Winform 程序，还是开发 Web 程序，都需要应用 ADO.NET 提供的 Connection、Command、DataReader、DataAdapter、DataSet、DataTabel 等相关类完成数据库的连接和访问，最终实现数据的永久保存和检索。

本任务将要学习 SQL Server 2012 数据库应用程序开发的相关知识，包括数据库应用程序结构、常用的数据库访问技术、Visual Studio 2012 平台下 SQL Server 2012 数据库程序开发方法。本任务的主要学习目标包括：

- 掌握 C/S 结构和 B/S 结构。
- 掌握常用的数据库访问技术。
- 能在 C#.NET 中使用 ADO.NET 访问 SQL Server 数据库。
- 能在 ASP.NET 中使用 ADO.NET 访问 SQL Server 数据库。

4.5.1 背景知识

1. 数据库应用程序结构

数据库应用程序是指任何可以添加、查看、修改和删除特定数据库（如 SQL Server 2012 中的 WebShop）中数据的应用程序。在软件开发领域中，数据库应用程序的设计与开发具有广阔的市场。现在流行的客户机/服务器结构（client/server，C/S）、浏览器/服务器结构（brower/server，B/S）应用大都属于数据库应用编程领域，它们把信息系统中大量的数据用特定的数据库管理系统组织起来，并提供存储、维护和检索数据的功能，使数据库应用程序可以方便、及时、准确地从数据库中获得所需的信息。

数据库应用程序一般包括三大组成部分：一是为应用程序提供数据的后台数据库；二是实现与用户交互的前台界面；三是实现具体业务逻辑的组件。具体来说，数据库应用程序的结构可依其数据处理及存取方式分为：主机-多终端结构、文件型结构、C/S 结构、B/S 结构以及三层/N 层结构等。下面主要介绍 C/S 结构、B/S 结构及三层/N 层结构。

1）C/S 结构

C/S 结构是大家熟知的软件系统体系结构，通过将任务合理地分配到客户端和服务器端，降低了系统的通信开销，可以充分利用两端硬件环境的优势，提高系统的运行效率。早期的软件系统大多是 C/S 结构。

C/S 结构的出现是为了解决费用和性能的矛盾。最简单的 C/S 结构的数据库应用由两部分组成，即客户程序和数据库服务器程序，两者可分别称为前台程序与后台程序。运行数据库服务器程序的机器，称为应用服务器，一旦数据库服务器程序被启动，就随时等待响应客户程序发来的请求；运行客户程序的用户计算机，相对于服务器而言，可称为客户机。当需要对数据库中的数据进行任何操作时，客户程序就自动地寻找数据库服务器程序，并向其发出请求，数据库服务器程序根据预定的规则做出应答，送回结果。

在 C/S 结构中，数据库的管理由数据库服务器完成。而应用程序的数据处理，如数据访问规则、业务规则、数据合法性校验等则可能有两种情况：一是客户机只负责一些简单的用户交互，客户机向服务器传送结构化查询语言 SQL，运算和商业逻辑都在服务器运行的结构称为瘦客户机；二是数据处理由客户程序来实现，像这种运算和商业逻辑可能会放在客户机进行的结构称为胖客户机。C/S 结构如图 4-48 所示。

由于 C/S 结构通信方式简单，软件开发起来容易，现在还有许多的中小型信息系统是基于这种两层的 C/S 结构的，但这种结构的软件存在以下问题。

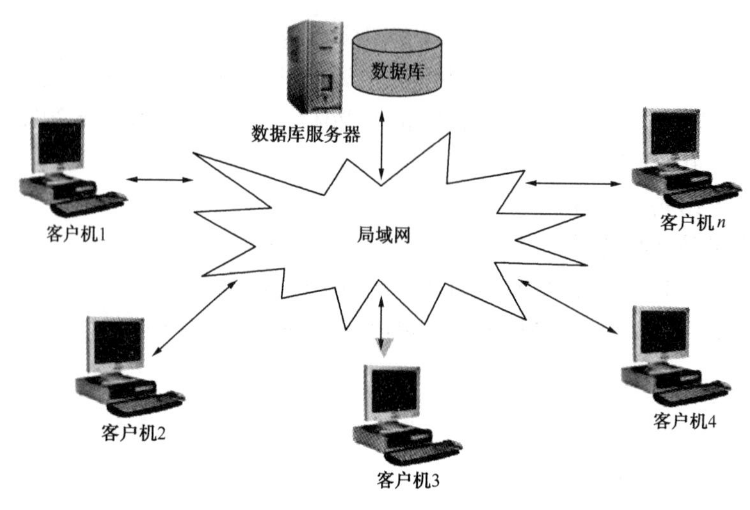

图 4-48　C/S 结构

（1）伸缩性差。客户机与服务器联系很紧密，无法在修改客户机或服务器时不修改另一个，这使软件不易伸缩、维护量大，软件互操作起来也很难。

（2）性能较差。在一些情况下，需要将较多的数据从服务器传送到客户机进行处理。这样，一方面会出现网络拥塞，另一方面会消耗客户机的主要系统资源，从而使整个系统的性能下降。

（3）重用性差。数据库访问、业务规则等都固化在客户端或服务器端应用程序中。如果客户提出的其他应用需求中也包含了相同的业务规则，程序开发者将不得不重新编写相同的代码。

（4）移植性差。当某些处理任务是在服务器由触发器或存储过程来实现时，其适应性和可移植性较差。因为这样的程序可能只能运行在特定的数据库平台下，当数据库平台变化时，这些应用程序可能需要重新编写。

2）B/S 结构

B/S 结构是随着 Internet 技术的兴起，对 C/S 结构的一种变化或者改进的结构。在 B/S 结构下，用户界面完全通过 WWW 浏览器实现，一部分事务逻辑在前端实现，但是主要事务逻辑在服务器实现。B/S 结构利用不断成熟和普及的浏览器技术实现原来需要复杂专用软件才能实现的强大功能，并节省了开发成本，是一种全新的软件系统构造技术。

基于 B/S 结构的软件，系统安装、修改和维护全在服务器解决。用户在使用系统时，仅仅需要一个浏览器就可以运行程序的全部功能，真正实现“零客户端”。B/S 结构还提供了异种机、异种网和异种应用服务的开放性基础，这种结构已成为当今应用软件的首选体系结构。

B/S 结构与 C/S 结构相比，C/S 结构是建立在局域网的基础上的，而 B/S 结构是建立在 Internet/Intranet 基础上的。虽然 B/S 结构在电子商城和电子政务等方面得到了广泛的应用，但并不是说 C/S 结构没有存在的必要。相反，在某些领域中 C/S 结构还将长期存在。C/S 结构和 B/S 结构的区别主要表现在支撑环境、安全控制、程序架构、可重用性、可维护性和用户界面等方面。

（1）支撑环境。C/S 结构一般建立在专用的小范围内的局域网环境，局域网之间通过专门服务器提供连接和数据交换服务；B/S 结构建立在广域网之上的，有比 C/S 结构更广的适应范围，客户机一般只要有操作系统和浏览器就可以。

（2）安全控制。C/S 结构一般面向相对固定的用户群，对信息安全的控制能力很强，一般高度机密的信息系统采用 C/S 结构比较合适。B/S 结构建立在广域网之上，面向的是不可知的用户群，对安全的控制能力较弱，可以通过 B/S 结构发布部分可公开的信息。

（3）程序架构。C/S 结构的程序注重流程，可以对权限进行多层次校验，对系统运行速度较少考虑；B/S 结构对安全以及访问速度的多重考虑，建立在需要更加优化的基础之上，比 C/S 结构有更高的要求，B/S 结构的程序架构是发展的趋势。Microsoft 公司.NET 平台下的 Web Service 技术和 SUN 公司 JavaBean 和 EJB 技术将使 B/S 结构更加成熟。

（4）可重用性。C/S 结构侧重于程序的整体性，程序模块的重用性不是很好。B/S 结构一般采用多层架构，使用相对独立的中间件实现相对独立的功能，能够很好地实现重用。

（5）可维护性。C/S 结构由于侧重于整体性，处理出现的问题以及系统升级都比较难，一旦升级，可能会要求开发一个全新的系统。B/S 结构程序由组件组成，通过更换个别的组件就可以实现系统的无缝升级，使系统维护开销减到最小，用户从网上自己下载安装就可以实现升级。

（6）用户界面。C/S 结构大多建立在 Window 平台上，表现方法有限，对程序员普遍要求较高。B/S 结构建立在浏览器上，有更加丰富、生动的表现方式与用户交流，开发难度降低，开发成本下降。

通过上面的对比分析可以看出，传统的 C/S 结构并非一无是处，而 B/S 结构也并非十全十美，在以后相当长的时期里，C/S 结构和 B/S 结构将会同时存在。另外，在同一个系统中，根据应用的不同要求，可以同时使用 C/S 结构和 B/S 结构，以发挥这两种结构的优点。

3）三层/N 层结构

多层架构的数据库应用程序设计

所谓三层体系结构，是在客户机与数据库之间加入了一个“中间层”，也叫作组件层。这里所说的三层结构，不是简单地放置三台机器就是三层结构，三层可以是逻辑上的三层，也可以是物理上的三层，B/S 应用和 C/S 应用都可以采用三层体系结构。三层结构的应用程序将业务规则等放到了中间层进行处理。通常情况下，客户机不直接与数据库进行交互，而是通过中间层（动态链接库、Web 服务或 JavaBean）实现对数据库的存取操作。

三层体系结构将二层结构中的应用程序处理部分进行分离，将其分为用户界面服务程序和业务逻辑处理程序。分离的目的是使客户机上的所有处理过程不直接涉及数据库管理系统，分离的结果将应用程序在逻辑上分为三层。

（1）用户界面层：实现用户界面，并保证用户界面的友好性和统一性。

（2）业务逻辑层：实现数据库的存取及应用程序的商业逻辑计算。

（3）数据服务层：实现数据定义、存储、备份和检索等功能，主要由数据库系统实现。

在三层结构中，中间层起着双重作用，对于数据层是客户机，对于用户层是服务器，如图 4-49 所示就是一个典型的三层结构应用系统。

三层结构的系统具有如下特点。

（1）业务逻辑放置在中间层可以提高系统的性能，使中间层业务逻辑处理与数据层的业务数据紧密结合在一起，而无须考虑客户的具体位置。

（2）添加新的中间层服务器，能够满足新增客户机的需求，大大提高了系统的可伸缩性。

（3）将业务逻辑置于中间层，从而使业务逻辑集中到一处，便于整个系统的维护和管理及代码的复用。如果将三层结构中的中间层进一步划分成多个完成某一特定服务独立的层，那么三层体系结构就成为多层体系结构。一个基于 Web 的应用程序在逻辑上可能包含如下几层。

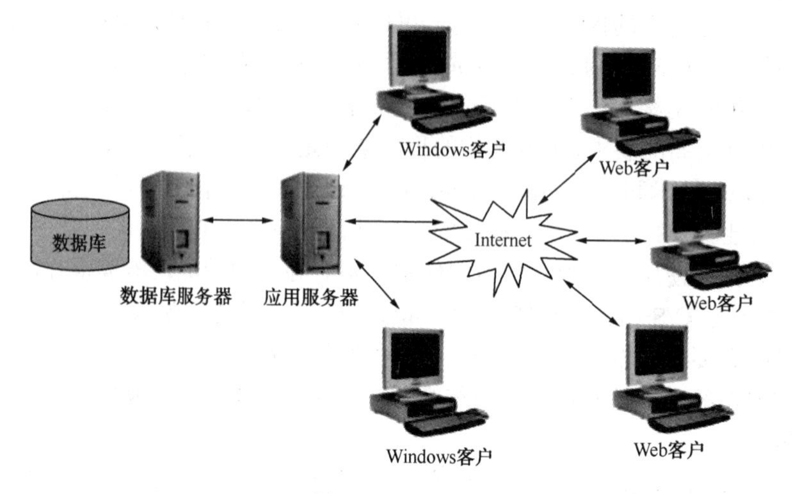

图 4-49　三层结构

（1）由 Web 浏览器实现的一个界面层。

（2）由 Web 服务器实现的一个 Web 服务器层。

（3）由类库或 Web 服务器实现的应用服务层。

（4）由关系型数据库管理系统实现的数据层。

提示：

- 不管是三层还是多层，层次的划分是从逻辑上实现的。
- 每个逻辑层次可以对应一个物理层次，如：一台物理机器充当 Web 服务器（配置好 IIS），一台物理机器充当应用服务器（提供 Web 服务），一台物理机器充当数据库服务器（安装好 SQL Server 2012），一台物理机器充当客户机（安装好 IE）。
- 多个逻辑层次也可以集中在一台物理机器上，即在同一台物理机器上配置好 IIS、Web 服务、SQL Server 2012 数据库和 IE 浏览器。

2. 数据库访问技术

伴随着计算机技术的不断发展和计算机应用的普及，信息系统中所使用的数据库的访问方式也在不断发展，现在常用的数据库访问技术包括 ODBC/JDBC、OLEDB、ADO 和 ADO.NET。ODBC/JDBC 和 ADO.NET 将在后续章节进行介绍，这里只简单介绍 OLE DB 和 ADO 两种技术。

1）OLE DB

继 ODBC 之后，微软推出了 OLE DB。OLE DB 是一种技术标准，目的是提供一种统一的数据访问接口。这里所说的“数据”，除了标准的关系型数据库中的数据之外，还包括邮件数据、Web 上的文本或图形、目录服务，以及主机系统中的 IMS 和 VSAM 数据。OLE DB 标准的核心内容就是要求为以上这些各种各样的数据存储都提供一种相同的访问接口，使得数据的使用者（应用程序）可以使用同样的方法访问各种数据，而不用考虑数据的具体存储地点、格式或类型。

OLE DB标准的具体实现是一组C++ API函数，就像ODBC标准中的ODBC API一样，不同的是，OLE DB的API是符合COM标准、基于对象的(ODBC API则是简单的C API)。使用OLE DB API，可以编写能够访问符合OLE DB标准的任何数据源的应用程序，也可以编写针对某种特定数据存储的查询处理程序和游标引擎。因此，OLE DB标准实际上是规定了数据使用者和提供者之间的一种应用层的协议。

由于OLE DB对所有文件系统包括关系数据库和非关系数据库都提供了统一的接口，这些特性使得OLE DB技术比ODBC技术更加优越。现在微软已经为所有ODBC数据源提供了一个统一的OLE DB服务程序，叫作ODBC OLE DB Provider。实际上，ODBC OLE DB Provider的作用是替换ODBC Driver Manager，作为应用程序与ODBC驱动程序之间的桥梁。

2）ADO

ADO是OLE DB的消费者，与OLE DB提供者一起协同工作。它利用低层OLE DB为应用程序提供简单高效的数据库访问接口。ADO封装了OLE DB中使用的大量COM接口，对数据库的操作更加方便简单。ADO实际上是OLE DB的应用层接口，这种结构也为一致的数据访问接口提供了很好的扩展性，而不再局限于特定的数据源。因此，ADO可以处理各种OLE DB支持的数据源。

ADO支持双接口，既可以在C/C++、Visual Basic和Java等高级语言中应用，也可以在VBScript和JScript等脚本语言中应用，这使得ADO成为前几年应用最广的数据库访问接口。而且，用ADO编制Web数据库应用程序非常方便，通过VBScript或JScript在ASP中很容易操作ADO对象，从而能够轻松地把数据库中的内容呈现到Web前台。ADO对象模型如图4-50所示。ADO对象模型中共有7个对象：Connection对象、Command对象、Recordset对象、Errors对象、Properties对象、Parameters对象和Fields对象。

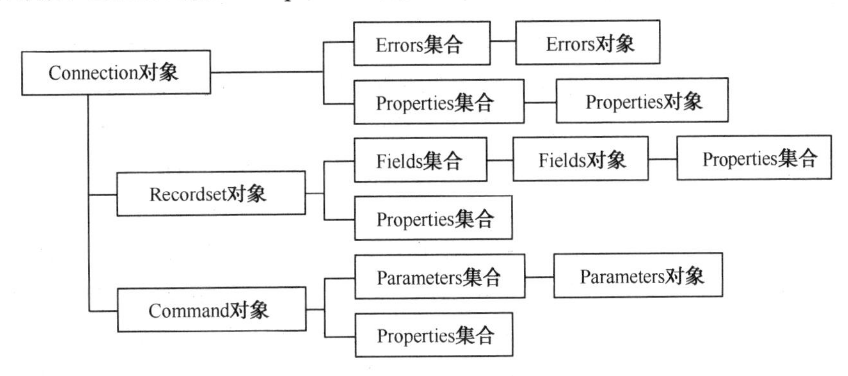

图4-50 ADO对象模型

ADO简化了OLE DB模型，也就是在OLE DB上面设置了另外一层，它只要求开发者掌握几个简单对象的属性和方法就可以开发数据库应用程序了，这比在OLE DB API中直接调用函数要简单得多。

3. ADO.NET

1）ADO.NET概述

ADO.NET提供对Microsoft SQL Server等数据源以及通过OLE DB和XML公开的数

据源的一致访问。应用程序可以使用 ADO.NET 来连接这些数据源，并检索、操作和更新数据。ADO.NET 包含用于连接数据库、执行命令和检索结果的.NET Framework 数据提供程序，用户可以直接处理检索到的结果，或将其放入 ADO.NET DataSet 对象，以便其能与来自多个源的数据或在层之间进行远程处理的数据组合在一起，以特殊方式向用户公开。ADO.NET DataSet 对象也可以独立于.NET Framework 数据提供程序使用，以管理应用程序本地的数据或源自 XML 的数据。

ADO.NET 是重要的应用程序接口，用于在 Microsoft. NET 平台中提供数据访问服务。在 ADO.NET 中，可以使用新的.NET Framework 数据提供程序来访问数据源，这些数据提供程序可以满足各种开发要求。这些数据提供程序主要包括以下几种：

（1）SQL Server.NET Framework 数据提供程序。

（2）OLE DB.NET Framework 数据提供程序。

（3）ODBC.NET Framework 数据提供程序。

（4）Oracle.NET Framework 数据提供程序。

ADO.NET 提供了多种数据访问方法，如果在 Web 应用程序或 XML Web 服务中需要访问多个数据源中的数据，或者需要与其他应用程序（包括本地和远程应用程序）进行互操作，这时可以使用数据集（DataSet）。而如果要直接进行数据库操作，例如运行查询和存储过程、创建数据库对象、使用 DDL 命令直接更新和删除等，这时可以使用数据命令（如 sqlCommand）和数据读取器（如 sqlDataReader），以便与数据源直接通信。

2）ADO.NET 结构

设计 ADO.NET 组件的目的是为了将数据访问从数据操作中分离出来。ADO.NET 的两个核心组件 DataSet 和.NET Framework 数据提供程序会完成此任务，后者是一组包括 Connection、Command、DataReader 和 DataAdapter 对象在内的组件。

ADO.NET DataSet 是 ADO.NET 的断开式结构的核心组件。DataSet 的设计目的是为了实现独立于任何数据源的数据访问，因此，它可以用于多种不同的数据源，可以用于 XML 数据，也可以用于管理应用程序本地的数据。DataSet 包含一个或多个 DataTable 对象的集合，这些对象由数据行和数据列以及主键、外键、约束和有关 DataTable 对象中数据的关系信息组成。

ADO.NET 结构的另一个核心元素是.NET Framework 数据提供程序，其组件的设计目的是为了实现数据操作和对数据的快速、只进、只读访问。Connection 对象提供与数据源的连接，使我们能够访问用于返回数据、修改数据、运行存储过程以及发送或检索参数信息的数据库命令；DataReader 对象从数据源中提供高性能的数据流；DataAdapter 对象提供连接 DataSet 对象和数据源的桥梁。DataAdapter 对象使用 Command 对象在数据源中执行 SQL 命令，以便将数据加载到 DataSet 中，并使对 DataSet 中数据的更改与数据源保持一致。ADO.NET 体系结构如图 4-51 所示。

3）ADO 和 ADO.NET 的比较

ADO 与 ADO.NET 既有相似之处也有不同的地方，利用它们都能够编写对数据库服务器中的数据进行访问和操作的应用程序，并且都具有易于使用、高速度、低内存支出和占用磁盘空间较少的优点，都支持用于建立基于 C/S 结构和 B/S 结构的应用程序的主要功能。但 ADO.NET 和 ADO 比较起来还是有很大的不同。

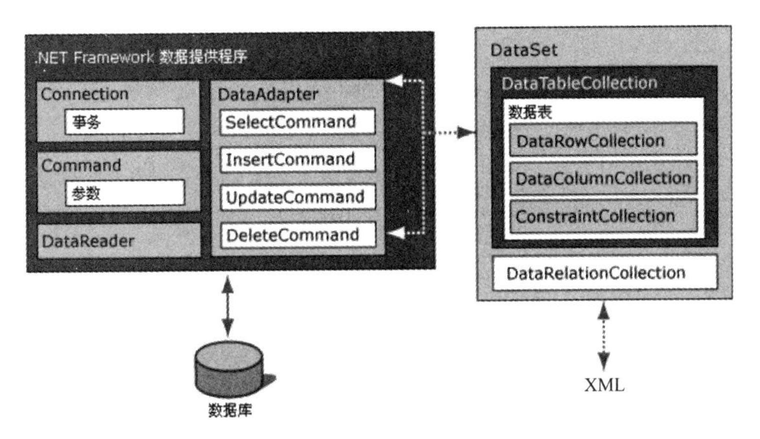

图 4-51　ADO.NET 体系结构

ADO 使用 OLE DB 接口并基于 Microsoft 的 COM 技术，而 ADO.NET 拥有自己的 ADO.NET 接口并且基于 Microsoft 的.NET 体系架构和 XML 格式，这样 ADO.NET 的数据类型更为丰富并且不需要再做 COM 编排导致的数据类型转换，从而提高了整体性能。

ADO 以 RecordSet 存储，而 ADO.NET 则以 DataSet 表示。RecordSet 看起来更像单表，如果让 RecordSet 以多表的方式表示，就必须在 SQL 中进行多表连接，而 DataSet 可以是多个表的集合。

ADO 的运作是一种在线方式，这意味着不论是浏览或更新数据都必须是实时的。ADO.NET 则使用离线方式，在访问数据的时候 ADO.NET 会利用 XML 制作数据的一份副本，ADO.NET 的数据库连接也只有在这段时间需要在线。ADO 和 ADO.NET 的比较如表 4-24 所示。

表 4-24　ADO 和 ADO.NET 比较

比较项目	ADO	ADO.NET
接口	OLE DB	独立接口
技术基础	COM 技术	.NET 体系架构、XML 格式
数据存储	RecordSet（单表）	DataSet（多表）
运行方式	在线	离线（只连接时在线）

4. ADO.NET 数据库操作对象

1）SqlConnection 对象

SqlConnection 对象表示与 SQL Server 数据源的一个唯一的会话，对于 C/S 结构数据库系统，它相当于到服务器的网络连接。SqlConnection 对象与 SqlDataAdapter 对象和 SqlCommand 对象一起使用，以便在连接 Microsoft SQL Server 数据库时提高性能。

2）SqlCommand 对象

SqlCommand 对象表示要对 SQL Server 数据库执行的一个 T-SQL 语句或存储过程。

3）SqlDataReader 对象

SqlDataReader 对象提供一种从数据库读取行的只进流的一种方式。要创建 SqlDataReader 对象，必须调用 SqlCommand 对象的 ExecuteReader 方法。

4）SqlDataAdapter 对象

SqlDataAdapter 对象用于填充 DataSet 和更新 SQL Server 数据库的一组数据命令和一个数据库连接。通过其 Fill 方法，在 DataSet 中添加或刷新行以匹配数据源中的行。

SqlDataAdapter 对象是 DataSet 和 SQL Server 之间的桥接器，用于检索和保存数据。它通过对数据源使用适当的 T-SQL 语句映射 Fill（它可更改 DataSet 中的数据以匹配数据源中的数据）和 Update（它可更改数据源中的数据以匹配 DataSet 中的数据）来实现这一桥接功能。

5）DataSet 对象

DataSet 对象表示数据在内存中的缓存。DataSet 对象是 ADO.NET 结构的主要组件，它是从数据源中检索到的数据在内存中的缓存。

4.5.2 完成步骤

1. 使用 C#.NET 开发 WebShop 会员查询程序

基于 SQL Server 数据库的 Windows 窗体应用程序开发

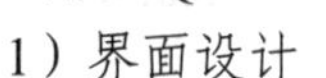

子任务 1 编写 Win Form 应用程序，要求能够根据输入的会员名称查询在 SQL Server 2012 的 WebShop 数据库中会员的详细信息。

1）界面设计

（1）启动“Visual Studio 2012”，单击【文件】→【新建项目】，如图 4-52 所示。

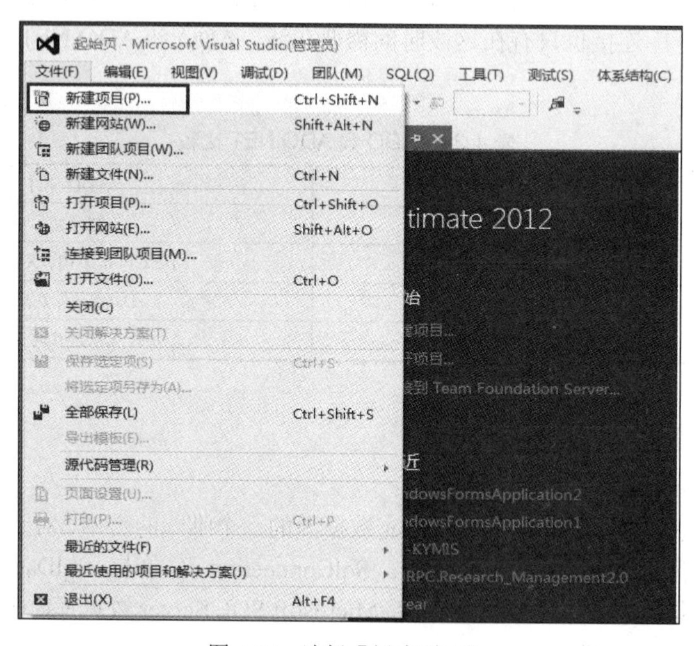

图 4-52 选择【新建项目】

（2）打开“新建项目”对话框，依次选择【Visual C#】→【Windows 窗体应用程序】，并指定解决方案的“名称”和“位置”，如图 4-53 所示。

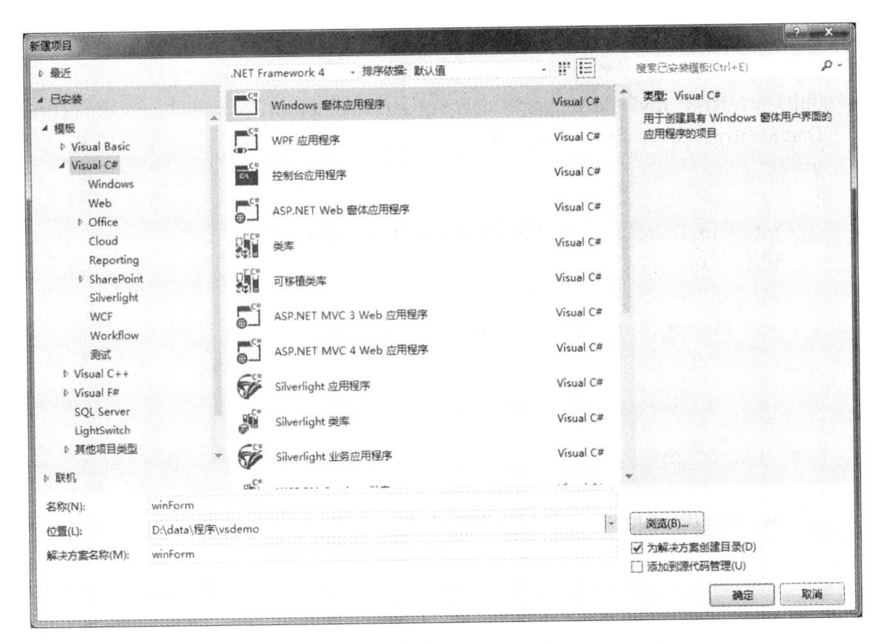

图 4-53　新建 WinForm 项目

（3）单击【确定】按钮，进入 Windows 程序设计界面，参照图 4-54 和表 4-25 进行程序的界面设计。

表 4-25　【子任务 1】界面设计

控件名	属性名称	属性值	功能
Label	Text	请输入查询的姓名	显示查询文本
TextBox	Name	txtName	输入查询文本
Button	Text	查询（&Q)	进行查询
	Name	btnQuery	设置按钮名称
DataGridView	Name	dgvCustomers	显示查询结果

2）编写程序

完成本任务的主要操作为通过 ADO.NET 连接数据库，并对数据库中的信息进行查询，关键代码如下：

```
private void btnQuery_Click(object sender, EventArgs e)
{
    string strConnection = "Initial Catalog=WebShop;Data Source=J-ZHANG;Integrated Security=
SSPI;";
    SqlConnection myConnection = new SqlConnection (strConnection);
    string strCommnad = "SELECT c_ID AS 会员号,c_TrueName AS 会员名称,c_Birth AS 出生
年月,c_Address AS 籍贯 FROM Customers WHERE c_TrueName like'%" + txtName.Text + "%'";
    try
    {
        myConnection.Open();
    }
    catch (Exception)
    {
```

```
            MessageBox.Show("打开数据库连接错误!");
        }
        SqlDataAdapter myDataAdapter = new SqlDataAdapter(strCommnad, myConnection);
        DataSet myDataSet = new DataSet();
        try
        {
            int i = myDataAdapter.Fill(myDataSet, "Customers");
            if (i == 0)
            {
                MessageBox.Show("没有找到满足条件的记录!");
                return;
            }
        }
        catch (Exception)
        {
            MessageBox.Show("数据库连接错误!");
            return;
        }
        dgvCustomers.DataSource = myDataSet;
        dgvCustomers.DataMember = "Customers";
        myConnection.Close();
    }
```

3）运行程序

运行结果如图 4-54 所示。

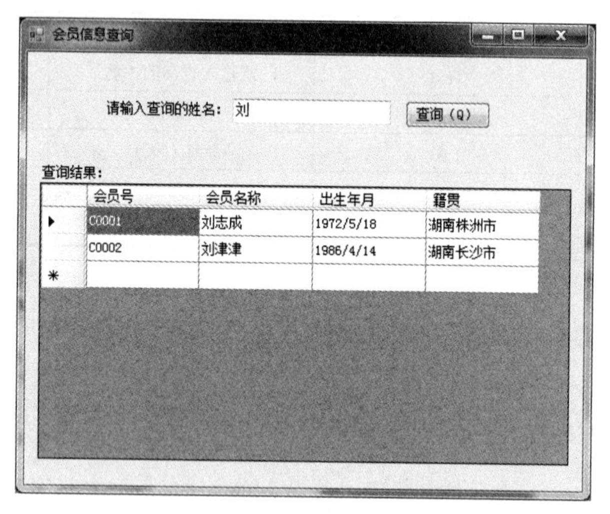

图 4-54　会员信息查询程序

2. 使用 ASP.NET 开发 WebShop 商品查询页面

基于 SQL Server 数据库的 Web 应用程序开发

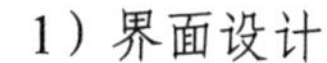

编写一个 WebForm 应用程序，要求能够显示 SQL Server 2012 的 WebShop 数据库中所有商品的详细信息。

1）界面设计

（1）启动“Visual Studio 2012”，单击【文件】→【新建网站】，如图 4-55 所示。

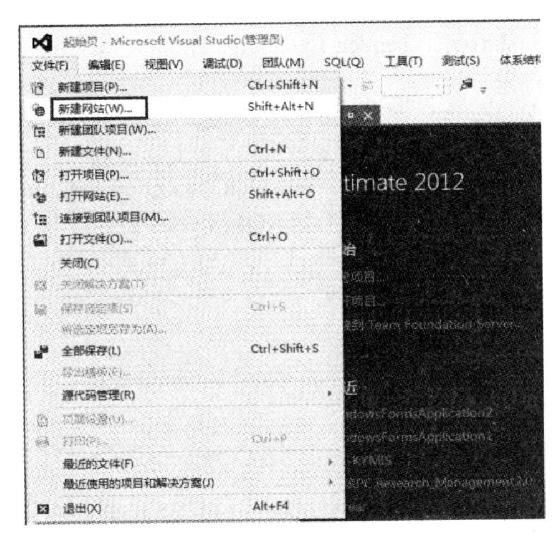

图 4-55 选择【新建网站】

（2）打开“新建网站”对话框，选择【ASP.NET 空网站】，并指定网站的“位置”，如图 4-56 所示。

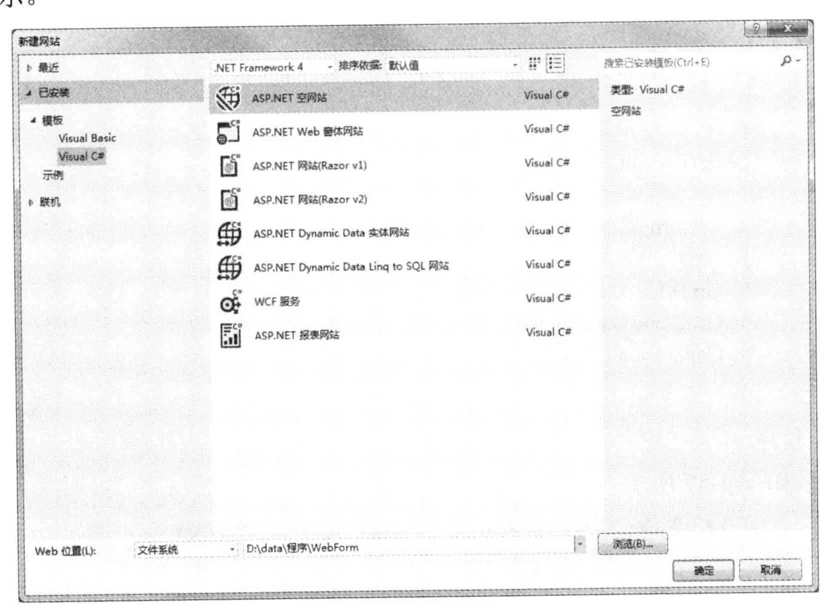

图 4-56 “新建网站”对话框

（3）单击【确定】按钮，进入网站设计界面，参照图 4-57 和表 4-26 进行网站的界面设计。

表 4-26 【子任务 2】界面设计

控件名	属性名称	属性值	功能
Label	Text	WebShop 商品信息展示	显示标题文本
GridView	Name	gvGoods	显示商品信息

2）编写程序

本任务主要操作为通过 ADO.NET 连接数据库，并对数据库中信息进行查询，关键代码如下：

```
protected void Page_Load(object sender, EventArgs e)
    {
        string strConnection = "Initial Catalog=WebShop;Data Source=J-ZHANG;Integrated
Security=SSPI;";
        SqlConnection myConnection = new SqlConnection(strConnection);
        string strCommnad = "SELECT * FROM Goods";
        try
        {
            myConnection.Open();
        }
        catch (Exception)
        {
        }
        SqlDataAdapter myDataAdapter = new SqlDataAdapter(strCommnad, myConnection);
        DataSet myDataSet = new DataSet();
        try
        {
            int i = myDataAdapter.Fill(myDataSet, "information");
            if (i == 0)
            {
                return;
            }
        }
        catch (Exception)
        {
            return;
        }
        myGridView.DataSource = myDataSet;
        myGridView.DataBind();
        myConnection.Close();
    }
```

3）运行程序

运行结果如图 4-57 所示。

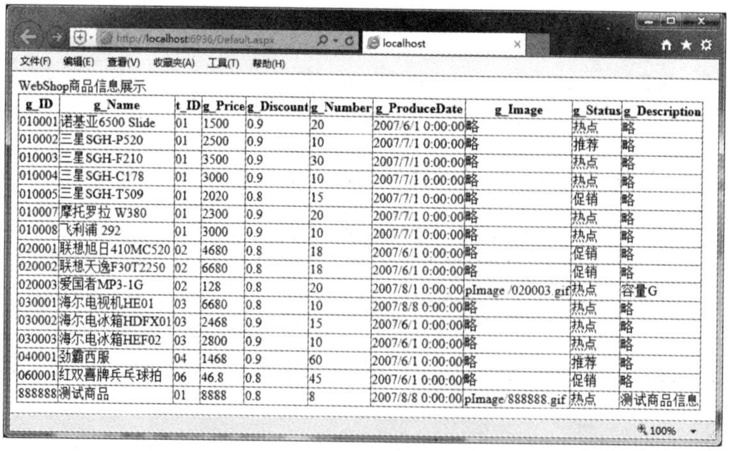

WebShop商品信息展示

g_ID	g_Name	t_ID	g_Price	g_Discount	g_Number	g_ProduceDate	g_Image	g_Status	g_Description
010001	诺基亚6500 Slide	01	1500	0.9	20	2007/6/1 0:00:00	略	热点	略
010002	三星SGH-P520	01	2500	0.9	10	2007/7/1 0:00:00	略	推荐	略
010003	三星SGH-F210	01	3500	0.9	30	2007/7/1 0:00:00	略	热点	略
010004	三星SGH-C178	01	3000	0.9	10	2007/7/1 0:00:00	略	热点	略
010005	三星SGH-T509	01	2020	0.8	15	2007/7/1 0:00:00	略	促销	略
010007	摩托罗拉 W380	01	2300	0.9	20	2007/7/1 0:00:00	略	热点	略
010008	飞利浦 292	01	3000	0.9	10	2007/7/1 0:00:00	略	热点	略
020001	联想旭日410MC520	02	4680	0.8	18	2007/6/1 0:00:00	略	促销	略
020002	联想天逸F30T2250	02	6680	0.8	18	2007/6/1 0:00:00	略	促销	略
020003	爱国者MP3-1G	02	128	0.8	20	2007/8/1 0:00:00	pImage /020003.gif	热点	容量G
030001	海尔电视机HE01	03	6680	0.8	10	2007/8/8 0:00:00	略	热点	略
030002	海尔电冰箱HDFX01	03	2468	0.9	15	2007/6/1 0:00:00	略	热点	略
030003	海尔电冰箱HEF02	03	2800	0.9	10	2007/6/1 0:00:00	略	热点	略
040001	劲霸西服	04	1468	0.9	60	2007/6/1 0:00:00	略	推荐	略
060001	红双喜牌乒乓球拍	06	46.8	0.8	45	2007/6/1 0:00:00	略	促销	略
888888	测试商品	01	8888	0.8	8	2007/8/8 0:00:00	pImage/888888.gif	热点	测试商品信息

图 4-57　商品信息展示网站

课堂实践 4

1. 操作要求

（1）编写访问 WebShop 数据库 Employees 表中信息的 WinForm 应用程序 WinTest，并编译执行该程序。

（2）编写显示 WebShop 数据库 Orders 表中已处理订单信息的 WebForm 应用程序 WebTest，并执行该程序。

2. 操作提示

请根据机器环境选择 Visual Studio 2008 或 Visual Studio 2012 完成步骤（1）或（2）的操作。

4.5.3 任务小结

通过本任务，读者应掌握的技能如下：

- 理解 C/S 结构、B/S 结构和三层/N 层结构。
- 了解数据库访问技术。
- 能使用 C#.NET 开发 SQL Server 数据库程序。
- 能使用 ASP.NET 开发 SQL Server 数据库程序。

任务 4.6 基于 Java 的 WebShop 开发

任务目标

Java 是一门比 C#更早的面向对象程序设计语言，应用 Java 也同样能进行 WinForm 应用开发和 Web 应用开发，但其有自己的方式和标准，包括 ODBC 和 JDBC 两种连接方式，需要熟悉两种方式的异同和应用场景，最重要的是掌握 Connection 类、DriverManager 类、Statement 类和 ResultSet 类等 JDBC API 的应用，能在 Java WinForm 和 JSP 中分别应用这些 API 中的类实现通过这两种方式连接 SQL Server 2012，达到应用开发的目标。

本任务将要学习 Java 平台下 SQL Server 2012 数据库应用程序开发的相关知识，需要熟悉 ODBC 和 JDBC 的基本概念，熟练掌握 JDBC API，如 Connection 类、DriverManager 类、Statement 类和 ResultSet 类，能应用这些类连接 SQL Server 2012，实现记录添加、修改、删除和查询等基本操作。本任务主要的学习目标包括：

- ODBC/JDBC。
- JDBC API。
- J2SE 中访问 SQL Server 数据库的方法。
- JSP 中访问 SQL Server 数据库的方法。

4.6.1 背景知识

1. ODBC/JDBC

1）ODBC

ODBC（Open Database Connectivity，开放式数据库互联）是 Microsoft 推出的一种工业标准，一种开放的独立于厂商的 API 应用程序接口，可以跨平台访问各种个人计算机、小型机以及主机系统。ODBC 作为一种工业标准，绝大多数数据库厂商、大多数应用软件和工具软件厂商为自己的产品提供了 ODBC 接口或提供了 ODBC 支持，这其中就包括常用的 SQL Server、Oracle、Informix 和 Access。

ODBC 是 Microsoft 的 Windows 开放服务体系 WOSA（Windows Open System Architecture）的一部分，是数据库访问的标准接口。它建立了一组规范，并提供了一组对数据库访问的标准 API（应用程序编程接口）。应用程序可以应用 ODBC 提供的 API 来访问任何带有 ODBC 驱动程序的数据库。ODBC 已经成为一种标准，目前所有关系数据库都提供 ODBC 驱动程序。

ODBC 的体系结构如图 4-58 所示，它由数据库应用程序、驱动程序管理器、数据库驱动程序和数据源四部分组成。

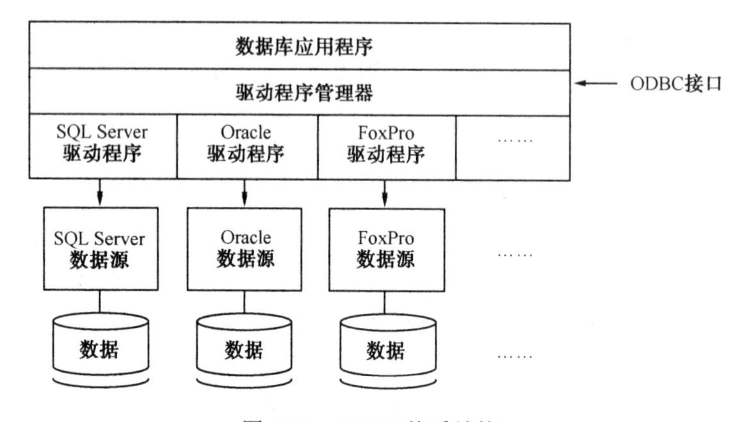

图 4-58 ODBC 体系结构

2）JDBC

JDBC 是 Java 数据库连接（Java DataBase Connectivity）的简写形式，它是一种可用于执行 SQL 语句的 Java API，主要提供了 Java 跨平台、跨数据库的数据库访问方法，为数据库应用开发人员提供了一种标准的应用程序设计接口，使开发人员可以用纯 Java 语言编写完整的数据库应用程序。其功能与 Microsoft 的 ODBC 类似，相对于 ODBC 只适合于 Windows 平台来说，JDBC 具有明显的跨平台的优势。同时，为了能够使 JDBC 具有更强的适应性，JDBC 还专门提供了 JDBC/ODBC 桥来直接使用 ODBC 定义的数据源。

用 JDBC 开发 Java 数据库应用程序的工作原理如图 4-59 所示。

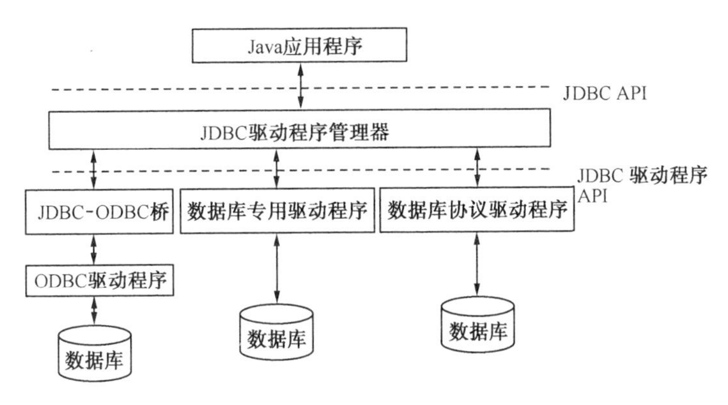

图 4-59 JDBC 工作原理

2. JDBC API 介绍

Java 语言是一种纯粹的面向对象的程序设计语言，它提供了方便访问数据的技术。利用 Java 语言中的 JDBC 技术，用户能方便地开发出基于 Java 的数据库应用程序，从而扩充网络应用功能。JDBC 由一组用 Java 语言编写的类与接口组成，通过调用这些类和接口所提供的方法，用户能够以一致的方式连接多种不同的数据库系统（如 Access、SQL Server、Oracle、Sybase 等），进而可使用标准的 SQL 语言来存取数据库中的数据，而不必再为每一种数据库系统编写不同的 Java 程序代码。

Java 应用程序通过 JDBC API（包含在 java.sql 包中）与数据库连接，而实际的动作则是由 JDBC 驱动程序管理器通过 JDBC 驱动程序与数据库系统进行连接。JDBC-ODBC 桥是一种 JDBC 驱动程序，它通过将 JDBC 操作转换为 ODBC 操作来实现。利用 JDBC-ODBC 桥可以使程序开发人员不需要学习更多的知识就可以编写 JDBC 应用程序，并能够充分利用现有的 ODBC 数据源。JDBC-ODBC 桥驱动程序可以使 JDBC 能够访问几乎所有类型的数据库。

JDBC 是个“低级”接口，它用于直接调用 SQL 命令。在这方面它的功能极佳，并比其他的数据库连接 API 更易于使用，但它同时也被设计为一种基础接口，在它之上可以建立高级接口和工具，JDBC 用于数据库操作的主要 API 介绍如下。

1）Connection 对象

Connection 对象代表与数据库的连接。一个应用程序可与单个数据库有一个或多个连接，或者可与许多数据库有连接。

与数据库建立连接的标准方法是调用 DriverManager.getConnection 方法，该方法接受含有某个 URL 的字符串。DriverManager 类（即所谓的 JDBC 管理层）尝试找到可与指定 URL 所代表的数据库进行连接的驱动程序。DriverManager 类存有已注册的 Driver 类的清单，当调用方法 getConnection 时，它将检查清单中的每个驱动程序，直到找到可与 URL 中指定的数据库进行连接的驱动程序为止。Driver 的方法 Connect 使用这个 URL 来建立实际的连接。

```
String url = "jdbc:odbc:webshop";
Connection con = DriverManager.getConnection(url, "liuzc", "liuzc518");
```

JDBC URL 提供了一种标识数据库的方法，可以使相应的驱动程序能识别该数据库并与之建立连接。

2）DriverManager 类

DriverManager 类是 JDBC 的管理层，作用于用户和驱动程序之间。它跟踪可用的驱动程序，并在数据库和相应驱动程序之间建立连接。对于简单的应用程序，程序员使用其唯一的方法 DriverManager.getConnection 来建立连接。通过调用方法 Class.forName 将显式地加载驱动程序类。

```
Class.forName("sun.jdbc.odbc.JdbcOdbcDriver");   //加载驱动程序
String url = "jdbc:odbc:webshop ";
DriverManager.getConnection(url, "liuzc", "liuzc518");
```

3）Statement 对象

Statement 对象用于将 SQL 语句发送到数据库中。Statement 对象主要有三种类型：Statement、PreparedStatement（从 Statement 继承而来）和 CallableStatement（从 PreparedStatement 继承而来），它们都专用于发送特定类型的 SQL 语句，其中 Statement 对象用于执行不带参数的简单 SQL 语句；PreparedStatement 对象用于执行带 IN 参数的预编译 SQL 语句；CallableStatement 对象用于执行对数据库中存储过程的调用。

Statement 接口提供了执行语句和获取结果的基本方法；PreparedStatement 接口添加了处理 IN 参数的方法；而 CallableStatement 添加了处理 OUT 参数的方法。

```
Connection con = DriverManager.getConnection(url, "liuzc", "liuzc518");
Statement stmt = con.createStatement();
```

Statement 接口提供了三种执行 SQL 语句的方法：executeQuery、executeUpdate 和 execute，使用哪一种方法由 SQL 语句所产生的内容决定。

（1）方法 executeQuery 用于产生单个结果集的语句，例如 SELECT 语句。

（2）方法 executeUpdate 用于执行 INSERT、UPDATE 或 DELETE 语句以及 SQL DDL（数据定义语言）语句。

（3）方法 execute 用于执行返回多个结果集、多个更新计数或二者组合的语句。

执行语句的所有方法都将关闭所调用的 Statement 对象打开的结果集，这意味着在重新执行 Statement 对象之前，需要完成对当前 ResultSet 对象的处理，Statement 对象将由 Java 垃圾收集程序自动关闭。程序员也应在不需要 Statement 对象时显式地关闭它们，这样可以释放 DBMS 资源，有助于避免潜在的内存不足问题。

4）ResultSet

ResultSet 包含符合 SQL 语句中条件的结果集，并且它通过一套 get 方法提供了对这些行中数据的访问。ResultSet.next 方法用于移动到 ResultSet 中的下一行，使下一行成为当前行。

```
Statement stmt = conn.createStatement();
ResultSet rs = stmt.executeQuery("SELECT c_ID, c_Name, c_Gender FROM Customers");
while (rs.next())
    {
      // 打印当前行的值
      String no = rs.getString("c_ID ");
      String name = rs.getString("c_Name ");
      String sex = rs.getString("c_Gender ");
```

```
        System.out.println(no + " " + name + " " + sex);
    }
```

ResultSet 维护指向其当前数据行的指针。每调用一次 next 方法，指针向下移动一行。最初它位于第一行之前，因此第一次调用 next 将把指针置于第一行上，使它成为当前行，以后每次调用 next 导致指针向下移动一行，从而可以保证按照从上至下的次序获取 ResultSet 行。

ResultSet 的方法 getXXX 提供了获取当前行中某列值的途径。在每一行内，可按任何次序获取列值，但为了保证可移植性，应该从左至右获取列值，并且一次性地读取列值。列名或列号可用于标识要从中获取数据的列。例如，如果 ResultSet 对象 rs 的第二列名为"c_name"，并将值存储为字符串，则下列任一代码将获取存储在该列中的值。

```
String name = rs.getString("c_name");
String s = rs.getString(2);
```

注意列是从左至右编号的，并且从数字 1 开始的。同时，getXXX 方法中的列名不区分大小写。用户一般情况下不需要关闭 ResultSet，当产生它的 Statement 被关闭，Statement 被重新执行或从多结果集序列中获取下一个结果集时，当前 ResultSet 将被 Statement 自动关闭。

4.6.2　完成步骤

1. 使用 J2SE 开发 WebShop 会员查询程序

基于 SQL Server 数据库的 J2SE 程序开发

子任务 1　编写一个 Java 应用程序，要求能够根据输入的会员名称查询在 SQL Server 2012 的 WebShop 数据库中会员的详细信息（使用 ODBC 数据源）。

1）创建 ODBC 数据源

（1）选择"控制面板"→"管理工具"→"ODBC 数据源"。

（2）打开"ODBC 数据源管理器"对话框，选择"系统 DSN"选项卡，如图 4-60 所示。

（3）单击【添加】按钮，打开"创建新数据源"对话框，选择【SQL Server】，如图 4-61 所示。

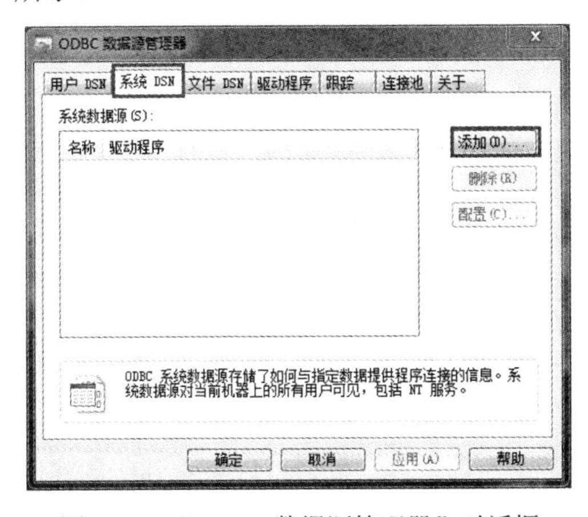

图 4-60　"ODBC 数据源管理器"对话框

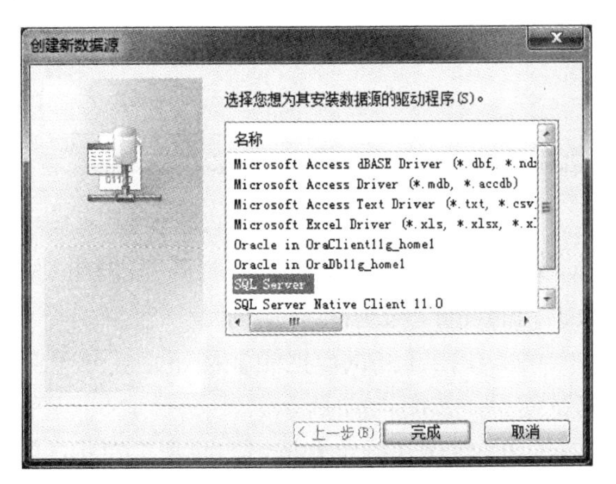

图 4-61　"创建新数据源"对话框

（4）单击【完成】按钮，打开建立一个连接 SQL Server 的 ODBC 数据源对话框，输入数据源名称（webshop）和数据源描述，选择要连接的服务器，如图 4-62 所示。

提示：

- 这里的数据源名称 webshop 就是程序中要用到的 ODBC 数据源名称。
- 如果是当前服务器，可以输入“.”表示当前数据库服务器。

（5）单击【下一步】按钮，打开设置 SQL Server 登录验证对话框，选择登录方式，如图 4-63 所示。

（6）单击【下一步】按钮，打开更改默认的数据库对话框，选择数据库服务器上的数据库 WebShop，如图 4-64 所示。

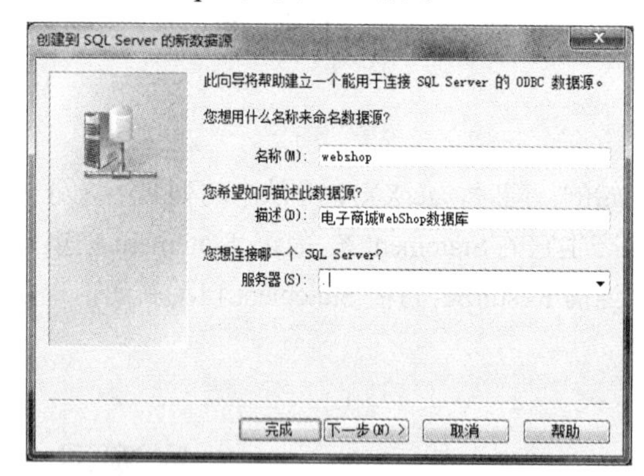

图 4-62 设置 ODBC 数据源对话框

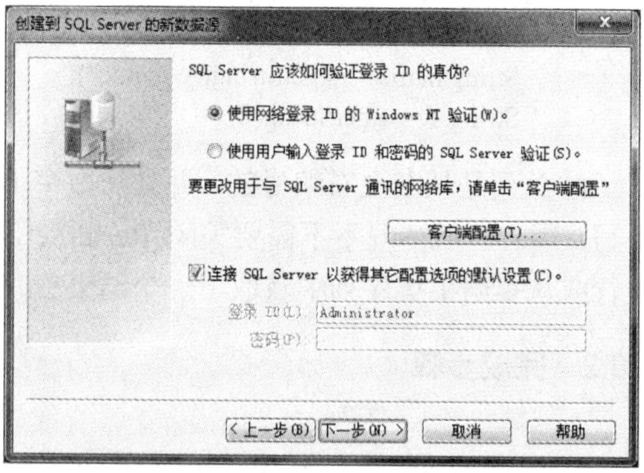

图 4-63 设置 SQL Server 登录验证对话框

（7）单击【下一步】按钮，打开其他设置对话框，完成数据源的其他设置，如图 4-65 所示。

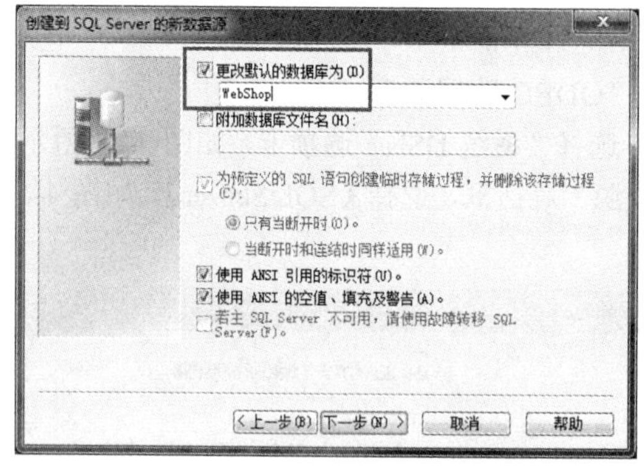

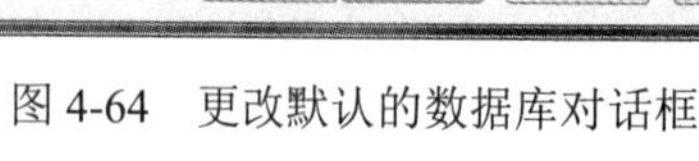
图 4-64 更改默认的数据库对话框

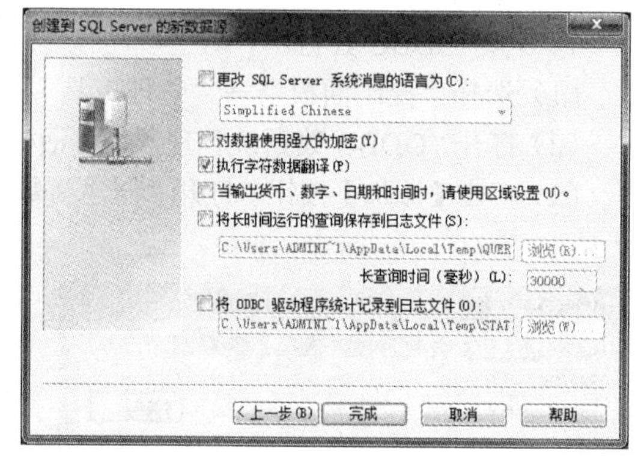

图 4-65 其他设置对话框

（8）单击【完成】按钮，打开“ODBC Microsoft SQL Sever 安装”对话框，可以查看数据源的设置，如图 4-66 所示。

（9）单击【测试数据源】按钮，打开“SQL Sever ODBC 数据源测试”对话框，返回测试结果，如图 4-67 所示。

（10）单击【确定】按钮，回到“ODBC 数据源管理器”对话框，可以查看到所创建的数据源“webshop”，如图 4-68 所示。

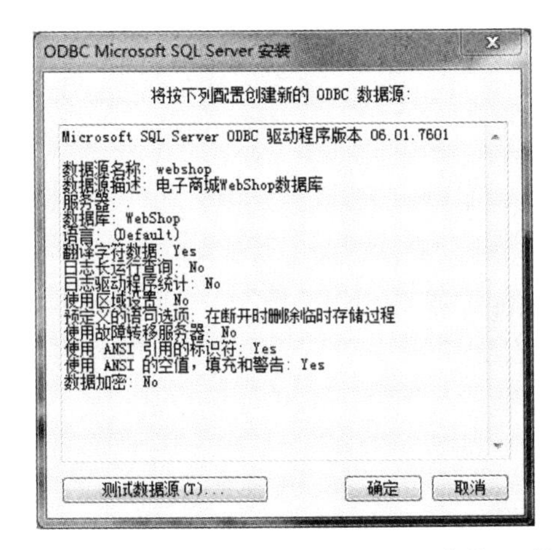

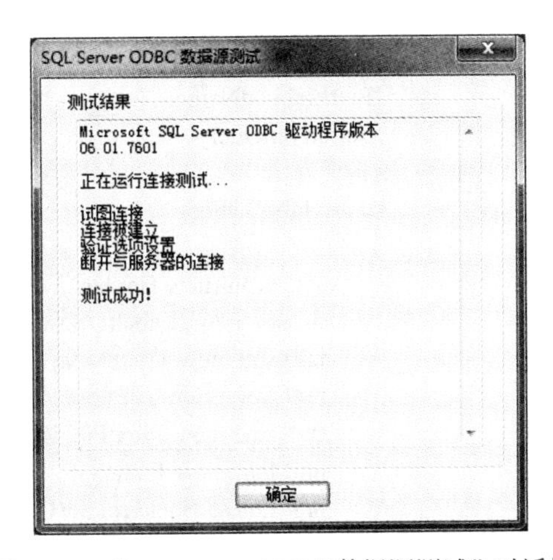

图 4-66　“ODBC Microsoft SQL Sever 安装”对话框　图 4-67　“SQL Sever ODBC 数据源测试”对话框

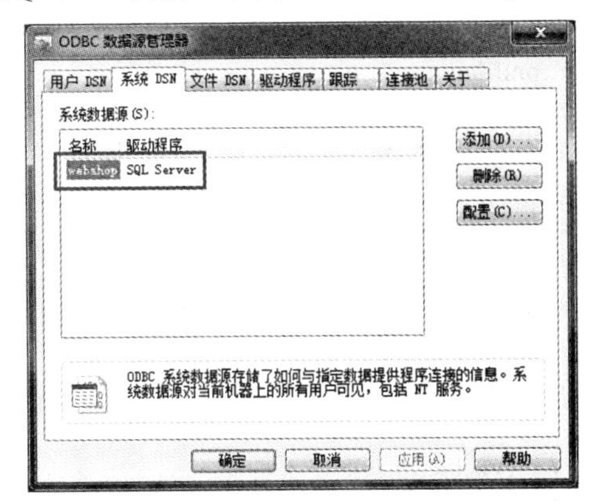

图 4-68　创建好的 ODBC 数据源 webshop

提示：

- 必须正确执行以上步骤，创建好与 SQL Server 2012 数据库对应的数据源。
- 这种方法的缺点是需要用户配置数据源，并且数据源不好维护。

2）编写 Java 程序

使用文本编辑器编写访问 WebShop 数据库的 Java 程序 JdbcDemo.java，其完整代码如下，编辑完成后保存到指定文件夹中（这里为 c:\）。

```
/*
 *演示 JDBC 连接数据库方法
 *作者：liuzc@hnprc
*/
import java.awt.*;
import java.awt.event.*;
import java.sql.*;
import javax.swing.*;
//Jdbc 实现数据库查询类
public class JdbcDemo extends Frame implements ActionListener
{
        JLabel lblSno;
        JTextArea taResult;
```

```
JPanel pnlMain;
JTextField txtName;
JButton btnQuery;
//构造方法
public JdbcDemo()
{
    setLayout(new BorderLayout());
    lblSno=new JLabel("请输入要查询会员姓名:");
    taResult=new JTextArea();
    btnQuery=new JButton("查询");
    txtName=new JTextField(16);
    pnlMain=new JPanel();
    pnlMain.setBackground(Color.ORANGE);
    pnlMain.add(lblSno);
    pnlMain.add(txtName);
    pnlMain.add(btnQuery);
    add("North",pnlMain);
    add("Center",taResult);
    taResult.setEditable(false);
    //注册到监听类
    btnQuery.addActionListener(this);
    //窗口关闭事件处理
    addWindowListener(new WindowAdapter()
    {
        public void windowClosing(WindowEvent e)
        {
            //setVisible(false);
            System.exit(0);
        }
    });
    setSize(500,300);
    setTitle("会员信息查询");
    setBackground(Color.ORANGE);
    setVisible(true);
}

public void actionPerformed(ActionEvent evt)
{
    //用户单击查询按钮
    if(evt.getSource()==btnQuery)
    {
        taResult.setFont(new Font("宋体",Font.PLAIN,14));
        //显示提示信息
        taResult.setText("^-^-^-^-^-^-^查询结果^-^-^-^-^-^-^"+'\n');
        taResult.append('\n'+"会员号    "+"会员名称  "+"性别"+" "
            +"出生年月"+" "+"家庭地址"+" "+"密码"+'\n');
        taResult.append("------------------------------------------------"+'\n');
        try
        {
            //显示会员信息
```

```
                    displayCustomer();
                }
                catch(SQLException e)
                {
                    JOptionPane.showMessageDialog(null,e.toString());
                }
            }
        }
        //显示会员信息方法
        public void displayCustomer() throws SQLException
        {
            String no,name,gender,birth,address,password;
            String strQuery;
            try
            {
                //设置数据库驱动程序
                Class.forName("sun.jdbc.odbc.JdbcOdbcDriver");
            }
            catch(ClassNotFoundException e)
            {
                JOptionPane.showMessageDialog(null,"驱动程序错误!");
                return;
            }
            //建立连接
            Connection con=DriverManager.getConnection("jdbc:odbc:webshop");

            //创建 Statement 对象
            Statement sql=con.createStatement();
            strQuery="select * from Customers where c_TrueName like '%"+txtName.getText().trim()
+"%'";
            ResultSet rs=sql.executeQuery(strQuery);
            //输出查询结果
            while(rs.next())
            {
                no=rs.getString("c_ID");
                name=rs.getString("c_TrueName");
                gender=rs.getString("c_Gender");
                birth=rs.getString("c_Birth").substring(0,10);
                address=rs.getString("c_Address").trim();
                password=rs.getString("c_PassWord");
                taResult.append(no+" "+name+" "+gender+" "+birth+" "+address+" "+password+'\n');
            }
        }
        //主方法
        public static void main(String args[])
        {
            new JdbcDemo();
        }
    }
```

3）运行 Java 程序

（1）编译源程序。在命令行提示符下执行编译 Java 源程序的命令：

```
C:\JAVA\>javac JdbcDemo.java
```

（2）运行程序。在命令行提示符下执行运行 Java 字节码文件的命令：

```
C:\JAVA\>java JdbcDemo
```

提示：

- 如果使用 Java 集成开发环境，则可以在指定环境中完成程序的编译和运行。
- 请注意构造查询 SQL 语句的方式。

程序执行后，打开“会员信息查询”对话框，在文本框中输入要查询的会员的名称（这里为“刘”），单击【查询】按钮，在下面的文本区域中就会显示查询到的会员的详细信息，如图 4-69 所示。

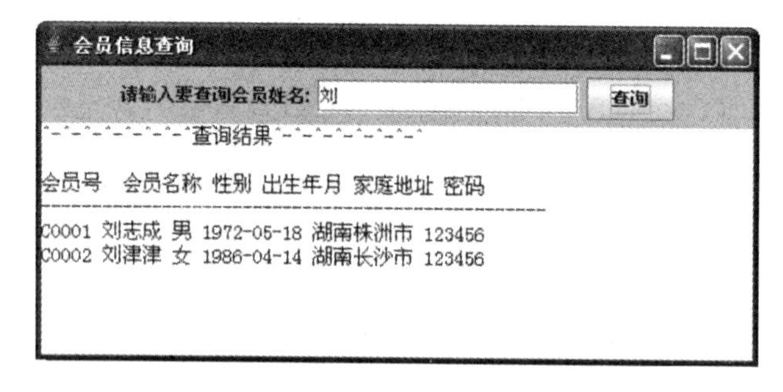

图 4-69 【子任务 1】运行结果

2. 使用 JSP 开发 WebShop 商品查询页面

基于 SQL Server 数据库的 JSP 程序开发

JSP（Java Server Pages）是由 Sun 公司倡导，许多公司参与一起建立的动态网页技术标准。使用 JSP 技术进行 Web 开发时实现了动态页面与静态页面的分离，脱离了硬件平台的束缚，它的先编译后运行方式大大提高了执行效率，逐渐成为 Web 应用系统的主流开发工具。

在传统的 HTML 网页文件中加入 Java 程序片段（Scriptlet）和 JSP 标记（tag），就构成了 JSP 网页。Web 服务器在遇到 JSP 网页的请求时，首先执行其中的片段，然后将执行结果以 HTML 格式返回给客户。程序片段可以操作数据库、重新定向网页以及发送 E-mail 等，而且所有的程序操作都在服务器执行，网络上传送给客户机的仅是得到的结果，对客户的浏览器要求最低。本节主要介绍使用 JSP 开发 SQL Server 应用程序的基本知识。

子任务 2 编写一个 JSP 应用程序，要求能够显示 SQL Server 2012 的 WebShop 数据库中所有商品的详细信息（使用专用驱动程序）。

1）下载并安装 Microsoft SQL Server JDBC Driver 2.0

除了前面介绍的使用 JDBC-ODBC 驱动程序访问 SQL Server 2012 数据库以外，微软还提供了专门的 JDBC 驱动程序来实现对 SQL Server 2012 数据库的访问。要获得 Microsoft SQL Server JDBC Driver 2.0，只需要从 Microsoft 网站下载 sqljdbc_2.0.1803.100_chs.exe，执行该文件进行解压即可得到 sqljdbc.jar 和 sqljdbc4.jar 文件。这两个文件功能相同，只是针对不同的JDK版本而言，若使用的是JDK1.6以上的版本，则使用sqljdbc4.jar文件；若使用的是JDK1.6以下的版本，则使用sqljdbc.jar文件。

2）配置SQL Server JDBC Driver 2.0

JDBC驱动程序并未包含在Java SDK中，因此，如果要使用 SQL Server JDBC Driver 2.0驱动程序，必须将classpath设置为包含sqljdbc4.jar文件。如果classpath缺少sqljdbc4.jar项，应用程序将引发“找不到类”的常见异常。通常设置classpath有如下两种情况。

（1）在IDE中运行的应用程序。每个IDE供应商都提供了在IDE中设置classpath的不同方法，请参照设置方法将sqljdbc4.jar 添加到IDE的classpath中。

（2）Servlet和JSP。Servlet和JSP在servlet/JSP引擎（如Tomcat）中运行。可以根据servlet/JSP引擎文档来设置classpath。必须将sqljdbc4.jar文件正确添加到现有的引擎classpath中，然后重新启动引擎。一般情况下，通过将sqljdbc4.jar 文件复制到lib之类的特定目录，可以部署此驱动程序，也可以在引擎专用的配置文件中指定引擎驱动程序的classpath。

提示：

- classpath是在Java开发中能够帮助找到指定类（包含在JAR文件中）的路径。
- classpath的具体配置请参照开发环境的具体要求。

3）配置SQL Server 2012

为了能够顺利地使用Microsoft SQL Server JDBC Driver 2.0访问SQL Server 2012数据库，要进行TCP/IP协议的设置。

（1）启用TCP/IP协议。

① 单击【程序】→【Microsoft SQL Server 2012】→【配置工具】→【SQL Server 配置管理器】，打开“Sql Server Configuration Manager”对话框，如图4-70所示。

② 单击左边窗格中的“SQL Server 网络配置”前的折叠按钮，展开本机上所有实例的协议，单击本机SQL Server 2012对应的实例（如：MSSQLSERVER），如图4-71所示。如果TCP/IP协议处于“已禁用”状态，则右击右边窗格中的【TCP/IP】，选择【启用】，启用TCP/IP协议。

（2）设置通信端口。右击所选协议右边的【TCP/IP】，选择【属性】，打开“TCP/IP属性”对话框，选择“IP地址”选项卡，设置“IP All”中“TCP端口”为1433，如图4-72所示。

提示：启用TCP/IP协议和设置TCP端口都会提示将服务器重新启动才会生效，启动服务器对话框如图4-73所示。

图4-70　“Sql Server Configuration Manager”对话框

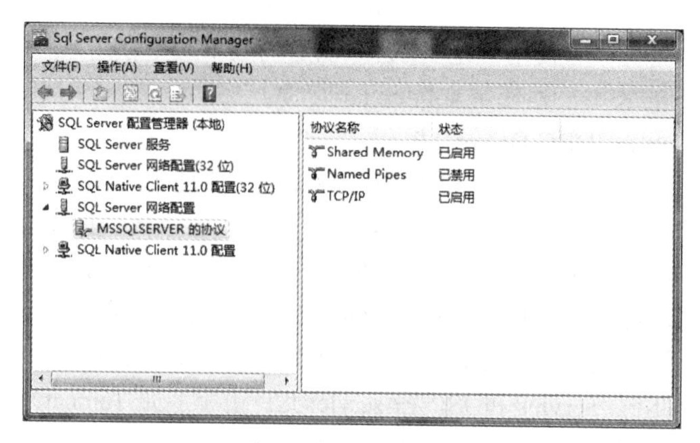

图 4-71 展开“Sql Server Configuration Manager”对话框中的实例协议

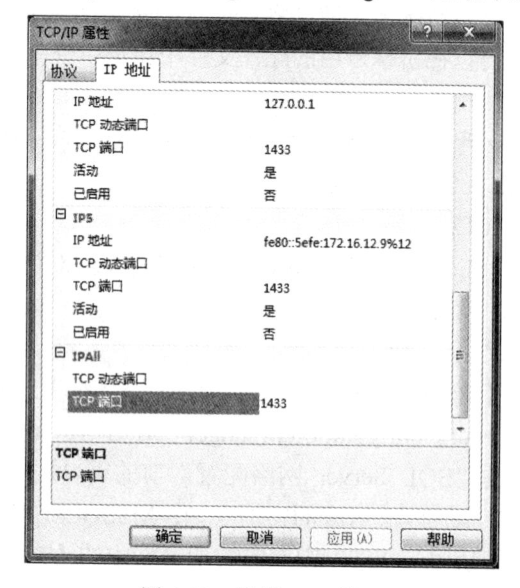

图 4-72 设置 TCP 端口

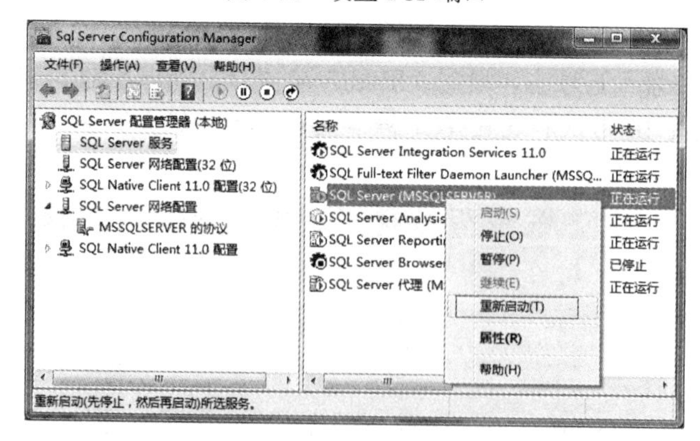

图 4-73 重新启动 SQL Server 2012 数据库引擎服务

4）编写 JSP 程序

使用文本编辑器编写连接数据库的 JSP 程序 JspDemo.jsp，其完整代码如下：

```
<%@ page contentType="text/html;charset=UTF-8"%>
```

```
<%@ page import="java.io.* "%>
<%@ page import="java.util.* "%>
<%@ page import="java.sql.* "%>
<%@ page import="javax.servlet.* "%>
<%@ page import="javax.servlet.http.* "%>
<html>
<head>
<title>JSP 中应用 SQLJDBC</title>
</head>
<body>
<%
    // 设置连接字符串，使用 SQL Server 登录方式
    String connectionUrl = "jdbc:sqlserver://localhost\\liuzc:1433;" +
            "databaseName=WebShop;user=sa;password=liuzc518";
        //声明 JDBC 对象
    Connection con = null;
    Statement stmt = null;
    ResultSet rs = null;
    try {
        // 创建连接
        Class.forName("com.microsoft.sqlserver.jdbc.SQLServerDriver");
        con = DriverManager.getConnection(connectionUrl);
        // 设置查询字符串
        String SQL = "SELECT * FROM Goods;";
        // 执行 SQL 语句
        stmt = con.createStatement();
        // 返回结果集
        rs = stmt.executeQuery(SQL);
        // 设置保存结果集中每行的值的临时变量
        String strTemp;
        //以表格形式输出查询结果集
        out.print("<table align=center border=1 style=color:blue>");
        out.print("<tr><th colspan=6>WebShop 商品信息 </th></tr>");
        out.print("<tr><td>商品号</td><td>类别号</td><td>商品名称</td><td>商品价格
</td><td>商品数量</td><td>商品折扣</td></tr>");
        // 依次输出表中相应字段值，直到结果集尾
        while(rs.next())
        {
            out.print("<tr><td>");
            strTemp=rs.getString("g_ID");
            out.print(strTemp);
            out.print("</td><td>");
            strTemp=rs.getString("t_ID");
            out.print(strTemp);
            out.print("</td><td>");
            strTemp=rs.getString("g_Name");
            out.print(strTemp);
            out.print("</td><td>");
            strTemp=rs.getString("g_Price");
            out.print(strTemp);
```

```
                    out.print("</td><td>");
                    strTemp=rs.getString("g_Number");
                    out.print(strTemp);
                    out.print("</td><td>");
                    strTemp=rs.getString("g_Discount");
                    out.print(strTemp);
                    out.print("</td><tr>");
                }
                out.print("</table>");
                }
                // 捕获错误
                catch (Exception e)
    {
                out.print(e.toString());
          }
          // 释放资源
          finally
          {
                if (rs != null) try { rs.close(); } catch(Exception e) {}
                if (stmt != null) try { stmt.close(); } catch(Exception e) {}
                if (con != null) try { con.close(); } catch(Exception e) {}
          }
%>
</body>
</html>
```

5）运行 JSP 程序

将程序 JspDemo.jsp 复制到 JSP 应用服务器（这里为 Tomcat）的应用程序目录下（这里为 C:\Tomcat 5.5\webapps\ROOT），在浏览器中输入 http://localhost:8080/JspDemo.jsp。运行结果如图 4-74 所示。

WebShop商品信息

商品号	类别号	商品名称	商品价格	商品数量	商品折扣
010001	01	诺基亚6500 Slide	1500.0	20	0.9
010002	01	三星SGH-P520	2500.0	10	0.9
010003	01	三星SGH-F210	3500.0	30	0.9
010004	01	三星SGH-C178	3000.0	10	0.9
010005	01	三星SGH-T509	2020.0	15	0.8
010006	01	三星SGH-C408	3400.0	10	0.8
010007	01	摩托罗拉 W380	2300.0	20	0.9
010008	01	飞利浦 292	3000.0	10	0.9
020001	02	联想旭日410MC520	4680.0	18	0.8
020002	02	联想天逸F30T2250	6680.0	18	0.8
030001	03	海尔电视机HE01	6680.0	10	0.8
030002	03	海尔电冰箱HDFX01	2468.0	15	0.9
030003	03	海尔电冰箱HEF02	2800.0	10	0.9
060001	06	红双喜牌乒乓球拍	46.8	45	0.8
040001	04	劲霸西服	1468.0	60	0.9

图 4-74 【子任务 2】运行结果

提示：

- 若浏览时提示“java.lang.ClassNotFoundException: com.microsoft.sqlserver.jdbc.SQLServerDriver”异常信息，则将sqljdbc4.jar文件复制到C:\Tomcat 5.5\webapps\ROOT\WEB-INF\lib，再重新启动Tomcat服务器。
- 使用sqljdbc4.jar文件，必须使用JDK 1.6以上的版本。

课堂实践5

1. 操作要求

（1）编写访问WebShop数据库Employees表中信息的Java应用程序JavaTest.java，并编译执行该程序。

（2）编写显示WebShop数据库Orders表中当月订单信息的JSP程序JspTest.jsp，并执行该程序。

2. 操作提示

（1）请根据机器环境选择完成步骤（1）或（2）的操作。

（2）不需要了解编程细节。

4.6.3 任务小结

通过本任务，读者应掌握的技能如下：

- 理解ODBC/JDBC以及JDBC API等相关技术。
- 能使用J2EE开发SQL Server数据库程序。
- 能使用JSP开发SQL Server数据库程序。

参 考 文 献

陈志泊，2017．数据库原理及应用教程[M]．4 版．北京：人民邮电出版社．

单光庆，2019．SQL Server 2012 数据库应用开发与管理实务[M]．成都：西南交通大学出版社．

高云，崔艳春，2017．SQL Server 数据库技术实用教程[M]．2 版．北京：清华大学出版社．

杰弗里·A．霍弗，2016．数据库管理基础教程[M]．北京：机械工业出版社．

金范，2016．数据库性能管理与调优[M]．上海：上海科学技术出版社．

托马斯·M．康诺利，卡洛琳·E．贝格，2016．数据库系统：设计、实现与管理（基础篇）[M]．宁洪，贾丽丽，张元昭译．北京：机械工业出版社．

王成良，2011．数据库技术及应用[M]．北京：清华大学出版社．

温培利，2018．SQL Server 2012 数据库实用教程[M]．北京：电子工业出版社．

翁正秋，2019．SQL Server 数据库应用与维护[M]．北京：北京理工大学出版社．

于晓鹏，2017．SQL Server 2012 数据库设计[M]．北京：科学出版社．

余平，张淑芳，2018．SQL Server 数据库基础[M]．北京：北京邮电大学出版社．